21世纪高等教育建筑环境与能源应用工程系列规划教材

暖通空调节能技术

主　编　刘艳华

副主编　王沣浩　孔琼香

参　编　刘　星　王新轲　党　政

张联英　王　军　严彩球

主　审　厉彦忠

机械工业出版社

本书采取供暖、通风、空调系统及设备的融合方式，以“节能”为技术主线，全面介绍了供暖、通风、空调系统及其节能技术。内容包括供暖系统及相关节能措施（包括供暖计量、气候补偿、热网的水力平衡以及凝结水回收等），热源节能技术（热源设备本身的节能措施、可再生热源的开发与应用），通风节能技术，中央空调系统常用的节能技术，压缩式制冷、吸收式制冷、太阳能制冷及蒸发冷却技术，暖通空调系统与设备控制节能的方法与技术，围护结构及相关节能技术等。

本书难度适中，可作为高等学校建筑环境与能源应用工程专业及相关专业本科生或研究生教材，也可供相关领域工程技术人员学习及查阅。

本书配有PPT电子课件，免费提供给选用本书的授课教师，需要者请登录机械工业出版社教育服务网（www.cmpedu.com）注册后下载。

图书在版编目（CIP）数据

暖通空调节能技术/刘艳华主编. —北京：机械工业出版社，2015.3（2026.1重印）
21世纪高等教育建筑环境与能源应用工程系列规划教材
ISBN 978-7-111-49639-7

Ⅰ.①暖… Ⅱ.①刘… Ⅲ.①房屋建筑设备—采暖设备—建筑设计—节能—高等学校—教材②房屋建筑设备—通风设备—建筑设计—节能—高等学校—教材③房屋建筑设备—空气调节设备—建筑设计—节能—高等学校—教材 Ⅳ.①TU83

中国版本图书馆CIP数据核字（2015）第049927号

机械工业出版社（北京市百万庄大街22号 邮政编码100037）
策划编辑：刘 涛 责任编辑：刘 涛 臧程程 冯 铁
版式设计：霍永明 责任校对：纪 敬
封面设计：路恩中 责任印制：郜 敏
河北虎彩印刷有限公司印刷
2026年1月第1版第7次印刷
184mm×260mm · 19.75印张 · 488千字
标准书号：ISBN 978-7-111-49639-7
定价：46.00元

序

几十年来，提高建筑物的使用水平越来越依赖于机电（建环）专业。当供热、通风及空调（建环）专业为建筑物内环境营造取得了较理想的效果后，人们更乐于普遍采用，建筑业也有了长足的发展。但欣喜未久，能源危机又成了建筑业发展的瓶颈。节能、减排、绿色以及环保成为了全球性生存的主题。机电专业的从业者又义不容辞地站在了第一线，用科技和智慧献身于这项事业中，暖通空调专业自身也得到了不断的发展。

“学生强，则行业强。”从事人才培养的教师在教书育人领域敬业工作，这方面的努力在圆我“强国复兴之梦”的伟大使命中意义极为深远。

我国改革开放之后，经济得到了飞速发展，建筑业也贡献了前所未有的业绩。建设的速度和建设的数量在世界上遥遥领先，在建筑史上留下了宽宽的年轮。但是也必须遗憾地说，由于科技水平、认识水平的局限，被急功近利驱使，以及引用国外经验的肤浅等因素，使得建筑史的这宽宽的年轮却比较疏松。建筑业的发展历程就像我国致富发展的历史，首先是一部分人富起来的阶段。这期间会有不完善和偏颇。而共同致富阶段就必是更加规范、科学、合理的发展。建筑业今后正像共同致富的阶段，也是造就密实年轮的时代。

西安交通大学建筑环境与能源应用工程系刘艳华教授组织各位教授、博士同仁编写的《暖通空调节能技术》一书作为普通高等学校专业教材很有意义。以本科生和研究生的培养为目标，采取供暖、通风、空调系统及设备的融合方式编写，选定“节能”为技术主线，包含替代能源利用等多种技术，以及对设计、施工、运行管理多就业方面的人才都有实用意义，可谓是本书的特色，很适合高校专业教学，也很针对建筑业相关技术进步和发展之缺。

建筑工程中，机电专业的执业根本原则是“把恰当的技术，恰当地用在恰当的部位，并把它们恰当地综合好”。本书内容的宽泛以及与建筑工程相关专业的呼应，使本书作为教材和专业参考书非常实用和方便。

“节能”作为技术主线很有时代特质，正是高速发展的建筑业之缺。目前在校的学生，今后必将主要在建筑业中的新建、改建、运行、维护和管理各方面执业。教材中涉及的知识和技能，有很好的针对性和处理问题的启发作用。

把“节能”的技术认定为时代特质，还有一个含意：就是应把“节能”理解为从“费能”到“不费能”的过渡过程。而从长远前景来说，我们专业更应把营建“低能耗”的建筑作为持久的追求，发展我们的学科和技术。

但愿刘教授的团队与时俱进，以后为编写《低能耗暖通空调技术》之类的教材再作贡献。

北京市建筑设计研究院有限公司顾问总工程师
中国暖通空调学会副理事长
中国制冷学会常务理事
教授级高级工程师

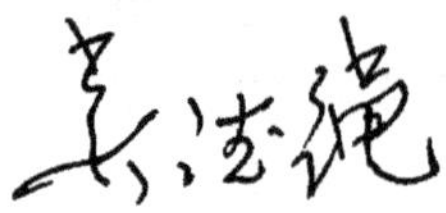

前 言

据预测，按照我国目前的建筑用能水平发展，到2020年，我国建筑能耗占全社会总能耗的比例将达到35%。在建筑能耗里，暖通空调能耗占30%～50%，且在逐年上升。现有的暖通空调系统所使用的能源基本上是高品位的不可再生能源，其中电能所占比例最大。不可再生能源的大量使用，使得地球资源日益匮乏，同时也引发了严重的环境问题。针对现状，我国许多大学都加强了暖通空调系统与设备节能以及可再生能源在暖通空调中合理应用方面的教学与科研。本书是在这样的形势下编写的。

全书共分8章。第1章扼要介绍了暖通空调系统及其节能理念。第2章介绍了供暖系统及相关节能措施，包括供暖计量、气候补偿、热网的水力平衡以及凝结水回收等。第3章介绍了热源节能技术。除了热源设备本身的节能措施外，还介绍了可再生热源的开发与应用。第4章介绍了通风节能技术，重点介绍了多元通风技术。第5章介绍了中央空调系统中常用的节能技术，包括变风量调节、变水流量调节、变制冷剂调节技术以及低温送风、新风节能、温湿度独立控制节能技术等。第6章介绍了压缩式制冷、吸收式制冷、太阳能制冷及蒸发冷却技术等。第7章介绍了暖通空调系统与设备控制节能的方法与技术。第8章介绍了建筑围护结构及相关节能技术，只有做好建筑围护结构的节能，才能充分发挥暖通空调节能技术的作用。

本书难度适中，力图方便建筑环境与能源应用专业及相关领域的学生和工程技术人员学习、查阅，也可作为高等学校建筑环境与能源应用专业及相关专业本科生或研究生教材。

本书由西安交通大学建筑环境与能源应用工程系多名教师完成，由刘艳华教授统稿。第1章及第3章3.1～3.4节由刘艳华编写，第3章3.5节由党政副教授编写；第2章由张联英副教授编写；第4章及第5章5.1、5.2、5.4节由孔琼香副教授编写，第5章5.3、5.5～5.7节及第6章6.5节由王沣浩教授编写，第6章6.1～6.4节由王新轲副教授编写；第7章由王军副教授编写（其中7.1节由严彩球老师编写）；第8章由刘星副教授编写。第5章由吴小舟博士协助统稿。西安交通大学厉彦忠教授审读了本书并提出了宝贵意见，在此表示感谢。

本书引用国内外多本著作、教材及文献并在书中给出标注。由于时间仓促，疏忽及漏引之处还望有关文献的作者能及时指正，以便修改。由于编者水平和经验有限，不妥之处在所难免，也请广大读者批评指正。

编 者

目 录

第 1 章

1

概　论

暖通空调是指为营造舒适、健康的室内环境而进行的供暖、通风以及空气调节的行为。暖通空调系统是实现建筑室内温度、湿度、清洁度和空气流动速度等参数调节与控制的系统。暖通空调系统包括供暖系统、通风系统和空气调节系统等。

暖通空调节能技术是指在保证终端用户室内温度、湿度、清洁度和空气流动速度等参数达到标准的前提下，为了最大限度地提高整个系统的能源利用效率所采用的技术手段或技术措施。

1.1　供暖系统及其节能技术

利用热媒，如水、蒸汽或其他介质等将来自热源的热量输送至各热用户的系统称为供暖系统，当所输送的热量仅用于建筑内各房间采暖时也称为供暖系统。供暖系统主要由热源、热网和热用户组成。图 1-1 所示是以水为介质的机械式供暖系统简图。系统中有一个热源（热水锅炉）和一个热用户（散热器）。从锅炉出口到散热器进口之间的管道为供水管，从散热器出口到锅炉进口之间的管道为回水管。系统的最高处设置了一个膨胀水箱，连接于回水管水泵吸水口一侧。系统中设置的水泵是水循环的动力。

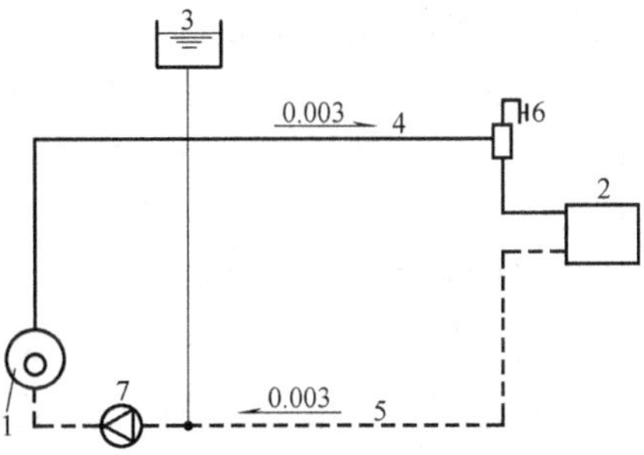

图 1-1　机械循环热水供暖系统工作原理
1—热水锅炉　2—散热器　3—膨胀水箱
4—供水干管　5—回水干管
6—集气罐　7—水泵

系统运行前必须充满水。运行时水泵推动锅炉中被加热了的水沿供水管流入散热器，在散热器中降温后再流回锅炉被重新加热，形成如图 1-1 中箭头所示方向的循环流动。当热源服务的热用户比较多时，供水及回水管道就形成了网络，即管网，此时的供暖方式即为集中供暖。集中供暖管网普遍存在损失过大、能耗偏高等问题，这不但造成能源的巨大浪费，也给日益突出的环境问题增加了压力。因此，采用各种技术措施减少供暖系统的各项损失是非常必要的。供暖系统的各项损失如图 1-2 所示，主要有热源损失、管网损失和用户端损失（建筑

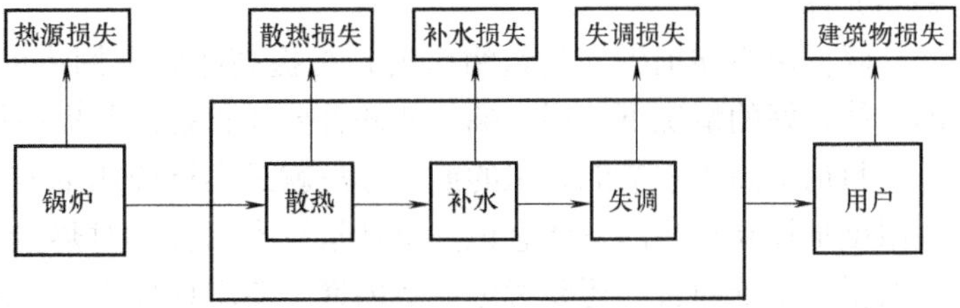

图 1-2　供暖系统各项损失[1]

物损失）。管网热损失包括管网的散热损失、补水损失和失调损失等。

锅炉是建筑内环境供暖的重要热源设备。瓦特时代用于产生蒸汽的锅炉的结构形式如图1-3所示，它由汽锅和燃烧室组成。锅筒为圆筒形，加热方式为筒外加热，受热面积比较小。

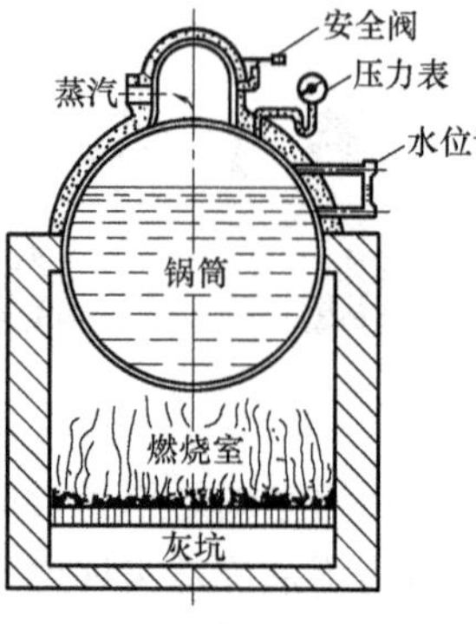

图1-3 最简单的锅炉

减少锅炉的损失就是要提高锅炉设备的运行效率，包括提高燃烧室中燃料的燃烧效率，提高换热面的换热效率，还要设法提高为锅炉运行服务的辅助设备的效率。提高燃料燃烧效率的思路是遵循燃烧规律，通过各种措施减少燃料燃烧过程中的各种能量损失。提高换热面的换热效率，除了要求换热面的设计合理外，还要防止换热面的燃烧室侧积灰及汽锅侧的结垢等。此外，降低锅炉辅助设备，如风机、水泵、除尘设备以及水处理设备等的运行能耗，也是锅炉节能的重要内容。

常规锅炉使用的能源基本上是高品位的不可再生能源。不可再生能源的大量使用，使得地球资源日益匮乏，同时也引发了严重的环境问题。因此，利用余热、地热、太阳能等可再生能源以及热泵，也是当前备受瞩目的热源节能方向。

在管网将热媒输送到各热用户的过程中存在各种损失。管网向外散热造成散热损失，管网上附件及设备漏水和用户放水导致补水耗热损失，网路失调导致各处室温不等造成多余热损失等。所以，要提高管网输送效率就要采取措施提高管网的保温性能、减少管网补水量和提高管网的平衡效率等。

加强管网保温是减少供暖管网散热损失、提高供暖管网输送热效率的重要措施之一。理论上讲，采用热导率小的保温材料和增加保温材料的厚度，都能提高供暖管网的保温效率。但是，随着保温层厚度的增加，保温设施的费用也不断增加。所以，不是保温层厚度越厚越好，要综合考虑各种影响因素，寻求保温厚度的最优值，即经济厚度。所谓经济厚度，是指在考虑年折旧率的情况下，隔热保温设施的费用和散热量价值之和为最小时的厚度[2]。

补水损失是由于锅炉排污、管网上的附件及设备漏水和用户放水所致，可以通过提高锅炉排污水（蒸汽）的利用率，减少管网上的附件及设备漏水（蒸汽）以及禁止用户放水来解决。补水损失与热网的输热效率有关。在蒸汽供暖系统中，提高用汽设备的凝结水回收率是一项重要的节能措施。

热网水力失调，即流量分配不均。水力失调度是流量分配不均程度的指标。按用户热负荷分配流量，使每个用户室温达到一致且满足要求，则失调度为1，即热网无水力失调。若分配不当，出现冷、热不均现象，说明有水力失调，失调度大于或小于1。若大于1，说明热用户室温过高，导致热量浪费；小于1，则会使用户室温达不到要求，则供暖不合格，这是不允许的。

降低用户端损失（建筑物损失）是提高能源利用率的重要方面。在住宅围护结构的保温性能良好的情况下，用户端节能的首要任务就是要提高用户的节能意识。

目前提高用户节能意识的最好办法就是实行按热量表计费，只有实行热量计量，才能最大限度地提高住户的节能意识。就计量技术而言，对热量的计量可以达到相当准确的程度。但对供暖系统而言，还要考虑经济因素，要求计量系统在满足必要精度的同时，还要有足够的运行稳定性和适应我国相关技术的发展水平。目前，我国大量的室内采暖系统仍为单管制，不能进行分户计量和自主调节，需要对其进行改造。

开发和采用新型节能的用户端系统，也是降低用户端损失的重要措施。比如，低温热水地板辐射供暖就是热舒适度最好的一种供暖方式，也是较为节能的供暖方式之一，如图1-4所示。低温热水地板辐射供暖就是将加热管埋设在室内地板构造层内，以不高于60℃的热水为热媒流过加热管加热地板，通过地面以辐射换热和对流换热的方式向室内供给热量。由于供水温度低，可减少无效热损失，降低用户能耗。该系统也方便终端用户实现分户计量。另外，该供暖方式也便于热泵、工业余热以及太阳能等可再生能源装置的使用，在建筑节能领域备受关注。

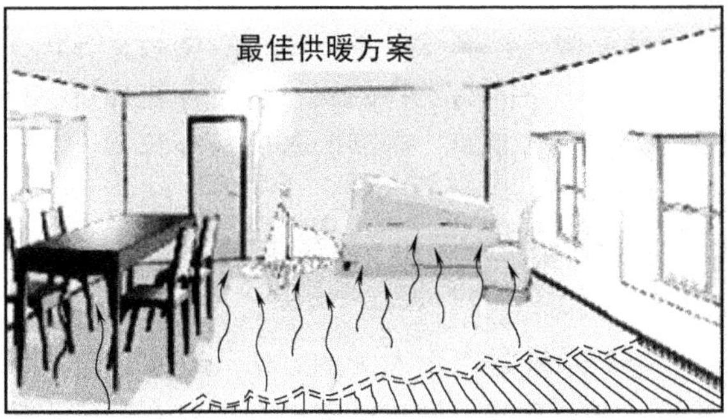

图1-4 地板辐射供暖系统示意图

可见，只有采取各种措施做好热源节能，减少管网损失，降低用户端损失，才能最大限度地降低供暖系统的能耗。

1.2 通风系统及其节能技术

通风系统是指利用室外空气来置换或稀释室内空气实现室内温度、湿度、清洁度和空气流动速度等各参数调节与控制的系统。按照通风动力的不同，通风系统可分为自然通风和机械通风两类，如图1-5所示。

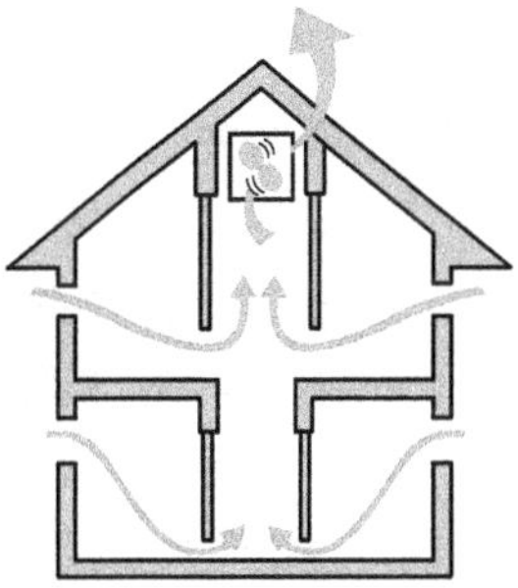
图1-5 自然通风与机械通风示意图

当屋顶的风机停转，仅依靠建筑物内外的风压和热压差，由建筑外表面上的开口向建筑内提供新鲜空气的通风过程，称为自然通风。自然通风在不消耗机械能量的情况下就能为建筑使用者提供健康和舒适的环境，是可持续发展经常采用的一种通风方式[3]。当风压和热压产生的动力不足时，只有开启屋顶上设置的风机，才能向建筑内提供新鲜空气，此时的通风称为机械通风。机械通风是指通过机械设备消耗机械能量使建筑室内空气产生流动的通风方式。机械通风系统只有通过良好的系统设计与设备选择才能实现能耗最低。

自然通风没有运行能耗，是最节能的通风方式。但这种通风方式的可控性差。为了改善性能，把自然通风和机械通风结合在一起的一种通风方式，即多元通风（hybrid ventilation）开始受到青睐。在多元通风中，通风方式的切换通过计算机模拟和相应的控制方法实现，因而能够在不同季节甚至在同一天的不同时刻充分地发挥自然通风和机械通风的优势，在满足室内环境要求的同时最大限度地降低能耗[4]。

用户终端气流的流动形式，即室内气流组织也影响通风系统的能耗。置换通风是一种值得推荐的、节能的室内气流组织形式。它将经过热湿处理的新鲜空气以较小的风速及湍流度沿地板附近送入室内，在地板表面形成空气湖，依靠室内热源产生的上升气流驱动房间内的气流流动并将热量和污染物带至房间顶部，从排风口排出。置换通风节能的原因主要有：①室内存在温度梯度，工作区上部空间的温度高于设计值，使室外向室内传入的热量减少，降低了室内冷负荷；②当排风温度高于室内设计温度时，排风可带走一部分热量；③由于送风温度比传统空调高，制冷设备的运行效率高；④由于送风温度高，过渡季节利用自然冷源的时间长；⑤由于室内污染物的质量浓度存在梯度，呼吸区污染物浓度低于排放浓度，当保证同样的室内空气品质时，所需的新风量少等[5]。

1.3 中央空调系统及其节能技术

空调系统是指用人为的方法处理室内空气的温度、湿度、洁净度和气流速度的空气调节系统。空调系统可使建筑室内获得具有一定温度、湿度和空气质量的空气，以满足使用者及生产过程的要求。图 1-6 所示为全空气空调系统。室外空气经由加热器、冷却器、过滤器、加湿器等组成的空气处理机组集中处理到用户要求的参数后，由送风管道经散流器进入各房间。

根据空气处理设备集中程度的不同，空调系统有集中式空调系统、半集中式空调系统和分散式空调系统之分。集中式空调系统把所有空气处理设备以及通风机集中在空调机房。在半集中式空调系统中，既有集中在空调机房的空气处理设备，也有分散在空调房间的空气处理设备。分散式空调系统则把空气处理设备分散在各空调房间。一般把集中及半集中式空气调节系统称为中央空调系统[6]。

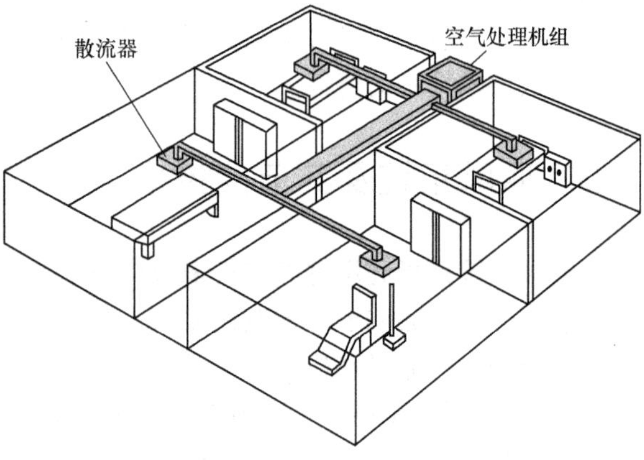

图 1-6 全空气空调系统

根据负担室内热湿负荷所用介质的不同，还可以把空调系统分为全空气系统、全水系统、空气-水系统以及冷剂系统等。

全空气系统是指房间内的热湿负荷全部由经过处理的空气来负担的空调系统，图 1-6 所示即为全空气空调系统。

空调房间内的热湿负荷全部由经过处理的水来承担的空调系统称为全水系统，如风机盘管系统等。图 1-7 所示为全水系统。由于水的比热容比空气大，系统的体积比全空气系统小，能节省建筑空间；缺点是不能够解决房间内的新风换气问题。

当空调房间的负荷由空气和水共同承担时则为空气-水系统，如风机盘管加新风系统等。

空调房间的负荷由制冷剂直接承担时则为冷剂系统，如多联机系统等。图 1-8 所示即为冷剂空调系统，其室内机的布置非常灵活。

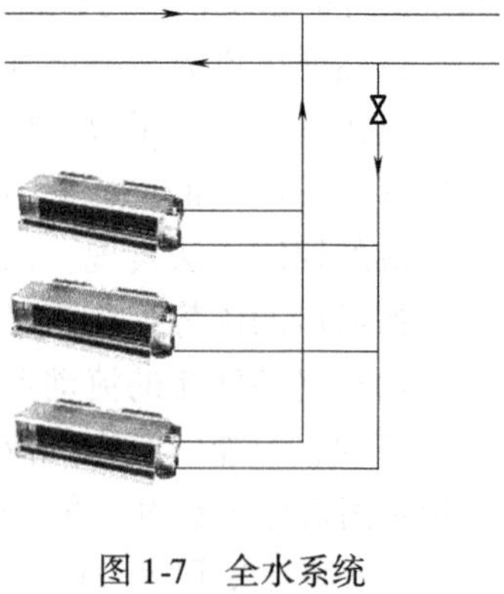

图 1-7 全水系统

根据使用空气的来源，可以将中央空调系统分为直流式系统、回风系统和闭式系统等。直流式系统是指使用的室内空气

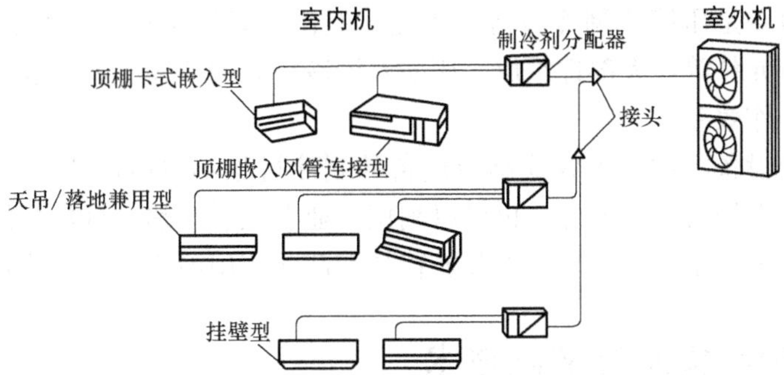

图 1-8 冷剂空调系统

全部来自室外，吸收余热和余湿后又全部排掉的空调系统。系统使用的空气一部分来自室外空气，另一部分来自回风时称为回风式空调系统。在工程上，常根据回风使用的次数将回风式系统分为一次回风系统和二次回风系统，如图 1-9 所示。封闭式系统是指全部使用室内空气的再循环空调系统。

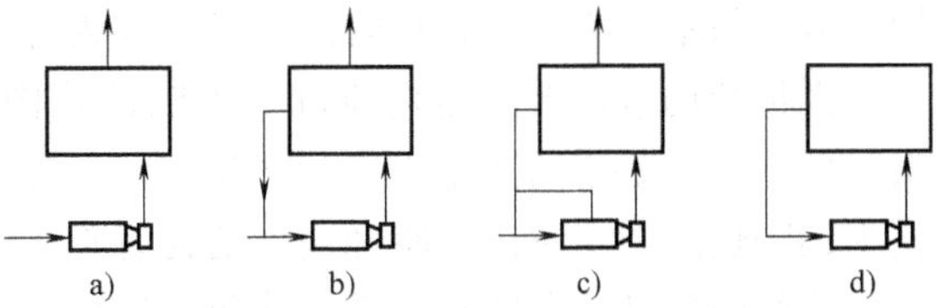

图 1-9 各类集中式空调系统

a) 直流式 b) 一次回风式 c) 二次回风式 d) 封闭式

空调系统不同，相应的节能技术也不同。能够用于中央空调系统的节能技术很多，包括变风量调节技术、变水流量调节技术、温湿度独立控制技术、低温送风技术以及新风节能技术等[7,8]。

变风量空调系统（Varied Air Volume Air Conditioning Systems，VAV）是全空气空调系统的一种，可以根据实际送风量自动调节送风机的转速，因此能最大限度地减小风机动力，降低能耗。

传统的中央空调水系统采用定流量调节方式，即冷冻水泵和冷却水泵都定流量运行。这种运行方式会导致在低负荷下水系统处于大流量小温差的运行工况，浪费电能。变水流量系统（Varied Water Volume Air Conditioning Systems，VWV）能够改变水泵的转速，在部分负荷下通过减小循环水量降低水泵能耗。

中央空调系统对室内温度、湿度的控制可以是同时的，也可以是分开的。温度、湿度独立控制系统是指对室内温度和湿度负荷分开控制的系统（Temperature and Humidity Independent Control，THIC）。由于只降低室内空气的干球温度，冷水温度不用很低，冷水机组的工作效率提高，冷媒水的输送损耗也降低。另外，系统无需再热，也节省了能量。

低温送风技术是随冰蓄冷技术发展而得到应用的一项空调节能技术。借助冰蓄冷系统的“移峰填谷”作用，平衡电网负荷，提高了能源利用率。由于送风温度低，与常规空调系统相比其送风量小，风机能耗也少，可以降低运行能耗。

在空调系统的负荷中，新风负荷所占的比例为 25% ~30%。随着能源供应的日趋紧张，迫切要求在保持空调区域舒适度的前提下，最大限度地降低新风负荷，因此一些新风节能技术也应运而生，如回收排风能量以及利用可再生能源等。

作为中央空调“主机”的冷热源设备，在空调系统节能降耗过程中也扮演着重要角色。

常用的冷源设备是压缩式制冷设备。压缩式制冷设备以电能为动力，由压缩机、蒸发器、冷凝器和节流元件等四大部件组成。压缩式制冷设备的节能主要是设法提高各部件的性能和整个系统的工作效率。

与压缩式制冷设备不同，吸收式制冷设备的制冷过程不以电能为动力，而以热能为动力，除了可以利用燃烧气为动力外，也可以利用工业余热、废热、排热等低势能以及太阳能等可再生能源为动力，是一种具有显著节能特征和广阔应用前景的制冷装置。

1.4 建筑维护结构及其节能技术

建筑围护结构是指建筑物及房间各面的围护物。建筑围护结构有外围护结构和内围护结构之分。与室外空气直接接触的围护结构为外围护结构，否则为内围护结构。

围护结构节能技术是指通过改善围护结构的热工性能，实现夏季隔绝室外热量进入室内，即隔热，冬季防止室内热量泄出室外，即保温的技术。建筑围护结构冬季的保温能力和夏季的隔热能力对室内采暖和空调能耗有直接影响。

建筑围护结构节能技术是与建筑一体化的节能技术，应保持建筑物的整体性和美感[1]。围护结构节能技术属于被动式节能技术，建成后一般不需要另外输入能源就可以持续地发挥节能作用，且不会对周边环境产生不利影响，也不会因排放而危害人体健康。应该像重视设备节能一样地重视建筑围护结构节能，只有在做好围护结构节能工作的前提下，暖通空调系统节能技术才能充分地发挥作用。

思 考 题

1. 暖通空调节能技术的内涵是什么？
2. 供暖系统的主要热损有哪些？
3. 减少锅炉热损失的途径有哪些？
4. 与自然通风相比，多元通风的优势在哪里？
5. 为什么说置换通风是一种值得推荐的、节能的室内气流组织形式？
6. 中央空调系统是如何分类的？常用的空调系统有哪些？
7. 建筑围护结构节能技术有何特殊性？

参 考 文 献

[1] 龙惟定，武涌．建筑节能技术[M]．北京：中国建筑工业出版社，2009.

[2] 高鹏．严寒地区供热管网节能潜力分析[J]．建设科技，2007（Z2）：4-5.

[3] 张金萍，李安桂．自然通风的研究应用现状与问题探讨[J]．暖通空调，2005，35（8）：32-38.

[4] Delsante A，Vik T A. Hybird ventilation：state-of-the-art review[J]. IEA Annex 35 HybVent，2001.

[5] 马仁民．末端装置特性对置换通风工作区速度场与温度梯度的影响[J]．暖通空调，2003，33（3）：12-16.

[6] 俞炳丰．中央空调新技术及其应用[J]．北京：化学工业出版社，2005.

[7] 张海强，刘晓华，江亿．温湿度独立控制空调系统和常规空调系统的性能比较[J]．暖通空调，2011，41（1）：48-51.

[8] 黄翔．空调工程[M]．北京：机械工业出版社，2006.

第2章 供暖系统节能技术

2

供暖系统节能是实现50%建筑节能目标的主要途径。供暖系统节能的主要措施有：水力平衡、管道保温、提高锅炉热效率、提高供暖系统运行维护管理水平、供暖方式、室温控制调节和热量按户计费等。前几项措施在过去十几年里，经过国内科研、设计、运行管理人员的多方努力，取得了显著的社会和经济效益，然而室温控制调节和热量按户计费依旧为系统节能的薄弱环节，也是当前整个建筑节能工作深入过程中要解决的热点和难点问题。

2.1 供暖计量与节能

根据《中华人民共和国节约能源法》的规定，新建建筑和既有建筑的节能改造应当按照规定安装热计量装置。计量的目的是促进用户自主节能，而室温调控是节能的必要手段。供热企业和终端用户间的热量结算，应以热量表作为结算依据。用于结算的热量表应符合相关国家产品标准，且计量检定证书应在检定的有效期内。

2.1.1 供暖计量的意义及方法

1. 供暖计量的意义

（1）节约能源 实现热计量收费后，可以从以下四个途径节能：

1）调动用户节能意识，实现节能。

2）公用和商业建筑无人时实现值班供暖。

3）低负荷时采用质、量并调，降低循环水泵消耗。

4）利用恒温阀，充分利用室内自然得热。

国外的热计量经验表明，按照热量收费的制度是促使用户自觉节能的最有效手段。据统计，把“大锅饭”式的供暖包费制，改为按实际使用热量向用户收费，可节能20%～30%。在我国，长期以来实行的是福利制供暖，能耗多少与用户利益无关，这是大锅饭体制遗留下来的一大弊端，也是供暖节能工作的一个最大障碍。按照《中华人民共和国节约能源法》的规定，生活用能必须计量向用户收费，这是适应社会主义市场经济要求的一项重大改革，是供暖企业改变运行机制的重要举措，是促进建筑节能工作的一项根本措施。只有遵循市场经济规律，把热作为商品，由用户自行调节控制使用，并按实用热量合理收费，才能调动用热和供暖两方面的积极性，进而促进节能。

（2）极大地促进环境保护 在我国，用于供暖、发电的一次能源中，燃煤占有最大比例，以煤炭作为主要能源造成严重的大气污染。目前我国的CO_2排放仅次于美国，居世界第二，由其引起的环境问题日益严重。国家发展和改革委员会能源研究所的研究报告表明：能源生产带来的环境污染问题日益加剧，每年因污染而造成的经济损失占国内生产总值的9% ~10%；我国的温室气体排放量现位居世界第二，预计 10 年内就会超过美国成为世界第一。可见，未来20 年我国能源领域将面临一系列挑战。我国计量供暖的实施不仅对我国，而且对世界环境保护也具有重要而深远的意义。

（3）推动供暖行业整体水平的提高　随着市场经济的不断深入，政府、用户和供暖企业三者之间的关系已经完全转变。在过去的计划经济体制下，政府是供暖企业的老板，用户是福利的享受者，而供暖企业是福利制度的执行者，按面积收费的制度成为协调各方面的一个合理选择。而在市场经济下，用户是热的消费者，供暖企业是热的供应商，政府则是监督管理的协调机构。旧的福利制收费制度成为制约各方面发展的最大障碍。只有实现个人付费的供暖系统按热量计量收费制度后，才能理顺政府、用户和供暖企业三者之间的关系。

总之，计量供暖热能为供暖这种商品提供公平交易的手段。而供热公司从用户手中直接获得供暖费，商品买卖的双方直接见面，可以使供暖企业提高供暖服务的质量和水平，用户掏钱买热，可提高用户的节能意识。供暖企业要进行成本核算，减少能耗，可提高运行管理水平和推动技术进步。

2. 供暖计量方法

就目前的计量技术而言，对热量的计量可以达到相当准确的程度。但对供暖系统而言，必须从技术和经济两方面考虑，不必追求过高的精度，即要求计量系统在满足必要精度的同时还要有足够的运行稳定性和适应我国相关技术的发展水平。

目前欧盟各国在供暖工程中采用的热量计量方案可分为四种。每一种方案都有其自身的技术特点及不同的成本效益，见表 2-1。

表 2-1　热量计量方案

方案 A	楼栋热量表：整个楼栋的热耗由安装在热力入口的一块热量表计量，每户热耗按面积分摊
方案 B	热水流量表及楼栋热量表：整个楼栋的热耗由安装在热力入口的一块热量表计量，每个住户的耗热量通过热水表计量再依次进行分配
方案 C	热分配表及楼栋热量表：整个楼栋的热耗由安装在热力入口的一块热量表计量，户内每个散热器的散热量由蒸发式或电子式热分配表计量
方案 D	户用热量表及楼栋热量表：整个楼栋的热耗由安装在热力入口的热量表计量，每个住户的热耗通过一块热量表计量

虽然每种方案都能计量用户耗热，但准确性、易用性和经济性却存在差异。计量准确度由高到低排序应是：方案 D、方案 C（电子式）、方案 C（蒸发式）、方案 B、方案 A；而所需费用由高到低排序则恰恰相反。

热计量方法的选择是推广计量供暖技术急需解决的问题。如何根据我国的实际情况，选择技术可靠、经济合理的热计量方法，是关系到计量供暖能否良性发展的主要环节。

我国目前用户热量分摊计量方法也是在楼栋热力入口处（或换热机房）安装热量表计量总热量，再通过设置在住宅户内的测量记录装置，确定每个独立核算用户的用热量占总热量的比例，进而计算出用户的分摊热量，实现分户热计量。近几年供暖计量技术发展很快，用户热分摊的方法较多，有的尚在试验当中。GB 50736—2012《民用建筑供暖通风与空气调节设计规范》提出用户的热分摊方法有：散热器热分配计法、流量温度法、通断时间面积法和户用热量表法。

(1) 散热器热分配计法 适用于新建和改造的各种散热器供暖系统，特别是对于既有供暖系统的热计量改造比较方便，灵活性强，不必将原有垂直系统改成按户分环的水平系统。该方法不适用于地面辐射供暖系统。散热器热分配计法只是分摊计算用热量，室内温度调节需安装散热器恒温控制阀。

散热器热分配计法是利用散热器热分配计所测量的每组散热器的散热量比例关系，来对建筑的总供热量进行分摊。热分配计有蒸发式、电子式及电子远传式三种，后两者是今后的发展趋势。

采用该方法时必须具备散热器与热分配计的热耦合修正系数。我国散热器型号种类繁多，国内检测该修正系数经验不足，还需要加强这方面的研究。

关于散热器罩对热分配量的影响，实际上不仅是散热器热分配计法面对的问题，其他热分配法如流量温度分摊法、通断时间面积分摊法也面临同样的问题。

(2) 流量温度法 适用于垂直单管跨越式供暖系统和具有水平单管跨越式的共用立管分户循环供暖系统。该方法只是分摊计算用热量，室内温度调节需另安装调节装置。

流量温度法是基于流量比例基本不变的原理。即对于垂直单管跨越式供暖系统，各个垂直单管与总立管的流量比例基本不变；对于在入户处有跨越管的共用立管分户循环供暖系统，每个入户和跨越管流量之和与共用立管流量比例基本不变；然后结合现场预先测出的流量比例系数和各分支三通前后温差，分摊建筑的总供热量。

由于该方法基于流量比例基本不变的原理，因此现场预先测出的流量比例系数准确性就非常重要，除应使用小型超声波流量计外，更要注意超声波流量计的现场正确安装与使用。

(3) 通断时间面积法 适用于共用立管分户循环供暖系统。该方法同时具有热量分摊和分户室温调节的功能，即室温调节时对户内各个房间室温作为一个整体统一调节而不实施对每个房间单独调节。

通断时间面积法是以每户的供暖系统通水时间为依据，分摊建筑的总供热量。该方法适用于分户循环的水平串联式系统，也可用于水平单管跨越式和地板辐射供暖系统。选用该分摊方法时，需注意散热设备选型与设计负荷要良好匹配。不能改变散热末端设备容量，户与户之间不能出现明显水力失调，不能在户内散热末端调节室温，以免改变户内环路阻力而影响热量的公平合理分摊。

(4) 户用热量表法 该系统由各户用热量表和楼栋热量表组成。

户用热量表安装在每户供暖环路上，可以测量每个住户的供暖耗热量。这种方法也需要对住户位置进行修正。它适用于分户独立式室内供暖系统及分户地面辐射供暖系统，但不适用于采用传统垂直系统的既有建筑的改造。

综上所述，我国的供暖计量方法和欧盟的供暖计量方案的基本原理是相同的。不同的计量方法可能有不同的结果，即使同一种方法也可能有不同的计量结果。这些问题都反映出我们供暖计量技术装置在可靠性上仍然有大量工作待研究和开展[1]。随着技术进步和热计量工程的推广，还会有新的热计量方法出现，国家和行业鼓励这些技术创新，以在工程实践中进一步完善后，再加以补充和修订。

3. 选择热计量方法的基本原则

(1) 以人为本原则 热计量系统应满足热用户要求，并且不会给热用户带来不便。

（2）技术原则　计量设备及系统要满足一定的精度要求，同时计量系统应具有一定的运行稳定性和可靠性。

（3）经济原则　计量收益必须大于计量投资。即热用户通过计量所节约的费用必须大于对热计量的投入。

（4）社会原则　热计量方式的选择要依据社会发展水平和用户收入水平。

如何确定计量收益和不同计量方式的计量投资是当前选择计量方式的基本点。不宜盲目追求供暖计量的绝对精确和公平，而宜按照上述原则在市场机制下选择合理的计量方式。

2.1.2　热计量仪表及温控设备

供暖系统分户热计量有多种方法。不同的计量方法和计量模式决定所选用的计量装置和计量仪表形式不同。

1. 供暖计量原理

分户热量计量按计量原理一般分为以下三种：

（1）热量表测量热用户从供暖系统中取用的热量(J)　即

$$Q = c\int G(t_g - t_h)\,dt \tag{2-1}$$

式中　c——热水比热容，$c=4.187\text{kJ/(kg}\cdot℃)$；

G——热水的质量流量(kg/s)；

t_g——供水温度(℃)；

t_h——回水温度(℃)；

t——计量仪表的采样周期(s)。

（2）测量散热设备放出的热量(J)　即

$$Q = F\int K(t_p - t_n)\,dt/(\beta_1\beta_2\beta_3) \tag{2-2}$$

式中　F——散热器的散热面积(m^2)；

K——散热器的传热系数[W/(m^2·℃)]；

t_p——散热器内热媒的平均温度(℃)，$t_p=\dfrac{t_g+t_h}{2}$；

t_n——室内供暖计算温度(℃)；

β_1、β_2、β_3——与散热器使用条件有关的系数；

t——计量仪表的采样周期（s）。

（3）测量热用户的供暖负荷(J)　即

$$Q = q_V V\int (t_n - t_w)\,dt \tag{2-3}$$

式中　q_V——建筑物的体积供暖热指标[W/(m^3·℃)]；

V——建筑物的体积(m^3)；

t_n——实测的建筑物室内温度(℃)；

t_w——实测的建筑物室外温度(℃)；

t——计量仪表的采样周期(s)。

2. 热量计量仪表

热量的计量仪表按计量原理不同可分为两大类，一类是热量表，一类是热分配表。

（1）热量表　进行热量测量预计算，并作为结算依据的计量仪器称为热量表。热量表由一个热水流量计、一对温度传感器和一个积算仪组成。温度传感器采用热敏电阻或铂电阻，积算仪均配有微处理器，用户可直接观察到使用的热量和供回水温度。有的智能化热量表除可直接观察到使用的热量和供回水温度外，还具有可直接读取热费和进行锁定等功能。热量表电源有直流电池和直接接交流电源两种。

根据流量传感器的形式，可将热量表分为机械式热量表、超声波式热量表和电磁式热量表。机械式热量表的初投资相对较低，但流量传感器对轴承有严格要求，以防止长期运转由于磨损造成误差较大；对水质有一定要求，以防止流量计的转动部件被阻塞，影响仪表的正常工作。超声波式热量表的初投资相对较高，流量测量精度高、压损小、不易堵塞，但流量计的管壁锈蚀程度、水中杂质含量、管道振动等因素将影响流量计的精度，有的超声波式热量表需要直管段较长。电磁式热量表的初投资相对机械式热量表要高，但流量测量精度是热量表所用的流量传感器中最高的，压损小。电磁式热量表的流量计工作需要外部电源，而且必须水平安装，需要较长的直管段，这使得仪表的安装、拆卸和维护较为不便。

（2）热分配表　热分配表可以结合热量表测量散热器向房间散发出的热量。只要在住户的全部散热器上安装热分配表，结合楼入口的热量总表的总用热量数据，就可以得到全部散热器的散热量。热分配表有蒸发式和电子式两种。

1）蒸发式热分配表。该种热分配表主要包括导热板和蒸发液。蒸发液是一种带颜色的无毒的化学液体，装在细玻璃管内密闭的容器中，容器表面是防雾透明胶片，上面标有刻度，与导热板组成一体，紧贴散热器安装。散热器表面将热量传给导热板，导热板将热量传递到液体管中，由于散热器持续散热，管中的液体会逐渐蒸发而减少，可以读出与散热器热量有关的蒸发量，从而计量每组散热器的用热比例，再结合设于建筑物引入口热量总表的总用热量数据，就可以计算出各组散热器的散热分配量。此种热分配表结构简单、成本低廉，不管室内供暖系统为何种形式，只要在全部的散热器上安装热分配表，即能实现分户计量。这种热计量方式适用于传统的供暖系统。

2）电子式热分配表。该种热分配表是在蒸发式热分配表的基础上发展起来的计量仪表，它需同时测量室内温度和散热器的表面温度，利用两者的温差确定其散热量。该种仪表具有数据存储功能，并可以将多组散热器的温度数据引至户外的存储器。此种热分配表计量方便准确，但价格高于蒸发式热分配表，目前在国外开始流行使用。

3. 温控设备

目前在供暖系统中，散热器温控阀是用户计量供暖系统的主要温控装置，它由恒温控制器、流量调节阀及一对连接件组成，如图2-1所示。

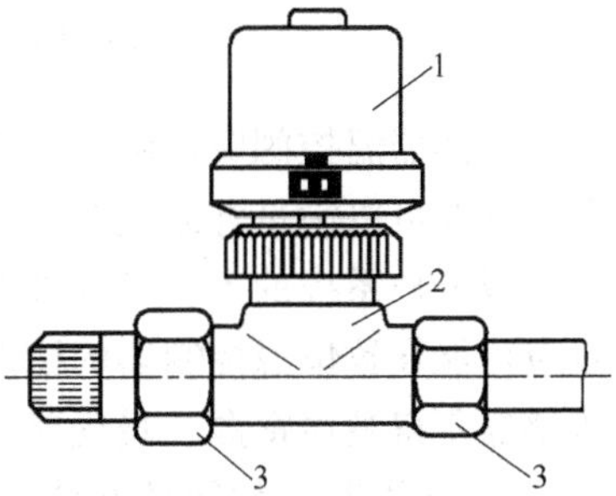

图2-1　散热器温控阀
1—恒温控制器　2—流量调节阀　3—连接件

（1）恒温控制器　恒温控制器的核心部件是传感器单元，即温包。根据温包位置区分，恒温控制器有温包内置和温包外置（远程式）两种形式，温度设定装置也有内置式和远程式两种形式，可以按照其窗口显示值来设置所要求的控制温度，并加以自动控制。温包内充有感温介质，能够感应环境温度，当室温升高时，感温介质吸热膨胀，关小阀门开度，减少流入散热器的水量，降低散热量以控制室温；室温降低时，感温介质放热收缩，阀芯被弹簧推回而使阀门开度变大，增加流经散热器的水量，恢复室温。温控阀设定温度可以人为调节，温控阀会按设定要求自动控制和调节散热器的热水流量。

根据温包内灌注感温介质的不同，常用的温包主要有蒸气压力式、液体膨胀式和固体膨胀式三类。

1）蒸气压力式。金属温包的一部分空间内盛放低沸点液体，其余空间包括毛细管内是这种液体的饱和蒸气。当室温升高时，部分液体蒸发为蒸气，推动波纹管关小阀门，减少流入散热器的水量；当室温降低时，部分蒸气凝结为液体，波纹管被弹簧推回而使阀门开度变大，增加流经散热器的水量，提高室温。蒸气压力式温包价格便宜，但对于密封和防渗漏有较严格的要求。

2）液体膨胀式。温包中充满比热容小、热导率高、黏性小的液体，依靠液体的热胀冷缩来完成温控工作。工作介质常采用甲醇、甲苯和甘油等膨胀系数较高的液体，因其挥发性也较高，因此对于温包的密封性有较严格的要求。

3）固体膨胀式。温包中充满某种胶状固体（如石蜡等），依靠热胀冷缩的原理来完成温控工作。通常为了保证介质内部温度均匀和感温灵敏性，在石蜡中还混有铜末。

（2）流量调节阀　散热器温控阀的流量调节阀阀杆采用密封式活塞形式，在恒温控制器的作用下直线运动，带动阀芯运动以改变阀门开度。流量调节阀应具有良好的调节性能和密封性能，长期使用可靠性高。

流量调节阀按照连接方式分为两通型（直通型、角型）和三通型，如图2-2所示。

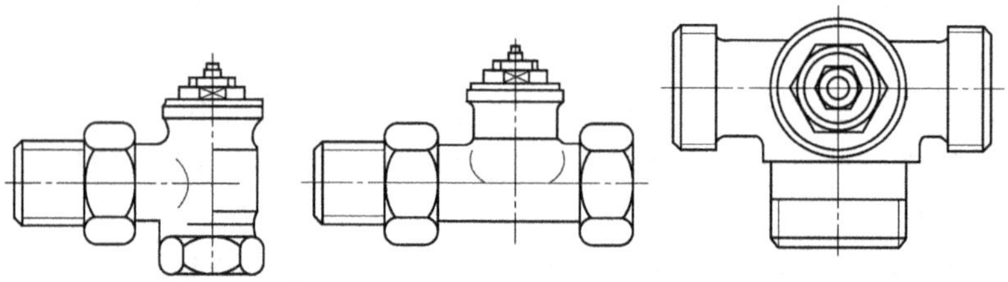

a)　　b)　　c)

图2-2　流量调节阀

a）两通型（角型）　b）两通型（直通型）　c）三通型

散热器温控阀应正确安装在供暖系统中，用户可根据对室温的要求自行调节并设定室温，这既可以满足舒适性要求，又可以实现节能。散热器温控阀应安装在每组散热器的进水管上或分户系统的入口进水管上。内置式传感器不主张垂直安装，因为阀体和表面管道的热效应可能导致恒温控制器的错误动作。另外，为确保传感器能感应到室内环流空气的温度，传感器不得被窗帘盒、暖气罩等覆盖。

4. 散热器温控阀的功能

温控和计量是不可分割的。散热器温控阀正确安装在供暖系统中，用户可根据对室温高低的要求调节并设定室温，这样就确保了各房间的室温恒定，避免了立管水量不平衡以及单管系统上下层室温不均的问题。同时，通过以下几点既可以提高室内热环境舒适度，又可实现节能。

（1）恒温控制　通常供暖设备容量的选型是按照在冬季较低的室外计算温度下满足室内温度需要的原则来确定，但是室外气温是在不断波动变化的，耗热量也随之波动变化，在一天里的各个时刻、在一个供暖季的每一天，耗热量都不相同，在正午或者初、末寒时间里耗热量将较低。如果不及时控制减少供暖设备的出力，就会造成能量浪费。因此，随气候的变化动态地调节出力，控制室温恒定，即可节能。同时，消除温度的水平和垂直失调，也能使有利环路减少能量浪费，同时使不利环路达到流量和温度的要求。

（2）自由热控制　阳光入射、人体活动、炊事、电器等热量称为供暖自由热（Free Heat），这部分热量由于不确定性而没有在设计运行中予以充分考虑，仅作为安全系数考虑。实现室温控制后，这部分能量就可以有效地得到节省。同时，不同朝向的房间温差也可以消除，这样既提高了室内环境的舒适度，又节省了能量。

（3）运行模式控制　办公建筑、公共建筑在夜间、休息日无须满负荷供暖。住宅用户也应做到无人断热，以节省能量。甚至在不同的房间可以实行不同的温度控制模式：当人员集中在客厅时，卧室温度可以降低设定，客厅温度可以升高设定；在睡眠时间里，卧室温度可以升高设定，客厅温度可以降低设定等。这些功能可以通过散热器温控阀来实现，以实现节能。

2.1.3　计量供暖系统选择与应用

集中供暖住宅应根据采用热量的计量方式选用不同的供暖系统形式。当采用热分配表加楼用总热量表计量方式时，宜采用垂直式供暖系统；当采用户用热量表计量方式时，应采用共用立管分户独立供暖系统。

适于热量计量的垂直式室内供暖系统应满足温控、计量的要求，必要时增加锁闭措施。因此，适宜的系统为垂直单管跨越式系统（图2-3）、垂直双管系统（图2-4）。从克服垂直失调的角度，垂直双管系统宜采用下供下回异程式系统（图2-4）。

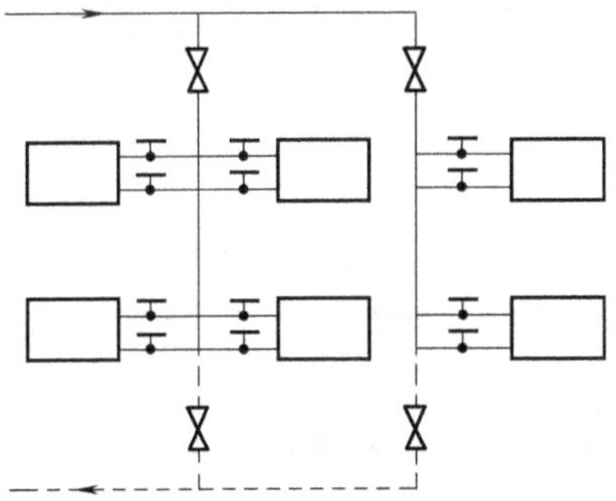

图2-3　垂直单管跨越式系统

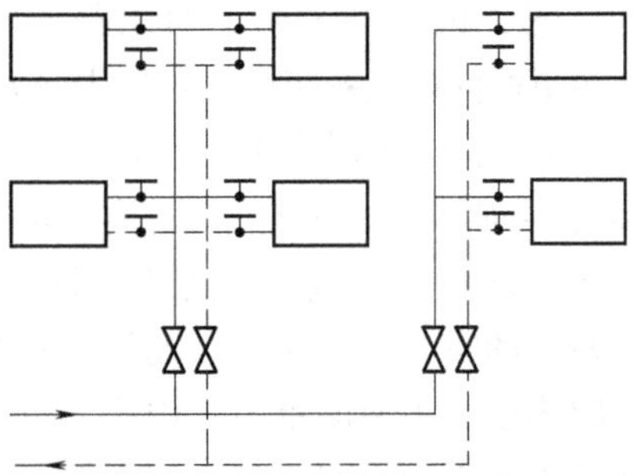

图2-4　下供下回垂直双管系统

共用立管分户独立供暖系统即集中设置各户共用的供回水立管，从共用立管上引出各户独立成环的供暖支管，支管上设置热计量装置、锁闭阀等，这种便于按户计量的供暖系统形式，即可解决供暖分户计量问题，同时也有利于解决传统的垂直双管式和垂直单管式系统的热力失调问题，并有利于实施变流量调节的节能运行方案。该系统适合于新建住宅的分户计量供暖系统，我国的新建住宅建筑基本上采用该系统，即新建分户计量供暖系统。

1. 新建分户计量供暖系统户外形式

分户热计量供暖系统的共同点是在户外楼梯间设置共用立管，为了满足调节的需要，共用立管应为双管制式。每户单独从共用立管引出，户内采用水平式供暖系统，每户形成一个独立的循环环路。供、回水共用立管对每个户内供暖系统设有一个热力入口，如图2-5所示，在每一户管路的起止点安装锁闭阀，在起止点其中之一处安装调节阀和流量计或热量表。

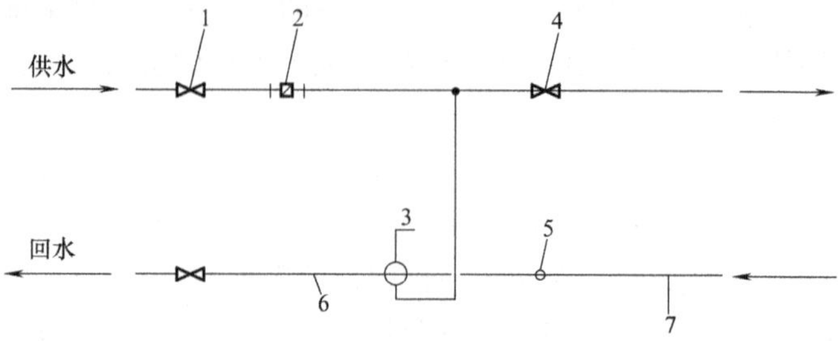

图2-5 户内系统热力入口示意图

1—锁闭阀 2—过滤器 3—热量表 4—截止阀
5—钢塑接头 6—镀锌钢管 7—塑料管

供暖回水管的水温较供水管的低，流量传感器安装在回水管上所处环境温度也较低，有利于延长电池寿命和改变仪表使用工况。曾经一度有观点提出热量表安装在供水管上测量能够防止用户偷水[2]。其实不然，热量表无论是装在供水管上还是回水管上都不能防止偷水现象发生。热量表装在供水管上既不能测出偷水量，也不能挽回多少偷水损失，还令热量表的工作环境变得恶劣[3]。每户的锁闭阀及向各楼层、各住户供给热媒的供回水立管（总立管）及热计量装置设在公共的楼梯间竖井内，竖井有检查门，便于供暖管理部门在住户外启闭各户水平支路上的阀门、调节住户的流量，抄表和计量供热量。

分户式供暖系统共用立管可采用下供下回异程式（图2-6a）和上供下回同程式(图2-6b)。在上供下回同程式系统中，各层循环环路的流动阻力近似相同，上层作用压力大于下层的垂直失调问题很难解决。只有下供下回异程式系统，上层循环环路长，流动阻力大，刚好可以抵消上层较大的重力作用压力，而下层循环环路短，流动阻力小，下层的重力作用压力也较小。因此对于住宅分户热计量系统，在同等条件下，应首选下供下回异程式双立管系统。

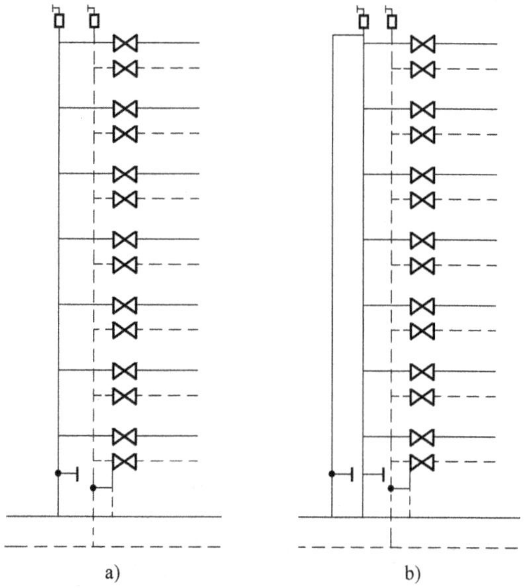

图2-6 分户计量双立管供暖系统示意图

a）下供下回异程式 b）上供下回同程式

通常建筑物的一个单元设一组供回水立管，多个单元的供回水干管可设在室内或室外管沟中。干管可采用同程式或异程式，单元数较多时宜用同程式。分户式供暖系统宜用不残留型砂的铸铁散热器或其他材质的散热器，系统投入运行前应进行冲洗，此外用户入口还应装过滤器。

2. 新建分户计量供暖系统户内形式

（1）分户水平单管系统 分户水平单管系统如图2-7所示。与以往采用的水平式系统的主要区别在于：①水平支路长度限于一个住户之内；②能够分户计量和调节供热量；③可分室改变供热量，满足不同的室温要求。

分户水平单管系统可采用水平顺流式（图2-7a）、散热器同侧接管的跨越式（图2-7b）和异侧接管的跨越式（图2-7c）。其中图2-7a在水平支路安装锁闭阀、调节阀和热表，可实现分户调节和计量热量，但不能分室改变供热量，因此只能在对分户水平式系统的供暖性能和质量要求不高的情况下应用。图2-7b和图2-7c除了可在水平支路安装锁闭阀、调节阀和热表之外，还可在各散热器支管上装调节阀（温控阀），实现分房间控制和调节供热量。因此上述三种系统中，图2-7b、c的性能优于图2-7a。

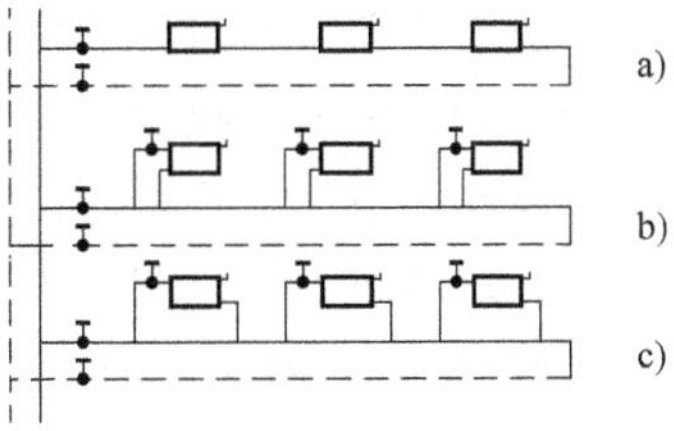

图2-7　分户热计量单管水平系统示意图

a）顺流式　b）同侧接管跨越式　c）异侧接管跨越式

水平单管系统比水平双管系统布置管道方便，节省管材，水力稳定性好。在调节流量措施不完善时容易产生竖向失调，设计时对重力作用压头的计算应给予充分重视，以减轻对竖向失调的影响，并解决好排气问题。如果户型较小，又不宜采用 *DN*15 的管子时，水平管中的流速有可能小于气泡的浮升速度，可调整管道坡度，采用气水逆向流动，利用散热器聚气、排气，防止形成气塞，可在散热器上方安装排气阀或利用串联空气管排气[4]。

（2）分户水平双管系统　分户水平双管系统如图2-8所示。该系统中每个住户内的各散热器并联，在每组散热器上装调节阀或恒温阀，以便分室进行控制和调节。水平供水管和回水管可采用图2-8所示的多种布置方案。上供下回式：两管分别位于每层散热器的上、下方（图2-8a）；上供上回式：两管全部位于每层散热器的上方（图2-8b）；下供下回式：两管全部位于每层散热器的下方（图2-8c）。

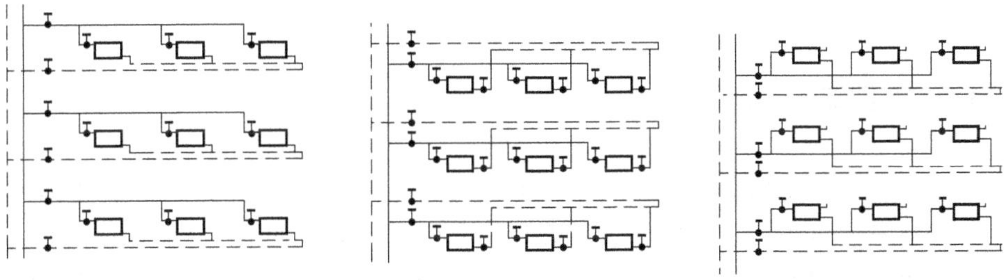

图2-8　分户水平双管系统示意图

a）上供下回式　b）上供上回式　c）下供下回式

分户双管水平系统，每个支环路上，各散热器的进水温度相同，不会出现分户水平单管系统的尾部散热器温度可能过低的问题，同时对单组散热器的调节比较方便。但是分户水平双管系统的流动阻力小于分户水平单管系统，因此，系统的水力稳定性不如分户水平单管系统，且耗费管材。

图2-9所示的分户水平单、双管混合系统兼有上述分户水平单管和双管系统的优缺点，可用于面积较大的户型及跃层式建筑。

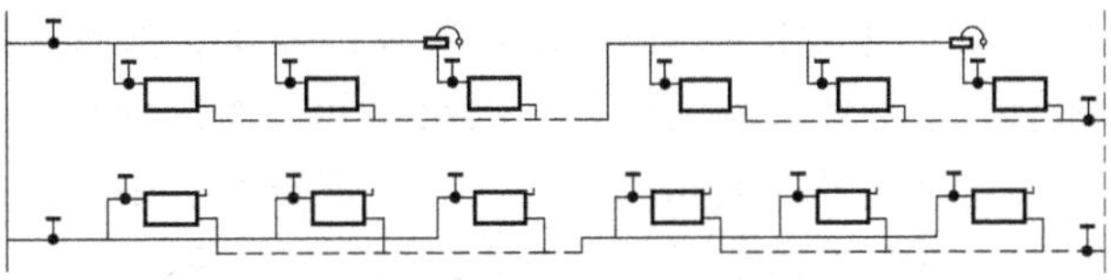

图2-9　分户水平单、双管混合系统示意图

（3）分户水平放射式系统　分户

水平放射式系统在每户的供暖管道入口设小型分水器和集水器，各散热器并联（图2-10）。从分水器引出的散热器支管呈辐射状埋地敷设（因此又称为“章鱼式”）至各散热器，散热量可单体调节。支管采用铝塑复合管等管材，要增加楼板的厚度和造价。为了计量各用户供热量，户内热力入口有热表1；为了调节各室用热量，通往各散热器2的支管上应有调节阀5。分户水平放射式系统适用于低温热水地板辐射供暖系统。

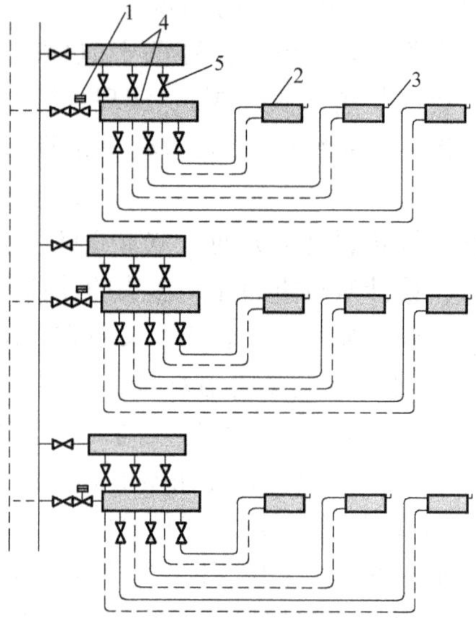

图2-10 分户水平放射式系统示意图

1—热表 2—散热器 3—放气阀 4—分、集水器 5—调节阀

2.2 气候补偿与节能

建筑物的耗热量因受室外气温、太阳辐射、风向和风速等因素的影响时刻都在变化。要保证在室外温度变化的条件下，维持室内温度符合用户要求（如18℃），就要求供暖系统的供回水温度应在整个供暖期间根据室外气候条件的变化进行调节，以使用户散热设备的放热量与用户热负荷的变化相适应，防止用户室内温度过高或过低。即通过气候补偿器及时而有效的运行调节，使得在保证供暖质量前提下达到节能的效果。

2.2.1 气候补偿器基本工作原理

当室外气候发生变化时，布置在建筑室外的温度传感器将室外温度信息传递给气候补偿器。气候补偿器根据室外空气温度的变化和其内部设有的不同条件下的调节曲线求出恰当的供水温度，通过输出调节信号控制电动调节阀开度，从而调节热源出力，使其输出供水温度符合调节曲线水温以满足末端负荷的需求，实现系统热量的供需平衡。气候补偿节能控制系统依据室外环境温度变化，以及实际检测供/回水温度与用户设定温度的偏差，通过PI/PID方式输出信号控制阀门的开度。在供暖系统中，气候补偿器能够按照室内供暖的实际需求，对供暖系统的供热量进行有效的调节，有利于供暖的节能，最大化地节约能源，克服室外环境温度变化造成的室内温度波动，达到节能、舒适之目的。

2.2.2 气候补偿器系统组成

一般气候补偿器系统由四种主要产品组成：

（1）气候补偿节能控制器 气候补偿节能控制器由温度控制器和时间设定器组成。其作用是依据供/回水温度，以及室外温度进行气候补偿温度控制和时段设定。

（2）温度传感器 温度传感器的作用是检测供/回水温度（依据实际管径大小，可选捆绑式和浸入式两种）。

（3）室外温度补偿传感器 室外温度补偿传感器的作用是检测室外温度。

（4）电动温控阀 电动温控阀的作用是用于液体、气体系统管道介质流量的模拟量调节。如一次系统介质为水，且水泵为变频运行或者介质为蒸汽时，阀门一般采用二通阀体；如一次系统介质为水，且水泵为工频运行时，建议选用三通阀体，避免破坏水泵的运行工况，达到节电的目的。

2.2.3 气候补偿器适用范围

气候补偿器一般用于供暖系统的热力站中，或者采用锅炉直接供暖的供暖系统中，是局部调节的有力手段。气候补偿器在直接供暖系统和间接供暖系统中都可以应用，但在不同的系统中其应用方式有所区别[5]。

1. 直接供暖系统

当温度传感器检测到供水温度值在允许波动范围值之内时，气候补偿器控制电动调节阀不动作；当供水温度值高于计算温度允许波动的上限值时，气候补偿器控制电动调节阀门增大开度，增加进入系统供水中的回水流量，以降低系统供水温度；反之亦然。调节原理如图2-11所示。

2. 间接供暖系统

在间接供暖系统中，气候补偿器通过控制进入换热器一次侧的供水流量来控制用户侧供水温度。当温度传感器检测到用户侧供水温度值在允许波动范围值之内时，气候补偿器控制电动调节阀不动作；当用户侧供水温度值高于计算温度允许波动的上限值时，气候补偿器控制电动调节阀门增大开度，通过增大旁通管的供水流量，减少进入换热器的一次侧供水流量，以减小换热量，进而降低用户侧供水温度；反之亦然。调节原理如图2-12所示。

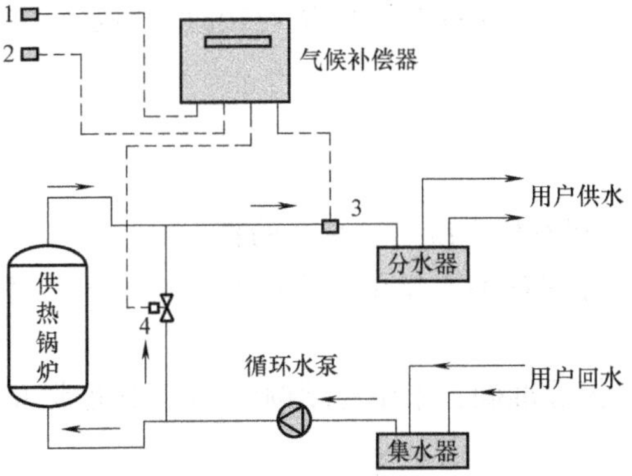

图2-11 直接供暖系统中气候调节阀的工作原理
1—室外温度传感器 2—室内温度传感器
3—供水温度传感器 4—电动调节阀

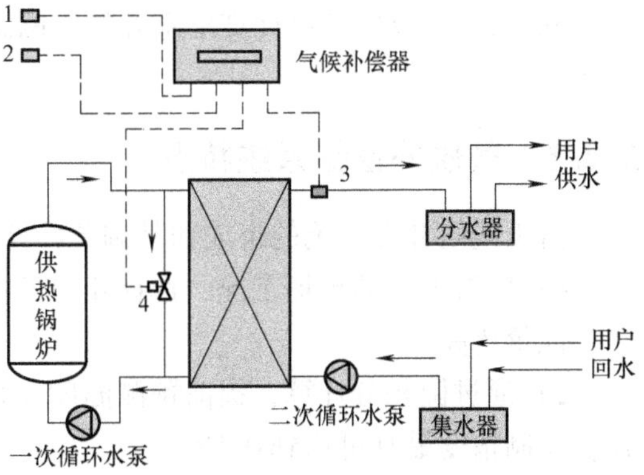

图2-12 间接供暖系统中气候调节阀的工作原理
1—室外温度传感器 2—室内温度传感器
3—供水温度传感器 4—电动调节阀

2.2.4 气候补偿器的供暖调节特性

供暖系统进行供暖调节的目的就是维持供暖房间的室内温度 t_n稳定。下式为进行供暖热负荷调节的基本公式[6]

$$\overline{Q}=\frac{t_n-t_w}{t_n-t'_w}=\frac{(t_g+t_h-2t_n)^{1+b}}{(t'_g+t'_h-2t_n)^{1+b}}=\overline{G}\frac{t_g-t_h}{t'_g-t'_h} \tag{2-4}$$

式中 $\overline{Q}$——实际室外温度 t_w条件下与供暖室外计算温度 t'_w条件下的相对供暖热负荷比；

$\overline{G}$——实际室外温度 t_w条件下与供暖室外计算温度 t'_w条件下的相对流量比；

t'_g、t'_h、t_n——供暖室外计算温度 t'_w条件下的供暖热用户的供水温度、回水温度、供暖室内计算温度，均为已知参数；

t_g、t_h——实际室外温度 t_w条件下供暖热用户的供回水温度；

b——与散热器有关的指数。

1）不同室外温度条件下，供暖用户系统的供回水温度。供暖用户系统进行供暖调节的主要方法是质调节方法，即在供暖用户系统循环流量不变的条件下，随着室外温度变化，改变用户系统供回水温度。质调节的条件：循环流量不变，即 $\overline{G}=1$ 代入供暖热负荷供暖调节基本公式［式（2-4）］中，可确定某一室外温度 t_w条件下供暖用户系统供水温度 t_g、回水温度 t_h

$$t_g=t_n+0.5(t'_g+t'_h-2t_n)\overline{Q}^{\frac{1}{1+b}}+0.5(t'_g-t'_h)\overline{Q} \tag{2-5}$$

$$t_h=t_n+0.5(t'_g+t'_h-2t_n)\overline{Q}^{\frac{1}{1+b}}-0.5(t'_g-t'_h)\overline{Q} \tag{2-6}$$

2）供暖用户与外网采用换热器间接连接时，外网的流量要求。在设置气候补偿器系统中，室外热水网路和供暖用户采用换热器间接连接时，外网供水温度 τ'_g和外网回水温度 τ'_h不随室外温度 t_w变化而变化，室外热水网路向供暖用户供暖的调节方式采用量调节方式，即不改变外网供回水温度，通过调节电动三通阀开度，改变外网供回水流量。进行量调节方法是调节外网流量使之随供暖热负荷变化而变化，使热水网路相对流量比等于供暖热用户相对热负荷比。即

$$\overline{G}_w=\overline{Q} \tag{2-7}$$

利用式（2-7）就可计算出室外热水网路和供暖用户采用换热器间接连接时，热水网路需要流量。

2.2.5 气候补偿器系统特点

由于气候补偿系统的组成和其调节特性，所以气候补偿系统有其自身的特点：

1）针对不同的现场工况，选择相应的曲线号，实现各种智能化节能运行模式，无人值守，性价比高。

2）通过微积分计算，提前预测温度变化趋势，控温准确；采用连续调节 PI/PID 控制方式，控制精度最高可达到 0.5℃。

3）可由控制器读取当前实际供/回水温度、室外环境温度、控制器使用曲线号，设定供/回水温度、温控阀实际开度。

4）日期和时间显示，每日程序和每周程序设置，多个可编程时间段设置，手动开关控

制，大屏幕液晶显示，数字输入的定时器。

5）自动工作模式：启动分时段工作方式，按时段的温度设定自动改变。

6）手动工作模式：分时段设定的数据无效，连续执行现行的设定温度。

7）记忆功能，断电后已设定的数据不会丢失，备存一段时间（如72h）。

8）低温保护，防冻功能。

9）控制供暖温度，提高了舒适性，又避免了不必要的能量消耗，节能效果显著。

2.2.6　气候补偿器供暖调节的示例[6]

黑龙江省哈尔滨市某集中供暖系统，热源供回水温度为120℃/75℃。与某小区采用换热器间接连接供暖，小区总供暖面积25万m^2，要求冬季室内计算温度为$t_n=18℃$，用户要求设计供回水温度为95℃/70℃，供暖设计热负荷为16250kW，使用3台相同型号的板式换热器，并联使用。

哈尔滨市供暖室外计算温度$t'_w=-26℃$，根据供暖设计热负荷，可计算供暖室外计算温度t'_w条件下供暖用户要求的流量为

$$G=\frac{0.86Q}{t'_g-t'_h}=\frac{0.86\times16250}{95-70}\text{t/h}=559\text{t/h}$$

当室外温度$t_w=-15℃$时，供暖热用户的相对热负荷比为

$$\overline{Q}=\frac{t_n-t_w}{t_n-t'_w}=\frac{18+15}{18+26}=0.75$$

当室外温度$t_w=-15℃$时，计算供暖用户供暖系统质调节的供回水温度t_g、t_h，其中b是与散热器有关的指数，由散热器的形式决定，供暖用户选用铸铁M-132散热器，$b=0.286$。则

$$\begin{aligned}t_g&=t_n+0.5(t'_g+t'_h-2t_n)\overline{Q}^{\frac{1}{1+b}}+0.5(t'_g-t'_h)\overline{Q}\\&=[18+0.5\times(95+70-2\times18)\times0.75^{\frac{1}{1+0.286}}+0.5\times(95-70)\times0.75]℃\\&=78.95℃\end{aligned}$$

$$\begin{aligned}t_h&=t_n+0.5(t'_g+t'_h-2t_n)\overline{Q}^{\frac{1}{1+b}}-0.5(t'_g-t'_h)\overline{Q}\\&=[18+0.5\times(95+70-2\times18)\times0.751^{\frac{1}{1+0.286}}-0.5\times(95-70)\times0.75]℃\\&=60.2℃\end{aligned}$$

供暖室外计算温度t'_w条件下，室外管网供应小区换热器的流量为

$$G'_2=G'_1\frac{95-70}{120-75}=559\times\frac{95-70}{120-75}\text{t/h}=310.56\text{t/h}$$

室外热水网路可采用量调节的调节方式，不改变网路供回水温度，通过调节电动三通阀开度，改变热水网路流量。

热水网路相对流量比

$$\overline{G}_w=\overline{Q}=\frac{G_2}{G'_2}=\frac{G_2}{310.56\text{t/h}}=0.75$$

则热水网路流量$G_2=232.92\text{t/h}$。

因此，当室外温度$t_w=-15℃$时，供暖用户供暖系统要求供回水温度改变为$t_g=78.95℃$、

$t_h=60.2$℃，室外管网供应小区换热器的流量由 $G_2'=310.56$t/h 改变为 $G_2=232.92$t/h。

气候补偿器就是采用上述计算理论，根据室外温度变化及用户设定的白天、夜间对室内温度不同要求，系统自动计算给出独立运行的室外温度补偿经验曲线（即室外温度—用户供回水温度—室外管网流量关系曲线），保证系统在不同时间段内运行相应的补偿曲线。

2.3 供暖系统节能改造

实行供暖计量收费的前提是用户供暖系统能够分户计量、用户自主控制。目前我国大量采用的室内上供下回单管顺流式系统不能进行分户计量和自主调节，需要对其进行改造。本节以垂直单管顺流式系统分户计量改造为例，详细介绍改造的原则，以及室内与热力站（热力引入口）改造运行方案。

2.3.1 既有供暖系统分户热计量改造原则

对原有供暖系统改造一般是指将传统的垂直单管顺流式系统改造为能进行热计量收费的采暖系统。分户热计量的供暖系统具有调节功能。选择热计量改造方案的原则是：

1）技术可靠。热量计量系统应具有一定的运行可靠性和稳定性，热计量装置要满足一定的精度要求，并具有一定的使用寿命，尽量减少设备的维修量。

2）以人为本。尽量减少给热用户带来不便，同时应该满足热用户的供暖需求。

3）经济效益。在使用年限内，必须保证分户计量后收益大于计量投资，即热用户通过分户计量所节约的费用大于热用户对热计量的投入。

4）环境效益。采用分户计量后节约的能源，以及生产过程中所减轻的环境污染，应该和政府投入相适应。

5）社会效益。根据社会经济发展水平和热用户收入水平来选择热计量方式，不能超过目前热用户和社会承担的能力，即不能急功近利。

在分户热计量的大环境下，如何根据经济收益、环境效益和社会效益来选择热计量的方式，是目前的难点。既要宏观地调控市场，又不能盲目地、不切实际地为了追求绝对精确和公平，超过社会和热用户的经济承受能力，而是要在宏观调控下用市场机制来合理地选择热计量方式。

2.3.2 室内供暖系统分户热计量改造方案

把传统的垂直单管顺流式系统改为垂直单管跨越式供暖系统，就是在散热器的水平支管之间增设一个跨越管，在水平支管加两通温控阀（图 2-13a）或在水平支管与跨越管上安装一个三通温控阀（图 2-13b），以控制流经散热器的流量，当用户室内负荷发生变化时，可以自动调节散热器的热水流量，满足用户所设定的室温要求。可在每组散热器上加蒸发式或电子式热分配表实现热量计量，同时室外热力入口设置热量总表，用来计量系统的总热量，然后按照室内显示比例收取热费。

这种改造供暖系统的优点是对室内装修的影响较小，改造的工程量小，用户容易接受，改造系统节能效果明显。根据用户的不同要求，可以通过温控阀调整散热器的流量，充分利用太阳辐射热量、人体散热量、炊事和照明等散热量，节能量可达 15% ~20%。户内改造

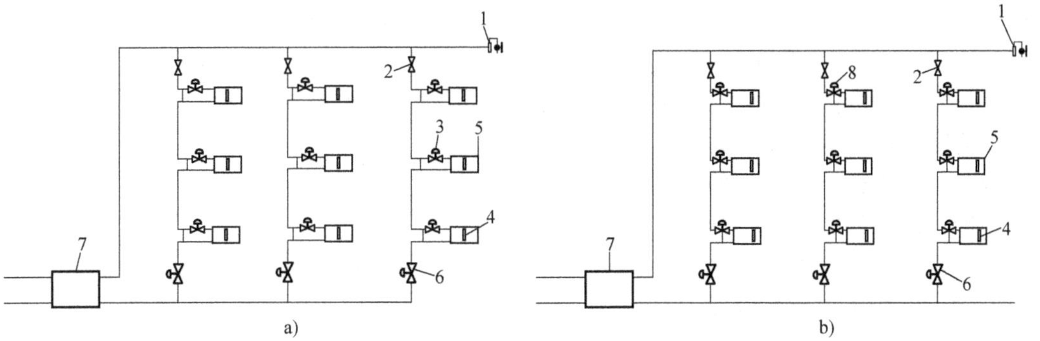
a)　b)

图 2-13　分户计量垂直单管跨越式系统

1—排气阀　2—截止阀　3—两通温控阀　4—蒸发式或电子式热分配表　5—散热器　6—流量阀　7—建筑物供暖引入口　8—三通温控阀

过程中应遵循上述原则并采取如下改造措施：第一，确定进入散热器与旁通管的流量分配。进流系数为 0.3 左右调节性能最好。第二，确定跨越管的管径。对跨越管管径的选择有两种意见：一种认为应该比散热器支管管径小一号；另一种认为两者的管径应该保持一致。第三，散热器进出口温差大小应在 10～15℃。第四，加旁通管后，散热量减小应在 10% 以内，超过 10%，则应采取下列措施：一是增加散热面积进行补偿；二是调整进流系数；三是增加立管流量（采取以上三种措施之一即可）。第五，垂直单管跨越式系统可以看作定流量系统，立管采用定流量阀（若考虑到同时调节的概率小，可以省去立管的定流量阀）。第六，入口加定压差阀，上供水加过滤器，根据温控阀和热量表的要求，确定是否上粗、细两个过滤器，以保证水质。

2.3.3　供暖系统热力站（或热力引入口）节能改造

根据垂直单管跨越式系统户内调节的特点，站内运行可根据户内立管是否装自力式流量控制阀，热力站二次侧可分为两种运行方式。即当户内立管装自力式流量控制阀时，二次侧采用定流量运行的系统，一次侧采用变流量系统；反之，二次侧采用热力站控制进出口压差的系统，一次侧采用变流量系统[7]。

1. 循环泵不调速的控制方案

循环泵不调速的控制方案的热力站间接连接系统如图 2-14 所示，其控制原理为：通过调节一次网回水管上的电动两通阀 1 改变一次网进入换热器 2 的水流量，保证二次网 *A* 点的供水温度不变；气候补偿器根据室外温度和预设定的二次网供暖调节曲线，调节电动三通阀 3，改变二次网供水点 *B* 的温度，以满足用户需要。二次网是定流量系统，一次网是变流

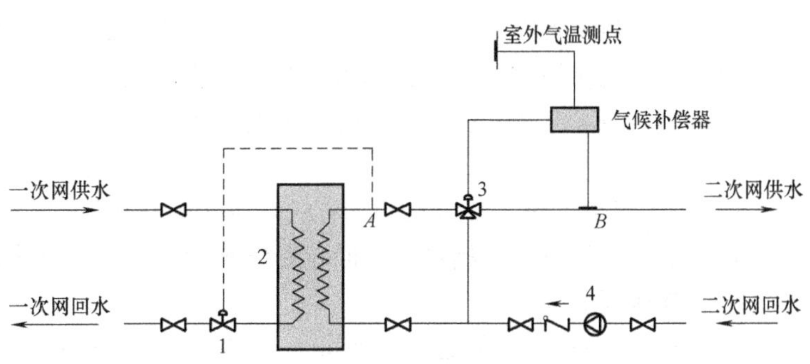

图 2-14　热力站间接连接系统

1—电动两通阀　2—换热器　3—电动三通阀　4—二次网循环水泵

量系统。

2. 循环泵调速的控制方案

循环泵调速的控制方案的控制原理如图2-15所示，即压差控制阀1控制热力站一次网供回水之间的压差为定值，为电动两通阀2提供一个良好的工作环境；压差控制阀6控制二次网热用户供回水之间的压差为定值，避免热用户之间的干扰。工作时，气候补偿器根据室外空气温度的变化，按照预先设定的二次网供水温度调节曲线，通过电动两通阀2控制一次网进入换热器3的水流量，对二次网的供水温度进行调节；压差控制器5测量出热力站进出口实际压差，变频泵（二次网循环水泵）4根据热力站进出口实际压差信号，对系统的循环水量进行调节，控制热力站进出口压差为定值。

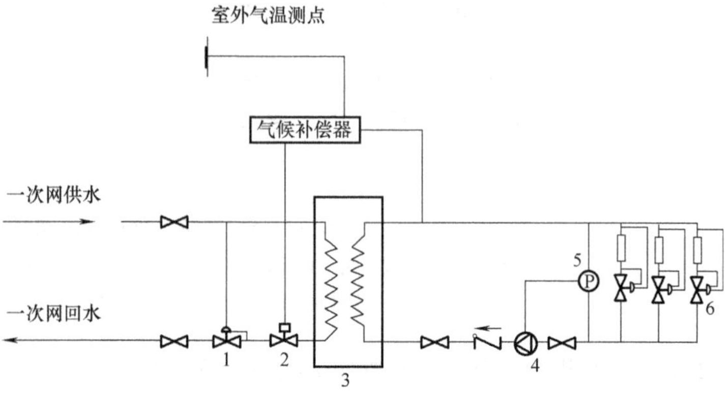

图2-15 变频水泵控制方案控制热力站进出口压差
1—压差控制阀 2—电动两通阀 3—换热器
4—二次网循环水泵 5—压差控制器 6—压差控制阀

改造的关键在于两通恒温阀的添加和热量表的安装。由锅炉房供暖的垂直单管系统自身特点决定了其定流量特性，为了满足垂直单管系统用户要求，除在其热用户入口处加设自力式定流量阀外，外网适合按定流量调节。对小型直接连接系统，应采用根据室外温度控制锅炉燃烧状况，改变供水温度的方式进行调节，实现节能；对间接连接系统，应利用气候补偿器，根据室外温度，通过一次网侧回水管上的阀门，控制二次网侧供水温度，实现一次水的变流量运行，同时，根据压差控制一次循环泵转速，实现节能运行。

2.4 凝结水回收利用与节能

2.4.1 凝结水回收利用的意义

蒸汽在用热设备内放热凝结后，凝结水出用热设备，经疏水器、凝结水管道返回热源的管路及其设备组成的整个系统，称为凝结水回收系统。

在蒸汽供暖系统中，用汽设备凝结水的回收是一项重要的节能、节水措施，可以达到如下效果：

1）节约锅炉燃料。凝结水所具有的热量占蒸汽热量的15%～30%，有效利用这部分热量，将会节约大量燃料。相对于不回收凝结水的系统，凝结水回收改造的节能潜力大于热力系统中的其他环节。

2）节约工业用水。凝结水一般可以直接作为锅炉给水，可以大幅度节约工业用水，即使凝结水被污染，也有相应的水处理方法，经过处理的水仍然可以有效地加以利用。

3）节约锅炉给水处理费用。由于凝结水可直接用于锅炉给水，因此可节约这部分水的软化处理费用。

4）减轻大气污染。热量的回收可减少锅炉的燃料消耗量，燃料消耗量的减少也就减少了烟尘和 SO_2 的排放量，因此，减轻了对大气的污染。

5）减轻噪声污染。若蒸汽疏水阀出口向大气排放，排放凝结水时会产生很大的噪声。回收凝结水时，疏水阀的出口连接在回收管上，排放声音不易扩散到外部，可减轻噪声污染。

6）改善现场环境。如果凝结水直接向大气排放，由于凝结水的再蒸发，会使工厂内热气弥漫，工作环境恶化，并给设备的维修和管理带来不良影响。实行凝结水回收后，消除了因排放凝结水而产生的热气，生产环境可以得到显著改善。

7）提高表观锅炉效率。回收凝结水，可提高锅炉的给水温度，因此可提高表观锅炉效率。

综上所述，锅炉凝结水的回收与利用是一项非常重要的工作，具有很大的节能潜力。

2.4.2　凝结水回收利用系统

凝结水回收系统按其是否与大气相通，可分为开式凝结水回收系统和闭式凝结水回收系统；按照凝结水流动的动力，可把凝结水回收系统分为余压回水、重力回水和加压回水三大类；按凝结水的流动方式不同，可分为单相流和两相流两大类。单相流可分为满管流和非满管流两种流动方式。满管流是指凝结水靠水泵动力或位能差充满整个管道截面呈有压流动的流动形式；非满管流是指凝结水并不充满整个管道截面，靠管路坡度流动的流动方式。

下面介绍一下几种不同的凝结水回水系统[4]。

1. 非满管流的凝结水回收系统（低压自流式系统）

如图2-16所示，工厂内各车间低压蒸汽供暖的凝结水经疏水器2或不经疏水器，依靠重力，沿着坡向锅炉房凝结水箱的凝结水管道3，自流返回凝结水箱4。

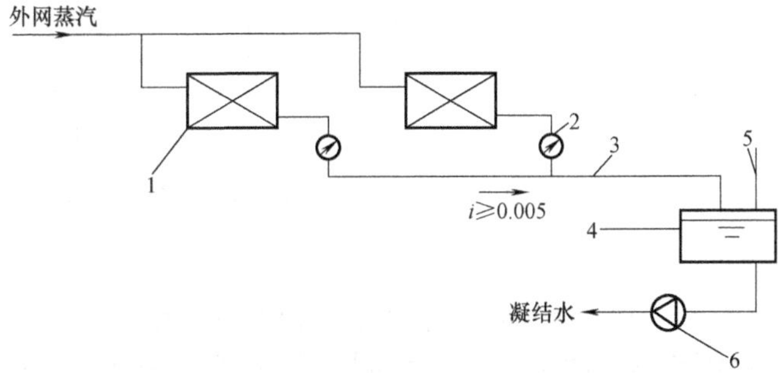

图2-16　低压自流式凝结水回收系统

1—车间用热装置　2—疏水器　3—室外自流凝结水管道　4—凝结水箱　5—排汽管　6—凝结水泵

低压自流式凝结水回收系统只适用于供暖面积小、地形坡向凝结水箱的场合，锅炉房应位于全厂最低处，其应用范围受到很大限制。

2. 两相流的凝结水回收系统（余压回水系统）

如图2-17所示，工厂内各车间的高压蒸汽供暖的凝结水，经疏水器2后直接接到室外凝结水管道3，依靠疏水器后的背压将凝结水送回锅炉房或凝结水分站的凝结水箱4去。

余压回水方式的一个主要特点：由于饱和凝水通过疏水器及其后管道造成压降，产生二次蒸汽，以及不可避免的疏水器漏气，因而在疏水器后的管道流动属于两相流的流动状态，凝结水管的管径较粗；但余压回水系统设备简单，根据疏水器的背压大小，系统作用半径一般可达500～1000m，并对地势起伏有较好的适应性。因此，余压回水系统是应用最广泛的一种凝结水回收方式，适用于全厂耗汽量较少、用汽点分散、用汽参数（压力）比较一致的蒸汽供暖系统上。

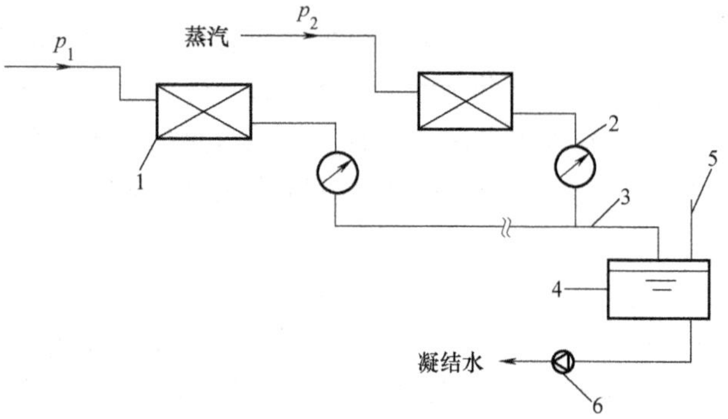

图2-17　余压回水系统

1—用汽设备　2—疏水器　3—两相流凝结水管道　4—凝结水箱　5—排汽管　6—凝结水泵

3. 重力式满管流凝结水回收系统

如图2-18所示，工厂中各车间用汽设备排出的凝结水，首先集中到一个承压的高位水箱4，在箱中排出二次蒸汽后，纯凝结水直接进入室外凝结水管道6。依靠高位水箱与锅炉房或凝结水分站的凝结水箱7顶部回形管之间的水位差，凝结水充满整个凝水管道流回凝结水箱。由于室外凝水管网不含二次蒸汽，选择的凝水管径可小些。

重力式满管流凝结水回收系统工作可靠，适用于地势较平坦且坡向热源的蒸汽供暖系统。

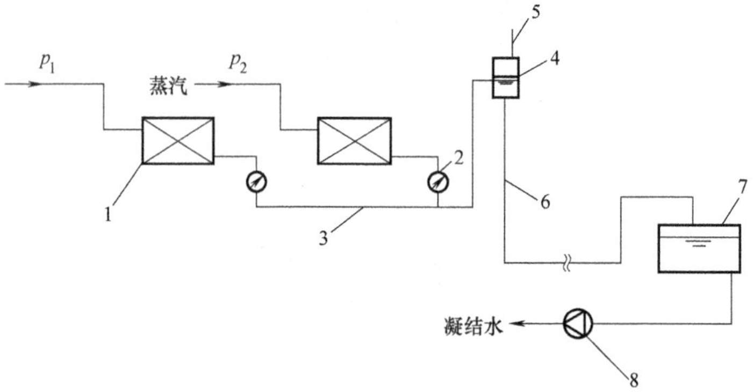

图2-18　重力式满管流凝结水回收系统

1—车间用热设备　2—疏水器　3—余压凝结水管道　4—高位水箱（或二次蒸发箱）　5—排气管　6—室外凝结水管道　7—凝结水箱　8—凝结水泵

以上介绍的三种凝结水回收系统，均属于开式凝结水回收系统，系统中的凝结水箱或高位水箱与大气相通。在系统运行期间，二次蒸汽通过凝结水箱或高位水箱顶设置的排气管排出，凝结水的水量和热量未能得到充分利用和回收。在系统运行停止期间，空气通过凝结水箱或高位水箱进入系统内，使凝结水含氧量增加，凝结水管道易腐蚀。

4. 闭式余压凝结水回收系统

采用闭式凝结水回收系统，可避免空气进入系统，同时，还可以有效地利用凝结水热能和提高凝结水回收率。回收二次蒸汽的方法可采用集中利用或分散利用的方式。

如图2-19所示，闭式余压凝结水回收系统的工作情况与上述余压回水系统无原则性区别，只是系统的凝结水箱必须是承压水箱和需设置一个安全水封5。安全水封的作用是使凝水系统与大气隔断。当二次蒸汽压力过高时，二次蒸汽可从安全水封排出，在系统停止运行时，安全水封可防止空气进入。

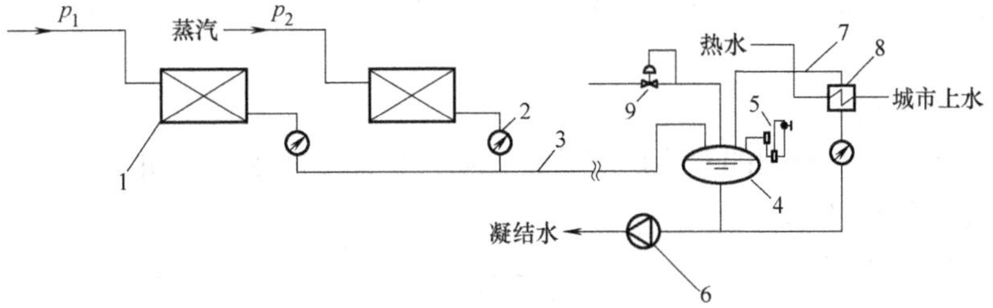

图2-19 闭式余压凝结水回收系统

1—车间用热设备 2—疏水器 3—余压凝水管 4—闭式凝结水箱 5—安全水封 6—凝结水泵 7—二次蒸汽管道 8—蒸汽-水加热器 9—压力调节器

图2-19所示是一个集中利用二次蒸汽的系统。室外凝水管道的凝水进入凝结水箱后，大量的二次蒸汽和漏汽分离出来，可通过一个蒸汽-水加热器8，以利用二次蒸汽和漏汽的热量。这些热量可用来加热锅炉房的软化水或加热上水用于热水供应或生产工艺用水。为使闭式凝结水箱在系统停止运行时也能保持一定的压力，宜向凝结水箱通过压力调节器9进行补汽，补汽压力一般为5kPa。

5. 闭式满管流凝结水回收系统

如图2-20所示，车间生产工艺用汽设备1的凝结水集中送到各车间的二次蒸发箱3，产生的二次蒸汽可用于供暖。二次蒸发箱的安装高度一般为3.0~4.0m，设计压力一般为20~40kPa，在运行期间，二次蒸发箱的压力取决于二次蒸汽利用的多少。当生产的二次蒸汽少于所需时，可通过减压阀补汽，满足需要和维持箱内压力。

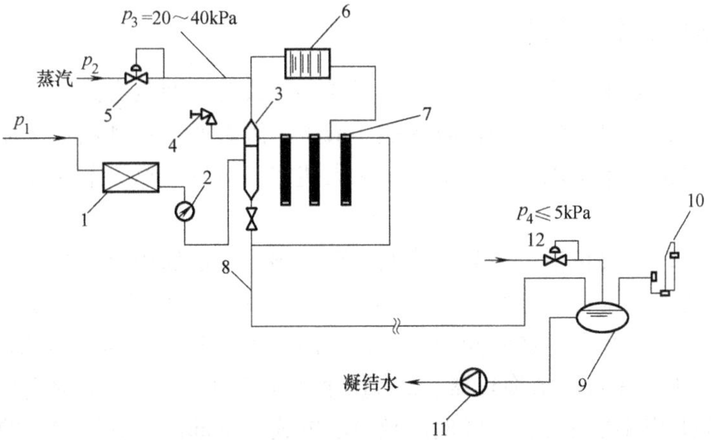

图2-20 闭式满管流凝结水回收系统

1—车间生产工艺用汽设备 2—疏水器 3—二次蒸发箱 4—安全阀 5—补汽的压力调节器 6—散热器 7—多级水封 8—室外凝水管道 9—闭式水箱 10—安全水封 11—凝结水泵 12—压力调节器

二次蒸发箱内的凝结水经多级水封7引入室外凝水管网，靠多级水封与凝结水箱顶的回形管的水位差，使凝结水返回闭式水箱9。闭式水箱应设置安全水封10，以保证凝水系统不与大气相通。

闭式满管流凝结水回收系统适用于能分散利用二次蒸汽、厂区地形起伏不大、地形坡向凝结水箱的场合。由于这种系统利用了二次蒸汽，且热能利用好，回收率高，外网管径通常较余压系统小。但各季节的二次蒸汽供求不易平衡，设备增加，故目前在国内应用尚不普遍。

6. 加压回水系统

如图2-21所示，对较大的蒸汽供暖系统，如选择余压回水或靠闭式满管重力回水方式，要相应选择较粗的凝水管径，在经济上不合理，则可在一些用户处设置凝结水箱3，收集该用户或邻近几个用户流来的凝结水，然后用水泵4将凝结水输送回热源的总凝结水箱6。这种利用水泵的机械动力输送凝结水的系统称为加压回水系统。这种系统凝水流动工况呈满管流动，它可以是开式系统，也可以是闭式系统，取决于是否与大气相通。加压回水系统增加了设备和运行费用，一般多用于较大的蒸汽供暖系统。

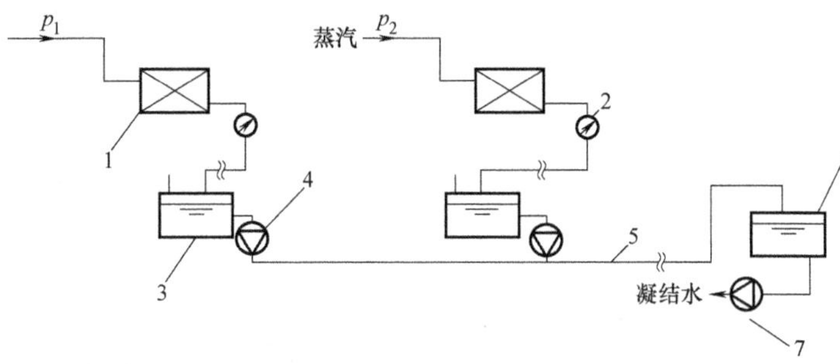

图2-21 加压回水系统

1—车间用热设备 2—疏水器 3—车间或凝结水泵分站内的凝结水箱 4—车间或凝结水泵分站内的凝结水泵 5—室外凝结水管道 6—热源总凝结水箱 7—凝结水泵

上述几种方式是目前最常用的凝结水回收方式。应着重指出：选择凝结水回收系统时，必须全面考虑热源、外网和室内用户系统的情况，各用户的回水方式应相互适应，不得各自为政，干扰整个系统的凝水回收，同时，要尽可能地利用凝水的热量。

2.4.3 凝结水回收利用实例[8]

宝鸡卷烟厂的冷凝水回收系统，综合了开式、闭式两种回收方式的优点，通过在回收水箱前增加余热交换器，最大限度地回收热能，减少了闪蒸产生；利用疏水加压泵和汽压回水器取代了传统闭式回收系统水泵，整个系统无人值守，运行可靠，节能效果显著。

1. 系统概况

冷凝水回收系统主要包括：冷凝水管网、疏水阀、疏水加压泵、汽压回水器、检测设备和回收水箱等。为了保证冷凝水的品质，冷凝水回收系统管网全部采用耐酸不锈钢无缝钢管，管道上控制阀门均采用不锈钢阀门，共敷设回收管线3000多米。将27台工艺设备、29台空调、4台制冷机、3台洗浴换热器、2台供暖热交换机组、2台空调热交换机组等设备的蒸汽冷凝水，通过车间内明装、厂区地沟敷设的方式，全部回收到锅炉房的回收水箱，供锅炉使用。主要回收管线示意图如图2-22所示。

2. 节能降耗效益分析

根据2009年动力能源统计数据，蒸汽总产量为87925t，凝结水回收量按照85%（设计回

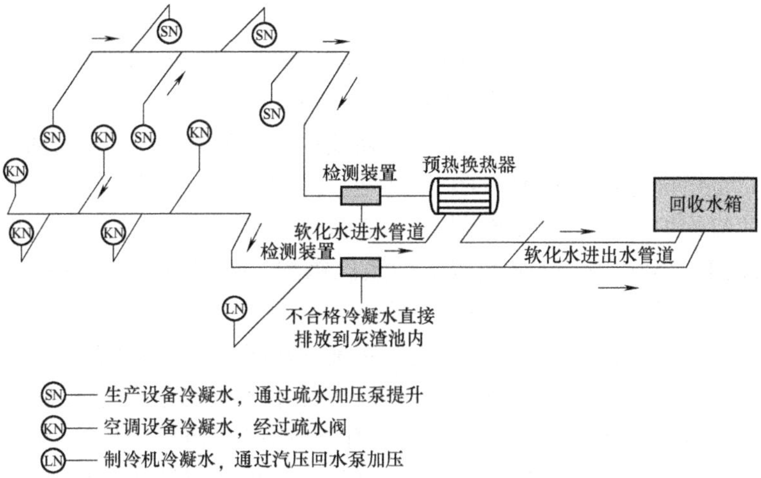

图2-22 主要回收管线示意图

收量为88.88%）计算，回收的凝结水温度在105℃左右（经过余热利用后凝结水温度在95℃左右）；煤低位发热值为5100kcal/kg；14℃软化水热焓值为14kcal/kg；105℃凝结水热焓值为105kcal/kg。

（1）节约水量 节约水量即为凝结水回收量：74736t/年。

（2）节约燃煤

$$[(105-14)\div5100\times74736\div80\%]\text{t}=1666.91\text{t 原煤}$$

注：80%为锅炉效率。

（3）节约软化水处理费用 因回收的凝结水品质较好，直接供锅炉使用，所以可节约软化水处理费用74736t/年×5元/t=37.37万元/年。

2.5 锅炉排污及烟气的回收利用与节能

2.5.1 锅炉排污

由于锅水不断蒸发浓缩，剩余水中的杂质含量越来越高。为降低锅水中盐、碱的含量，排放锅水中的水渣和其他杂质，保证锅水的质量，必须经常地从锅水中排放一部分浓缩后的污水。将锅炉工质中的污物排出的过程称为锅炉排污。通过锅炉排污可降低锅水含盐量，避免发生汽水共腾，保证蒸汽品质，但锅炉的热损失和水损失增加；锅炉排污可排出积聚在锅筒和下集箱底部的泥渣、污垢，当锅炉水位过高时，还可通过锅炉排污降低水位。

锅炉排污水与锅炉蒸发量的比值称为锅炉排污率ρ_{pw}，通常用质量分数表示。一般对于供暖锅炉，蒸发量不高于20t/h时$\rho_{pw}=5\%$，蒸发量不低于20t/h时$\rho_{pw}=2\%\sim5\%$；对于电站锅炉，我国规定的最大允许排污率：对于凝汽式电站$\rho_{pw}=1\%$（除盐水）~2%（软化水）；对于热电站$\rho_{pw}=2\%$（除盐水）~5%（软化水）。运行中实际的排污率可以根据水质分析结果计算确定。如果排污不足将直接影响锅水和蒸汽的质量，严重时会出现汽水共腾、热力设备结垢、爆管等现象，影响电厂运行的安全性；如果排污过量则会产生工质热量方面的损失，影响蒸汽系统运行的经济性。

锅炉中的排污分定期排污（也称间断排污或底部排污）和连续排污（也称表面排污）两种，相应的装置分别是定期排污装置和连续排污装置。定期排污定时地从水冷壁下集箱或锅筒底部排放锅水、沉积物及水渣；连续排污连续地从锅筒中在接近水表面处排放锅水、悬浮物及油脂等。定期排污 $\rho_{pw}=0.1\%\sim0.5\%$，排污量小，间隔时间长，一般 8 ~ 12h 或更长时间排一次。所有锅炉均设有定期排污装置，进口锅炉不论蒸发量大小，均既设定期排污又设连续排污；而国产蒸发量在 4t/h 及以下的蒸汽锅炉一般只设定期排污而不设连续排污。热水锅炉也要进行排污，一般只做定期排污[9]。

一般来说，只要采取合适的水处理工艺和正确的连续排污控制方法，供暖蒸汽锅炉的排污率不会超过 10%。我国目前大部分供暖蒸汽锅炉，由于连续排污的控制方法不当导致排污率高达 20% ~30%。再加上对排污的热量没有进行有效的回收或回收比例低，成为影响锅炉运行中热能有效利用的主要因素之一。调查显示，供暖锅炉普遍存在着排污过量问题，一般情况下，蒸发量较大的锅炉在水处理以及综合管理方面要好于小锅炉，其排污的合理性也优于蒸发量较小的锅炉。

供暖锅炉的排污系统随着热用户的不同而存在很大差别，连续排污和定期排污形式的选择也不尽相同。但供暖锅炉的排污系统都有一个显著的特点，那就是排污系统中对工质和热量的回收考虑得很少或者根本就没有考虑，有的甚至将二次蒸汽直接排空，将连续排污水直接排入地沟，不仅造成了大量工质和热量损失，还会造成热污染及水质污染。

排污水的热量在锅炉的热力计算中归属于锅炉有效吸热量，因此在进行供暖锅炉节能分析时不易引起重视。事实上，排污水属于锅炉的自用汽（水）范畴，影响锅炉的净效率。排污水中除含有少量的水垢、泥沙等沉积物外，绝大部分是含有大量热能的软化水，对其加以回收利用，可以使企业节能降耗，增加效益。总之，合理排污、锅炉排污水及其热能的开发利用，是一项潜力巨大、应用广泛且简单易行的节能措施，应该得到足够的重视。

2.5.2 锅炉排污原则及排污系统

锅炉排出的高温高压水中，含有从燃料中吸收的大量热量，因此，锅炉排污应该是在保证锅水品质和蒸汽质量的前提下，最大限度地减少锅炉排污量，以提高锅炉热量利用率，降低燃料成本。

合理地设置排污装置，及时正确地进行排污，保持锅炉水质良好，是减缓或防止水垢生成，保证蒸汽质量和防止金属腐蚀的重要措施，对保证锅炉安全经济运行十分重要。但在实际运行中，由于忽略排污的作用而引起锅炉受热面鼓包变形的情况时有发生。

1. 排污原则

(1) 搞好水质处理　降低排污率的根本措施是搞好水质处理，使锅炉给水水质符合标准要求。一台锅炉排污率的高低，主要取决于给水处理效果和锅炉负荷大小。当锅炉负荷一定时，水质处理越好，排污率越低；反之，给水质量越差，排污率越高。有些供暖锅炉原水的硬度、碱度较高，而锅炉给水的除盐系统又始终没有使用，为保证锅炉的正常安全运行，锅炉的排污量必须维持在 10% 以上。对于原水碱度很高的地区，若给水单纯采用钠型软化处理时，锅炉排污率可高达 30% 以上，尽管经过扩容器和换热器回收了一部分热能，但仍然有大量的水被排掉。下面给出几种提高锅炉水质的方法：

① 采用氢钠离子交换器并联水处理方式代替单纯钠型软化方式，降低给水碱度和含盐量。该方法行之有效，但工艺管理复杂，设备投资大，运行费用高，不适用于蒸发量低于10t/h的蒸汽锅炉。

② 在单纯钠型软化前，增设石灰预处理装置实现软化、降碱和部分除盐。对于无法回收利用蒸汽冷凝回水的锅炉房，可在钠离子交换器前增设石灰预处理装置，这也是一种降低锅水碱度和含盐量，从而减小锅炉排污率的一种行之有效的方法。与氢钠离子并联水处理方法相比，该方法工艺简单，设备投资改造规模小、运行费用低，很适合中小型锅炉房采用。

③ 增大锅炉冷凝回水的回收利用率。

（2）各排污点主次分明，采用合理正确的排污操作方法　根据锅炉结构特点及历次检查内部结垢积渣情况，确定锅筒和各集箱的排污量与排污次数。水处理化验员与司炉工要密切配合，准确及时化验，选择好排污时机，采用合理正确的排污操作方法，方能取得较好的排污效果。锅炉排污质量取决于排污率的大小和排污的方式，而且还要按照排污的要求进行，才能保证排出水量，排污效果好。对排污的主要要求是：

① 勤排。就是说排污次数要多一些，特别用底部排污来排出泥垢时，短时间的多次的排污，要比长时间的一次排污及排泥效果好得多。加强对锅水的检测，坚持1h取样化验一次的原则。

② 少排。只要做到勤排，必然会做到少排，即每次排污量要少。这样既可以保证不影响供暖，又会使锅水质量始终控制在标准范围内，而不会产生极大的波动。这对锅炉维护是十分有利的。

③ 均衡排。就是说要使每次排污的时间间隔大体相同，使锅炉水质经常保持在均衡状态下。

④ 在锅炉低负荷下排污。此时因为水循环速度低，水渣容易下沉，定期排除效果好。

（3）采用自动控制排污节能装置　用人工排污只能凭感觉控制排污量大小，对于连续排污可采用锅炉自动排污系统装置。跟踪测试电导率，全面控制锅水浓度，反映锅水含盐量，使锅水浓度控制在给定浓度5%的误差范围内，不但可防止锅炉含盐量高而引发的锅炉受热面事故，而且还可避免排污过量，降低排污率。

2. 锅炉排污系统

锅炉排污系统包括连续排污、定期排污的管道及其设备等。为了回收利用连续排污水的热量，常规的方法是加装一个连续排污扩容器（或称膨胀器）。排污水进入扩容器后，进行扩容减压，一部分排污水迅速变为蒸汽，余下的排污水成为压力接近大气压力的饱和热水（表压0.02MPa下温度为104℃）。将这部分低压蒸汽送至热力除氧器，供除氧用；对饱和热水，正规的设计要配套水-水换热器，用来加热软化水，以将104℃的热水冷却到40～50℃后再排入地沟。图2-23是连续排污管道系统示意图，从锅炉上锅筒连续排污管接至排污扩容器的排污管

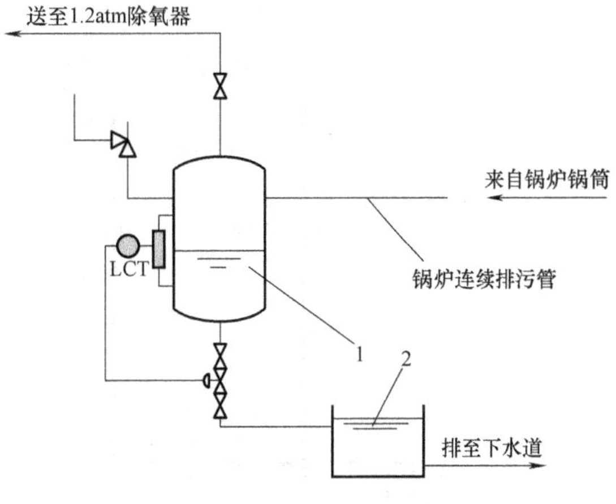

图2-23　连续排污管道系统示意图

1—连续排污扩容器　2—排污降温池

注：1atm = 101.325kPa。

道必须采用无缝钢管，在排污扩容器进口处应设一个截止阀，排污扩容器的水位可用液位调节阀控制。2～4台锅炉宜合用一台连续排污扩容器，每台锅炉的连续排污管道应单独接至连续排污扩容器进口。在锅炉接出的连续排污管上，应装设节流阀。

国家排放标准明确规定污水排放温度不得高于40℃。锅炉排污水具有很高的温度，在排入城市排水管网前应采取降温措施，使温度降到40℃以下。一般在室外设排污降温池，用冷水混合冷却。当降温池设于室内时，降温池应密闭，并设有人孔和通向室外的排气管。当有连续排污时，降温池容积应保证冷热水充分混合。

对于定期排污的小型锅炉房，一般是将降温过程中产生的二次蒸汽导出池外，而只对温度为100℃的水进行降温处理。锅炉的定期排污管上，一般设置快速排污阀和截止阀串联使用，在靠近排污口处设置截止阀，其后串联快速排污阀，以保护快速排污阀。

一般每台锅炉必须单独设置定期排污管，排污水经室外降温池冷却后排入下水道。当几台锅炉合用排污总管时，在每台锅炉接至排污总管的干管上，必须装设切断阀，在该阀前宜装设止回阀。锅炉的排污阀及其管道不应采用螺纹联接；排污管道应减少弯头，保证排污通畅。

2.5.3 锅炉排污水热量回收与利用系统

将排污水中的热量最大限度地回收利用，对整个排污系统进行节能改造需要全面考虑，综合各方面的因素，采用可靠的技术手段和合理的设备结构，以满足其对安全经济运行的要求。

1. 闪蒸罐与闪蒸蒸汽回收

回收锅炉排污中的热量，最直接的办法是用排污水直接加热锅炉冷补给水。由于锅炉排污时排放的是锅炉运行压力下的高温饱和水，含有高浓度的各种溶解固形物，不能直接用于锅炉给水。最常用的方法是首先使高温高压的锅炉排污水进入一个闪蒸罐（连续排污扩容器），在闪蒸罐内，排污水压力迅速下降，同时释放出闪蒸蒸汽。闪蒸蒸汽可直接通入锅炉给水箱或冷补给水箱，与软化水混合，提高锅炉给水温度；闪蒸蒸汽也可通入热力除氧器，以减少热力除氧器的蒸汽耗量；如果闪蒸压力较高，闪蒸蒸汽还可以进入蒸汽管网。图2-24所示为锅炉排污热量回收系统，采用的是闪蒸蒸汽除氧以及剩余污水加热给水的综合利用方案。

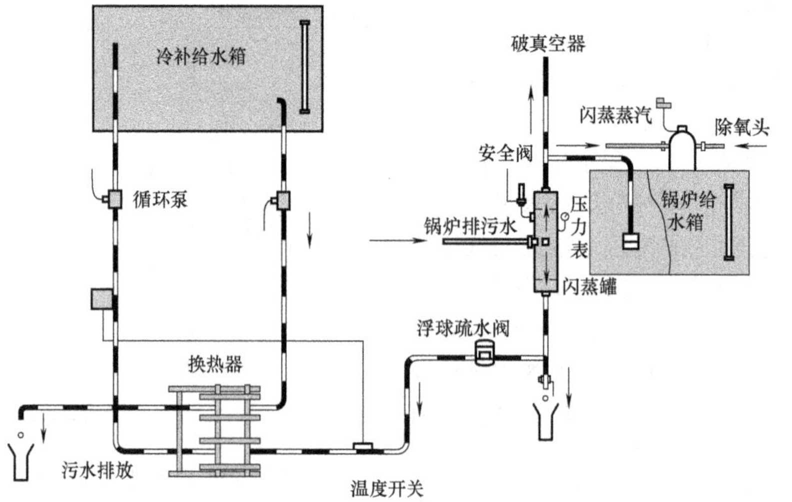

图2-24 锅炉排污热量回收系统

2. 闪蒸后剩余排污水的热量回收和安全排放

锅炉排污水进入闪蒸罐降压闪蒸后，剩下大量闪蒸压力下的饱和水。这部分水的温度为在0.02MPa压力下的饱和温度，高达104℃。如果直接排放，不仅损失了大量宝贵的热能，而且污水在如此高的温度下排放也会对环境产生热污染，甚至损坏污水管道。因此应继续回收闪蒸后剩余排污水中的热量，将其温度降至40℃以下后再安全排放。

闪蒸后污水温度高，可将其通过换热器加热锅炉给水或加热化学水处理车间送来的软化水，同时使排污水温度降至40℃以下达标排放；也可将高压闪蒸罐底的剩余排污水引至工艺装置的伴热系统，然后视热交换后排污水的出水温度情况，将排污水送至供暖系统，或者排入地沟。

在图2-24中，使闪蒸罐内闪蒸后剩余污水通过一台换热器，换热器二次侧冷却水来自锅炉冷补给水箱。换热器选型应满足在锅炉最大排污量时能将其温度降到40℃以下。为了节约电能，冷却水循环泵由安装在换热器排污水进口处的温度开关控制，使得该泵仅在有热污水流入换热器时才运转。由于纯净的闪蒸蒸汽在闪蒸罐内被分离出来，闪蒸后剩余污水含溶解固形物的浓度比锅水中更高，非常容易腐蚀和结垢，因此换热器应选用板式换热器，不锈钢片耐腐蚀而且便于拆装维护。

3. 排污水作为供暖系统补水

锅炉排污水经连续扩容器回收蒸汽后余下约70%的排污水，可用于热水供暖系统的补水，锅炉排污水还可用作其他蒸发设备的给水。

蒸汽锅炉碱性排污水的pH值一般在10～12范围内，硬度小于0.01mol/L，溶解度低于0.05mg/L，用于热水锅炉可具有防垢防腐的双重功效，不会对供暖系统构成危害，其性能优于目前采用任何一种水处理形式的热水锅炉给水。采用这种方法省去了热水锅炉房的专职软化工、水处理设备和大量的盐耗、水耗及树脂补充消耗等。高温的碱性排污水进入供暖系统，实现了排污水热量的完全回收。

一般将锅炉排污水用于供暖系统主要有以下几种形式：

1）对于原来是闭式强制循环的供暖系统，可在供暖循环管路上加上一套表面式水-水换热器，具体流程如图2-25所示。

2）一般锅炉的排污水量要远远小于供暖系统的循环水量，锅炉排污水的水质比供暖热网水质好得多，可直接回收。但是如利用混合加热方式直接引入供暖热网系统，需要在排污水管路上加装止回阀，防止当锅炉停炉检修或汽压较低时供暖循环水进入锅炉，给锅炉的安全运行造成危害；在供暖循环水管路上需要加装安全阀，防止供暖循环水压出现高压时给供暖用户造成伤害；同时应设置水处理装置，防止循环水结垢。对于带有供暖系统的供暖蒸汽锅炉，也可将连排水管（一般多为*DN*20或*DN*25）直接插入供暖系统的主管路中（送水管或回水管），或利用排污水通至暖气片中，代替蒸汽或热水取暖，尤其在锅炉房及附近车间或工作场所，采用排污水取暖更为方便。

3）将锅炉的排污水引至蓄热池内的沉淀池，此蓄热池作为取暖系统的低位水箱，排污多余的水通过浴池使用后排放出去，具体流程如图2-26所示。值得注意的是，此时供暖系统回水是自流回水，在整个管路系统中，有的循环回路比较近，回水较快；有的管路复杂，管线长，阻力大，因此需要调节回水阀门，从总体上使回水达到平衡。

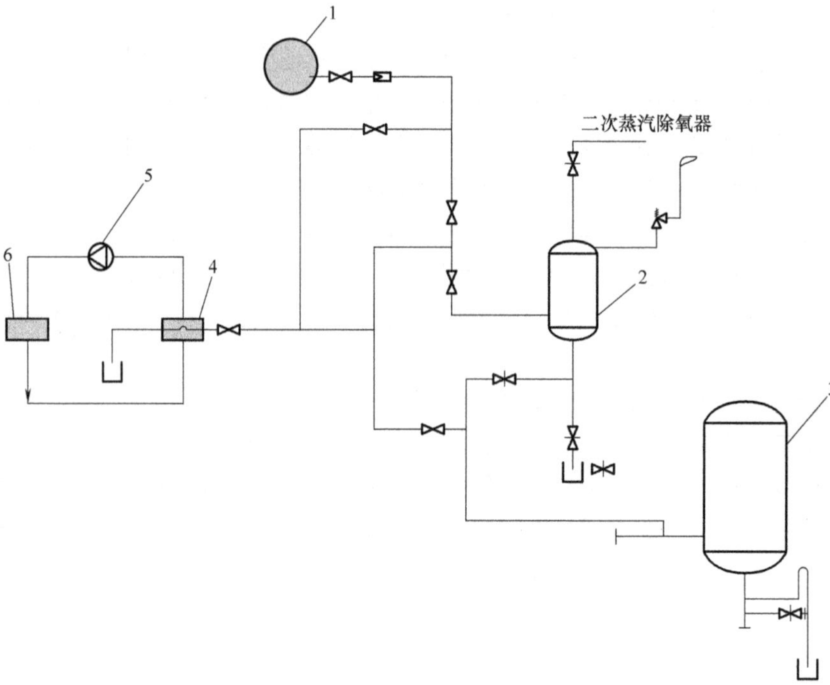

图 2-25 锅炉排污水供暖利用系统图

1—锅筒 2—连续排污扩容器 3—定期排污扩容器 4—表面式水-水换热器 5—循环水泵 6—热用户

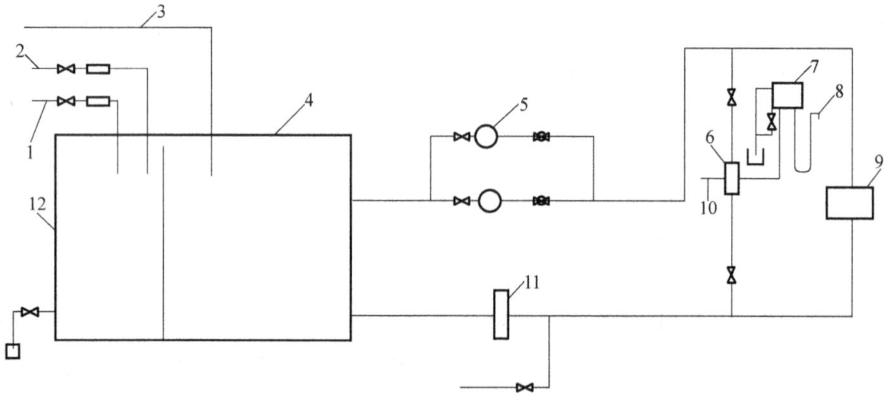

图 2-26 锅炉排污水供暖利用系统图

1—连续排污管路 2—定期排污管路 3—蒸汽管路 4—储热池 5—水泵 6—水-水加热器 7—稳压水箱 8—淋浴器 9—热用户 10—自来水 11—除垢器 12—沉淀池

4. 排污水作低温热源驱动空调/热泵

在一些特殊场合，可以利用排污水作热泵的热源或者空调的驱动热源，从而使本来难以回收的低温余热得到重新利用。该技术目前还需要进一步加强研究，争取早日实现工业应用。

双效固体吸附制冷机的热力系数已达 1.2 左右，在单机制冷量 1000kW 以下的中小型制冷场合具有较高性价比，可用工业余（废）热和太阳能驱动，是一种理想的节能与绿色环保技术。技术经济比较表明，采用固体吸附式空调/热泵进行电站锅炉排污热回收节能改造是可行的。

与其他锅炉排污热利用方式相比，该系统具有以下突出特点：

1）采用新型固体吸附式制冷技术，结构简单、可靠性高、初投资低、耗电少、无污染，具有良好的节能与环保效益。

2）可适应扩容器闪蒸蒸汽压、液位和负荷大幅度变化，控制方便，安全可靠。

3）直接将排污热转化为空调用冷，可节省大量空调用电。无空调负荷期改做热泵运行，直接对电厂热力系统供暖，可显著提高机组热经济性。

4）尽管固体吸附式制冷系数略低于吸收式，但制冷回热量全部回收到电厂热力系统，并无热量浪费。并且设备投资、维护费用和耗电远低于吸收式。

2.5.4　排烟余热的回收利用

天然气供暖锅炉排烟温度较高，可以通过加装冷凝式换热器回收烟气潜热，降低排烟温度，提高锅炉效率。在国外，将回收了烟气中水蒸气汽化（潜）热的锅炉称为冷凝式锅炉。自从世界上第一台冷凝式锅炉于1979年在荷兰诞生以来，很多国家如法国、英国、奥地利、德国、美国等相继进行了研制，并在供暖行业得到了越来越广泛的应用[10]。我们国家尚没有冷凝式锅炉的生产厂家，但我国一些单位对冷凝式锅炉、冷凝式燃气热水器已经有所研究，并设计了冷凝式烟气热能回收装置，应用于实际的工程，取得了令人满意的效果[11,12]。

天然气的主要成分是烃，陕北天然气成分见表2-2[13]。燃料中含有大量的H元素，这样锅炉排烟中含有大量的水蒸气，导致排烟不仅带走一部分显热，而且带走大量的水蒸气潜热。

表2-2　陕北天然气成分

成　分	CH_4	C_2H_6	C_3H_8	C_4H_{10}	CO_2	H_2	N_2
体积分数（%）	96.32	0.6	0.08	0.01	2.23	0.04	0.72

根据水蒸气分压系数可知烟气中水露点一般在56～60℃。我们通过用冷媒介质（如冷水、冷空气等）降低烟气温度至露点（表2-2中陕北天然气的排烟露点为59.3℃）以下，可以同时回收烟气的显热和潜热。由于传统上计算热效率是以低位发热量为基准的，若计入水蒸气潜热后，锅炉热效率可以超过100%。

烟气余热回收一般采用冷凝式换热器，即锅炉成为了所谓的冷凝式锅炉，其基本形式如图2-27所示。

排烟余热利用的方法有多种，按其利用方式的不同，可将其分为系统内利用和系统外利用。系统内利用如余热用于加热天然气锅炉供暖系统内的工质（如加热系统回水）。系统外利用如余热用于加热供暖系统外工质（如加热生活热水、加热供暖系统回水、低温热水地板辐射供暖等），如图2-27所示。系统外利用随使用情况变化较大，如生活热水在不同的场合使用情况差别很大；而系统内利用不随系统外情况的变化而变化。

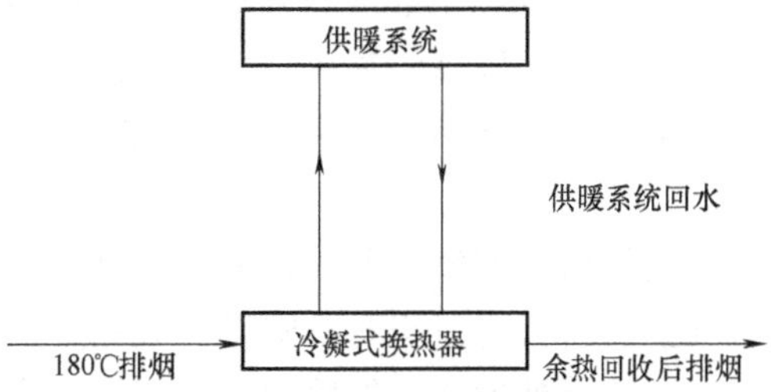

图2-27　烟气余热回收方法示意图

2.6 蓄热技术及其应用

在现有的能源结构中，热能是最重要的能源之一。但是大多数能源，如太阳能、风能、地热能和工业余热废热等，都存在间断性和不稳定的特点，在许多情况下人们还不能合理地利用能源。例如，在不需要热时，却有大量的热量产生；而在急需时又不能及时提供；有时供应的热量有很大一部分作为余热被损失掉等。我们是否可以找到一种方法，像水池储水一样把暂时不用的热量储存起来，而在需要时再把它释放出来？回答是肯定的。我们采用适当的蓄热方式，利用特定的装置，将暂时不用或多余的热能通过一定的蓄热材料储存起来，需要时再利用的方法称为蓄热技术[14]。

2.6.1 蓄热技术

常见的蓄热方式主要有三种，即显热蓄热、潜热蓄热和化学反应蓄热。

1. 显热蓄热

显热蓄热就是当对蓄热介质加热时，其温度升高，内能增加，从而将热能蓄存起来。显热式蓄热原理非常简单，实际使用也最普遍。利用显热蓄热时，蓄热材料在储存和释放热能时，材料自身只是发生温度的变化，而不发生其他任何变化。这种蓄热方式简单、成本低。但在释放能量时，其温度发生连续变化，不能维持在一定的温度下释放所有能量，无法达到控制温度的目的，并且该类材料的储能密度低，从而使相应的装置体积庞大，因此它在工业上的应用价值不是很高。

常见的显热蓄热介质有水、水蒸气、砂石等。显热蓄热主要用来储存温度较低的热能。液态水和岩石等常被用作这种系统的储存物质。显热储存技术产生的温度较低，一般低于150℃，仅用于取暖。这也是由于它转换为机械能、电能或其他形式的能量效率不高，并受到热动力学基本定律的限制。

显热储存系统规模较小，比较分散，对环境产生的影响不大。大部分小型系统利用一个绝缘的热水箱，把它放在设备房或埋在地下。设计合理的系统应该与饮用水源完全分开，或者安装热虹吸管，防止储存系统和水倒流回饮用水源。这种预防措施是必要的。因为在储水中可能产生藻类、真菌和其他污染物。

为使蓄热器具有较高的容积蓄热密度，要求蓄热介质有高的比热容和密度。目前应用最多的蓄热介质是水及石块。水的比热容大约是石块比热容的4.8倍，而石块的密度只是水的2.5～3.5倍，因此水的蓄热密度要比石块的大。石块的优点是不像水那样有漏损和腐蚀等问题。通常石块床都是和太阳能空气加热系统联合使用，石块床既是蓄热器又是换热器。当需要蓄存温度较高的热能时，以水作蓄热介质就不合适了，因为高压容器的费用很高。可视温度的高低，选用石块或无机氧化物等材料作为蓄热介质。

2. 潜热蓄热

物质由固态转为液态，由液态转为气态，或由固态直接转为气态（升华）时，将吸收相变热，进行逆过程时，则将释放相变热，这是潜热式蓄热的基本原理。潜热储存是系统中的一种物质被加热，然后熔化、蒸发或者在一定的恒温条件下产生其他某种状态变化。这种材料不仅能量密度较高，而且所用装置简单、体积小、设计灵活、使用方便且易于管理。另外，它还有一个很大的优点，即这类材料在相变储能过程中处于近似恒温状态，可以以此来控制体系的温度。利用固液相变潜热蓄热的蓄热介质常称为相变材料（Phase Change Materials）。潜热储存系统利用了高温相变的特性，当储存介质的温度达到熔点时，出现吸收物质熔化潜能的相变化。然而，当从储存系统吸收热能时，通过倒相，这股热可以释放出来。这一方法与显热蓄热系统相比，一个很大的优点是在必要的恒温下能够获取热能。另外能通量高，潜势大，也是潜热储存系统的潜在优点。

虽然液-气或固-气转化时伴随的相变潜热远大于固-液转化时的相变热，但液-气或固-气转化时容积的变化非常大，使其很难用于实际工程。目前有实际应用价值的，只是固-液相变式蓄热。与显热式蓄热相比，潜热式蓄热的最大优点是容积蓄热密度大。为蓄存相同的热量，潜热式蓄热设备所需的容积要比显热式蓄热设备小很多。

3. 热化学方法蓄热

化学反应蓄能是利用可逆化学反应的反应热来进行蓄能的。例如，正反应吸热，热被储存起来；逆反应放热，则热被释放出来。这种方式的储能密度较大，与潜热蓄热系统同样具有在必要的恒温下产生的优点。热化学储能系统的另一个优点是不需要绝缘的储能罐。但其反应装置复杂而又精密，必须由经过专门训练的人员进行仔细保养，技术复杂且使用不便。因此这种系统只适用于较大型的系统，目前仅在太阳能领域受到重视，离实际应用尚较远。

热化学蓄热方法大体分为三类：化学反应蓄热、浓度差蓄热及化学结构变化蓄热。

热化学反应蓄热是指利用可逆化学反应的结合热储存热能。即利用化学反应将生产中暂时不用或无法直接利用的余热转变为化学能收集、储存起来，在需要时，可使反应逆向进行，即可将储存的能量释放出来，使化学能转变为热能而加以利用。例如十水硫酸钠 $Na_2SO_4 \cdot 10H_2O$ 是最先用于蓄热的化学物质。当加热时，它会溶解于组成的结晶水中，温度至32.4℃以上时，则形成无水硫酸钠的浓溶液，并吸收大量的热；而当温度降至32.4℃以下时，逆向反应发生，重新产生结晶体，同时放出同样的热。

浓度差蓄热是利用酸碱盐溶液在浓度发生变化时会产生热量的原理来储存热量的。典型的是利用浓硫酸浓度差循环的太阳能集热系统，利用太阳能浓缩硫酸，加水稀释即可得到120～140℃的温度。浓度差蓄热多采用吸收式蓄热系统，也叫化学热泵技术。

化学结构变化蓄热是指利用物质化学结构的变化而吸热、放热的原理来蓄放热的蓄热方法。

实际上上述三种蓄热方式很难截然分开，例如潜热型蓄热也会同时把一部分显热储存起来，而反应性蓄热材料则可能把显热或潜热储存起来。三种蓄热方式中以潜热蓄热方式最具有实际发展前途，也是目前应用最多和最重要的储能方式。

蓄热技术中关键技术是蓄热材料的性能研究。理想的蓄热材料应符合以下条件：

1）热力学条件。合适的相变温度，因为相变温度正是所需要控制的特定温度，对显热储存材料要求材料的热容大，对潜热储存材料要求相变潜热大，对反应热要求反应的热效应大；材料的热导率高，要求材料无论是液态还是固态，都有较高的热导率，以使热量可以方便地存入和取出；性能稳定，可反复使用而不发生熔析和副反应；在冷、热状态或固、液状态下，材料的密度大，从而体积能量密度大，相变时体积变化小；体积膨胀率小，蒸汽压低，使之不易挥发损失。

2）化学条件。腐蚀性小，与容器相容性好，无毒、不易燃、无偏析倾向，熔化、凝固时不分层；对潜热型材料，要求凝固时无过冷现象，熔化时温度变化小；稳定性好，在多组分时，各组分间的结合要牢固，不能发生离析、分解及其他变化；使用安全，不易燃、易爆或氧化变质；符合绿色化学要求，无毒、无腐蚀、无污染。

3）经济性条件。成本低廉，制备方便，便宜易得。

在实际研制过程中，要找到满足所有这些条件的相变材料非常困难。因此，人们往往先考虑有合适的相变温度和较大的相变热的储热材料，而后再考虑其他各种因素的影响。

2.6.2 蒸汽蓄热器的工作原理与设计

1. 蒸汽蓄热器的工作原理

蒸汽蓄热器的工作原理是在压力容器中储存水，将蒸汽通入水中以加热水，即传输热能于水（蓄热器充热），使容器中水的温度、压力、水位均升高，形成具有一定压力的饱和水，然后在蓄热器放热时容器内压力、温度、水位均下降的条件下，饱和水成为过热水，立即沸腾而自蒸发，产生蒸汽。这是以水为载热体间接储蓄蒸汽的蓄热装置。容器中的水既是蒸汽和水进行热交换的传热介质，又是蓄存热能的载热体。蒸汽蓄热器是蓄积蒸汽热量的压力容器，它是将储存的能量由蒸汽携带进入供暖系统，其特点是容器内水的压力和温度都是变化的。常见的为卧式圆筒蓄热器，也有立式的。均可安装在室外，通常装在锅炉房附近。

2. 蒸汽蓄热器的主要热工特性

对于已定的蓄热器热力系统，蓄热器的工作压力在设定的范围内变化。这个工作压力的上限称为蓄热器的充热压力（p_1），即充热过程终止时的最高压力；这个工作压力的下限称为蓄热器的放热压力（p_2），即放热终止时的最低压力。

一定容积的蒸汽蓄热器，当充热时的蒸汽参数一定时，它的蓄热量和蒸汽发生量取决于充热压力和放热压力的压差大小和放热压力值的高低。

蓄热器的蓄热量是指蓄热器从充热压力降到放热压力状态时产生的蒸汽量或热量，单位为kg（蒸汽）或J（或kJ）。

单位蓄热量（或比蓄热量）是蓄热器内1m^3热介质（水）从完全放热到完全充热两种状态之间所蓄存的蒸汽量或热量，单位为kg/m^3或J（或kJ）/m^3。

充热速率是指蒸汽（热）流入蓄热器的速率，常以kg/h（或t/h）计量。

放热速率是指蒸汽（热）流出蓄热器的速率，常以kg/h（或t/h）计量。

蓄热器的充水系数是指蓄热器在充热终了时容器内水体积占容器总容积的百分率。

3. 蓄热器的设计计算

蒸汽蓄热器的单位容积蓄热量q及蓄热器容积V是描述蓄热器蓄热能力（蒸汽发生量）的两个重要参数。工程设计中，根据供暖系统的蒸汽产出情况，正确计算单位容积的蓄热量和蓄热器体积是合理配置蒸汽蓄热器的关键。在一定的供暖系统中（充热压力、放热压力分别受到锅炉和蒸汽用户的限制），单位容积蓄热量q取决于充热压力和放热压力的压差。

（1）蓄热量的计算　蒸汽蓄热器的蓄热量和供汽锅炉的容量无匹配关系，必须根据锅炉的实际蒸发量、热用户负荷的波动情况和供暖系统进行分析和计算。按不同的使用蒸汽蓄热器的目的，采用不同的计算方法。

1）积分曲线法。积分曲线法是根据热用户在某段时间t内的波动负荷曲线，求出该阶段的平均负荷曲线，然后根据波动负荷曲线和平均负荷曲线之间的差值进行积分，得到该时期的积分曲线，此积分曲线上最高点和最低点之间的绝对值，即为该阶段所需的蓄热量。

2）高峰负荷计算法。高峰负荷计算法是按用汽设备在用汽高峰或非连续的瞬间用汽时间内的耗汽量，减去该用汽时间内锅炉的供汽量，求得必需的蓄热量。

在采用蓄热器与锅炉并联的系统中，这种计算方法适用于以蒸汽蓄热器主要作为保存大量蒸汽供短时间内使用的场合。它基本上无平衡负荷的作用，因为相对于瞬时的巨大用汽量有时锅炉的容量可以说很小，因此对这类负荷蓄热器的蓄热量主要取决于高峰用汽量，所需的蓄热量 G [kg（汽）] 为

$$G=(Q_{max}-Q_0)\frac{t}{60} \tag{2-8}$$

式中 Q_{max}——用汽设备的最大耗汽量(kg/h)；

Q_0——锅炉产汽量实测值(kg/h)；

t——充热时间(min)。

3）充热强度计算法。当蒸汽蓄热器用于把间断供汽的热源转变为连续供汽的热源，或要求在一定时间内蓄存多余的汽轮机排汽时，蓄热器的蓄热量 G [kg（汽）] 主要取决于充热蒸汽的流量，其计算式为

$$G=Q_1\frac{t}{60} \tag{2-9}$$

式中 Q_1——间断汽源的平均产汽量(kg/h)；

t——充热时间(min)。

必须根据具体情况，灵活应用上述几种计算方法。

（2）蒸汽蓄热器的容积计算　求得需要的蓄热量后，就可以计算蒸汽蓄热器的容积。

首先按照已设定的蓄热器充热压力和放热压力，查阅线图或计算求取单位饱和水蓄热量。蓄热器的容积按下式计算

$$V=\frac{G}{g_0\varphi} \tag{2-10}$$

式中 V——蒸汽蓄热器的容积(m^3)；

G——需要蓄热量[kg（汽）]；

g_0——饱和水比蓄热量[kg（汽）/m^3]；

φ——充水系数，一般在0.75～0.95间选取。

求得蓄热器容积后，可查照蓄热器的标准系列产品确定规格型号，或进行非标准产品设计。

一般钢制蓄热器的单台容积在通常制造条件下不宜大于150m^3。当需要的容积很大时，可采用多台小的蓄热器组合而成。虽从热损失等方面来看大容量的蓄热器较有利，但超过一定容积限度的大型压力容器，往往由于其制造工艺（例如焊缝的热处理等）和需要的工艺设备以及高强度钢材的价格等因素而使它的制造费用急剧上升，所以应具体问题具体分析。

2.6.3 蓄热器的控制和管路系统

当蒸汽蓄热器与供汽锅炉并联，并当用汽负荷频繁波动时，蓄热器必须安装自动调节阀，以保证动作的准确性。图2-28所示的蒸汽蓄热器压力自动调节系统以主蒸汽管内压力

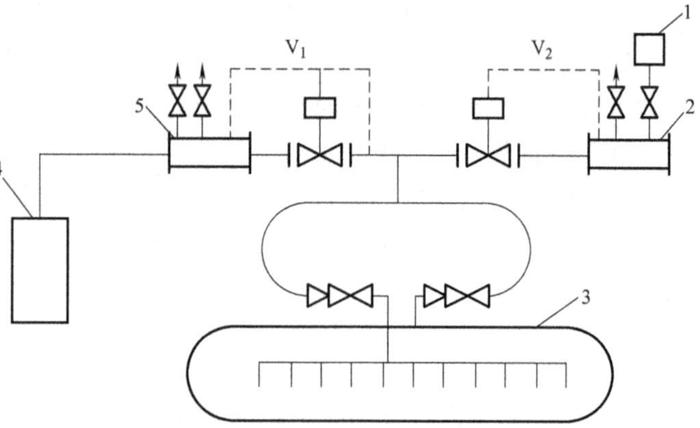

图 2-28 蒸汽蓄热器压力自动调节系统

1—低压负荷 2—低压分汽缸 3—蓄热器 4—锅炉 5—高压分汽缸

脉冲作为输入信号。V_1 阀为控制阀前压力的自动调节阀，当高压分汽缸内压力上升到给定值时，它即自动打开，称为锅炉的溢流阀，使蒸汽送往低压用户（经 V_2 阀），或对蓄热器充热。当高压分汽缸内压力下降到给定值时，V_1 阀就自动关闭，它的主要任务是维持锅炉压力稳定。

自动调节阀 V_2 是减压阀，信号取自阀后，它的主要调节任务是维持低压侧供汽的压力稳定。当低压用户开始用汽后，低压分汽缸内压力下降到约定值时，V_2 阀即开始供汽，以后阀的开度随低压侧压力变化而变动。

蓄热器中的蒸汽流程可能有下列几种情况：

1）蒸汽进入 V_1 阀后直接去 V_2 阀输出（$Q_{入}=Q_{出}$）。

2）蒸汽进入 V_1 阀后部分去蓄热器储存（$Q_{入}>Q_{出}$）。

3）蒸汽进入 V_1 阀后全部去蓄热器储存（$Q_{出}=0$）。

4）无蒸汽进入 V_1 阀而由蓄热器供汽（$Q_{入}=0$）。

5）蒸汽进入 V_1 阀后直接去 V_2 阀输出，但汽量不够，需由蓄热器补给（$Q_{入}<Q_{出}$）。

为了保证生产设备安全，当选用气动或电动调节阀时，调节阀 V_1 宜选用气关（或电关）型，而 V_2 宜选用气开（或电开）型。这样，当 V_1 阀前压力突然升高时，V_1 阀就全开，锅炉所产蒸汽可流入蓄热器储存；而 V_2 阀则立即关闭，以防止低压用热设备发生超压。

2.6.4 蒸汽蓄热器的应用

在工业生产和日常生活的各个领域有很多设备需要用蒸汽，这些蒸汽大都是由锅炉提供的。而用汽的工艺设备对蒸汽的需求往往是不均衡的，有的波动很大，因此使供汽的锅炉负荷也随之波动。这不仅造成锅炉燃烧不稳定和运行热效率下降，而且使司炉工劳动强度加大。采用蒸汽蓄热器可以完全改变这种状况，它不仅可以成倍或数倍提高现有供汽系统瞬间供汽能力，而且还可保持供汽系统压力稳定在既定的工作范围内。它既是供汽系统的能量储存与放大器，又是供汽系统压力的稳定器，尤其是对间断供汽用户和对蒸汽供汽负荷波动过大的用户具有特殊的适应性。

设置蒸汽蓄热器后一般均可取得节能和提高产品产量或质量的经济效益，故其应用广泛。蒸汽蓄热器在欧美、日本、前苏联等均作为重要节能设备而受到重视和推广。尤其是日本，在 20 世纪 70 年代石油危机后，各行各业广泛应用蒸汽蓄热器节能，且卓有成效，蒸汽蓄热器堪称重要的节能设备之一。我国自 20 世纪 60 年代开始研究，但直到 20 世纪 80 年代才开始重视其技术开发和应用，1984 年还从日本引进了全套先进的设计与制造技术。目前，北京、上海、哈尔滨、南京、福州等地均有设置蒸汽蓄热器的厂家。据调查，国内凡采用蒸汽蓄热器的用户，均取得了显著的经济效益。但这一先进节能设备在我国的推广应用尚非常有限，其原因主要是许多蒸汽供暖单位对该技术还不够了解。

蒸汽蓄热器主要应用于下列四种场合：

1）热负荷波动大而频繁的供暖系统。主要目的是稳定供汽锅炉的供汽压力，从而提高蒸汽品质和锅炉热效率。这种情况主要出现在部分工业企业中。由于工艺用热的特点，热负荷有剧烈而又频繁的变化，如无蓄热装置，则蓄热量有限的供暖锅炉必须跟踪波动的热负荷而变动其蒸发量，由此导致锅炉燃烧不稳定，热效率下降。安装使用蒸汽蓄热器后，就可储存热负荷低谷时锅炉多余的蒸发量，以补给高峰负荷出现时锅炉蒸发量的不足，使锅炉能在稳定的工况下经济地运行，同时也满足波动的热负荷需要，以达到节能的目的。

在卷烟生产企业中，各生产工序大多需要一定量的但压力不一的饱和蒸汽，如烟叶发酵、烟包回潮、润叶、烘丝、梗丝膨化、糖料间、制浆房及冷冻站与热交换站等，其中有些工序的生产设备不仅用汽量大，而且还是间断式运行。如以某卷烟厂制丝线的真空回潮机为例，该设备在正常生产情况下，每台每小时的瞬时耗汽量近5t，运行周期为0.5h左右，这样的运行状态就必然会造成蒸汽供应的峰、谷现象，而峰、谷值的产生也就必然导致蒸汽供应的波动。如果其他工序用汽设备也与此同时做不规则启、停，则蒸汽供应的波动将更大。这种严重的负荷波动，对生产运行和生产管理都将产生许多不良影响。首先，无法保证生产的正常进行。其次，造成锅炉运行工况不稳定，引起蒸汽压力瞬时骤然下降和骤然上升。这不仅影响蒸汽品质，也直接影响了卷烟产品的质量。再则，运行工况的不稳定，使得锅炉燃烧系统空气与燃料的平衡无法迅速调节。这对已采用了微机控制的锅炉，其功能就难以充分发挥，所以也就无法达到运用微机控制的最佳经济运行效果。最后，运行工况的不稳定，导致了锅炉的热效率下降，增大了司炉工的劳动强度和设备的维修量，有时还会危及锅炉的安全运行。

采用蒸汽蓄热器不仅能解决企业高峰用汽，均衡负荷，还提高了蒸汽供应的质量，从而保证了工艺设备的正常运行，而且对企业的设备运行管理和生产效率的提高都具有直接的作用。实践证明，采用蒸汽蓄热器，不仅能解决卷烟生产企业蒸汽供需矛盾，且其直接经济效益和间接经济效益都十分可观。

2）瞬时热能耗量极大的供暖系统。对于瞬时耗汽量极大的供暖系统，可以采用容量小的锅炉配以足够容量的蒸汽蓄热器，就可节省初次投资，保证供汽。例如在使用多级蒸汽喷射泵、蒸汽弹射器或其他试验设备的场合，在其供暖系统中，可采用容量不太大的锅炉，配置蓄热量极大的蒸汽蓄热器，从而满足瞬时极大的用汽量。

在啤酒行业中，主要用蒸汽的设备有酿造车间糖化系统的煮沸锅、糊化锅、糖化锅、热水箱和包装车间的洗瓶机、杀菌机等。糖化用汽负荷波动较大；当煮沸锅用汽时，需较大的蒸汽量，煮沸完成后，蒸汽量减少；包装线用汽负荷较稳定。例如某啤酒有限公司，有2台型号为DZD20-25的锅炉，年啤酒产量131000t，吨啤酒耗原煤278kg。当两个煮沸锅用汽时，锅炉就满负荷运行，两台20t/h锅炉同时运行；当煮沸锅不用汽时，就用一台锅炉低负荷运行。锅炉运行负荷波动频繁，运行压力低，工况不好，故障较多且浪费燃料。为了改变这种情况，第二年安装了一台133m^3的蒸汽蓄热器，啤酒产量158000t，仅用一台20t/h锅炉稳定运行，就满足了生产需要。吨啤酒耗原煤210kg，比上一年下降68kg，节省原煤10470t。第三年该公司通过填平补齐增加30000t啤酒，又安装一台120m^3的蒸汽蓄热器，还是用1台20t/h锅炉为生产供汽，吨啤酒耗原煤180kg，比上一年又下降30kg，节省原煤5430t。

3）热源间断地供暖或供热量波动大的供暖系统。在汽源供汽不连续或流量波动大的供暖系统，安装蒸汽蓄热器后可以实现连续供汽。这种情况主要出现在诸如转炉炼钢系统中的汽化冷却装置（余热锅炉）的供汽。由于转炉生产中余热随炼钢工艺过程间歇地发生，所以也间歇地产生蒸汽，此汽源如并入热网，将使热网供汽压力不稳定，如流入蒸汽蓄热器后再供入热网，就使间断的汽源转变为连续供汽的汽源。在太阳能发电站中，考虑到白天可能发生阴雨或云层蔽天后阳光热源中断，不能产生蒸汽，但为使汽轮发电机组此时继续发电起见，须备有蒸汽蓄热器蓄存定量的蒸汽在此时继续供汽给汽轮发电机组维持发电。

某钢厂二炼钢的转炉冶炼周期为36min，而纯吹氧时间只有13min，即每36min中只有13min时间产生蒸汽，且蒸汽流量和压力波动幅度都很大。为使这间断供汽变为连续的、稳定的汽源以利于用户使用和转炉冶金厂工业锅炉的负荷稳定，可以在供汽系统中设置储蓄转炉余热锅炉间断产生的蒸汽的蒸汽蓄热器。以该钢厂二炼钢转炉炼钢年运行285d计算，全年共产生蒸汽173280t，则每座转炉余热锅炉全年节约标煤为15491t。可见由于配置了蒸汽蓄热器，不但将间断供汽变为连续的、稳定的汽源以利于用户使用，且其经济效益和社会效益都很大。

4）需要蓄存热能供随时需用的场合。蒸汽蓄热器作为一种热力设备，它可以随时把暂时用不完的多余蒸汽储存起来，当热用户遇到正常供汽中断时，可供紧急用汽。这种情况是蓄热器可在任何时候在它的容量限度内蓄存暂时多余的热能，而在热用户需要时随时供出。如在火力发电厂中，在发电机组遇到事故时须立即紧急启动备用的汽轮发电机组，但即使是快速启动的锅炉，从紧急启动达到满负荷供汽也需15min。如装用蒸汽蓄热器蓄存备用的定量蒸汽后，即可在此时先紧急供汽给汽轮发电机组运行，直到紧急启动的锅炉能供汽。又如在医院、宾馆等单位，在深夜用汽量很少，如装用蒸汽蓄热器后，就可将白天多余的蒸汽蓄存后供夜间使用，这样也可以减少锅炉满员值班运行时间。

人们对蓄热技术的认识及研究虽然只有几十年的历史，但它的应用十分广泛，还有如太阳能热储存、电力调峰、核电、太空、交通及武器装备等许多特殊场合的应用，且已日益成为受到人们重视的一种新兴技术。

2.7 低温热水地板辐射供暖技术

低温热水地板辐射供暖是指将加热管埋设在地板构造层内，以不高于60℃的热水为热媒流过加热管加热地板，通过地面以辐射换热和对流换热方式向室内供给热量的供暖方式。近几年低温热水地板辐射供暖技术快速发展，也是目前较为先进的建筑供暖节能新技术。该系统不仅能够满足于分户计量的需求，而且干净卫生，其节能效果也十分显著，尤其适合于民用建筑与公共建筑中安装散热器会影响建筑物协调和美观的场合。

2.7.1 辐射供暖与建筑节能

辐射供暖是指提升围护结构内表面中一个或多个表面的温度，形成热辐射面，依靠辐射面与人体、家具及围护结构其余表面的辐射热交换进行供暖的技术方法。辐射面可以通过在围护结构中埋入（设置）热媒管路（通道）来实现，也可以在顶棚或墙外表面加设辐射板来实现。由于辐射面及围护结构和家具表面温度的升高，导致它们与空气间的对流换热加强，使房间空气温度同时上升，进一步加强了供暖效果。在这种技术方法中，一般来说，辐射换热量占总热交换量的50%以上。

通常辐射面温度高于150℃时，称为高温辐射供暖；辐射面温度低于150℃时，为中、低温辐射供暖。水媒地板供暖、电热地板供暖等供暖方式，由于辐射面温度一般控制在30℃以下，都属于低温辐射供暖。辐射供暖系统又按不同工作媒质或不同辐射面位置，分别命名为水媒辐射供暖、电热辐射供暖、顶板辐射供暖、地板辐射供暖等。由于其安全、经济、方便、热容量大等优点，以水作为热媒的应用最为普遍。一般认为地板供暖舒适性高，对流传热强，所以，水媒辐射供暖中，被使用得最多的是低温地板辐射供暖系统，如在北美、欧洲、韩国等，已有近40年历史。随着建筑保温程度的提高和管材的发展，低温地板辐射供暖系统的使用日益普遍。

低温地板辐射供暖在节能方面具有其他供暖方式无法比拟的优点：

1）在同样舒适度条件下，室内温度比其他供暖方式可减少2℃，总节能幅度达10%~20%，而热效率提高了20%~30%。

2）散热器置于窗下，靠近散热器的部分外墙温度较高，无形中多损失了部分热量，而低温地板辐射供暖无此弱点。

3）采用35~45℃的低温热水供暖，在热源的热媒制备阶段就已经降低了能耗。热媒传输过程中，沿途散热损失小。

4）易于安装自动调节设施如温控阀，可实现行为节能。

如上所述，辐射供暖能耗低，适用于分户供暖，有利于集中供暖系统使用中的热能分户计量。因此从某种意义上说，辐射供暖是建筑节能的又一次机会和又一条途径。

2.7.2　低温热水地板辐射供暖

由于水具有安全、经济、方便、热容量大等优点，所以在辐射供暖中以水作为热媒的应用最为普遍。由于冬季地面温度适当提高可增加舒适性，有利于人体健康，热辐射面在下方可加大对流传热等原因，水媒辐射供暖主要采用地板供暖的形式。特别是辐射面仅用于冬季供暖时，地板供暖应是最适宜的，所以目前使用最多的是低温热水地板辐射供暖系统。

地板供暖在欧洲和北美已有多年的使用和发展历史。20世纪70年代中后期，随着围护结构保温程度的不断改善，加之工程塑料水管的应用，大大加快了地板供暖的发展和应用步伐。至1994年为止，法国约有20%的住宅建筑装设了地板供暖系统，这一数字在德国为41%，奥地利为25%，瑞士为48%[15]。为了进一步推广这一技术，有关研究部门对于地板供暖的节能性、舒适性和适用建筑类型等进行了深入的理论研究。

在我国，20世纪50年代也已有工程应用，但当时由于材料限制，供暖埋管只有选用钢管或铜管。但金属管成本高，接口多，工艺复杂，加之易渗漏和产生电化学腐蚀，可靠性差，寿命短，又由于金属的膨胀系数大，易引起地面龟裂，大大影响了地板供暖的推广。直至高分子塑料管材的出现，这一情况才得到根本改变。

目前，该项技术在我国北方广大地区推广很快，在北京、天津、沈阳、西安、长春、乌鲁木齐等地大都采用低温热水地板辐射供暖系统。地板供暖之所以能蓬勃发展，除了目前客观条件有利外，还与这种供暖方式本身的特点有关。低温热水地板供暖除了具有前述节能的独特优势之外，其他方面也具有其他供暖方式无法比拟的优点：

1. 舒适性

1）室内温度垂直分布均匀，距地面0.05～0.15m高度的温度比对流供暖方式高8～10℃。由于有辐射和对流的双重效应，热量自下而上均匀分布，形成符合人体生理热要求的热环境。室内热量分配均衡，特别适合展览馆、礼堂、影剧院等大空间建筑热量分配不均的场合。

2）空气对流减弱，不会造成尘埃飞扬和细菌传播，消除了散热设备和管道表面积尘及挥发异味的现象，使室内空气品质明显改善。

3）由于地板构造层热容量大，热稳定性好，提高了房间的热惰性。因此在间歇供暖的条件下，即使门、窗经常开启，室内温度变化也很缓慢，较好地保持室温的均衡。加之辐射的作用，提高了围护结构的内表面温度，减少了对人体的冷辐射。

4）由于地板板体内设有保温层，上下楼层不供暖时，对中间楼层的影响微乎其微，客观上减少了楼板冲击噪声向下方的传递，隔声效果好。

2. 环保

1）可以因地制宜地利用各种新兴能源及余热、废热，热源选择余地宽阔，适应性强。如利用地热、工业余热、供暖管网回水、太阳能热水等。

2）有利于推广使用塑料管材，节省了大量钢材。

3. 管理与控制

1）因为设有地面保温层，减少了户间热量传递，便于实现国家节能标准提出的“按户计量，分室调温”的要求。将供回水干管及入户分支阀门设于管道井内或楼梯间中，便于集中管理，并可根据个别房间或区间使用条件的变化，调节各支环路调节阀的开度。有利于实现智能化、数字化管理，有利于解决收费困难的问题。

2）末端阻力大，不易发生水力失调。

3）使用寿命长，维修和运行费用低。采用塑料管埋入地面混凝土中的施工方式，因无接头，故不渗漏，也不腐蚀、不结垢。塑料管材具有良好的抗老化性能，一般使用寿命都在50年以上。

4）短时间停电、停暖影响不大，给物业管理带来方便。

4. 与建筑物的协调性：

1）室内不设明管和散热器，增加了使用面积。有利于家具布置、便于建筑装修。同时由于管路隐蔽，不致影响房间美观。

2）可适应开有矮窗或落地窗的住宅，尤其适用于大跨度或大空间建筑物的供暖要求，适用范围广泛。

5. 经济性

可节省出使用面积3%～5%，并且免去了装修暖气片时的费用。

早期的地板供暖主要用于居住建筑，近年来，除了在居住建筑中得到大量使用之外，应用范围也在不断扩大。地板供暖可有效地解决大跨度、高空间和矮窗式建筑物的供暖需求，因而在宾馆大厅、展览馆、影剧场、现代商场、医院、实验室、机房、游泳馆、体育馆、厂房、畜牧场、育苗室等场所得到了应用。此外，地板供暖还可用于室外车站、停车场、桥梁和道路地面、户外运动场、竞技场地面的加热化雪以及加热花木种植地、草地等。

2.7.3 管路系统构造与形式

一个完整的地板供暖系统包括热源、供暖管路系统、分水器、集水器、水泵、补水/定压装置及阀门、温度计、压力表等。图2-29所示为热源使用电热锅炉的地板供暖系统示意图。任何一种安装在地面的辐射供暖系统通常要包括发热体、保温（防潮）层、填料层等部分。地板供暖目前常用的发热体是水管，在水管中通入30～60℃的热水，依靠热水的热量向室内供暖。为了使热量向上传，一般在水管底部铺设保温（防潮）层。特别在建筑物的底层，向下的热量是纯粹的热损失，所以应尽可能地减少。在楼层地面，有些学者提出可以不设绝热层，因为向下的热量对下层的房间有供暖作用。在辐射传热占主要份额的情况下，这种主张是有理论根据的。不设绝热层时，又可以减小建筑层高，降低地暖成本，减少施工工序；不设保温层时，在施工工艺方面甚至可以有大的改变，即将水管现浇在水泥砂浆中。不过这样做时，要注意建筑冷桥，在墙体不做绝热保温的情况下，会造成通过楼板和墙体向外的热损失（管下设保温层时，施工中可以在垫层四周敷设保温层，隔绝经墙体向室外的热传导）。此外，辐射供暖双向传热时的基础研究和设计参考资料尚不足，也给实际应用带来困难。

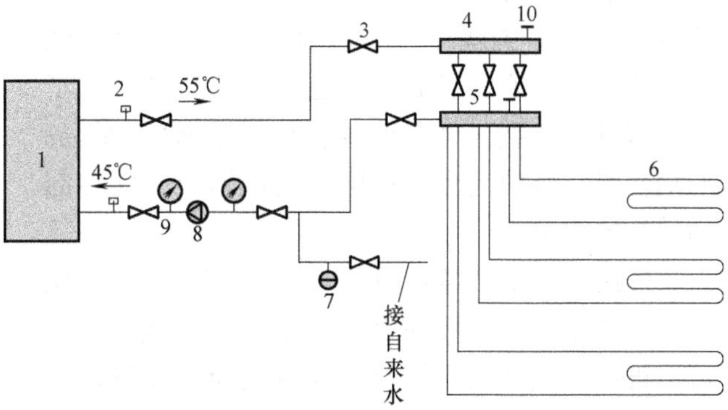

图2-29 地板采暖系统示意图

1—电热锅炉 2—温度计 3—过滤器 4—分水器 5—集水器 6—加热盘管 7—定压罐 8—管道循环泵 9—压力表 10—手动跑风

绝热材料尽量选用密度小质轻，有一定承载力，热阻高，吸湿率低，难燃或不燃，不腐不朽的高效保温材料。热阻大可以减小使用厚度从而减少建筑层高，质轻可以降低地面承重荷载。但绝热材料又必须有一定的强度，能够承受其上的填充层的压力而不致有大的变形，更不能有破裂。

目前常用的保温材料当有水分存在时，毛细孔内的水分增强了传热而降低了保温作用。防潮层的主要作用是防止出现上述情况。防潮层可用各种塑料薄膜。目前很多企业引进国外技术，使用铝箔做防潮层。所谓铝箔，一般是真空镀铝的聚酯膜或玻璃布基铝箔面层。由于铝箔强度高，还可起到加强保温层及辅助卡钉固定作用的功效。防潮层表面印出尺寸，便于铺管时参照。但目前施工工艺中利用卡钉来固定管路，往往将铝箔穿得千疮百孔，破坏了防潮作用，这要通过改进安装工艺来解决。

此外，在铺设保温层之前，一定要注意保温层基面干燥。在绝热层底部做防潮，其本意是隔绝来自绝热层下方的潮气，但也隔绝了保温层水汽的排出。所以除了在底层潮湿土壤上做防潮层外，一般不设底部防潮层。当保温层使用加气混凝土等材料时，则无需铺设防潮层。由于密度大，热阻偏低，目前加气混凝土等很少用作地板供暖的绝热层。

填料层或垫层的主要作用是保护水管，同时起到传热与蓄热作用，使得地面形成温度较为均匀的辐射加热面。从这个意义上来讲，水管和填料层构成了一个浑然一体的加热体。要起到保护水管的作用，就要求填料层有一定强度和刚度，并且尽可能传热、蓄热性能好，当然也要价廉，易施工。在地板供暖发展过程中，曾经用过砂子、沥青等填料，目前一般使用水泥砂浆或碎（卵）石混凝土。蓄热性好的材料往往热惰性也大，所以地暖不可能“即开即热”。但也不会“一关就冷”。蓄热性好往往与舒适性强相伴，所以填料层的选用也是很重要的。为了防止填料层开裂，可在填料层加一层 $\phi3\sim\phi4$mm 的钢丝网，特别是当填料层厚度较薄时，能够起到很好的作用。

使用混凝土做填料时，上面压光之后可以做地面，或在上面直接铺设地板革、塑料地毯，也可以再做实木地板、复合木地板或铺各种材质的面砖等。但一般不使用热阻很大的纯毛地毯，以免影响地暖效果。典型的水媒地板供暖结构如图 2-30所示，保温板可以使用平板，也可以是预制的异型板，表面带有管槽，便于固定和保护水管，如图 2-31 所示。

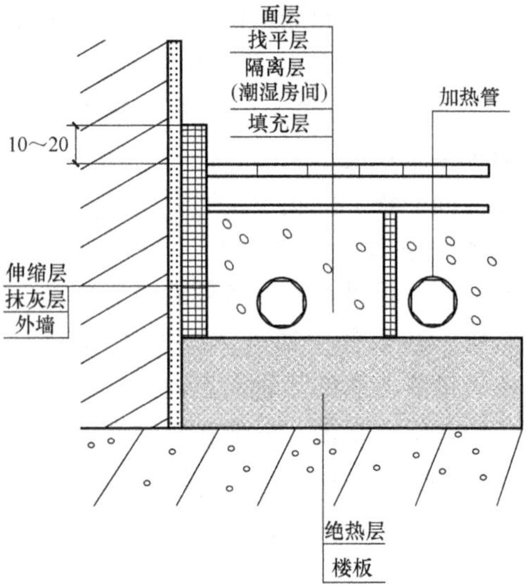

图 2-30　水媒地板采暖结构示意图

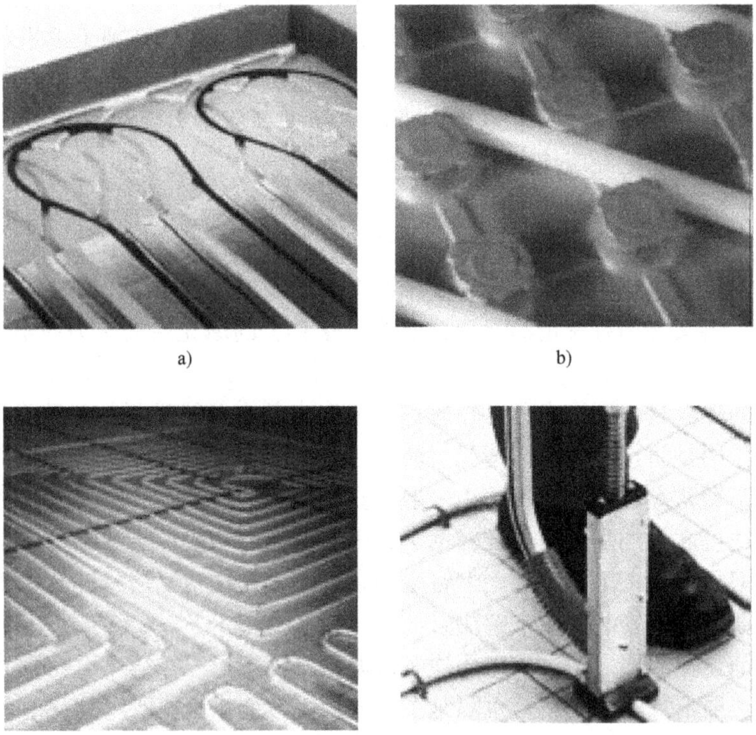

a)　b)　c)　d)

图 2-31　加热管固定方式

a）凹槽式　b）嵌入式　c）卡托式　d）卡钉式

加热管采取不同布置形式时，导致的地面温度分布是不同的。布管时，应本着保证地面温度均匀的原则进行，宜将高温管段优先布置于外窗、外墙侧，使室内温度尽可能均匀。加热管的布置方式很多，通常有图 2-32 所示的几种形式，可以根据建筑形式灵活使用。当敷设同时带有边界和内部地带时，靠近边界处管子布置间距应适当缩小。

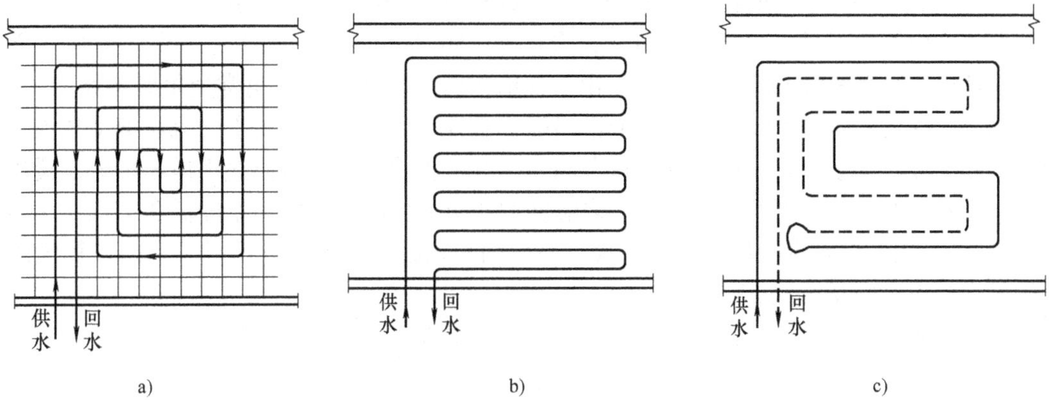

图 2-32　加热管敷设方式

a）回折型布置　b）平行型布置　c）双平行型布置

由于供暖系统一般有多个环路，所以要设分水器、集水器。它是连接热源和分支环路水管的集管。分水器将来自热源的供水按需要分为多路，集水器将多路回水集中，便于输送回热源再加热。分水器、集水器上设有阀门，可以调节和开关不同的水环路，是供暖系统的枢纽和中转站。为了防止锈蚀，分水器、集水器一般是铜质的。普通型的，配用手动阀；高档的，可配用自控阀门及温度调节装置。图 2-33 所示为分水器、集水器示意图。分水器、集水器上还可以加装流量计、温度计、压力表，以便掌握系统运行情况。

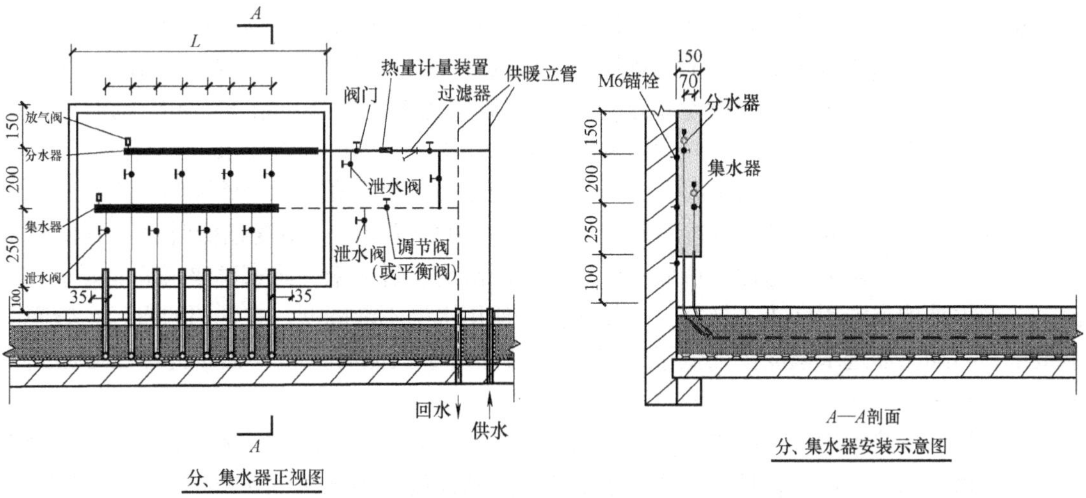

图 2-33　分、集水器示意图

2.7.4　管路系统设计与选用

在进行管路系统设计选用时，首先要收集必要的技术资料：

1）标有详尽尺寸的建筑总平面图。

2）经细致计算得到房间热负荷。

3）房间地面情况、特性。

4）占地面积较大的固定设施（澡盆、便器、水斗等）。

5）热水参数和使用情况，包括热源、供水温度、水量、可用时间表。

在计算地面辐射供暖房间热负荷时，应按 GB 50736—2012《民用建筑供暖通风与空气调节设计规范》的有关规定进行计算。由于辐射供暖室内作用温度与常规供暖系统有差别，而作用温度受到建筑围护结构热阻、地面温度、室外气候情况、室内空气流速等多个因素影响，实际计算较复杂，根据国内外资料和国内一些工程的实例，低温热水地面辐射供暖用于全面供暖时，在相同热舒适条件下的室内温度可比对流供暖时的室内温度低 2～3℃。故 JGJ 142—2012《辐射供暖供冷技术规程》规定地面辐射供暖的耗热量计算时，室内计算温度的取值可比对流供暖系统低 2℃。

完成上述工作后，按地板供暖供热量，即地面最大辐射与对流热量等于房间热负荷的原则设计管路系统。单位地面面积的散热量应按下列公式计算

$$q = q_f + q_d \tag{2-11}$$

$$q_f = 5 \times 10^8 [(t_{pj} + 273)^4 - (t_{fj} + 273)^4] \tag{2-12}$$

$$q_d = 2.13 (t_{pj} - t_n)^{1.31} \tag{2-13}$$

式中 q——单位地面面积的散热量(W/m^2)；

q_f——单位地面面积辐射传热量(W/m^2)；

q_d——单位地面面积对流传热量(W/m^2)；

t_{pj}——地表面平均温度(℃)；

t_{fj}——室内非加热表面的面积加权平均温度(℃)；

t_n——室内计算温度(℃)。

单位地面面积的散热量和向下传热损失，均应通过计算确定。当加热管为 PE-X 管或 PB 管时，单位地面面积散热量及向下传热损失，可按《辐射供暖供冷技术规程》附录 B 确定。

水媒地板辐射供暖水温一般不超过 60℃。其原因主要有三条：第一，由于辐射面积较大，水温不用太高，即可达到室温设计要求；第二，出于人体舒适性要求，地面温度不能太高；第三，塑料管材在过高的水温下，寿命将大大缩短。研究和使用经验证明，根据建筑保温程度和人的要求不同，地面温度一般控制在 24～30℃ 范围内。温度过低时达不到供暖要求，温度过高时则影响舒适性，造成不必要的能源浪费。近年来，国家对建筑节能要求不断提高，围护结构保温程度越来越好，这使得实际使用水温不断降低。在常用的管径、管间距前提下，实际所需进水温度往往低于 50℃。室外温度不太低时，30～40℃ 进水已可起到明显的供暖作用。

每个环路加热管的进、出水口，应分别与分水器、集水器连接。分水器、集水器内径不应小于总供、回水管内径，且分水器、集水器最大断面流速不宜大于 0.8m/s。每个分水器、集水器分支环路不宜多于 8 路。连接在同一分水器、集水器上的同一管径的各环路，其加热管的长度宜接近，并不宜超过 120m。加热管内水流速度不宜小于 0.25m/s。加热管的敷设间距，应根据地面散热量、室内计算温度、平均水温及地面传热阻等通过计算确定。也可按《辐射供暖供冷技术规程》附录 B 确定。但是，随着建筑外保温等技术的进步，按目前规范

要求完成的设计，在运行中常出现房间过热现象。房间过热不仅使地板供暖的舒适性降低，而且也浪费了能源。郭思宇等[16]研究了大管间距下地板辐射供暖的传热特性，以期通过合理增大埋管间距减少过热现象，降低系统投资，减少运行能耗。研究结果表明，多数情况下大管间距能够满足房间负荷要求。室内设计温度低于等于20℃、供回水平均温度高于等于45℃且地面不能覆盖类似毛毯等热阻较大的材料时，可安全采用大管间距铺设。

2.7.5 控制与调节

水媒辐射供暖系统调节一般应满足以下3个条件：①调节应是对于整个地板面积而言，要保证水量恒定；②防止出水温度过高造成管内压力过高或管膨胀，并缩短管子的寿命；③调节条件稳定[17]。

水媒地板供暖这类混凝土埋管式辐射板，由于热惰性大，对负荷变化的敏感性低，辐射面升（降）温过程长，因此其控制调节不应等同于传统供暖空调系统所用方式。传统空调供暖系统节能控制的方法，例如夜间低设，用于重质辐射板则不一定节能，反而因温度下降后较长时间不能回升而降低室内舒适程度。正确的控制原则应该使失热量和供热量相当。例如对于水媒地板供暖，一旦正常运行，达到设计参数后，可以固定锅炉出水温度，采取定流量，控制进、回水温差的方法，此时执行机构使用三通混水阀，通过调节混水量来实现设计要求，原理如图2-34所示。也可以固定锅炉出水温度，使用二通阀，通过调节供水量固定地板管供水温度来实现设计要求，原理如图2-35所示。

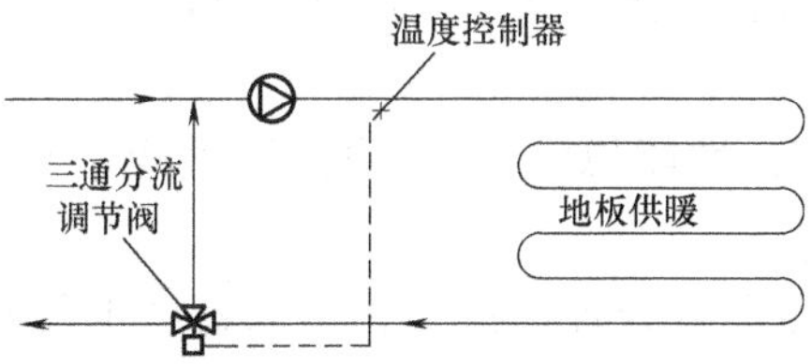

图2-34 三通阀控制进水温度的原理图

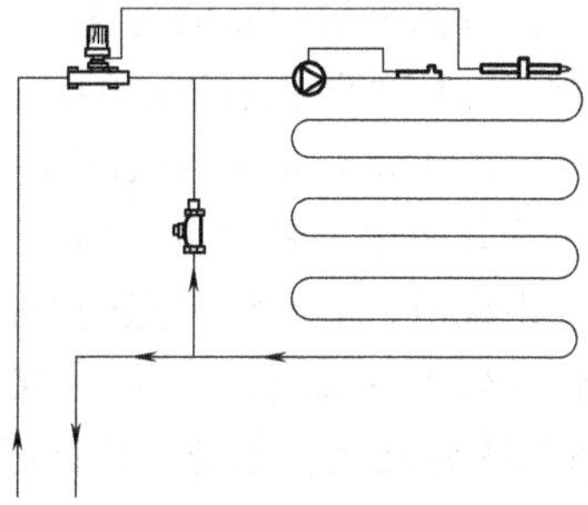

图2-35 二通阀控制进水温度原理图

低温热水地面辐射供暖系统室内温度控制，可根据需要选取下列任一种方式：①在加热管与分水器、集水器的结合处，分路设置调节性能好的阀门，通过手动调节来控制室内温度。②各个房间的加热管局部沿墙槽抬高至1.4m，在加热管上装置自力式恒温控制阀，控制室温保持恒定。③在加热管与分水器、集水器的结合处，分路设置远传型自力式或电动式恒温控制阀，通过各房间的温控器控制相应回路上的调节阀，控制室内温度保持恒定。调节阀也可内置于集水器中。采用电动控制阀时，房间温控器与分水器、集水器之间应预埋电线。

对于大型系统，为了节能，也可以采取室外空气温度再设控制这样的方法。根据室外空气温度计算出所需供水温度，再通过混水阀等执行机构实现。

2.7.6 塑料管材及绝热材料

1. 塑料管材

地面辐射供暖系统中所用管材，应根据工作温度、工作压力、荷载、设计寿命、现场防水、防火等工程环境的要求，以及施工性能，经综合考虑和经济比较后确定。

塑料管材的基本荷载形式是内液压，而它的蠕变特性是与强度（管内壁承受的最大应力，即环应力）、时间（使用寿命）和工作温度密切相关的。在一定的工作温度下，随着要求强度的增大，管材的使用寿命将缩短。在一定强度要求下，随着管材工作温度的升高，管材的使用寿命也将缩短。所以，在设计低温热水地面辐射供暖系统时，热媒温度和系统工作压力不应定得过高。

所有根据国家现行管材标准生产的合格产品，都可以放心地用作加热管。目前常用的地板供暖管主要有以下几种：交联聚乙烯（PE-X）管、聚丁烯（PB）管、交联铝塑复合（XPAP）管、耐热聚乙烯（PE-RT）、无规共聚聚丙烯（PP-R）管和嵌段共聚聚丙烯（PP-B）管等。

交联聚乙烯是由聚乙烯（PE）、抗氧化剂、硅烷或过氧化物混合反应而成的聚合物。PE 经交联后，保持了原有的绝大部分特性并进一步提高了硬度、强度、抗蠕变、抗老化性能，成为地板供暖理想的管材。目前地板供暖使用的 PE-X 管，多是化学方式交联的。其中采用过氧化物交联的，符号为 PE-Xa；采用硅烷交联的，符号为 PE-Xb。两者交联度不同，外观上显示透明度有差别，但用作地板供暖时都能满足要求。

铝塑复合管由内外两层塑料管与中间一层增强铝管组成的复合材料制成。例如由内外两层 PE 材料与中间一层铝材复合制成的铝塑复合管，当其 PE 层经交联时，称为交联铝塑复合管。一般芯层 PE 都是经交联的，外层 PE 可以是交联的，也可以不经交联，都可用于热水输送，但以内外层交联的为优。一般铝塑管材都有氧渗透的问题。铝塑复合管由于中间层铝管的存在，使其防止氧渗透的能力比其他塑料管材为优。其他管材也可以在生产工艺中增加阻氧层，以满足防止氧渗透的要求。

聚丁烯管由聚丁烯塑料（PB）单体聚合而成，性能稳定，具有耐寒、耐热、耐压、耐老化等突出优点，是一种理想的地板供暖用管材。

无规共聚聚丙烯（PP-R）由聚丙烯（PP）经聚合处理而成，在不同程度上具有 PE-X 和 PB 管的优异性能，也是一种良好的地板供暖管材。

以上所述的常用管材，不但都有完善的测试数据和质量控制标准，而且都已经过实践考验。设计选材时，应结合工程的具体情况确定。对许用设计环应力过小的管材，如嵌段共聚聚丙烯（PP-B）管，设计时应正确选择使用。同时随着人们环保意识的增强，在选择管材时，应重视管材是否能回收利用的问题，以防止对环境造成新的污染。

铜管也是一种适用于低温热水地面辐射供暖系统的加热管材，具有热导率高、阻氧性能好、易于弯曲且符合绿色环保要求等特点，正逐渐为人们所接受。

在集中供暖系统中，有时地暖系统会与使用散热器的供暖系统共用同一集中热源和同一水系统。由于传统供暖系统常用的钢制散热器等构件易腐蚀，因而对于水质有软化和除氧要求。而未经特殊处理的 PB 管、PE-X 管和 PP-R 管都会有氧气渗入，会加快钢制设备器件的氧化腐蚀，此时宜选用铝塑复合管或有阻氧层的 PB 管、PE-X 管和 PP-R 管。

为了满足强度要求和防止蠕变，不同外径水管的最小壁厚都是经过严格计算后确定的。换言之，水管壁厚不够或不均匀，就达不到使用要求，存在质量隐患。塑料管或铝塑复合管的公称外径、壁厚与偏差，应符合表 2-3 和表 2-4[18] 的要求。由于地板供暖是隐蔽工程，特别是现浇在结构中的，一般要求使用寿命 50 年以上，不合格的管材严格禁止使用。加热管的质量必须符合国家现行标准中的各项规定；加热管的物理性质应符合《辐射供暖供冷技术规程》附录E的规定。

表2-3 塑料管公称外径、最小与最大平均外径 （单位：mm）

塑料管材	公称外径	最小平均外径	最大平均外径
PE-X管、PB管、PE-RT管、PP-R管、PP-B管	16	16.0	16.3
	20	20.0	20.3
	25	25.0	25.3

表2-4 铝塑复合管公称外径、壁厚与偏差 （单位：mm）

铝塑复合管	公称外径	公称外径偏差	参考内径	壁厚最小值	壁厚偏差
搭接焊	16	+0.3	12.1	1.7	+0.5
	20		15.7	1.9	
	25		19.9	2.3	
对接焊	16	+0.3	10.9	2.3	+0.5
	20		14.5	2.5	
	25（26）		18.5（19.5）	3.0	

2. 绝热材料

绝热材料应采用热导率小、难燃或不燃，具有足够承载能力的材料，且不宜含有殖菌源，不得有散发异味及可能危害健康的挥发物。

目前在水媒辐射供暖工程中使用最多的是聚苯乙烯泡沫塑料。聚苯乙烯泡沫塑料以合成树脂为原料，加入发泡剂，在反应过程中放出大量气体，在树脂的内部形成大量小气孔，从而制成泡沫塑料。泡沫塑料种类繁多，几乎每种合成树脂都可以制成相应品质的泡沫塑料，通常以所用树脂命名。目前建筑上应用较多的有聚苯乙烯泡沫塑料、聚氨酯泡沫塑料、聚氯乙烯泡沫塑料等。其中聚苯乙烯泡沫塑料因其价格相对较低，保温性能好，故被广泛应用。泡沫塑料根据软硬不同，有“硬质发泡体”“软质发泡体”和“半硬质发泡体”三种。发泡倍率在5倍以下的，通常称为低发泡泡沫塑料；5倍以上的为高发泡泡沫塑料。按照泡沫中气孔相互之间是否相通，又可分为开孔发泡塑料和闭孔发泡塑料两种，在暖通空调专业范围内，前者可用作消声吸声材料，后者常用作保温绝热材料。

聚苯乙烯泡沫塑料具有以下特性：

1）热阻大，保温性能好，密度在20～50kg/m^3，平均导热系数仅为0.044W/(m·K)。

2）防潮性好，闭孔结构使其不易吸水。

3）质轻，容量可小到20kg/m^{3}以下。

4）施工方便，用电热丝或线锯切割，也便于与铝箔等材料制成复合材料。

5）适用于保温-40～+70℃的介质，适合于辐射供暖供冷的温度使用范围。

6）加阻燃剂后难燃，具有自熄性。

7）性能稳定，不腐蚀，密度较高时，有一定强度，外形尺寸稳定，适于在填充层内使用。

地面辐射供暖工程中采用的聚苯乙烯泡沫塑料主要技术指标应符合JGJ 142—2012《辐射供暖供冷技术规程》的规定。

当采用其他绝热材料时，其技术指标应按 JGJ 142—2012《辐射供暖供冷技术规程》的规定，选用同等效果绝热材料。当采用发泡水泥作保温材料时，保温厚度一般为 40～50mm。发泡水泥热导率约为 0.09W/(m·K)。该材料具有承载能力强、施工简便、机械化程度高的特点，适用于大面积地面供暖系统。

2.8 其他节能技术

供暖系统的节能除上述各项措施外，在供暖管网的水力平衡、管道保温、控制循环水泵的耗电输热比及散热设备等方面也采取相应措施[19]。

2.8.1 热网的水力平衡

1. 水力平衡的概念和作用

供暖管网的水力平衡用水力平衡度来表示。所谓水力平衡度，就是供暖管网运行时各管段的实际流量与设计流量的比值。该值越接近 1，说明供暖管网的水力平衡度越好，在 JGJ/T 132—2009《居住建筑节能检测标准》[20]中规定：采暖系统室外管网热力入口处的水力平衡度应为 0.9～1.2。

为保证供暖管网的水力平衡度，首先在设计环节就应进行仔细的水力计算及平衡计算。然而，尽管设计者做了仔细的计算，但是供暖管网在实际运行时，由于管材、设备和施工等方面出现的差别，各管段及末端装置的水流量并不可能完全按设计要求输配，因此需要在供暖系统中采取一定的措施。

2. 管网水力平衡技术

为确保各环路实际运行的流量符合设计要求，在室外热网各环路及建筑物入口处的供暖供水管或回水管上应安装平衡阀或其他水力平衡元件，并进行水力平衡调试。

目前采用较多的是平衡阀及平衡阀调试时使用的专用智能仪表。实际上，平衡阀是一种定量化的可调节流通能力的孔板；专用智能仪表不仅用于显示流量，更重要的是配合调试方法，原则上只需要对每一环路上的平衡阀做一次性的调整，即可使全系统达到水力平衡。这种技术尤其适用于逐年扩建热网的系统平衡。因为只要在每年管网运行前对全部或部分平衡阀重做一次调整，即可使管网系统重新实现水力平衡。

（1）平衡阀的特性　平衡阀属于调节阀范畴，它的工作原理是通过改变阀芯与阀座的间隙（即开度）来改变流经阀门的流动阻力以达到调节流量的目的。从流体力学观点看，平衡阀相当于一个局部阻力可以改变的节流元件。平衡阀以改变阀芯的行程来改变阀门的阻力系数，而流量因平衡阀阻力系数的变化而变化，从而达到调节流量的目的。

平衡阀与普通阀门不同之处在于有开度指示、开度锁定装置及阀体上有两个测压小孔。在管网平衡调试时，用软管将被调试的平衡阀测压小孔与专用智能仪表连接，仪表能显示出流经阀门的流量及压降值，经仪表的人机对话向仪表输入该平衡阀处要求的流量值后，仪表经计算分析，可显示出管路系统达到水力平衡时该阀门的开度值。

（2）平衡阀安装位置　管网系统中所有需要保证设计流量的环路中都应安装平衡阀。每一环路中只需安装一个平衡阀（或安设于供水管路，或安设于回水管路），可代替环路中一个截止阀（或闸阀）。

热力站或集中锅炉房向若干热力站供热水，为使各热力站获得要求的水量，宜在各热力站的一次环路侧回水管上安装平衡阀。为保证各二次环路水量为设计流量，热力站的各二次环路侧也宜安设平衡阀。

小区供暖管网往往由一个锅炉房（或热力站）向若干栋建筑供暖，由总管、若干条干管以及各干管上与建筑入口相连的支管组成。由于每栋建筑距热源远近不同，一般又无有效设备来消除近环路剩余压头，使得流量分配不符合设计要求，导致近端过热，远端过冷。建议在每条干管及每栋建筑入口处安装平衡阀，以保证小区中各干管及各栋建筑间流量的平衡，如图2-36所示。

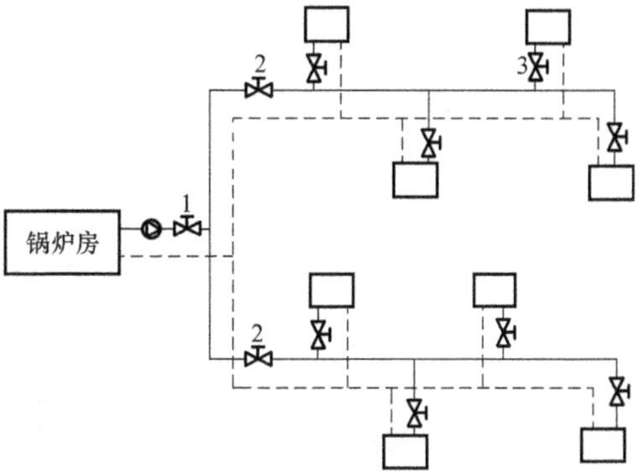

图2-36 小区供热管网流量平衡图
1—总管平衡阀 2—干管平衡阀 3—支管平衡阀

（3）平衡阀选型原则 为了合理地选择平衡阀的型号，在系统设计时要进行管网水力计算及环路平衡计算，按管径选取平衡阀的口径（型号）。对于旧系统改造时，由于资料不全并为方便施工安装，可按管径尺寸配同样口径的平衡阀，直接以平衡阀取代原有的截止阀或闸阀。但应做压降校核计算，以避免原有管径过于富裕使流经平衡阀时产生的压降过小，引起调试时由于压降过小而造成较大的误差。

（4）专用智能仪表 专用智能仪表是平衡阀的配套仪表。在专用智能仪表中已存储了全部型号平衡阀的流量、压降及阀门系数的特性资料，同时也存储了简易法及比例法两种平衡阀调试法的全部软件。仪表由两部分构成，即差压变送器和仪表主机。差压变送器选用体积小、精度高、反应快的半导体差压传感器，并配以连通阀和测压软管；仪表主机由微机芯片，A/D变换器、电源、显示器等部分组成。差压变送器和仪表主机之间用连接导线连接。

2.8.2 热网的保温

供暖管网在热量从热源输送到各热用户系统的过程中，由于管道内热媒的温度高于环境温度，热量将不断地散失到周围环境中，从而形成供暖管网的散热损失。管道保温的主要目的是减少热媒在输送过程中的热损失，节约燃料，保证温度。热网运行经验表明，即使有良好的保温，热水管网的热损失仍占总输热量的5%～8%，蒸汽管网占8%～12%，而相应的保温结构费用占整个热网管道费用的25%～40%。

供暖管网的保温是减少供暖管网散热损失，提高供暖管网输送热效率的重要措施。然而增加保温厚度会带来初投资的增加。因此，如何确定保温厚度以达到最佳的效果，是供暖管网节能的重要内容。

1. 保温厚度的确定

供暖管道保温厚度应按GB/T 8175—2008《设备及管道绝热设计导则》[21]中的计算公式确定。该标准明确规定：“为减少保温结构散热损失，保温材料厚度应按‘经济厚度’的方法计算”。所谓经济厚度，就是指在考虑管道保温结构的基建投资和管道散热损失的年运行费用两者因素后，折算得出在一定年限内其费用为最小值时的保温厚度。年总费用是保温结构年总投资与保温年运行费之和。保温层厚度增加时，年热损失费用减少，但保温结构的总投资分摊到每年的费用则相应地增加；反之，保温层减薄，年热损失费用增大，保温结构总投资分摊费用减少。年总费用最小时所对应的最佳保温厚度即为经济厚度。

在 JGJ 26—2010《严寒和寒冷地区居住建筑节能设计标准》中对供暖管道的保温厚度做了规定。推荐采用岩棉或矿棉管壳及聚氨酯硬质泡沫塑料保温管（直埋管）等三种保温管壳，它们都有较好的保温性能。敷设在室外和管沟内的保温管均应切实做好防水防潮层，避免因受潮增加散热损失，并在设计时要考虑管道保温厚度随管网面积增大而增加厚度等情况。

2. 管网保温效率分析

供暖管网保温效率是输送过程中保温程度的指标，体现了保温结构的效果，理论上采用热导率小的保温材料和增加厚度都将提高供暖管网保温效率。但由于前面提到的经济原因，并不是一味地增加厚度就是最好，应在年总费用的前提下考虑提高保温效率。

在相同保温结构时，供暖管网保温效率还与供暖管网的敷设方式有关。架空敷设方式由于管道直接暴露在大气中，保温管道的热损失较大、管网保温效率较低；而地下敷设，尤其是直埋敷设方式，保温管道的热损失小、管网保温效率高。经北京、天津、西安等地冬季供暖期多次实地检测，每千米保温管中介质温降不超过1℃，热损失仅为传统管材的25%。

管道经济保温厚度是从控制单位管长热损失角度而制定的，但在供热量一定的前提下，随着管道长度增加，管网总热损失也将增加。从合理利用能源和保证距热源最远点的供暖质量来说，除了应控制单位管长的热损失之外，还应控制管网输送时的总热损失，使输送效率提高到规定的水平。

2.8.3 热水循环水泵的耗电输热比

热水供暖系统的一、二次水泵的动力耗电十分可观，一些系统在设计时选用水泵型号偏大，运行时采用大流量小温差的不合理运行方式，造成用电量浪费。因此热水供暖系统的一、二次水泵的动力消耗应予以控制。一般情况下，耗电输热比，即设计条件下输送单位热量的耗电量 EHR 值不应大于按下式所得的计算值

$$EHR=\frac{\varepsilon}{\sum Q}=\frac{\tau N}{24qA}\leqslant\frac{0.0056\left(14+\alpha\sum L\right)}{\Delta t} \tag{2-14}$$

式中 EHR——设计条件下输送单位热量的耗电量，量纲一的量；

$\sum Q$——全日系统供热量(kW·h)；

ε——全日理论水泵输送耗电量(kW·h)；

τ——全日水泵运行时数，连续运行时 $\tau=24\text{h}$；

N——水泵铭牌功率(kW)；

q——供暖设计热负荷指标(kW/m^2)；

A——系统供暖面积(m^2)；

Δt——设计供回水温差，对于一次网，$\Delta t=45\sim50$℃，对于二次网，$\Delta t=25$℃；

$\sum L$——室外管网主干线（包括供回水管）总长度(m)；

α——当 $\sum L\leqslant500\text{m}$ 时，$\alpha=0.0115$；当 $500\text{m}<\sum L<1000\text{m}$ 时，$\alpha=0.0092$；当 $\sum L\geqslant1000\text{m}$ 时，$\alpha=0.0069$。

2.8.4　散热设备

1. 散热器的节能

散热器是供暖系统末端散热设备。散热器的散热过程是能量平衡过程。对于散热器的节能，一些专家认为可以从加工过程的能耗、耗材、使用过程的有利散热、水容量、金属热强度等指标考虑。所谓金属热强度，是指散热器内热媒平均温度与室内空气温度差为1℃时，每千克散热器单位时间所散出的热量。

散热器的单位散热量、金属热强度和单位散热量的价格这三项指标，是评价和选择散热器的主要依据。特别是金属热强度指标，是衡量同一材质散热器节能性和经济性的重要标志。

2. 散热器的选择

散热设备首先应选用国家有关部门推荐的节能产品，目前《建设部推广应用和限制禁止使用技术》的有关公告中推荐了轻质钢制、铝制、铜铝复合和铸铁无粘砂等几种类型散热器。

GB 50096—2011《住宅设计规范》[22]、GB 50736—2012《民用建筑供暖通风与空气调节设计规范》均对散热器选用做了规定。要求散热器与供暖管道同寿命；民用建筑宜采用外形美观、易于清扫的散热器；具有腐蚀性气体的工业建筑或相对湿度较大的房间，应采用耐腐蚀的散热器；安装热量表和恒温阀的热水供暖系统不宜采用水流通道内含有粘砂的铸铁等散热器，要求根据水质选用不同的散热器。采用钢制散热器时，应采用闭式系统等。

3. 表面涂料的影响

表面涂料对散热器散热量影响很大。早在1946年，美国J. R. 艾伦等著的《供暖与空调》一书中就指出涂料层对散热量的影响。我国早在20世纪80年代初原哈尔滨建工学院就做过这方面的研究，而后又有多个研究成果说明含金属颜料的涂层使散热器散热量减小。实验证明，散热器外表面涂刷非金属性涂料时，其散热量比涂刷金属性涂料时能增加10%左右。因此，我国的有关标准中规定，散热器的外表面应涂刷非金属性涂料。

4. 安装要求

(1) 安装形式及位置　散热器提倡明装。如散热器暗装在装饰罩内，不但散热器的散热量会大幅度减少，而且由于罩内空气温度远高于室内空气温度，从而使罩内墙体的温差传热损失大大增加，为此应避免这种错误做法。在需要暗装时，装饰罩应有合理的气流通道、足够的通道面积并方便维修。

散热器布置在外墙的窗台下，从散热器上升的对流热气流能阻止从玻璃窗下降的冷气流，使流经人活动区的空气比较暖和，给人以舒适的感觉；如果将散热器布置在内墙，流经人们经常停留地区的是较冷的空气，使人感到不舒适，也会增加墙壁积尘的可能。但是在分户热计量系统，为了有利于户内管道的布置，也可以把散热器布置在内墙。

(2) 连接方式　散热器支管连接方式不同，散热器内的水流组织也不同，从而使散热器表面温度场变化而影响散热量。在室内温度、散热器进出口水温相同的条件下，图2-37中的几种支管与散热器连接的传热系数的大小依次为A > B > C > D > E，其差别与散热器类

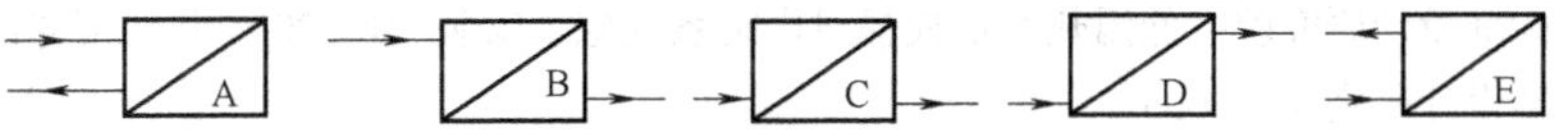

图2-37　散热器与支管连接方式

型有关，最大差别达40%。可见合理选择连接方式会大量节省散热器，尤其是分户计量系统的有些设计只考虑管道布置的方便，而忽视了连接方式造成的浪费。

（3）散热器的散热面积　根据热负荷计算确定散热器所需散热量，并且扣除室内明装管道的散热量，这是防止供热过多的措施之一。不应盲目增加散热器的安装数量。有些人认为散热器装得越多就越好，实际效果并非如此。盲目增加散热器数量，使室内过热既不舒服又浪费能源，而且还容易造成系统热力失匀和水力失调，使系统不能正常供暖。

思考题

1. 分户热计量热水供暖系统有哪些系统型式？简述其各自的系统特点。

2. 试改变2.2.6节“气候补偿器供暖调节示例”中的地点和用户要求设计的供回水温度，对其供热调节重新进行计算。

3. 凝结水回收系统有哪几种？各自特点及应用场合是什么？

4. 试分析锅炉排污水在暖通空调系统方面的应用，重点分析其在暖通空调节能技术方面的应用。

5. 把相变蓄热推广到建筑材料中，分析其在建筑节能中的应用。

6. 比较低温热水地板辐射供暖与其他供暖型式的优缺点，低温热水地板辐射供暖在设计中应注意哪些问题？

参考文献

[1] 徐伟，袁闪闪．供热计量技术应用现状与研究进展[J]．建筑科学，2013，29（10）：79-84.

[2] 中国有色工程设计研究总院．GB 50019—2003　采暖通风与空气调节设计规范[S]．北京：中国计划出版社，2004.

[3] 中国建筑科学研究院．GB 50736—2012　民用建筑供暖通风与空气调节设计规范[S]．北京：中国建筑工业出版社，2012.

[4] 闫秋会，赵建会，张联英．供热工程[M]．北京：科学出版社，2008.

[5] 王超前，刘学来．分户热计量中气候补偿器的应用探究[J]．区域供热，2012(1)：35-38.

[6] 吴耀伟．气候补偿器的节能分析[J]．中国建设信息供热制冷，2006(11)：46-48.

[7] 訾春利．浅谈垂直单管顺流式供暖系统热计量的改造方案[J]．科技情报开发与经济，2011，21（10）：210-212.

[8] 邵菊红．蒸汽冷凝水回收综合应用[J]．中国高新技术企业，2010(11)：94-96.

[9] 车德福，刘银河．供热锅炉及其系统节能[M]．北京：机械工业出版社，2008.

[10] C Weber，B Gebhardt，U Fahl. Market transformation for energy efficient technologies- success factors and empirical evidence for gas condensing boilers[J]. Energy，2002(27)：287-315.

[11] 贾力，孙金栋，等．天然气锅炉烟气冷凝热能回收的研究[J]．节能与环保，2001(1)：31-33.

[12] 贾力，孙金栋，李孝萍．分离式冷凝型天然气锅炉的研究与应用[J]．节能技术，2001(2)：2-3.

[13] 高春阳，刘艳华，车得福．热水采暖系统应用冷凝式锅炉的可行性研究[J]．节能，2003(10)：3-6.

[14] 崔海亭，杨锋．蓄热技术及其应用[M]．北京：化学工业出版社，2004.

[15] 中国建筑标准设计研究院．低温热水地板辐射供暖系统施工安装[M]．2005年局部修改版．北京：中国建筑标准设计研究院，2005.

[16] 郭思宇，刘凯，刘艳华．大管间距下地板辐射采暖的传热特性研究[J]．建筑热能通风空调，2013，32(1)：15-19.

[17] 王子介. 低温辐射供暖与辐射供冷[M]. 北京：机械工业出版社，2004.
[18] 中华人民共和国住房和城乡建设部. JGJ 142—2012 辐射供暖供冷技术规程[S]. 北京：中国建筑工业出版社，2012.
[19] 龙惟定，武勇. 建筑节能技术[M]. 北京：中国建筑工业出版社，2009.
[20] 中国建筑科学研究院. JGJ 132—2009 居住建筑节能检测标准[S]. 北京：中国建筑工业出版社，2001.
[21] 建筑材料工业技术监督研究中心，中国疾病预防控制中心环境与健康相关产品安全所. GB/T 8175—2008 设备及管道绝热设计导则[S]. 北京：中国标准出版社，2009.
[22] 中华人民共和国住房和城乡建设部. GB 50096—2011 住宅设计规范[S]. 北京：中国计划出版社，2011.

3

第3章 热源节能技术

所谓热源，一般是指能够向周围散发热量的物体。本书将热源定义为能够向建筑内环境提供热量的装置或系统。用于建筑内环境供暖的锅炉是热源；利用余热、地热、太阳能等规模化地向建筑室内提供热量的能量转换装置或系统称为热源；利用高位能将低位热源如空气、水以及土壤中的热量搬运到建筑室内，提高室内温度的热泵，同样也称为热源。

3.1 锅炉节能技术

锅炉是最重要的热源设备，由“锅”和“炉”两部分组成。常规锅炉的“锅”是盛水的容器，“炉”是燃料燃烧的场所，二者以换热表面分开。“锅”中的水通过换热表面吸收“炉”中燃料燃烧释放的热量变成热水或蒸汽，以热水或蒸汽的形式向外供热。

锅炉设备节能包括提高“炉”中燃料的燃烧效率、提高换热面的换热效率，以及提高为锅炉运行服务的辅助设备的效率等[1-4]。提高燃料燃烧效率的方法主要是遵循燃烧规律、通过各种途径减少燃料燃烧过程中的各种能量损失；提高换热面的换热效率除了要求换热面的设计合理外，主要是要防止换热面“炉”侧积灰及“锅”侧结垢等。降低锅炉辅助设备如风机、水泵、除尘设备以及水处理设备等的运行能耗，也是锅炉节能的重要部分。

3.1.1 锅炉的基本构造

通常所说的“锅炉”，一般指的是锅炉本体，如图3-1所示。锅炉本体由锅筒（又称汽包）、集箱、受热面及其间的连接管道、燃烧设备、炉墙和构架等部件组成。锅炉的受热面包括水冷壁、对流管束、过热器、省煤器及空气预热器等。锅炉本体的主要部件及其作用如下：

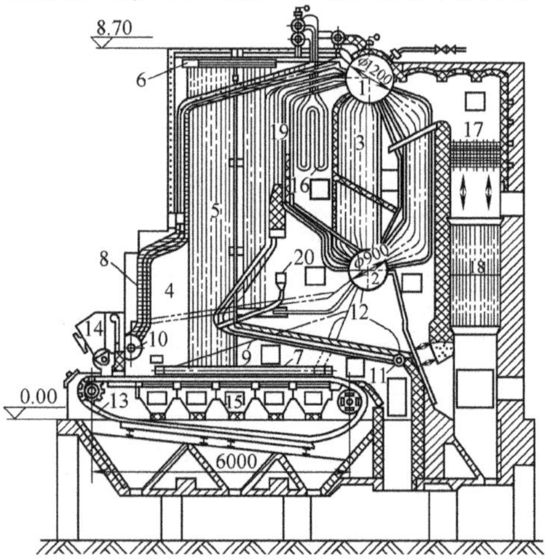

图3-1 SHL型锅炉

1—上锅筒 2—下锅筒 3—对流管束 4—炉膛 5—侧墙水冷壁 6—侧水冷壁上集箱 7—侧水冷壁下集箱 8—前墙水冷壁 9—后墙水冷壁 10—前水冷壁下集箱 11—后水冷壁下集箱 12—下降管 13—链条炉排 14—加煤斗 15—风仓 16—蒸汽过热器 17—省煤器 18—空气预热器 19—烟窗及防渣管 20—二次风管

（1）炉膛 提供燃料燃烧及辐射受热面布置的空间，保证燃料燃尽并使出口烟气温度冷却到对流受热面能安全工作的数值。

（2）燃烧设备 将燃料和燃烧所需的空气送入炉膛，使燃料及时着火并稳定燃烧。

（3）锅筒　连接锅炉各受热面，组成水循环回路；实现汽、水分离；适应负荷变化。

（4）水冷壁　吸收炉膛辐射热并保护炉墙。

（5）对流管束　以对流方式吸收烟气热量，加热工质水使之汽化。

（6）过热器　将饱和蒸汽加热成过热蒸汽。

（7）省煤器　吸收锅炉尾部烟气的热量加热给水，以降低排烟温度，节约燃料。

（8）空气预热器　加热燃烧用的空气，改善炉内燃料的着火和燃烧；降低排烟温度，提高锅炉效率。

锅炉运行还需要有其他设备或机械配合，这些配合锅炉本体工作的设备或机械统称为锅炉的辅助设备。锅炉的辅助设备通常包括送、引风设备，燃料供应及除灰渣设备，给水设备，水处理设备，烟气除尘、脱硫及脱硝设备，如图3-2所示。锅炉的辅助设备及其作用如下：

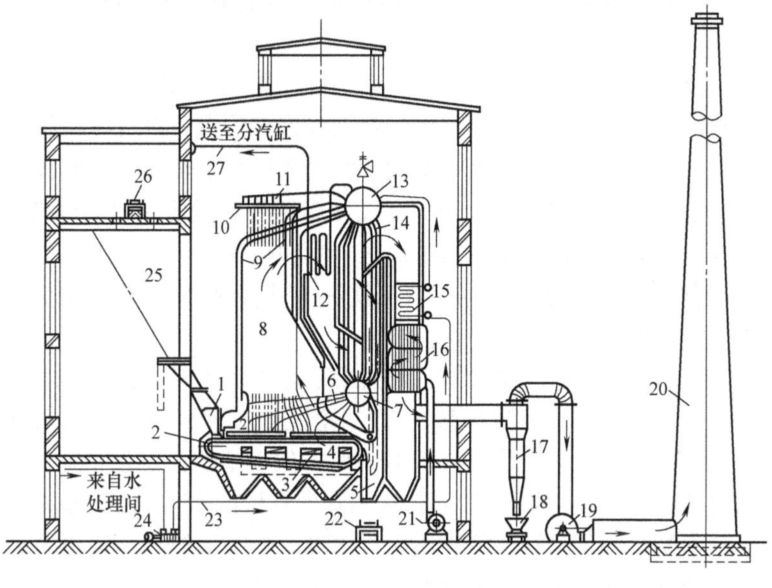

图3-2　链条炉排锅炉设备的工作过程示意图

1—煤斗　2—链条炉排　3—风室　4—侧水冷壁下集箱　5—灰渣斗　6—下降管　7—下锅筒　8—炉膛　9—水冷壁管　10—侧水冷壁上集箱　11—汽水引出管　12—蒸汽过热器　13—上锅筒　14—对流管束　15—省煤器　16—空气预热器　17—除尘器　18—灰车　19—引风机　20—烟囱　21—送风机　22—灰渣输送机　23—给水管　24—给水泵　25—储煤斗　26—带式输煤机　27—主蒸汽管

（1）送风设备　将燃料燃烧所需要的空气送入燃烧设备。

（2）引风设备　将燃烧产生的烟气引出燃烧设备。

（3）燃料供应设备　储存和运输燃料。

（4）除灰渣设备　从锅炉中除去灰渣并运走。

（5）给水设备　向锅炉供应给水。

（6）水处理设备　除去水中杂质，保证锅炉给水品质，避免汽锅及受热面内结垢及腐蚀。

（7）除尘、脱硫及脱硝设备　除去锅炉烟气中的飞灰以及硫与氮的氧化物，减轻环境污染。

（8）监测仪表及自动控制设备　监督、调节和控制锅炉的运行。

3.1.2 锅炉的工作过程

锅炉的工作过程可由三个同时进行的过程组成：燃料的燃烧过程、烟气向工质（水）的传热过程和工质的吸热过程。

（1）燃料的燃烧过程 在这个过程中，燃料中的化学能被释放出来并转化成为被烟气携带的热能。

如图3-2所示，输煤设备把煤送入锅炉的储煤斗。储煤斗中的煤靠自重经溜煤管进入炉前煤斗，再落到缓缓向前移动的链条炉排上，经过煤闸门进入燃烧室。送风机把燃料燃烧所需要的空气压入空气预热器，升温后再送入炉排下面的分段送风室。热风穿过炉排，与炉排上的煤层接触，进行强烈的燃烧反应，产生高温烟气。燃料被烧尽后残余的灰渣，随炉排移动进入灰渣斗，再由灰渣输送机排出，整个过程即称为燃料的燃烧过程。

（2）传热过程 在这个过程中，烟气把所携带的热能通过锅炉的各种受热面传递给锅炉工质。

在炉膛中，高温烟气以辐射换热的方式，向敷设在燃烧室四周的水冷壁传递热量，而后高温烟气经炉膛出口掠过凝渣管，冲刷蒸汽过热器和锅炉管束，以对流换热方式将热量传递给对流受热面内的工质。沿途温度逐渐降低的烟气进入尾部受热面，冲刷省煤器，以对流换热方式，将部分热量传递给锅炉给水，冲刷空气预热器将热量传给燃料燃烧所需要的空气，再由除尘器除去其中的飞灰后，由引风机抽出送入烟囱排往大气。

（3）工质的吸热过程 在这个过程中，工质吸收热量被加热到所期望的温度。以水为工质时，水吸收热量被加热成热水或蒸汽。

经过水处理的锅炉给水由给水泵加压，经过给水管进入省煤器，在省煤器中预热后进入上锅筒。上锅筒中的工质是处于饱和状态下的汽水混合物。位于低温区域的对流管束，受热较弱，汽水工质的密度较大，工质往下流入下锅筒；位于烟气高温区的水冷壁和对流管束，因受热强烈，其内部的汽水混合物的密度较小，向上流入上锅筒，因此形成了锅水的自然循环。在炉墙外设有不受热的下降管，将工质引入水冷壁的下集箱。上锅筒内装设有汽水分离设备，使汽水混合物分离并将蒸汽在上锅筒顶部引出，送入蒸汽过热器，再送至分汽缸。经分离设备分离出来的水继续参与锅内的水循环。

在锅炉工作的过程中，锅炉本体设备和辅助设备及系统同时完成相互之间不可替代的任务。

3.1.3 锅炉损失及效率

1. 锅炉热平衡

锅炉的热平衡指的是燃料带入锅炉的热量与锅炉有效利用热和其各种损失之间的平衡。锅炉热平衡的目的是掌握锅炉输入热量的利用和损失情况，为锅炉节能技术的有效应用提供方向。

对应于1kg燃料（或1m^3气体燃料），锅炉的热平衡方程为

$$Q_r = Q_1 + Q_2 + Q_3 + Q_4 + Q_5 + Q_6 \tag{3-1}$$

式中 Q_r——锅炉的输入热量（kJ/kg）；

Q_1——锅炉的有效利用热量（kJ/kg）；

Q_2——排烟损失热量（kJ/kg）；

Q_3——可燃气体不完全燃烧损失热量（kJ/kg）；

Q_4——固体不完全燃烧损失热量（kJ/kg）；

Q_5——锅炉散热损失热量（kJ/kg）；

Q_6——其他损失热量（kJ/kg）。

锅炉输入热量 Q_r 是指从锅炉范围以外输入锅炉的热量，不包括锅炉范围内循环的热量。锅炉有效利用热 Q_1 是指水和蒸汽流经各受热面时吸收的热量。

将上述方程式两边分别除以 Q_r，则可用各项热量占输入热量的百分数来表示热平衡。即

$$q_1+q_2+q_3+q_4+q_5+q_6=100\% \tag{3-2}$$

式中 $q_1=\frac{Q_1}{Q_r}\times100\%$——锅炉有效利用热占输入锅炉热量的百分数（%）；

$q_2=\frac{Q_2}{Q_r}\times100\%$——排烟热损失（%）；

$q_3=\frac{Q_3}{Q_r}\times100\%$——可燃气体不完全燃烧热损失（%）；

$q_4=\frac{Q_4}{Q_r}\times100\%$——固体不完全燃烧热损失（%）；

$q_5=\frac{Q_5}{Q_r}\times100\%$——散热损失（%）；

$q_6=\frac{Q_6}{Q_r}\times100\%$——其他热损失（%）。

2. 锅炉热效率

锅炉热效率指的是锅炉的有效利用热占锅炉输入热量的百分比。即

$$\eta=\frac{Q_1}{Q_r}\times100\% \tag{3-3}$$

锅炉热效率可通过两种方法确定。一种是由锅炉热效率的定义［式（3-3）］直接确定，这种确定锅炉热效率的方法称为正平衡法。用正平衡方法确定的锅炉效率称为正平衡效率。锅炉的热效率也可以利用反平衡的方法求出，即先求出锅炉的各项热损失，再用下式计算锅炉的热效率

$$\eta=[100-(q_2+q_3+q_4+q_5+q_6)]\% \tag{3-4}$$

锅炉的正平衡试验简单易行。对于容量较小、效率偏低的工业锅炉（$\eta<80\%$），正平衡法比较准确。与之相比，反平衡法则比较复杂，要对锅炉各项热损失进行全面的测定和分析。但反平衡法可以找出提高锅炉效率的有效途径。

按式（3-3）和式（3-4）所确定的锅炉效率，没有扣除锅炉房自用汽和辅机设备耗用动力折算热量的效率，称为锅炉的毛效率。通常所说的锅炉效率均指毛效率。

当要进一步分析锅炉的经济性时，要用到锅炉的净效率 η_j。η_j 可按下式计算

$$\eta_j=\eta-\Delta\eta \tag{3-5}$$

式中 $\Delta\eta$——与自用汽及自用电能相当的锅炉效率降低值。

3. 锅炉节能技术

我国供热锅炉的制造与运行水平相对落后，供热锅炉在制造、现有设备改造及运行等方面均有节能潜力。由于锅炉不完善，送入锅炉的热量不能完全被利用，热损失是不可避免的。但是，良好的设计和运行管理，可使锅炉的热损失达到最小。通常所说的锅炉热损失包括排烟热损失、气体及固体不完全燃烧热损失、散热损失以及其他热损失等。

（1）锅炉热损失

1）排烟热损失。锅炉排烟热损失是指由于锅炉排烟焓高于进入锅炉的空气焓而造成的损失。影响排烟热损失的主要因素是排烟温度和排烟体积。排烟温度越高，排烟热损失越大，所以应尽量降低排烟温度。但是排烟温度降得过低，传热温差过小，换热所需的金属受热面积将大大增加。因此，排烟温度过低在经济上是不合理的。另外，为了避免尾部受热面腐蚀，排烟温度也不能过低。影响排烟体积大小的因素有炉膛出口过量空气系数α_1''、烟道各处的漏风量以及燃料所含的水分。为了减少排烟损失，应尽力减少炉墙及烟道各处的漏风。

2）气体不完全燃烧热损失。气体不完全燃烧热损失是指烟气中残留的CO、H_2、CH_4等可燃气体成分未燃烧放热就随烟气离开锅炉而造成的热损失。气体不完全燃烧热损失应为烟气中各可燃气体体积与它们的体积发热量乘积的总和。影响气体不完全燃烧热损失的主要因素有：燃料的挥发分、炉膛过量空气系数、燃烧器结构和布置、炉膛温度和炉内空气动力工况等。

3）固体不完全燃烧热损失。固体不完全燃烧热损失是指燃料中未燃烧或未燃尽碳所造成的热损失，也称为机械不完全燃烧热损失。燃烧方式不同，锅炉的固体不完全燃烧热损失q_4也不同。影响q_4的主要因素有：燃料的性质、燃烧方式、炉膛结构及运行情况等。对于气体和液体燃料，在正常燃烧时可认为$q_4=0$。

4）散热损失。散热损失是指由于锅炉的围护结构及锅炉范围内各种管道、附件的温度高于环境温度，热量以对流或向外热辐射的方式散失于大气而造成的热量损失。散热损失的大小与锅炉外表面积的大小、外表面温度、炉墙结构、保温隔热性能及环境温度等有关。

5）其他热损失。锅炉的其他热损失主要是指灰渣物理显热损失q_6^{hz}，是由于锅炉排出灰渣的温度一般都在600℃以上而造成的热损失。另外，在大容量锅炉中，由于某些部件（如尾部受热面的支撑梁等）要用水或空气冷却，而水或空气所吸收的热量又不能送回锅炉系统应用时，就造成冷却热损失q_6^{lq}。故$q_6=q_6^{hz}+q_6^{lq}$。

综上所述，锅炉节能一方面要通过改进设计、加强现有设备改造，减少各种能量损失来完成，另外也要通过运行调节提高锅炉效率来实现。

（2）锅炉设计与改造节能[5]

1）过量空气系数。由于燃烧技术的限制，送入锅炉的空气不可能与燃料完全混合，为了保证燃料在炉内尽可能燃烧完全，实际送入锅炉的空气量总是大于理论空气量。比理论空气量多出的这一部分空气称为过量空气。

实际空气量与理论空气量的比值称为过量空气系数，用α表示。即

$$\alpha=\frac{V}{V^0} \tag{3-6}$$

炉中的过量空气系数通常是指炉膛出口处的过量空气系数值α_1''。α_1''是影响锅炉燃烧工

况及运行经济性的重要指标。α_1'' 偏小，炉内的不完全燃烧热损失增大；α_1'' 偏大，锅炉的排烟热损失就大。燃煤锅炉最佳的 α_1'' 为1.2～1.3；燃油锅炉最佳的 α_1'' 通常为1.05～1.10；燃气锅炉最佳的 α_1'' 数值为1.03～1.10。锅炉设计与运行均涉及过量空气系数问题。

许多锅炉为微负压燃烧，即锅炉的炉膛、烟道等处均保持一定的负压。此时，外界空气将从炉膛、烟道的不严密处（如穿墙管、人孔、看火孔等）进入炉内，使得锅炉的烟气量随着烟气流程而一路增大。进入的空气量 ΔV 与理论空气量的比值，称为漏风系数，以 $\Delta\alpha$ 表示。即

$$\Delta\alpha=\frac{\Delta V}{V^0} \tag{3-7}$$

锅炉各烟道漏风系数的大小取决于负压的大小及烟道的结构形式，一般为0.01～0.10。当锅炉为正压燃烧时，烟道的漏风系数为零。锅炉的漏风量大则排烟热损失大。良好的设计及运行维护可以降低锅炉的漏风量。

2）加装空气预热器。空气预热器是利用锅炉尾部烟气的热量加热空气的一种换热设备，是一种能有效降低排烟温度和提高锅炉热效率的锅炉尾部受热面。

当锅炉给水采用热力除氧或锅炉房有相当数量的回水时，锅炉的水温度较高，这时省煤器的作用受到限制，即省煤器出口烟温较高，此时应设置空气预热器。利用空气预热器，可以有效地降低排烟温度，减少排烟热损失。另外，由于空气预热器提高了燃烧所需空气的温度，因而改善了燃料的着火和燃烧过程，可降低各项不完全燃烧损失，即可进一步提高锅炉热效率。

3）炉拱。炉拱是炉膛下部炉排上方遮蔽炉排面的那部分平面隔墙或垂直炉墙的伸出部分。在链条炉中，炉拱主要起加快新燃料的引燃和促进炉膛内气体混合的作用。按炉拱在炉膛中的位置，炉拱可分为前拱、后拱，有时还有中拱。前拱是位于炉排前端的炉墙，起加快对新燃料引燃的作用，所以又称引燃拱。炉拱本身并不产生热量，它吸收来自火焰和高温烟气的辐射热，再辐射到新燃料上，使之升温、着火。图3-3所示为链条炉的拱形图。

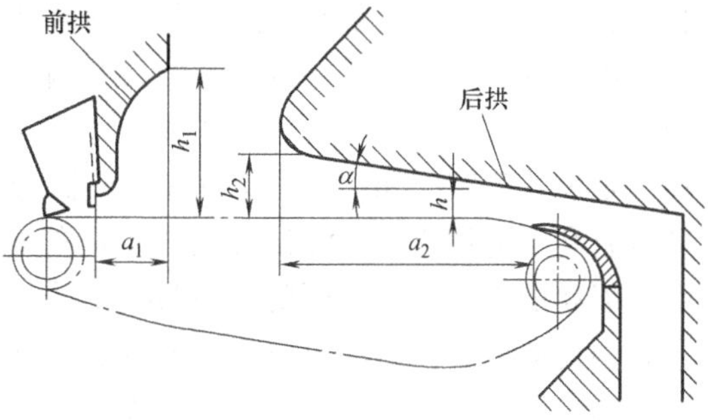

图3-3 链条炉拱形图

后拱是位于炉排后部的炉墙，能将炉排上方强烈燃烧区的高温烟气输送到前拱区，大幅度地增补其热量，提高其温度，从而有效地强化前拱区的辐射传热，加速引燃。后拱的这种引燃作用是通过前拱来完成的，因而也称为间接引燃。后拱也有直接引燃的作用，这主要是指后拱输送高温烟气的同时，也将炽热的炭粒带到前部散落在新燃料层上，形成炽热的炭粒覆盖层进行导热加热。就后拱和前拱在引燃上的重要性而言，应该认为前拱是直接的、主要的，后拱则是间接的、辅助的。对于我国绝大多数煤种而言，后拱的这种辅助的引燃作用是不可缺少的。但是，如果没有前拱，新燃料的引燃一般是不可能的。此外，后拱还具有保温促燃的作用。后拱的存在将炉膛分为上下两半，阻止了烟气直接向上，从而提高了后拱区的炉温。对于无烟煤而言，因其挥发分低，固定碳含量较高，所以低而长的后拱不仅是引燃的需要，也是燃尽的需要。为了获得良好的配合，炉拱一般均组合使用。由于前拱和后拱的组

合具有最佳的引燃和混合性能，我国目前的链条炉基本上都采用这种炉拱。拱形的设计与改造都是为了使前拱与后拱更好地配合，以便能改善燃烧，提高效率。

4）配风装置。统仓送风不能满足燃料燃烧的要求，必须采取分区段送风，在炉膛内合理布置炉拱及二次风等措施改善供风、强化炉内燃烧。

为了消除统仓送风所造成的空气供需不平衡，可把链条炉排下的统仓风室沿炉排长度方向分成几段，做成几个独立的小风室，每个小风室按该区段所需的空气量分别调节，这种送风方式称为分段送风，也称分区送风。采用分区送风并加以调节后，送风量的分配如图3-4中的虚线所示。可以看出，分区送风可以大大地改善统仓送风的空气供需不平衡状况，从而提高锅炉热效率。分段送风的各个小风室，一般都从两侧进风，使炉排下炉宽方向送风均匀。只有D型布置的锅炉，炉排一侧是对流受热面，不能双侧送风时，才采用单侧进风。分段送风的段数越多，进风量的分配越有利。但分段太多会使结构复杂，一般根据容量不同或炉排长度不同可分成4～9段。

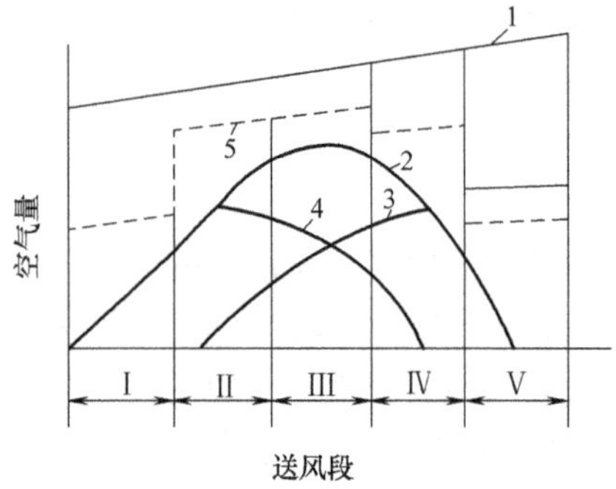

图3-4　空气供应量的变化曲线

1—无分段送风时空气供应量　2—燃烧所需空气量　3—焦炭燃烧所需空气量　4—挥发分燃烧所需空气量　5—有分段送风时按需分配空气供应量

二次风是指从火床上方送入炉膛的一股强烈气流（习惯上将从炉排下方送入的空气称为一次风）。二次风的主要作用是扰乱炉内气流，使之自相混合，降低气体不完全燃烧损失和炉膛内的过量空气系数。除搅乱和混合烟气外，若布置恰当，二次风还能起多种其他的良好作用。例如：二次风能将炉内的高温烟气引带至炉排前端，对煤层的引燃有一定的作用；利用两股二次风的对吹可以在炉膛内组织起烟气的旋涡流动，既可延长飞煤在炉膛中的行程，延长其停留时间，也由于气流的旋涡分离作用，使部分飞煤摔回炉排，减少飞煤的逸出量，有利于消烟除尘，降低飞灰带走的热损失；充分利用高速二次风射流的引带和推送作用，能使烟气完全按照所要求的路线流动，改善炉内火焰充满度、控制燃烧中心的位置、防止炉内局部结渣；二次风射流所形成的气幕还能起封锁烟气流的作用，这可以用来防止烟气流短路，使炉膛中的可燃气体和飞煤不致未经燃烧就逸出炉膛；空气二次风也可以提供一部分氧气，帮助燃烧。不过由于二次风不经过燃料层，过多的二次风会增大过量空气系数，增加排烟热损失。除了空气，二次风的工质还可以是蒸汽，甚至是烟气，这是因为二次风的主要作用不在于增补空气，而是扰乱烟气。

（3）锅炉运行节能　锅炉燃烧调整是运行节能的重要环节。燃烧工况的优劣对锅炉设备以及整个锅炉房的经济性都有很大影响。燃烧调整是指通过各种调节手段，保证送入锅炉炉膛内的燃料能及时、完全、稳定和连续地燃烧并在满足机组负荷需要的前提下使燃烧工况最佳。

1）过量空气系数的调整。在保证燃料燃烧完全的条件下，保持尽可能低的过量空气系数有助于降低排烟热损失。低的过量空气系数还可以使燃烧用空气量减少，节省通风动力的电耗。

2）燃料与风量调节。燃料量调节主要是根据锅炉负荷的变化增减燃料，风量调节主要是根据燃料的增减，维持合理的燃料风量比，即保持最佳的过量空气系数。

链条炉在我国使用最广。链条炉运行中需要根据负荷和煤种的变化情况进行燃烧调节，包括煤层厚度、炉排速度、炉膛风压等。调节的正确与否，很大程度上取决于操作人员的技术熟练程度。当锅炉增减负荷时，必须使燃料量和风量的增减密切配合：增负荷时，应先加风后加燃料；减负荷时，要先减燃料后减风。调节过程要求平稳，忌大起大落。

3）吹灰。积灰是指温度低于灰熔点时灰粒在受热面上的积聚体。积灰几乎可以发生在任何受热面上。一般来说，积灰可分为干（疏）松灰、高温黏结灰和低温黏结灰等三种形态。

干松灰的积聚是一个物理过程。灰层中无黏性成分，灰粒之间呈松散状态，易于吹除。高温黏结灰出现的范围较广，主要在温度较高的区域内出现。高温黏结灰的形成过程是先形成一层处于熔化或软化状态的黏性灰层，靠这一层黏性灰捕捉、积聚飞灰粒子。被捕捉到的飞灰在化学作用下形成致密的灰层，坚硬且不易清除。低温黏结灰一般形成在低温受热面上。锅炉中的低温受热面是指受热面壁温低于或者稍高于烟气露点的受热面，如省煤器和空气预热器等。低温黏结灰常发生在空气预热器或省煤器上，一般呈水泥状，质密，不易清除，能无限增加，严重时可将烟道堵死，危害大。干松积灰主要存在于对流段、空气预热器、省煤器和除尘器等部位，是所有积灰中所占比例最大的，约占60%以上。干松积灰的热阻大，对锅炉热效率影响明显。

随着锅炉技术的发展，出现了各种各样的吹灰装置。对不同容量、不同形式的锅炉，可以采用不同的吹灰装置。即使对同一台锅炉，由于各受热面的条件不同，在锅炉运行中所采用的吹灰装置和方式也有差异。常用的吹灰装置有喷射式吹灰器、振动式除灰器和钢珠除灰器等。对喷射式吹灰器，按工作介质可分为水力吹灰器、蒸汽吹灰器、压缩空气吹灰器；按照结构及工作方式又可分为长伸缩式吹灰器、半伸缩式吹灰器、固定回转式吹灰器；按照在锅炉炉内工作位置的不同又可分为炉膛吹灰器、对流受热面吹灰器。

在实际使用中，常常是一台锅炉同时使用数台吹灰装置，进行各受热面的综合吹扫。各种吹扫方式也需合理配合使用，以获得最佳的吹扫效果。近年来，陆续出现了多种新型的除灰装置，燃烧气脉冲装置就是其中的一种。它的工作原理是，可燃气如乙炔在混合器中和空气充分预混，在受限管道中被点燃并快速燃烧，在管道开口处产生一定强度的冲击波，清除受热面上的积灰和灰垢。气脉冲除灰装置的系统简图如图3-5所示。实践表明，这种吹灰方法效果令人满意。

声波吹灰也是近年来受到重视的吹灰方法之一。声波吹灰，即利用声场能量清除锅炉换热器表面的积灰和结渣。将一定强度的声波送入运行中的炉体内，通过声能量的作用使空气与粉尘颗粒产生振荡，破坏和阻止粉尘粒子在管壁表面或粒子之间的结合，使其始终处于悬浮流化状态，以便烟气流将其带走或减缓灰垢的生成速度。声波的作用可以达到整个空间，使炉体任何部位的灰垢都得以清除，不会对设备产生腐蚀，对管子表面也不产生磨损和破坏，且设备简单、安装方便、能耗小、费用低。

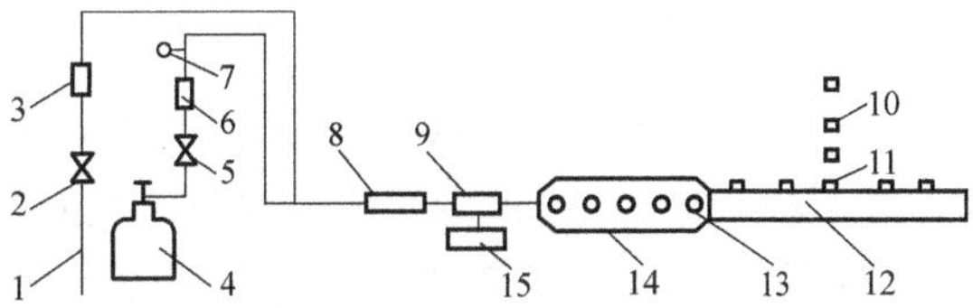

图3-5　气脉冲除灰装置示意图

1—空气管　2、5—阀门　3、6—转子流量计　4—燃料气瓶　7—压力表　8—混合器　9—点火器　10—压力传感器　11—脉冲输出口　12—输出管　13—测孔　14—燃烧室　15—点火控制器

图3-6所示为典型的声波发生器。膜片压紧在外壳和顶盖中间，外壳上装有传播器，从膜片底座送入的压缩空气使膜片振荡，同时在周围的介质中形成声波振荡，这种振荡在传播器中扩大。图中的孔是用于冷却膜片和传播器的通风孔。

该技术一般用在炉子的中高温部位，对较为松散的积灰层的吹扫很有效，但对低温段的粘湿类“水泥状”结垢的吹扫效果相对较差。由于声波清灰器使用的频率较高，实际作用时间长，故在锅炉整个运行期间，受热面整体较清洁。声波清灰器的选型、位置布置及安装数量，要根据锅炉炉型、燃烧方式、煤种灰分特性等确定，要充分考虑锅炉的实际运行情况。

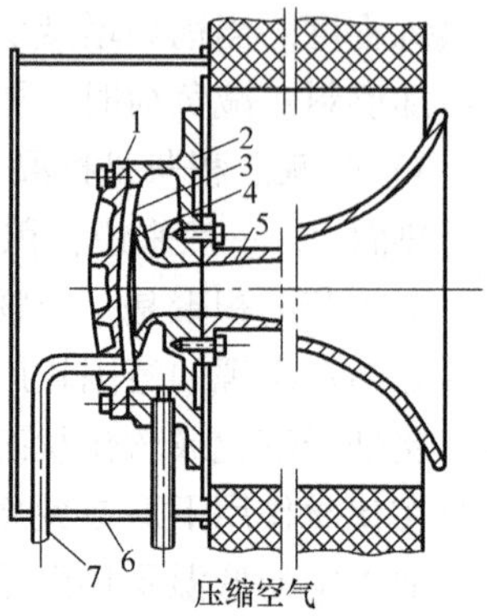

图 3-6　典型的声波发生器

1—顶盖　2—外壳　3—膜片　4—孔　5—传播器　6—箱壳　7—短管

4）阻垢与清垢。水垢是受热面或传热表面上的附着物。碳酸盐水垢是低压蒸汽锅炉和热水锅炉受热面的主要垢种，也是循环冷却水系统和换热器传热表面的主要垢种。水垢的存在恶化了传热，降低了热交换效率。200 余年来，人们通过对垢种、成垢原因的充分研究，开发了各种防垢技术，但垢的问题依然存在，因而在防垢的同时又出现了清洗技术，成为保持受热面和传热表面清洁的辅助手段。

为了预防锅炉水垢的产生，在设计锅炉房时就要选择合理、有效的水处理设备并使之正常工作。锅炉用水的防垢处理包括预处理和软化处理。

① 锅炉用水的预处理。对锅炉用水进行预处理是为了去除水中的悬浮物和胶体物质，或预先除去部分硬度，以便为水的进一步软化和除盐创造良好的条件。锅炉用水的预处理工艺流程一般包括混凝、沉淀或澄清和过滤等过程。预处理可使水中悬浮物含量减少到 5mg/L 以下，使水成为澄清水。经过预处理的水还需要经过软化、除盐和除气才能成为锅炉用水。

② 锅炉用水的软化处理。锅炉用水的软化处理就是通过物理或化学的方法去除锅炉用水中的钙、镁等盐类物质，防止其在锅炉受热面上结垢。有锅外水处理和锅内水处理之分。锅外处理就是在水进入锅炉之前使用专门的设备（辅助设备）对其进行一系列处理，除去其中含有的大量杂质。锅内水处理是定期向锅炉内投入适当的水处理药剂并保持排污，使锅水达到水质标准的一种最简单的水处理方法。对于燃用煤等固体燃料的锅壳式锅炉和额定蒸发量小于 2t/h、额定出口压力小于 1.0MPa 的水管式锅炉可以采用锅内水处理方法，但对于其他锅炉，锅内水处理只是锅外水处理的一种补充。

（4）辅助设备运行节能

1）风机与水泵。锅炉运行过程中负荷改变是经常的。当锅炉负荷改变时，要求风机的风量也要相应改变。但由于离心式通风机所产生的全压随风量的变化比较平缓，而烟风阻力随风量的变化则相当急剧，并且它们的变化趋向基本反向。因此，风机的工况偏离设计工况点越多，风量的供与求之间的不平衡就越大，必须采取调节措施来平衡。

目前工业锅炉房所用风机常用的调节方式有节流调节、导向器调节和变速调节。其中，变速调节最受青睐，因其具有显著的节能效果。

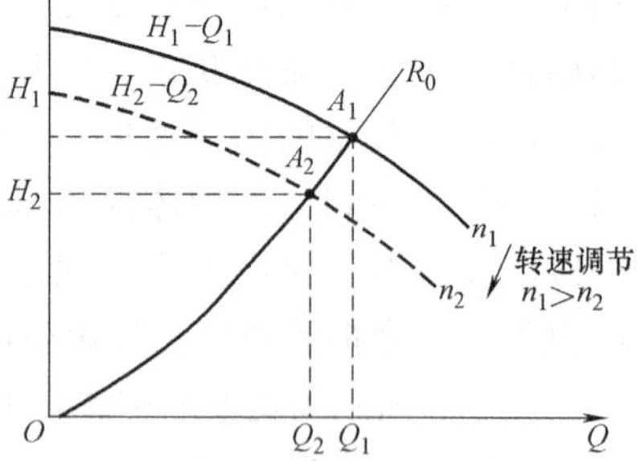

图 3-7　风机变转速调节节能图

如图 3-7 所示，假定风机开始工作的工况点为 A_1，其相应的风量为 Q_1、风压为 H_1，管网阻力特性曲线为 R_0。当锅炉负荷要求风机的流量减小到 Q_2时，可以采取改变风机转速的方法，将转速由原来的 n_1变到 n_2。由于转速变化，风机的性能曲线由原来的 H_1-Q_1变为 H_2-Q_2。管网阻力特性未变，风机特性曲线与管网阻力特性曲线相交于新点 A_2，既达到了需要流量 Q_2的要求，又不对管网产生附加压力损失，所以变速调节是节能的。

2）除尘设备节能运行。我国燃煤工业锅炉配套使用的除尘设备绝大部分为旋风除尘器。旋风除尘器工作性能的优劣与烟气量有关，即与锅炉运行时的过量空气系数有关。选择风机时，误认为大的风机保险而配备风量较大的风机时，就会造成“大马拉小车”的结果。在这种情况下，即使锅炉满负荷运行，炉膛内的过量空气系数也非常大，远远超过经济运行时的过量空气系数。此外，许多锅炉运行时采用鼓、引风不变的供风方式，锅炉在启炉和正常运行时，鼓、引风阀门保持同一较大的状态，司炉工在燃烧操作时，仅据锅炉负荷的变化调整燃煤量，而不调整鼓、引风阀门控制风量。因此，当锅炉低负荷运行时，由于燃煤量小，炉膛内的过量空气系数非常大，而当锅炉高负荷运行时，由于燃煤量大，炉膛内的过量空气系数就相对较小。过量空气系数过大，会降低炉温，恶化燃烧；过量空气系数过小，则会导致煤的不完全燃烧。因此，过量空气系数过大或过小，均会使锅炉烟尘排放量增大。所以，要实现除尘设备的高效节能运行，关键在于控制好锅炉的过量空气系数及烟风道的漏风。

加强除尘器的运行管理也是节能的重要环节。对湿式水膜除尘装置，主要是要经常检查其筒体内壁，如有缺角、凹陷和喷嘴堵塞等应尽快修复，从而确保运行中筒体内壁水膜形成。对干式除尘装置，司炉人员必须坚持做到定期定时清除除尘器内的积灰，这些积灰若不及时清除，就会影响除尘器的效率。积灰清除完毕，应将灰闸板插牢，关闭严密，杜绝漏风。若发现除尘器外壳穿孔，应及时修补，内部装置损坏，应及时更新，不能带病运行。实践表明，除尘器一旦漏风，其除尘效率会由原来的 90% 下降到 50%，如果漏风量达 15% 时，除尘效率几乎为零。

3）水处理系统节能运行。锅炉房内水处理节能技术的应用对整个供暖系统的节能是非常关键的。

普遍采用的锅炉节水节能措施是防止结垢，以提高锅炉的热效率；减少排污量和回收排污热，以减少排污热损失；回收凝结水，以提高热利用率和节约锅炉给水。要防止结垢和减少排污率，必须通过提高给水质量和加入阻垢剂才能实现。回收凝结水的前提条件是，保证凝结水不被腐蚀性物质污染。

低压锅炉配套使用的钠离子交换设备，使用较多的是固定床和浮动床。设备比较简单，但出水质量不好。有些单位只讲使用，不管修理，可能的问题有：阀门泄漏、开关不严造成硬水、软水、盐水相互流窜，影响锅水质量；交换罐锈蚀造成树脂“中毒”，有些交换罐使用多年，碳钢罐体内防腐能力降低，有些根本无防腐措施，树脂受铁离子污染中毒，失去交换能力；滤帽滤网破损或喷头脱落，造成树脂逃逸，树脂量不足，有些树脂破碎，又未及时添加；软水贮水设备本身的原因造成软水硬度提高或二次污染，铁制软水箱在使用一段时间后没有及时进行防腐处理，锈蚀严重、氧化铁剥落等造成二次污染。

3.2 余热锅炉

余热锅炉是余热回收利用的重要设备之一，在提高能源利用效率、节约燃料消耗方面起着极其重要的作用[2]。余热锅炉的结构和一般锅炉相似，包括锅炉受热面和为受热面服务的全部附属组件。各附属组件的作用也和一般锅炉相同。不同的是它的热源依赖于余热，它的工作服从于生产工艺。

3.2.1 余热锅炉的分类

由于余热载体的成分、特性等与燃料燃烧所生成的烟气有显著的差异，并且各种余热载体也千差万别，因而余热锅炉在不同应用场合也各具特色，结构上有一定差别。余热锅炉的分类、结构形式以及特点见表3-1。按烟气的流通方式，可把余热锅炉分为两类，即烟管式锅炉和水管式锅炉；按水循环方式可分为自然循环式与强制循环式；按传热方式可分为辐射式和对流式；按水管的形式可分为光滑管型和翅片管型；按水管的布置可分为叉排式和顺排式；按烟气流动的方向可分为平行流动式和垂直流动式等。

表3-1 余热锅炉的分类、结构形式及特点

分类	结构形式		特点
按烟气流通方式	烟管式	烟气在管内流动	结构简单，价格低，不易清灰，适用于低压、小容量
	水管式	烟气在水管外流动	结构复杂，耐压，耐热，工作可靠
按水循环方式	自然循环式	利用水和汽水混合物密度的差异循环	结构简单
	强制循环式	依靠水泵的压头而实现强制流动	保有水量少，结构紧凑，可布置形状特殊的受热面
按传热方式	辐射式	在烟气通路四周设置水冷壁	适用于回收高温烟气余热
	对流式	在烟气通路中设置对流受热面	适用于回收中、低温烟气余热
按水管的形式	光滑管型	受热面采用光滑管	工作可靠，用途广
	翅片管型	受热面采用翅片管	结构紧凑，可使锅炉小型化，应注意耐热性、积灰、腐蚀
按水管的布置	叉排式	传热管互相交叉排列	传热性能好，清灰、维修困难
	顺排式	传热管互相顺排排列	传热性能较差，清灰、维修容易
按烟气流动的方向	平行流动式	烟气平行于传热管流动	传热性能较差，受热面磨损小，不易积灰
	垂直流动式		传热性能好，适用于烟尘含量低的烟气
按受热面构成	只有蒸发器		结构简单
	装有蒸发器和省煤器		余热回收量增大
	装有蒸发器、省煤器和过热器		可提高回收蒸汽的品位

烟管式余热锅炉结构简单、紧凑，制造容易，操作方便，并且烟气侧气密性好，漏风少。缺点是金属消耗量大，水汽侧锅筒的直径大，蒸汽压力不宜过高，水质不好时清理水垢较困难。图3-8所示为一种实际使用的卧式烟管式余热锅炉的简图。烟管直径一般为50～76mm，锅筒直径有的大至3～3.5m。

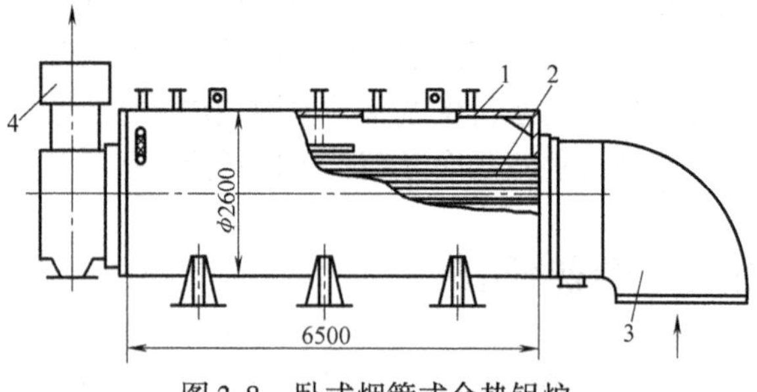

图3-8 卧式烟管式余热锅炉

1—锅筒 2—烟管 3—烟气进口 4—烟气出口

水管式余热锅炉按其水的循环方式可分为自然循环和强制循环两种。自然循环余热锅炉靠水与水汽混合物的密度差，在受热管内流动。因此对自然循环锅炉来说，需要构成一个水循环回路。图3-9所示为自然循环水管式余热锅炉的一个例子。循环回路由上、下锅筒和锅筒之间的对流管束构成。烟气流过管束时，由于受热强弱不同，受热强的管内产生一部分蒸汽，汽水混合物的密度小，混合物向上流动，受热弱的管内水的密度大，向下流动，由此形成自然循环。产生的蒸汽在上锅筒经分离后排出，也可至过热器进一步加热，成为过热蒸汽。强制循环余热锅炉是由泵迫使水在管内流动的，其受热面的布置比较自由。图3-10所示为强制循环水管式余热锅炉的结构简图，由两级过热器和蒸发受热面组成。它是靠水泵强制水流过蒸发受热管，受热后产生的汽水混合物至锅筒，饱和蒸汽经两级过热器过热后供用户使用。

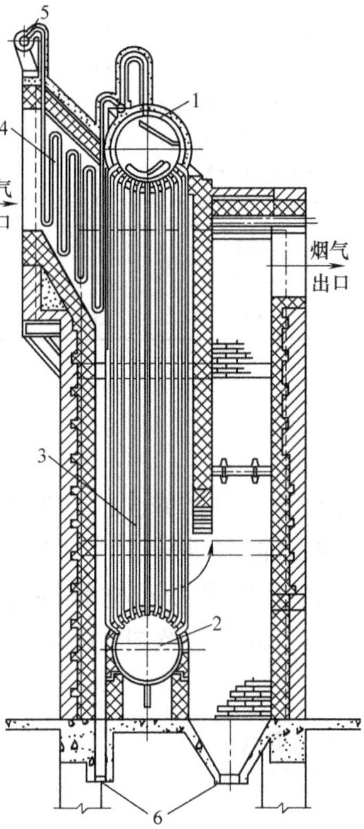

图3-9 自然循环水管式余热锅炉

1—上锅筒 2—下锅筒 3—蒸发受热面

4—过热器 5—出口集箱 6—出灰口

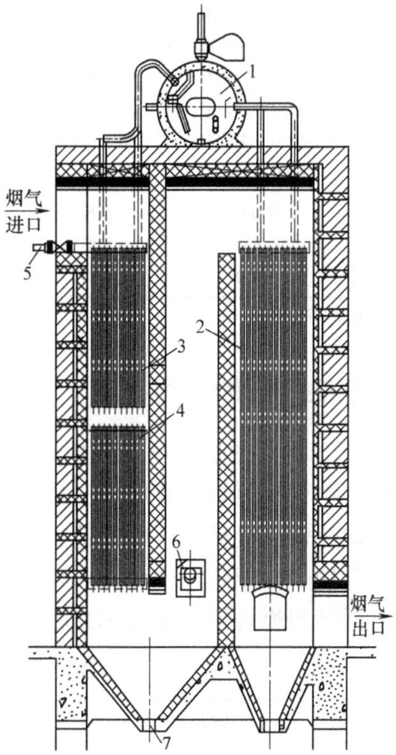

图3-10 强制循环水管式余热锅炉

1—锅筒 2—蒸发受热面 3—第一级过热器

4—第二级过热器 5—过热蒸汽输出管

6—启动时加热用的燃烧装置 7—出灰口

3.2.2 余热锅炉参数

余热锅炉的设计、制造比较复杂，一般由专业工厂承担设计和制造。但由于余热锅炉的热源依赖于余热，其工作又服从于生产工艺，因此要掌握余热锅炉主要设计参数的选择原则，正确地确定有关参数，才能制造出满足需要的余热锅炉。

余热锅炉的蒸汽压力是重要的设计参数，在选择这一参数时，应首先考虑所回收蒸汽的用途。如果余热锅炉回收的蒸汽是为了一般的供暖需要，则不要求太高的蒸汽压力。例如，回收的蒸汽直接用于生产工艺时，应根据工艺过程的需要尽量选用较低的蒸汽压力参数。当生产工艺过程所需要的最大蒸汽压力为0.3MPa时，考虑到蒸汽流经管道的压力损失，余热锅炉的蒸汽压力选用0.4MPa。如果选用过高的蒸汽压力，由于余热锅炉内烟气与水之间的传热温差变小，需要加大受热面面积，会增加余热锅炉的投资。目前在工业炉上实际采用的一些余热锅炉的参数见表3-2。可以看到，加热炉的种类多、负荷变动大，定型的余热锅炉难以与之完全配套，会影响余热锅炉的实际使用效果，设计或选型时应加以注意。

表3-2 工业炉用的余热锅炉的参数

炉型	烟气参数		余热锅炉型号	蒸发量/(kg/h)	蒸汽参数	
	流量/[m^3/h]①	温度/℃			表压力/10^5Pa	温度/℃
加热炉	20000~35000	500~700	F30/650-6/13-250	3000~8000	13	250~300
	35000~45000	500~700	F40/650-8/13-250	5000~10000	13	250~300
	45000~55000	500~700	F50/650-12/13-250	7000~14000	13	256~300
	20000~30000	550~700	HJ25/550-5-13/250	4000~7000	13	250~300
	30000~45000	550~700	HJ40/550-8-13/250	6000~10000	13	250~300
	45000~70000	550~700	HJ55/550-10-13/250	9000~16000	13	250~300
玻璃窑炉	8000	500	B8/500-1-13	1000	13	饱和
	25000	500	B25/500-3-13	3000	13	饱和
	40000	500	B40/500-5-13	5000	13	饱和

① 标准状态下。

3.2.3 余热锅炉的应用

（1）用于加热炉烟道排气的余热锅炉　加热炉用途广泛、种类繁多，例如钢铁企业中的均热炉、钢板加热炉、热风炉、炼焦炉，石油炼制中的石油加热炉，化学工厂、食品工厂中的原料加热炉，机械工厂的锻造加热炉等。加热炉所用的燃料多为气体燃料和油类，因而烟气中灰分较少。但烟气中含有一定比例的SO_2和SO_3气体，故应注意烟气的腐蚀性。表3-3所示为不同燃料燃烧排气中的SO_x含量及烟气露点。

表3-3 燃烧排气中SO_x含量及烟气露点

燃料种类	燃料中硫黄成分（质量分数）(%)	燃烧排气中的SO_x/$\times10^{-6}$	烟气露点/℃
重油	1.2~3.5	600~2200	105~125
轻质油	1.2以下	600以下	100~105
天然气	—	—	60~70
高炉气	$H_2S(20\sim30)\times10^{-4}$	20~50	70~80
焦炉气	$H_2S(50\sim100)\times10^{-4}$	5~15	95~105

加热炉烟道排气余热的利用途径可分为自身利用和对外供能两方面。为节约加热炉所消耗的一次能源，优化整个企业的总能系统，一般应采取“先自身利用，后对外供能”的方针。即首先采用高温换热器，将高温烟气用于预热助燃空气、燃料或物料，以实现回热利用。然后，再根据换热器排烟温度的高低，或选用余热锅炉，或采用其他中、低温余热回收装置，进行综合利用。这种余热回收系统不仅符合能级匹配、梯级利用的用能原则，收到最大的节能效果，而且还有利于取得更大的经济效益。

表3-4列出了各种不同形式加热炉的排气参数以及相当的蒸发量。

表3-4 加热炉的排气参数以及相当的蒸发量

加热炉种类	燃　料	排气量/[m^3(标准)/h]	排气温度/℃	相当蒸发量/(t/h)
钢板加热炉	重油，高炉气，焦炉气	50000~150000	400~450	10~30
炼焦炉	高炉气，焦炉气	150000~400000	250~270	15~40
石油加热炉	重油	10000~200000	400~500	2~50
燃气轮机排气	轻质油，重油，B重油	30000~600000	400~515	7~150
玻璃熔融炉	重油	10000~75000	200~300	15~40

图3-11所示为用于石油炼制加热炉的余热锅炉。加热炉所使用的燃料为重油或副生气，其排气量（标准状态）为120000m^3/h，排气温度为870℃，余热锅炉的蒸发量为35t/h。由于加热炉排气量大，为使余热锅炉结构紧凑，传热管采用环状翅片管。此外，为了便于加热炉与余热锅炉的连接，减少占地面积，加热炉排烟自上而下流动，环状翅片管水平布置。余热锅炉上方装有辅助燃烧喷嘴，用以调节热负荷。

图3-12所示为用于燃气轮机排气的余热锅炉。该燃气轮机所使用的燃料为煤油，其排气量（标准状态）为220000m^3/h，排气温度为430℃。余热锅炉的蒸发量为28t/h，是一种带有省煤器的双锅筒自然循环锅炉。其蒸发器和省煤器采用翅片管。

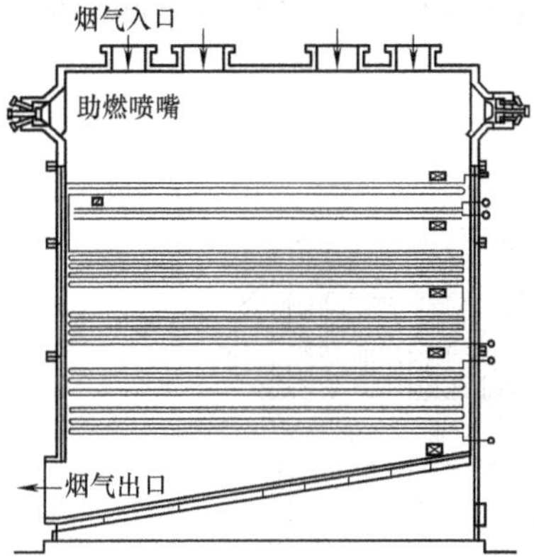

图3-11 用于石油炼制加热炉的余热锅炉

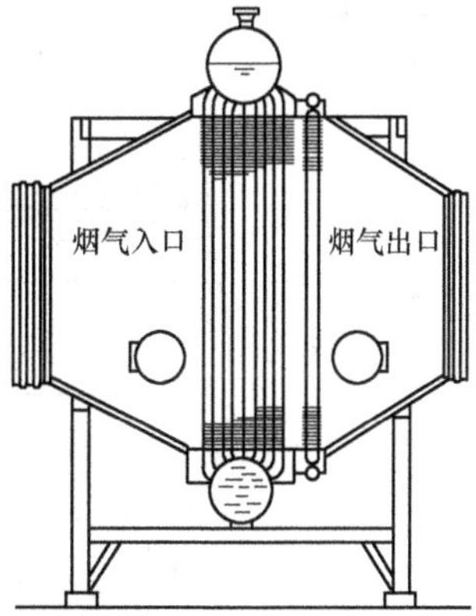

图3-12 用于燃气轮机排气的余热锅炉

图3-13所示为用于钢铁厂均热炉的余热锅炉。在均热炉出口烟道中，设置了几组独立的受热面，它们分别与一个共同的锅筒相连接。由于余热锅炉的各组受热面分散布置，因而采用强制循环，通过循环泵将水送往各组受热面。该余热锅炉因受热面互相独立，故组装、检修、扩展和调整都较容易。

（2）用于熔解炉的余热锅炉　有色金属冶炼炉（包括铜、铝、铅的熔解炉）、玻璃熔融炉、冶炼合金的电炉等都属于熔解炉。这类炉子排气中含有大量被加热物料带来的腐蚀物及灰尘。工业废物燃烧炉也属于这一类，其腐蚀物和灰尘含量也很高。

由于灰尘含量高，用于熔解炉的余热锅炉一般采用光滑管受热面。为了防止腐蚀，应控制受热面的温度高于排气的酸露点，以防止低温腐蚀，且应采用耐高温腐蚀的材料，以防止高温腐蚀。

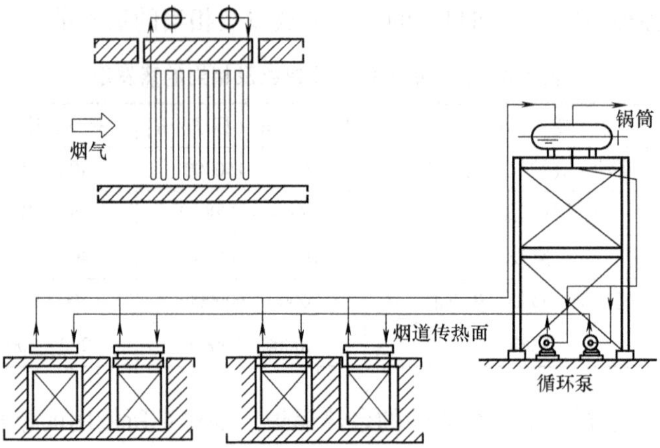

图 3-13　用于钢铁厂均热炉的余热锅炉

图 3-14 所示为用于铜精炼炉的余热锅炉。铜精炼炉排气中 SO_2 含量高达 10% ~12%，灰尘量为 50~100g/m^3（标准）。为了防止低温腐蚀，余热锅炉的运行压力定为 5.0MPa（饱和蒸汽温度为 265℃）。此外，铜精炼炉高温排气中的某些灰分处于熔融状态，当它遇到受热面时则附着在受热面上，致使受热面堵塞，降低传热性能。为此，在余热锅炉前半部采用四周为水冷壁的大辐射室，铜精炼炉排气在辐射室中主要以辐射方式传热，避免了高温熔融灰尘与受热面直接接触。余热锅炉后半部采用对流受热面，铜精炼炉排气流经多排管束时以对流方式传热。

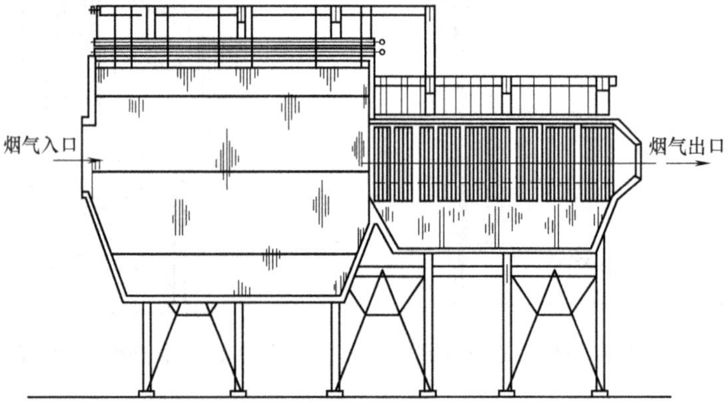

图 3-14　用铜精炼炉的余热锅炉（蒸发量为 430t/h）

为便于排灰，在辐射室和对流受热面下部都设有灰斗。由于铜精炼炉排气中灰分的硬度高，磨损性大，为减轻对流受热面的磨损，应注意对流受热面的布置方式及流经对流受热面气流速度的选取等。

（3）用于化学工厂工艺气体的余热锅炉　在化学工厂，从原料到产成品的生产工艺过程中，经常需要冷却在工艺过程中产生的高温工艺气体，这时余热锅炉可当作高温工艺气体的冷却器使用。例如，硫酸工厂中硫黄燃烧产生的亚硫酸气体，硝酸工厂中的 NH_3 燃烧气体，NH_3 工厂中的中间合成气体等。工艺气体的特点是，气体成分特殊，具有腐蚀性，压力高。因而，在回收高温工艺气体的热量时，余热锅炉的选材和结构应注意耐压、抗腐蚀和抗磨损等。

3.3 地热技术

地热是来自地球深处的热能，起源于地球的熔融岩浆和放射性物质的衰变。岩浆对地壳的侵入和地下水的循环，把热量从地下深处带至近表层。地热不但是无污染的清洁能源，如果提取速度不超过补充速度，它还是可再生能源[6,7]。地热的合理利用可以部分地替代化石能源的消耗，对于节能减排有重要意义。

据估计，全球99%的物质处于1000℃以上的高温状态，只有不到1%的物质处于100℃以下，尽管其中可利用的部分很小，但仅利用现有技术可以开发利用的地热能就是目前所有化石能源储量的30倍以上，因此地热能是一种储量极其丰富的替代能源。我国地热资源储量丰富、分布广泛。据不完全统计，仅12个主要沉积盆地的地热资源储量折合标准煤就高达8532×10^{8}t，可采资源量折合标准煤2560×10^{8}t；我国大陆3000～10000m深处干热岩资源储量折合标准煤高达860×10^{12}t，相当于目前全国年度能源消耗总量的26万倍[8]。

地热能的开发利用包括发电和非发电利用两个方面。世界各国利用地热能的经验表明：高温地热资源（150℃以上）主要用于发电，发电后排出的热水可进行逐级多用途利用。中温（150℃以下90℃以上）和低温（90℃以下）的地热资源则以直接利用为主，多用于供暖、干燥、工业、农林牧渔业、医疗、旅游及人民的日常生活等方面[2,9,10]。

3.3.1 地热发电

地热发电主要有地热蒸汽直接发电、地热水扩容发电和中间介质发电等三种形式。地热发电形式的选择取决于地热的温度和形态。如果是高温干蒸汽地热，并且压力较大，可采用汽轮机带动发电机直接发电。若地热属水汽兼有，且温度不特别高，则常采用扩容法或中间介质法发电[9]。

1. 地热蒸汽直接发电

地热蒸汽直接发电是指由地热井中取出地热蒸汽，对其进行净化，除去其中的杂质，如各种矿物盐、不凝结气体和钻井的机械颗粒等后，送入汽轮机，汽轮机旋转带动发电机发电，做功后的余汽与冷却水混合，在冷凝器中冷凝，经冷却塔后排放或回灌。若地热井出来的不是干蒸汽，而是热水和蒸汽混合的湿蒸汽，则要先进行水汽分离，然后送入汽轮机。图3-15所示为地热蒸汽直接发电的示意图。

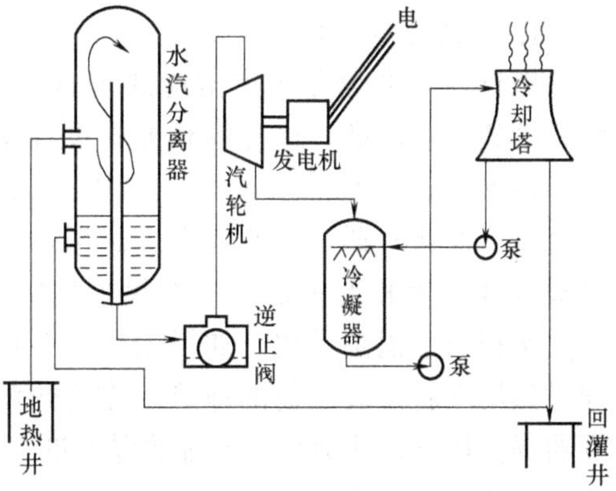

图3-15　地热蒸汽直接发电的示意图

2. 地热水扩容发电

当地热水的温度不高，产生的蒸汽量不大，不能推动汽轮机旋转时，要设法提高蒸汽的能力。在物理学上，水的沸点温度与压力成正比关系，如正常大气压力下水的沸点为100℃的水蒸气，若将压力变小，水的沸点温度和产生蒸汽的温度也会下降。根据这一原理，当地下热水引出时，让它快速进入一个扩大容积的装置，使压力降低，加速汽化，这时就能获得上千倍的扩容蒸汽，就可推动汽轮机旋转，带动发电机发电。通常称这种方法为“减压扩容”法。它的关键设备是扩容器。图3-16所示为扩容法地热发电的示意图。

3. 中间介质发电

当地热水温度较低，所含矿物质太浓，易于结垢，采用上述方法发电困难时，只有依靠中间介质来发电。中间介质法就是选用一种低沸点的物质，如氯乙烷、正丁烷和异丁烷等，把地热水作为热源去加热中间介质，由于它很容易汽化，可以推动涡轮机旋转而发电。然后用水冷却发电后的气体，使它恢复到原来的液体状态，再用泵打到热交换器去，从而完成一个循环。图3-17所示为中间介质法地热发电的示意图。

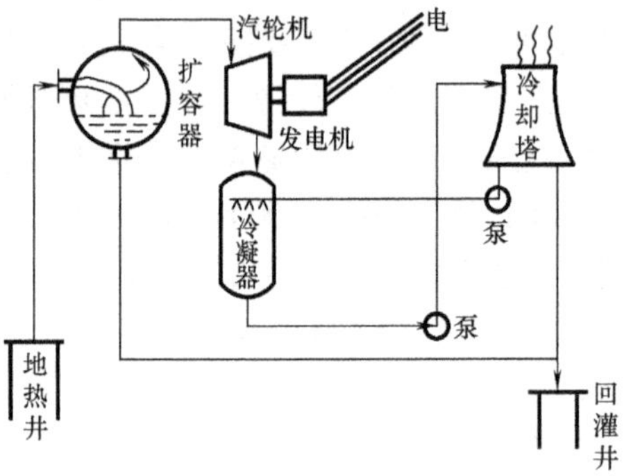

图3-16 扩容法地热发电的示意图

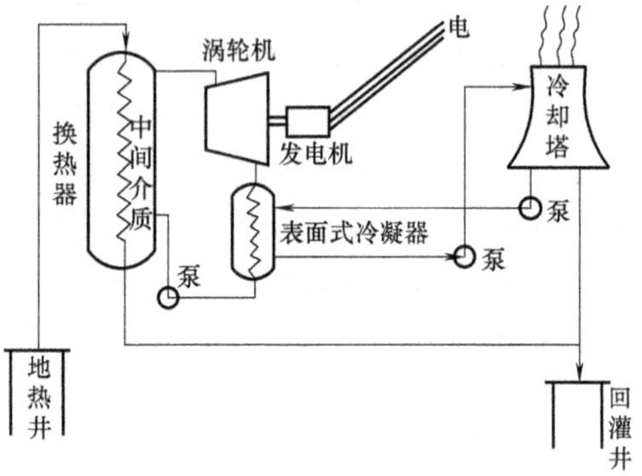

图3-17 中间介质法地热发电的示意图

3.3.2 地热供暖

除了发电外，更为大量的地热资源是被直接利用的。因为地热直接利用的基建投资费用相对较低，利用率较电力转换率高，回收较快。此外，可供直接利用的具有商业开发价值的中低温地热资源储量丰富，分布广泛，用户多，市场广阔[10]。

1. 地热直接供暖

地热直接供暖方式是指地热水直接通过热用户，然后排放掉或回灌。这种供暖方式设计结构简单，如图3-18所示。在地热水进入热用户之前，根据水质条件可以增设除砂器，为调节进入热用户的温度可增设供暖调峰装置和混水器等。如果采用锅炉调峰装置，地热水相当于锅炉供水。如果采用热泵调峰，一般以通过热用户后排放之前的地热水作为热源为热泵的蒸发器提供热量，使地热水的排放温度进一步降低。

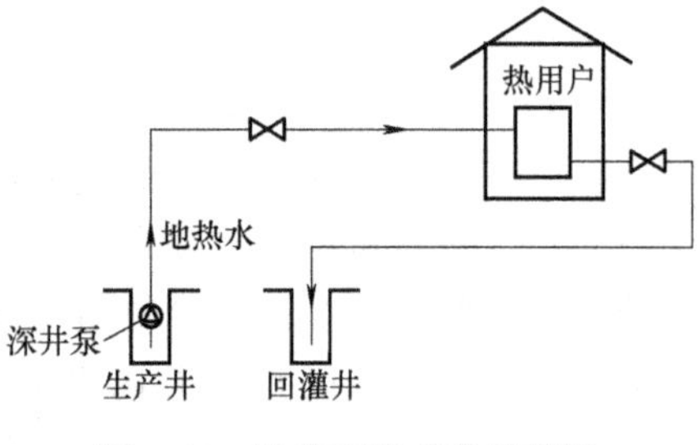

图3-18 地热直接式供暖系统

地热直接供暖的优点是，温差损失小，供暖效率高，初投资少。但其采用有一些限制条件。如：

1）地热水的腐蚀性要低，即含有的诱导化学腐蚀的成分，如氯离子 Cl^-、硫酸根离子 SO_4^{2-} 等要少。其实，地热水的化学腐蚀性是相对而言的，与供暖系统的运行管理状况有很大关系，如果严格地控制系统内的含氧量，即使水含有腐蚀性成分，其腐蚀速度也会大大降低。

2）地热管网系统的结垢控制。尽管低温地热水不像高温两相地热流体的结垢趋势那么强，但是如果有结垢出现将影响系统的散热性能，降低地热水的有效热利用率，因此在选用地热直接供暖方式之前，应对地热水的腐蚀和结垢趋势进行充分的论证。

3）由于直接式地热供暖系统的水力调节性较差，故不宜用于高层建筑的供暖。因为地热水泵的承载扬程过高，水头难以稳定。

由于地热水具有出水温度基本恒定的特点，要充分利用地热水的热能，应尽量降低地热水的排放温度。要增加供、回水之间的温度差，可加大热用户的终端散热器的散热面积。当然，从热力学节能的角度出发，合理的供暖设计应当增加调峰措施（调峰承担尖峰负荷），在大部分供暖时间内采用地热直接供暖（地热承担基础负荷），而仅在很短的时间里采用地热供暖加调峰装置。

2. 地热间接供暖

与直接式不同，间接式地热供暖系统的地热水不直接进入用户散热器，而是通过换热站，将热量传递给供暖管网的循环水，温度降低后的地热水回灌或排放掉，如图3-19所示。由于地热水不经过供暖管网，散热器腐蚀的问题得到解决。另外，供暖管网的压力也比较稳定，因此在大规模集中地热供暖中推荐采用间接式供暖系统。间接式地热供暖系统的缺点是：增加了换热站；循环水进入热用户的温度会比地热水的出水温度低。

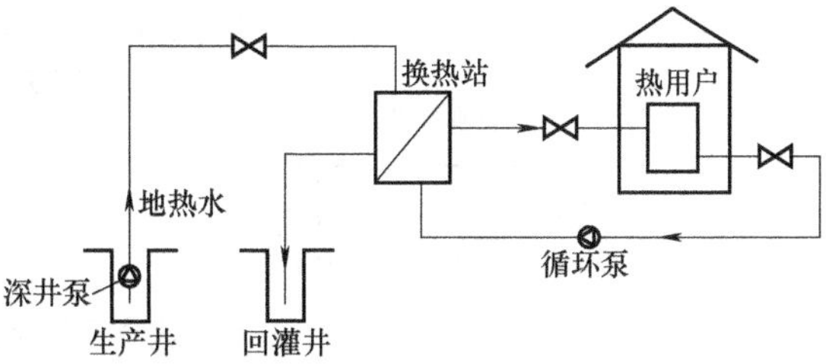

图3-19 地热间接式供暖系统

3. 地热供暖的调峰

每个供暖季最低室外温度只有很短的时间。对于直接式供暖系统，如果建筑物的散热特性固定，计算得到的地热水利用温降将保持不变。因此，超过设计热负荷时的解决方法可以增加地热水流量，或者选用其他的热源补给，调峰设计比较简单。

间接式供暖系统的调峰比较复杂。在地热水流量不变的条件下，线性地增加循环水的温度可以应对室外温度的降低，起到调峰的作用；也可以通过增加换热面积以降低换热温差。但是循环供水温度不可能超过地热水出口温度，地热水温度不可能像锅炉一样有调节的能力。若不采用调峰措施，那么绝大部分供暖期内系统都运行在低于设计热负荷下。而如果采用调峰措施，如调峰有50%的供暖能力，会节约近一半的地热供暖热负荷，节约下来的部分可以提供相同的供暖面积。地热供暖与调峰措施相结合，可以充分利用地热水，提高地热水的利用效率。较理想的设计热负荷是略高于全年的平均热负荷。这样在整个供暖期内地热供暖系统都处于运行状态。

供暖系统的调峰可以使用锅炉、电加热或热泵系统等。电加热调峰比较方便，但其运行费用较高，因而热泵在地热供暖调峰中的应用越来越多。热泵用于地热供暖调峰的优点有两个：

1）地热排水可直接作为热源使用，可进一步降低地热排水温度，不仅提高了地热水的热利用效率，也可以使热泵在较高的制热性能系数下工作。

2）蒸发器侧和冷凝器侧无需增加循环水泵，可以看作安装在管网系统上的一段管道。

采用热泵调峰可以有不同的布置方法。以间接式供暖系统为例，图3-20给出的是以地热水排水为热泵蒸发器热源的系统。这种方案比较节能，但在蒸发器选材上应加以考虑。图3-21所示为以循环水回水为蒸发器热源的供暖系统。这种系统可进一步降低循环水进入换热站时的温度，使换热站的换热效率提高。但要保证换热站循环水的出口温度不受影响，应增加换热面积。如果经换热站换热后循环水的出口温度比热泵冷凝器的工作介质冷凝温度低，可以让图 3-20 和图 3-21 所示的循环水流经冷凝器之后直接入热用户。如果冷凝器的温度低于换热站出口的循环水温度，必须采用单独循环系统经过冷凝器，然后并网或单独入热用户，如图 3-22 所示。

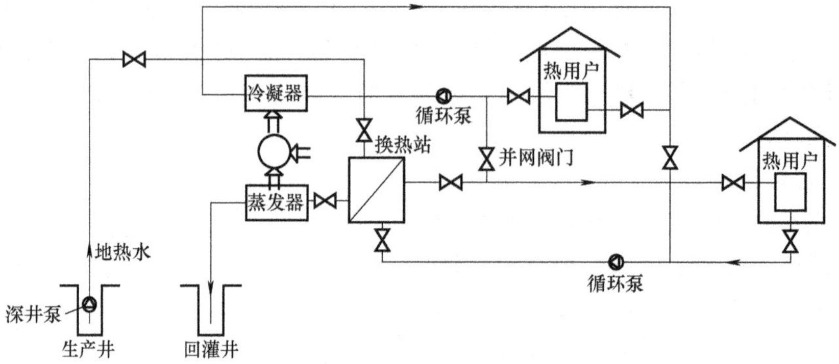

图 3-20　地热水排水作为热泵蒸发器的热源

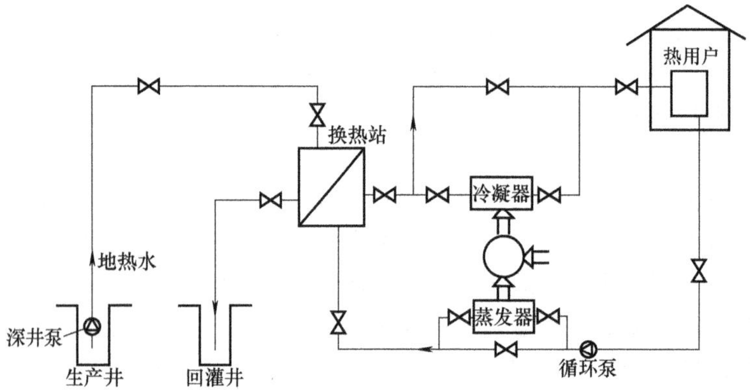

图 3-21　以循环水回水作为蒸发器的热源

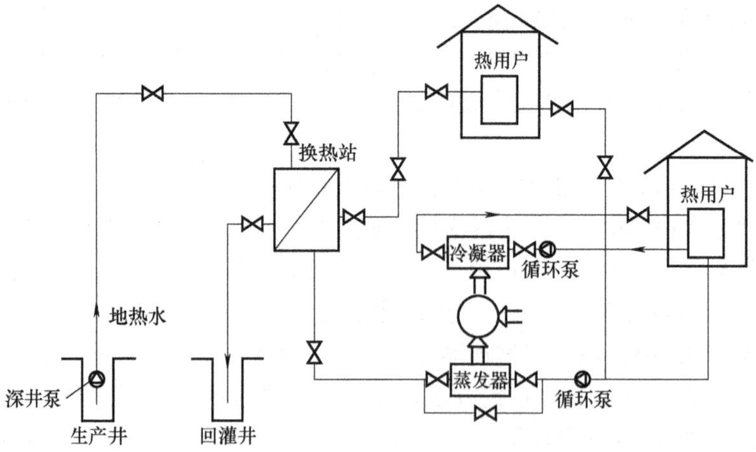

图 3-22　单独循环系统经过冷凝器，然后并网或单独入热用户

采用锅炉调峰时，一般可以把由换热站或冷凝器出来的循环水作为锅炉给水，如图3-23所示。当然，为了调解和控制的灵活性，可以为蒸发器、冷凝器以及锅炉等设备两侧加旁通管路。

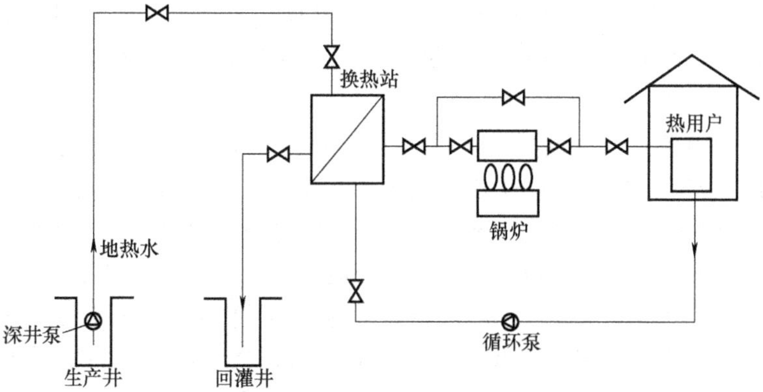

图3-23 换热站或冷凝器的出口循环水作为锅炉给水

3.3.3 地热的其他利用

1. 温室大棚

温室是人类在建筑场所内控制和模拟自然气候从事植物栽培的一种高级园艺设施。按照栽培使用季节可以分为冬季温室和春季温室两类。前者多为加温温室，后者多为不加温或短期加温温室。由于温室的能源消耗很大，因而利用地热是降低温室运行费用的有效方法之一。地热供暖的最大优点就是初投资不依赖于供热量，运行费用也小。

(1) 温室的分类　温室的分类方法很多。根据温室的最终使用功能可分为展览温室、栽培温室、繁殖育种温室和试验温室等。根据温室主体的结构材料可分为土温室、砖木结构温室、钢筋混凝土温室和钢结构温室。根据其覆盖材料可分为纸温室、玻璃窗温室和塑料薄膜温室。根据沿温室跨度方向的立面造型可分为单坡面温室和双坡面温室。根据屋面形状可分为圆拱形、折线形、锯齿形、尖顶形和平顶形等温室。根据温室平面的不同布局可分为单栋温室和连栋温室。根据加温方式则可分为连续加温温室、间歇加温温室和不加温温室等。

图3-24所示为几种典型的温室外形。

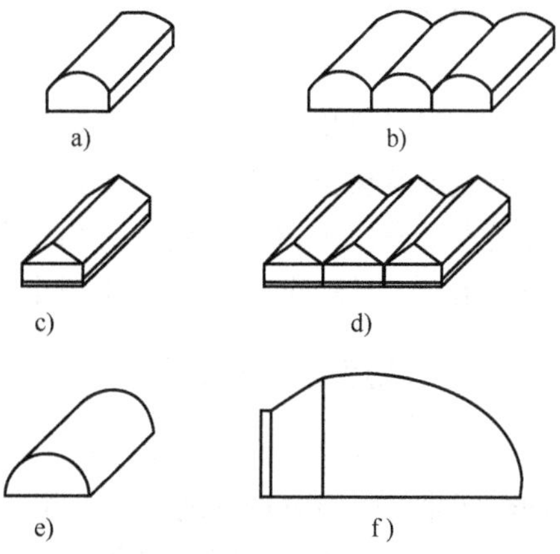

图3-24 几种典型的温室外形
a) 拱形屋面 b) 连栋拱形屋面 c) 双坡面屋面 d) 连栋双坡面屋面 e) 半圆形屋面 f) 半坡形屋面

(2) 温室的主要性能指标

1) 透光性能。温室是采光建筑，其透光性能的好坏直接影响到室内作物的光合作用和室内温度。透光率是评价温室透光性能的一项基本指标，它是指透进温室内的光照量与室外光照量的百分比。一般玻璃温室的透光率在60%～70%，连栋温室的透光率在50%～60%，日光温室在70%以上。

2) 保温性能。提高温室的保温性能是降低能耗、节约能源的保证。衡量指标除了温室维护结构的保温热阻外，温室的保温比也是一项重要指标。保温比是指热阻较大的温室维护结构覆盖面积和土地面积之和与热阻较小的温室透光材料覆盖面积之比。保温比越大，温室的保温性能越好。

3）耐久性。温室是一种高投入的农业设施，其使用寿命直接影响到每年的折旧成本和生产效益，因此必须考虑其耐久性。温室的耐久性除了受温室材料的耐老化性能影响外，还与温室主体结构的承载能力有关。

（3）温室的热负荷　温室供暖是通过人为控制小气候，营造一定的热湿环境和空气最佳条件，使生物在较适宜的环境中生长，实现周年生产。在实际工程中，由于室外的温度、风速、风向、光照等都在不断变化，不可能计算温室每一时间内需要的热负荷，因此就选择一个最不利条件，来计算温室热负荷。由于室外最低温度一般出现在凌晨（测试数据），此时供热量要求最大，因此温室设计一般采用此时的供热量作为供暖设计热负荷。

（4）温室的供暖系统　温室供暖系统主要有两种形式，即热风供暖系统和热水供暖系统。热风供暖系统将温室内回风加热，通过风管送出。在风管壁面上有规律地开设许多小孔，使之较为均匀地送至温室的每个位置。热水供暖系统则采用管道作为散热器。采用热水供暖系统时，整个温室的温度场更加均匀。

2. 地热孵化

随着地热能源的开发，地热孵化悄然兴起。现有的孵化设备都是一个整体，即孵化箱。地热孵化的原理是以加热器提供孵化机箱体内需要的温度，使鸡蛋处在最适宜孵化的环境温度（37.8℃）下。胚蛋在此温度下经过21d孵化，发育成为雏鸡。为了补偿箱体散热，维持箱体内所需温度，孵化箱内需要安装散热器；为了使箱体内温度场分布均匀，又要有足够的通风量，还需要安装风扇，并在适当的位置开设进风口和排风口。

3. 地热干燥

地热干燥是地热利用的重要方式之一。地热水经过换热器产生热风对干燥窑内的物料进行脱水干燥，干燥后的尾水可再进行其他形式的利用。木材的烘干工艺流程如图3-25所示。

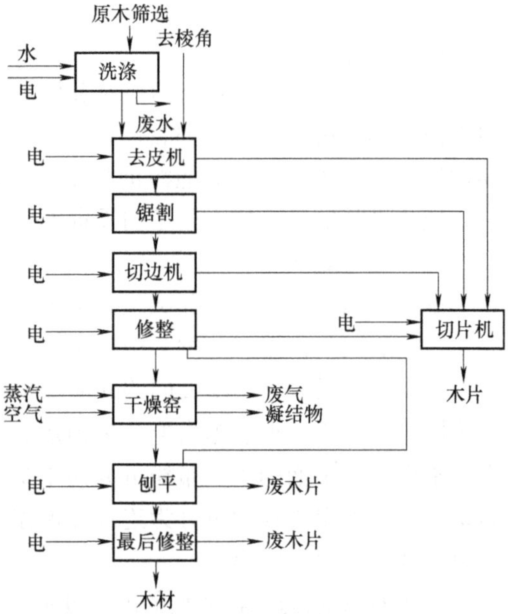

图3-25　木材的烘干工艺流程

3.3.4 地热开发的风险

地热开发存在地质灾害风险、环境污染现象和一定的生态影响，其中地面沉降、水污染和热污染是带有普遍性的问题。相比于中低温地热资源的直接利用而言，高温地热资源的发电利用产生工程环境问题的可能性更高，所造成的不利影响更严重[11]。

1. 地质灾害

在高温水热区，对浅层热储层进行地热钻探过程中会诱发水热爆炸。1977年12月4日，西藏羊八井地热田ZK316井发生强烈水热爆炸。1982年8月9～10日，ZK322井发生两次猛烈水热爆炸。这三次水热爆炸致使三口生产井报废。新西兰的 Wairakei 热田在开发初期也出现过水热爆炸。

当前开发的地热资源，尤其是高温地热资源，一般都位于地震活动区，世界上主要地热田附近都已观察到地震活动（低于里氏 4 级）。2006 年 12 月，瑞士巴塞尔的一个地热开采钻井钻至地表 5000 多米岩石深处，并通过灌水加压提取地热时，突然发生了地震，在随后的几天里持续发生里氏 3.4 级的地震。

在浅层热储层地热开发中，由于抽取地热水引起地下热水位不断下降，热储层的水压力降低，有效应力增大，地层产生压缩，从而引起地面变形。新西兰的 Wairakei 热田和 Ohaaki 热田在开发过程中都产生过地面下沉。在地面下沉的同时，还伴随着地面水平变形。新西兰 Wairakei 热田于 1968～1982 年间平均地面水平变形速率大于 100mm/a。地面下沉和水平变形不但损坏地热生产设施，而且还影响沉降区附近的公路、管线及房屋建筑等。此外，地热开采对原有的断层也会产生一定影响。

地热开发对地热景观也会产生一定的影响。西藏羊八井地热田在开发前（1975 年），热田内分布有大面积的热水沼泽、热水塘、放热地面、冒汽地面、沸泉群、沸泥塘、喷气口等地热地质景观（热显示），是青藏高原上最大的一个热水湖。随着热田的开发，大量的地热流体被抽取后，地表热显示几乎全部消失，热水湖于 1996 年干涸。

2. *环境污染*

地热开发过程中，地热水或地热蒸汽中所含的各种气体和悬浮物将排入大气，特别是温度较高的地热流体中含有浓度较高、危害较大的 H_2S、CO_2、CH_4、NH_3等不凝气体。

地热水中氟化物、硫化物、氯化物、固形物（全盐量）和二氧化硅的含量远比一般地下水高。未加处理的地热废水排放会污染地表水和浅层地下水。

过量开采地热水造成地下水水位大幅度下降，会造成浅部污染源从地下水位降落漏斗区直接进入深层基岩水体，沿海地区还可能引起海水入侵。

地热田生产废水尤其是高温地热田发电尾水的排放，还会影响周围的生态系统及生物多样性。西藏羊八井地热发电的尾水水温高达 80℃，每天至少有 4～5 万 t 排放到藏布曲河，致使河中原有的鱼类绝迹。

总之，只有在地热开发利用中重视可能产生的环境问题，并采取有力的预防措施，地热能才能成为名副其实的“绿色能源”“清洁能源”，从而实现地热能开发利用的可持续发展。

3.4 热泵技术

“热泵”是一种能使热量从低温物体转移到高温物体的能量利用装置。恰当地运用热泵，可以把那些不能直接利用的低温热能变为有用的热能，减少燃料消耗。提高热泵装置或系统的效率，则可以通过降低热泵的能量输入来进一步降低能耗。

3.4.1 热泵的工作原理

热泵是一种以消耗一部分能量（如机械能、电能、高温热能）为代价，通过热力循环，把热能由低温物体转移到高温物体的能量利用装置[12]。它的原理与制冷机完全相同，是利用低沸点工质（如氟利昂）液体通过节流阀减压后，在蒸发器中蒸发，从低温物体吸取热量，然后再将工质蒸汽压缩使其温度和压力提高，经冷凝器放出热量而变成液体，如此不断循环，把热能由低温物体转移到高温物体。与制冷装置相同，热泵也采用逆循环，但其目的不是制冷而是制热，即工作的温度范围与制冷机不同。

3.4.2 热泵的低温热源

热泵可以回收自然环境（如空气、水和土壤）和其他低温热源（如地下热水、低温太阳热）中的低品位热能，也可以回收100～120℃以下的烟气废热[12,13]。

1. 空气

空气是最常用的热泵热源，可随时随地无偿地使用。空气在各种不同温度下都能提供一定数量的热量。但是空气的比热容小，要获得足够的热量以及满足热泵温差的限制，其室外侧蒸发器所需的风量较大。这使得热泵的体积增大，也造成了一定的噪声，蒸发器中的工质蒸发温度与空气进风的温度相差10℃左右，蒸发器从空气中每吸收1kW的热量，实际所需的空气流量约为$0.1m^3/s$（即$360m^3/h$）。一般而言，相同容量下，热泵用蒸发器的面积比制冷用蒸发器面积大。

空气热源的主要缺点是空气参数（温度、湿度）随地域和季节、昼夜均有很大变化。空气参数的变化规律对于空气热源热泵的设计和运行有重要影响，主要表现在：一是随着空气温度的降低，蒸发温度下降，热泵温差增大，热泵的效率降低。单级蒸气压缩式热泵虽然在空气温度低到-20～-15℃时仍可运行，但此时制热系数降低很多，供热量可能仅为正常运行时的50%或更低。二是随着环境空气温度的变化，热泵的供热量往往与建筑物的供暖热负荷相矛盾，即大多数时间内均存在供需不平衡的现象。

空气热源的另一个缺点是，空气是有湿度的，流经蒸发器被冷却时，在蒸发器表面会凝露甚至结霜。蒸发器表面微量结露时，可增强传热50%～60%，但阻力有所增加。当蒸发器表面结霜时，不仅流动阻力增大，而且随霜层厚度的增加，热阻提高。环境气温低而相对湿度高时易结霜。事实上结霜还与热泵的各具体工况和装置的情况有关。当室外温度低，空气中含湿量也低时，结霜并不严重。

2. 水

可供热泵作为热源用的水可分为两种：地表水（河川水、湖水、海水等）和地下水（深井水、泉水、地下热水等），水的比热容大，传热性能好，所以其换热设备较为紧凑。另外，水温一般也较稳定，因而热泵运行的性能好。其缺点是：装置必须靠近水源。其次，水质要满足一定的要求。输送管路和换热器的选择必先经过水质分析，防止可能出现的腐蚀。

（1）地表水　一般来说，只要地表水冬季不结冰，均可作为低温热源使用。我国长江、黄河流域有丰富的地表水。用江、河、湖、海作为低位热源，可获得较好的经济效果。地表水相对于室外空气来说，是高品位热源，除了严寒季节，一般不会降到0℃以下，且不存在结霜问题，因此，使用江河水、湖水以及海水作热泵热源的实例很多。以地表水为低位热源要考虑悬浮垃圾、海洋生物等的清除，防止污泥进入换热器影响传热效率，还要考虑采用防蚀的管材或换热器材料避免海水腐蚀。由于地表水温度受气候的影响较大，与空气源热泵类似，环境温度越低热泵的供热量越小，热泵的性能系数降低。

（2）地下水　无论是深井水还是地下热水，都是热泵的良好热源。地下水位于较深的地层中，因隔热和蓄热作用，其水温随季节的变化较小，特别是深井水的水温常年基本不变，对热泵运行十分有利。深井水的水温一般约比当地年平均气温高1~2℃。我国华北地区深井水温为14~18℃，上海地区为20~21℃。根据国外和上海市的经验，大量使用深井水会导致地面下沉，且逐步造成水源枯竭。因此，以深井为热源时可采用“深井回灌”的方法，并采用“夏灌冬用”和“冬灌夏用”的措施。所谓“夏灌冬用”，就是把夏季温度较高的城市上水或经冷凝器排出的热水回灌到有一定距离的另一个深井中去，即将热量储存在地下含水层中，冬季再从该井中抽出作为热泵的热源使用。“冬灌夏用”则与之相反。这样不仅实现了地下含水层的蓄热作用，而且防止了地面的沉降。采用这一方法时，应注意回灌水对地下水有无污染的问题。

（3）废水

1）生活废水。生活废水是量大面广的低位热源。洗衣房、浴池、旅馆等的废水温度较高，用这些废水作为热泵的低位热源，热泵将具有较高的供热性能系数。但是存在的最大问题是：如何储存足够量的水以应付供暖负荷的波动，以及如何保持换热器表面的清洁和防止水腐蚀等。

近年来，城市污水成为一种受人关注的低温余热源，是水/水热泵或水/空气热泵的理想低温热源。污水源热泵系统是水源热泵系统的一种，具有很多优点：第一，水的比热容大，设备传热性能好，故换热设备较紧凑；第二，水温的变化较室外空气温度的变化要小，故污水源热泵的运行工况比空气源热泵的运行工况要稳定；第三，采用污水作为水源热泵的热源/热汇，根据污水夏季温度低于室外温度，冬季高于室外温度的特点，与以地下水为热源/热汇的水源热泵相比，污水源热泵在技术和经济性上更具优势。

2）工业废水。工业废水的形式多、数量大、温度高。有的工业废水可直接利用，有的可作为水源热泵的低位热源，如冶金和铸造工业的冷却水；又如从牛奶厂冷却器中排出的废水可以回收，作为加热清洗牛奶器皿的热水；从溜冰场制冷装置中吸取的热量经热泵提高温度后，可用于游泳池水的加热等。

3. 土壤

土壤与空气一样，处处皆有，也是热泵的一种良好的低温热源。由于土壤的温度变化不大，换热器基本不需要除霜。但是，由于土壤的传热性能欠佳，需要较大的传热面积，占地面积较大，尤其是水平埋管占地面积更大。土壤的能源密度为20~40W/m^2。一般可取25W/m^2。

土壤的传热性能取决于土壤的热导率、密度和比热容。潮湿土壤的热导率比干燥土壤的热导率大许多倍。当地下水位高而埋管接近或处于水层时，土壤的热导率提高。如果地下水流动速度增大时，传热性能还能提高。

3.4.3 热泵的分类

热泵的热源为低位热源（低温载热介质），要消耗一部分能量才能把热能由低温载热介质移向高温载热介质。目前工程界对热泵系统的称呼尚未形成规范统一的术语，热泵的分类方法也各不相同[14-16]。

按工作原理，热泵可分为压缩式热泵、吸收式热泵、热电式热泵和化学热泵。按驱动能源的种类，热泵可分为电动热泵、燃气热泵和蒸汽热泵。按低位热源的性质，可将热泵分为空气源热泵、水源热泵、土壤源热泵和太阳能热泵等。水源热泵系统又分为地表水源热泵系统和地下水源热泵系统。有时又把土壤源热泵系统和地下水源热泵系统称为地源热泵。

1. 压缩式热泵

压缩式热泵是以消耗一部分高质能（机械能或电能）为代价制热的，如图 3-26 所示。低沸点工质通过压缩机压缩，消耗外功 W，使工质的压力和温度升高。由于它的温度高于供暖所需的温度 T_H，让它通过冷凝器向室内供出热量 Q_1 而本身被冷凝。然后通过膨胀阀节流降压，同时温度也降低。由于它的温度将低于低温热源的温度 T_L（一般为环境温度 T_0），在蒸发器中吸收外界热量 Q_2 而蒸发。蒸气再回到压缩机继续压缩，完成一个循环。

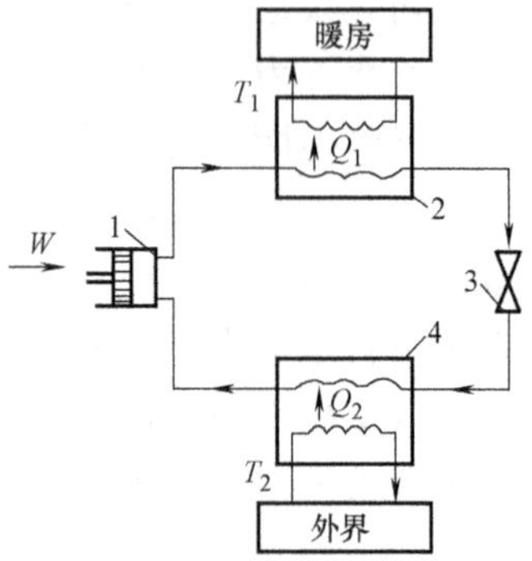

图 3-26 压缩式热泵系统
1—压缩机 2—冷凝器
3—膨胀阀 4—蒸发器

衡量压缩式热泵的性能指标叫制热系数 φ，或叫性能系数 COP，其定义为热用户得到的热量与消耗外功之比。即

$$\mathrm{COP} = \varphi = \frac{Q_1}{W} \tag{3-8}$$

如热泵完全可逆，即按逆向卡诺循环 1—2—3—4—1 进行，如图 3-27 所示，此时的制热系数应为最大。即

$$\varphi_{\max} = \frac{Q_1}{Q_1 - Q_2} = \frac{T_H}{T_H - T_L} = \frac{1}{1 - \dfrac{T_L}{T_H}} \tag{3-9}$$

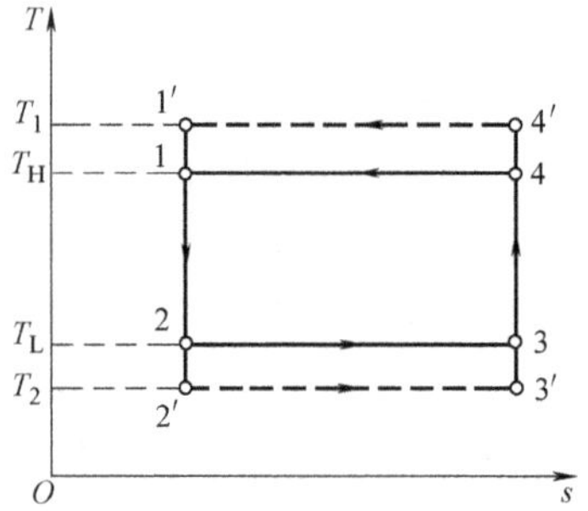

图 3-27 热泵循环的 T-s 图

实际上，由于传热必然存在温差，工质向室内放热时的冷凝温度 T_1 高于 T_H，从低温热源吸热时的工质温度 T_2 低于 T_L。如果按工质实际工作温度范围（$T_1 - T_2$）计算其最大的制热系数，则为

$$\varphi'_{\max} = \frac{T_1}{T_1 - T_2} = \frac{1}{1 - \dfrac{T_2}{T_1}} \tag{3-10}$$

由式（3-10）可见，如果（$T_1 - T_2$）越小，或 T_2/T_1 越大，则 $\varphi'_{\max}$ 越大。$\varphi'_{\max}$ 始终大于 1。当 T_2/T_1 接近 1 时，$\varphi'_{\max}$ 将趋于无穷大，如图 3-28 所示。这说明，热泵所能提供的热量在数量上超过所消耗的功。并且，当转移热量的温差越小时，它的效果越大。就这点来说，利用热泵取暖是最合适的方式。

实际的热泵除有传热不可逆损失外，由于在压缩机及膨胀阀中也存在不可逆损失，实际的制热系数 φ 将小于理论值。即

$$\varphi < \varphi'_{\max} < \varphi_{\max} \tag{3-11}$$

在确定了热泵的工质、热力循环参数及压缩机的效率后，可以利用工质热力学性质图表，计算出 φ 值。在概算时可取

$$\varphi = \eta \varphi'_{\max} \tag{3-12}$$

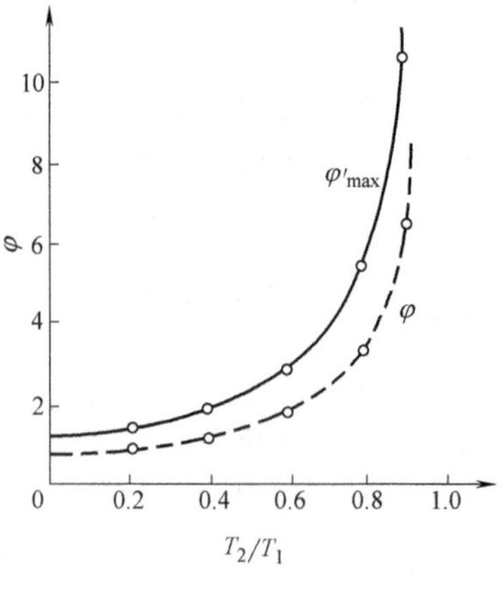

图 3-28 φ 与 T_2/T_1 的关系图

式中 η——热泵有效系数，一般在0.45~0.75，概算时可取0.6。

2. 吸收式热泵

吸收式热泵以消耗一部分温度较高的高位热能 Q_G 为代价，从低温热源吸取热量供给热用户。它所能提供的热量 Q_1 大于消耗的热量 Q_G，所以比直接供暖的效果要佳[17]。

吸收式热泵的基本工作原理如图3-29所示。由吸收剂和工质组成的溶液装于发生器1中。吸收剂要对工质有强的吸收能力，二者的沸点差还要尽可能大。吸收式热泵一般采用 H_2O-LiBr（水-溴化锂）溶液，水作为工质，溴化锂为吸收剂。溴化锂溶解于水中构成溴化锂水溶液。当高温热源对发生器中的溶液进行加热时，由于工质容易汽化，产生一定压力的水蒸气。发生器和吸收器起压缩机的作用。工质在冷凝器2中的放热过程，以及经节流阀3降压、降温后，在蒸发器4中从低温热源吸热的过程，与压缩式热泵相同。在蒸发器中蒸发的低压蒸气送至吸收器5中，被吸收剂吸收后，稀溶液送回发生器循环使用。

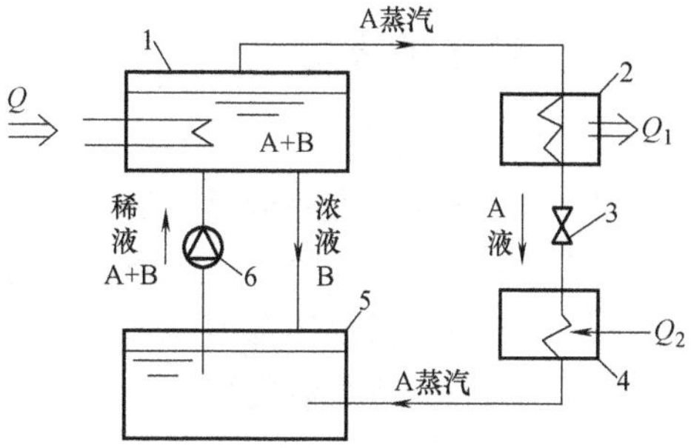

图3-29 吸收式热泵的基本工作原理

1—发生器 2—冷凝器 3—节流阀

4—蒸发器 5—吸收器 6—溶液泵

衡量吸收式热泵的性能指标也叫制热系数，用 ψ 表示。它是指向热用户提供的热量 Q_1 与消耗的高位热能 Q_G之比。即

$$\psi=\frac{Q_1}{Q_G} \tag{3-13}$$

理想制热系数（最大值）是按完全可逆情况下求得的系数。由热力学可知，不论采取什么方式和途径，只要过程完全可逆，则所得的结果应该相同。因此，可以设想一个利用高位热能 Q_G 的可逆热泵系统，如图3-30所示。首先利用高位热源与热用户之间的温差，设置一台可逆的卡诺热机RJ，将从热源吸收的热 Q_G 中，一部分转换成功 W，放出的热 Q'_1 提供给热用户。所产生的功提供给可逆热泵RB，使它从低温热源吸取热量 Q_2，提供给热用户热量为 Q''_1。

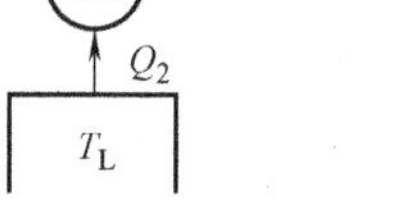

图3-30 理想热泵系统

对可逆的卡诺热机来说，产生的功为

$$W=\frac{T_G-T_H}{T_G}Q_G \tag{3-14}$$

供给热用户的热量 Q'_1 为

$$Q'_1=\frac{T_H}{T_G}Q_G \tag{3-15}$$

产生的功 W 提供给可逆热泵后，可向热用户提供的最大热量 Q''_1 为

$$Q''_1=\frac{T_H}{T_H-T_L}W=\frac{T_H}{T_H-T_L}\cdot\frac{T_G-T_H}{T_G}Q_G \tag{3-16}$$

代入式（3-13），可得吸收式热泵理想的最大制热系数为

$$\psi_{\max}=\frac{Q'_1+Q''_1}{Q_G}=\frac{T_H}{T_G}+\frac{T_H}{T_H-T_L}\cdot\frac{T_G-T_H}{T_G}$$

$$=\frac{T_H}{T_H-T_L}\cdot\frac{T_G-T_L}{T_G}=\varphi_{\max}\eta_c \tag{3-17}$$

式中 η_c——在高温热源 T_G 与低温热源 T_L 之间实现卡诺循环时的效率；

φ_{max}——在热用户与低温热源之间压缩式可逆热泵的理想制热系数。

由于 $\eta_c \ll 1$，因此，ψ_{max} 必然要比 φ_{max} 小得多，只有它的25%～40%。这是由于两类热泵的制热系数的分母项所代表的能量有质的区别所致。压缩式热泵消耗的全部是高级能，而吸收式热泵消耗的热能中，只有一部分是可用能。所以不能简单地用该指标进行比较。

3.4.4 热泵的应用

1. 空气源热泵

空气是热泵的主要低温热源之一。建筑物内部排出的热空气也可以用作热泵的低温热源。当建筑物内某些生产、照明设备的散热量较多，具有足够的发热量需排除时，可将这些热量作为热泵的低温热源加以利用，与采用室外空气作为低温热源相比，利用这种空气废热的热泵系统的制热系数更高。

使用空气源热泵必须要考虑补充热源的问题。当室外温度降低时，空调热负荷会随大气温度的降低而提高，但热泵的制热系数却随着大气温度的降低而下降，也即热泵的供暖能力下降。需要用其他辅助热源补充加热量，弥补热泵的这种供需不平衡。另外，还要考虑热泵的除霜问题。冬季空气温度很低，当空气源热泵的室外换热器表面温度低于0℃时，空气中的水分就会在换热器表面凝结成霜，导致空气源热泵的制热系数进一步降低[18]。近年来的热泵应用情况证明，在我国长江流域中下游地区采用空气源热泵是成功的。

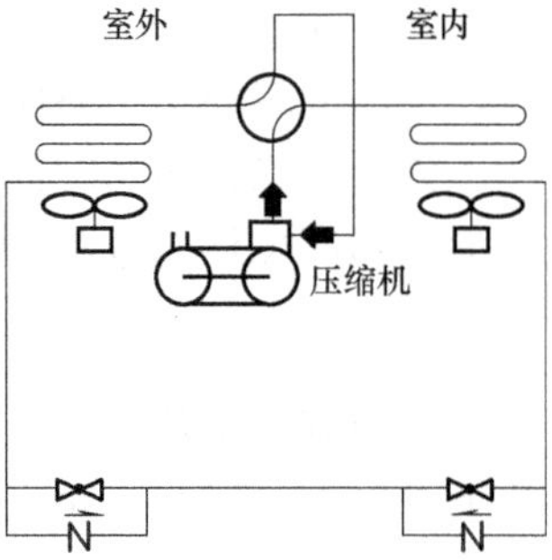

图3-31　空气源热泵系统

图3-31所示为典型的空气源热泵系统，被广泛地用于住宅和商业建筑中[19]。在该种热泵中，流经室外、室内换热器的介质均为空气。可通过电动或手动操作的四通换向阀来进行换热器功能的切换，以使房间获得热量或冷量。在制热循环时，室外空气流过蒸发器而室内空气流过冷凝器。

图3-32所示为以室内空气为低温热源的热水装置[20]。压缩机排出的高温高压工质气体进入热水箱中的冷凝器放热，加热热水，出冷凝器的工质液体经节流阀降压降温后，进入蒸发器吸收室内空气的热量，工质变为低压低温气体后进入压缩机开始下一个循环。

实际装置中的冷凝器可置于热水箱内，也可缠绕于热水箱的内壁外、保温材料内。前者传热效果好，但当自来水水质不太好时，可能出现腐蚀、结垢现象，且一旦发生工质泄漏时会在热水箱内形成高压，故必须在热水箱上装设安全泄压阀；后者的加工制作要求较高，传热略差，但安全性较好，腐蚀的危险性小。

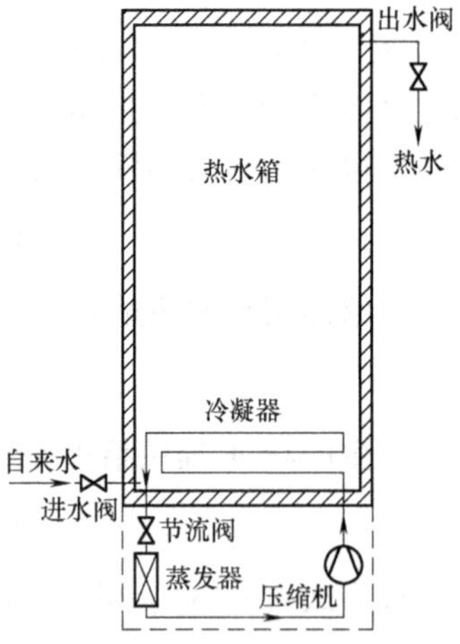

图3-32　室内空气源热泵热水装置

2. 水源热泵系统[16]

(1) 地表水系统　按照水源侧环路的闭合状态，地表水源热泵系统可以分为开式和闭式两类。开式系统是从湖底或河流的一定深度抽水，送入机组换热器或中间换热器与循环介质换热，换热后在离取水点一定距离处排放，如图3-33所示。闭式系统是将换热盘管放置在水体底部，通过盘管内的循环介质与水体进行换热，如图3-34所示。在冬季气温较寒冷的地区，为了防止制热时循环介质冻结，一般采用防冻液作为循环介质。

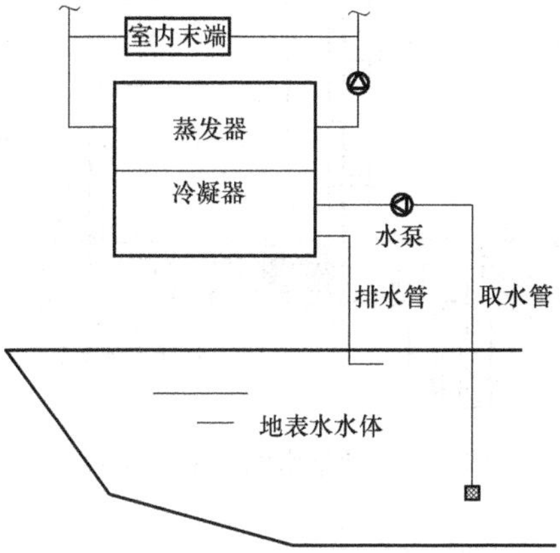

图3-33 开式系统

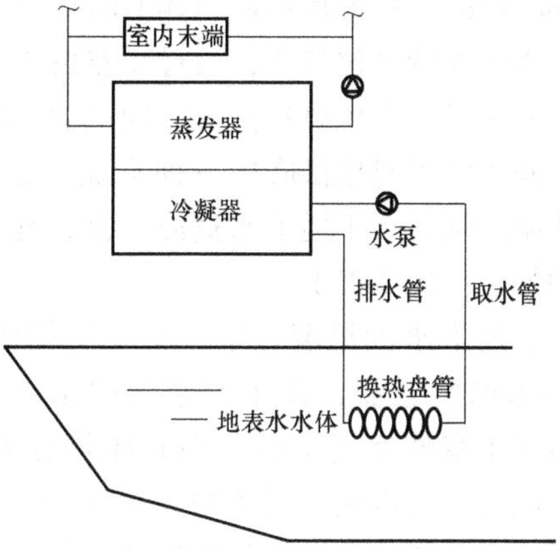

图3-34 闭式系统

对于江河等流动水体，由于换热盘管无法在水体中固定，一般常采用开式系统。在一些特殊的场合，如利用水下沉箱等装置来固定换热盘管，也可以采用闭式系统。对于相对滞留的水库或湖体等水体，既可以采用闭式系统，也可以采用开式系统。

系统的选择根据水温、水质等具体情况进行确定。开式系统对水质有较高的要求，否则换热器容易结垢、腐蚀及滋长微生物。开式系统需要将地表水提升到一定的高度，因此其水泵的扬程高，但换热效率也高。开式系统的初投资低，适合于容量较大的系统，如区域供暖供冷系统等。闭式系统在冬季气温较寒冷的地区要考虑制热时循环介质冻结问题，一般采用防冻液作为循环介质。

在开式系统中，按照水源侧和机组的换热方式的不同又可分为间接式(图3-35)和直接式(图3-36)两类，其主要区别就是在热泵机组与低温热源之间是否安装换热器。安装了换热器的系统就是间接式系统，没有安装换热器的系统就是直接式系统。在相同条件下，直接式地表水系统的制热及制冷效率比间接式系统高，因此在条件允许时应尽量采用直接式地表水系统。

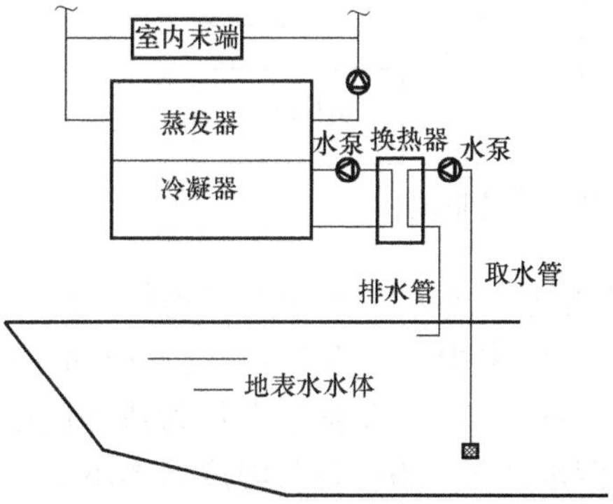

图3-35 间接式系统

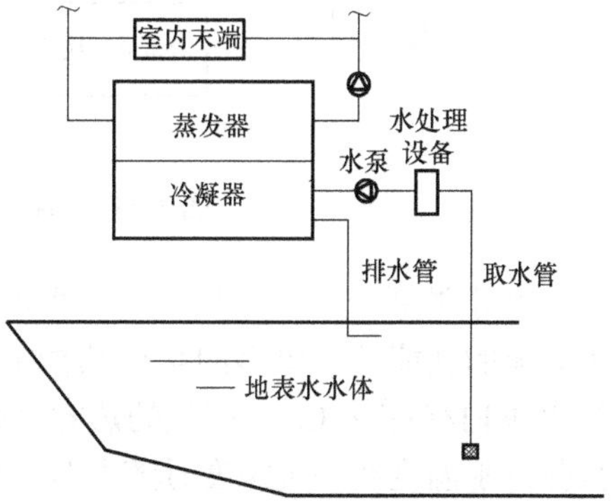

图3-36 直接式系统

为保证系统的安全和节能，地表水系统常与辅助系统结合，如与冷却塔系统、冰蓄冷系统及辅助加热系统等结合，统称为复合式地表水系统。

（2）地下水源系统　地下水源热泵系统（Ground Water Heat Pumps，GWHPs）是采用地下水作为低品位热源，通过少量的电能输入，利用热泵实现热量由低温向高温的转移，达到为使用对象供暖的一种系统。地下水源热泵系统适合于地下水资源丰富且允许开采的场合（图3-37）。

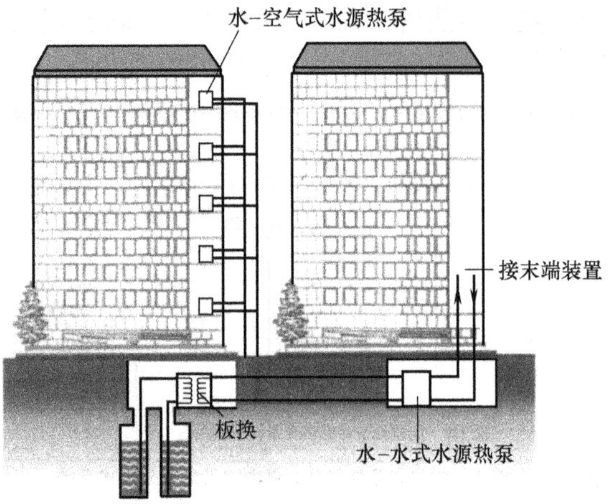

图3-37　地下水源热泵系统原理

由于地下水的温度恒定，与空气相比，冬季的水温度较高，夏季的水温较低，另外，相对于室外空气来说，水的比热容大，传热性能好，所以热泵系统的效率较高，仅需少量的电量即能获得较高的热量或冷量，通常的比例能达到1∶4以上。

根据地下水是否直接流经水源热泵机组，地下水源热泵系统可分为两种：直接式地下水源热泵系统和间接式地下水源热泵系统。在间接式地下水源热泵系统中，地下水流经中间换热器与建筑物内循环水换热后，回到同一含水层。这种系统可以避免地下水对水源热泵机组、水环路及附件的腐蚀与堵塞，可减少外界空气与地下水的接触，避免地下水氧化，还可以方便地通过调节井水流量来调节环路中的水温等。间接式地下水源热泵系统的形式如图3-38所示。当地下水量充足、水质好、具有较高的稳定水位时，可以选用直接式地下水源热泵系统。

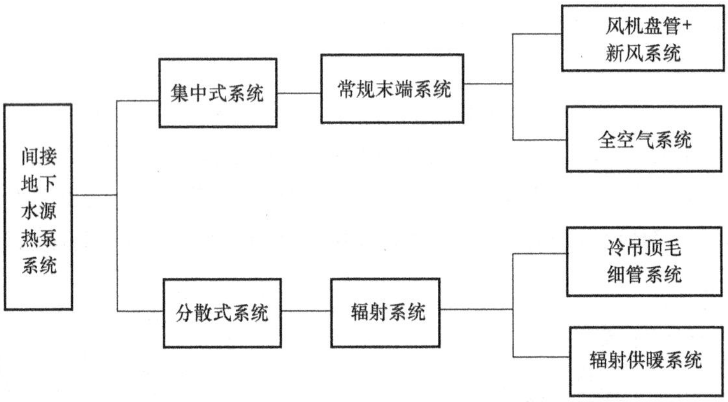

图3-38　间接式地下水源热泵系统框图

（3）海水源系统　海洋是一个巨大的可再生能源库，进入海洋的太阳辐射能除一部分转变为海流的动能外，更多的是以热能的形式储存在海水中。与空气相比，海水的热容量大，为3996kJ/(m^3·℃)，空气的热容只有1.28kJ/(m^3·℃)，非常适合作为热源使用。另外，虽然海水温度在一定深度时随季节变化，但当深度超过700m时其温度基本不变，常年维持在6～7℃，因此在特定的条件下海水也是很好的天然冷源。

目前海水资源在暖通空调上的应用形式主要有两种，一种是海水源热泵系统（Sea Water source Heat Pump，SWHP），另一种是深水冷源系统（Deep Water Source Cooling，DWSC）。两种应用方式在工作原理、系统组成和对海水的需要条件等方面都存在差异，但在某些条件下也可以联合使用。

SWHP的工作原理是，夏季热泵用作冷冻机，海水作为冷却水使用，冷却系统不再需要冷却塔，这样会大大提高机组的COP值。据测算，冷却水温度每降低1℃，可以提高机组制冷系数2%～3%。冬季通过热泵的运行，提取海水中的热量供给建筑物使用。供暖和供冷使用一套管网系统，主要由海水取、泄放系统，热泵，冷冻水（供暖）分配管网和换热器（根据海水是否直接进入热泵确定有无）等组成。这种系统把海水作为冷、热源，部分甚至全部取代传统空调和供暖系统中的冷冻机和锅炉。在瑞典、挪威等欧洲国家，这种系统应用较多。

DWSC的工作原理是利用一定深度海水的常年低温特性，夏季把这部分海水取上来在换热器中与冷冻水回水进行热交换，制备温度足够低的冷冻水供建筑物使用。系统主要由海水取、泄放系统，换热器和冷冻水分配管网构成。这种系统仅把海洋作为冷源来使用，可以部分或者全部取代传统空调系统中的冷冻机，在美国、加拿大等美洲国家应用较多。系统工作原理如图3-39所示。

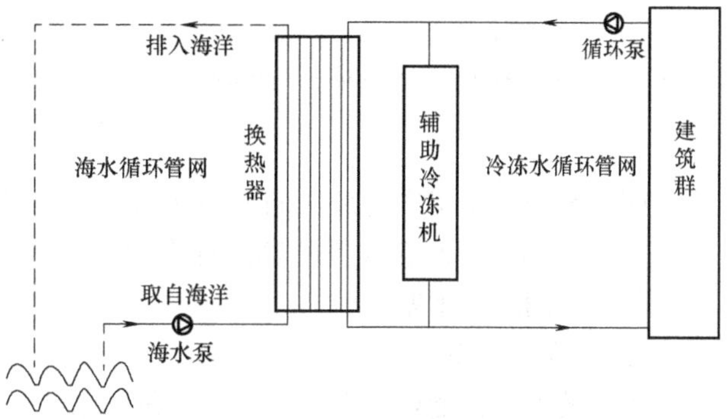

图3-39　DWSC系统工作原理图

不论是通过换热器利用海水的冷量，还是通过热泵将海水的热量进行转换，得到的热水或冷冻水都可以通过建筑内部的管道系统输送到空调器内，建筑的冷、热负荷最终将被转移到海水中去。

海水空调设计时首先要考虑SWHP和DWSC的结合形式。在过渡季和夏季部分负荷时可以利用海水直接供冷，在峰值负荷的时候运行热泵。冬季切换部分阀门，热泵按照制热模式进行区域供暖。夏季联合运行系统如图3-40所示。这种系统设计形式在热泵供冷运行时海水作为冷却水使用，充分利用海水的自然温度条件，是节能运行的最佳模式。

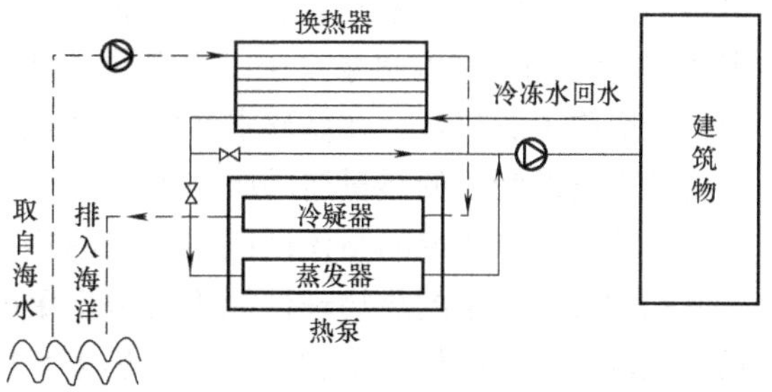

图3-40　SWHP和DWSC夏季联合运行系统

（4）污水源系统　按工艺流程，污水源热泵系统可分为开式与闭式两类。开式与闭式是以进入热泵机组的载热水体是闭式循环还是开式循环而定义的。源水直接进入热泵机组的蒸发器或冷凝器时称为开式系统，若通过二次换热以中介水进入蒸发器或冷凝器时则称为闭式系统。在开式系统中，污水经过防阻设备或防阻工艺处理后，直接进入热泵机组的蒸发器或冷凝器，如图3-41所示。这类系统适用于已经处理过的城市污水及工业企业废水等。采取防阻措施可以避免管路与设备短时间阻塞（若连续运行，通常在3～10d内出现堵塞现象），还需要采取防腐蚀措施，如使用钛质、镀钛、镀铝或钛镍合金换热管等。

在闭式系统中，污水经过防阻设备或防阻工艺处理后，进入换热器，在换热器内将冷热量传递给洁净的载热水体，洁净载热水体再进入热泵机组的蒸发器，并形成闭式环路，如图3-42所示。

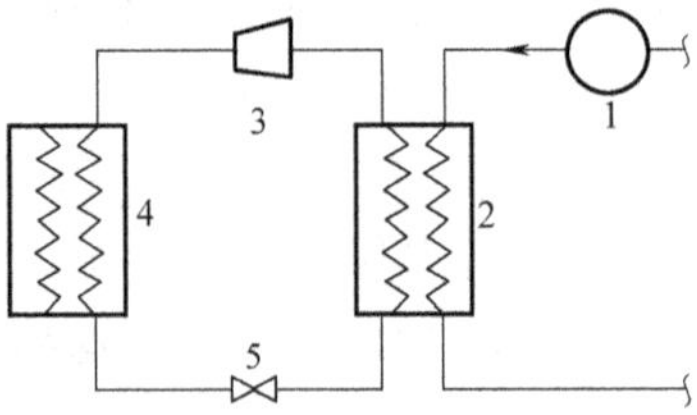

图3-41 开式污水源热泵系统

1—防阻工艺或设备 2—蒸发器 3—压缩机 4—冷凝器 5—节流阀

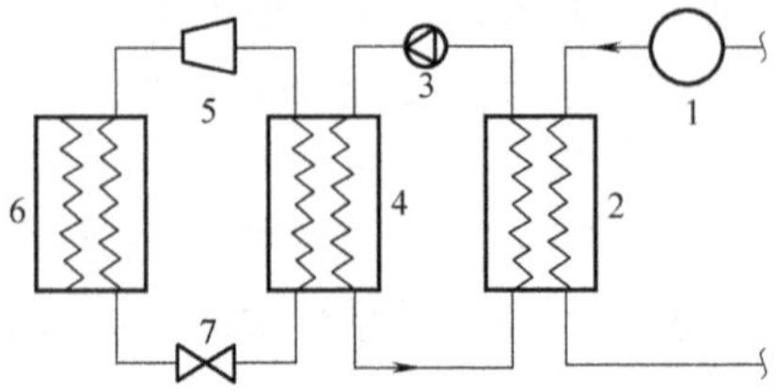

图3-42 污水及地表水地源热泵闭式系统

1—防阻设备 2—专用换热器 3—载热循环水泵 4—蒸发器 5—压缩机 6—冷凝器 7—节流阀

闭式系统可用于未处理过的城市污水（又称原生污水）等。这类水源含有大量的悬浮物（2%以上），同时含大量的溶解性有机物，水质恶劣。需要采取高效防阻措施，以避免管路与设备的瞬时阻塞。

3. 土壤源热泵

土壤的蓄热性能好，温度波动小，是热泵的一种良好的低温热源。由于土壤温度有延迟性，当室外空气的温度很低时，土壤层内具有较高的温度，且温度较为稳定。所以把土壤作为热泵的低温热源，与空气源相比更能与建筑物热负荷较好地匹配。部分人认为，土壤源热泵是地热利用技术之一。在短短的十年多的时间里，我国地源热泵在浅层地热利用方面已跃居世界第二[8]。

土壤源热泵系统主要由三部分组成：室外地热能交换器、水/空气热泵机组或水/水热泵机组、建筑物内空调末端设备。一般情况下，室外地热能交换器采用土壤-地埋管换热器。图3-43所示为土壤源热泵系统。在冬季，热泵机组制热运行。水或防冻水溶液通过地埋管换热器吸收土壤热量，在循环水泵的作用下流经蒸发器，将热量传递给工质。在冷凝器中工质将从土壤源吸收的热量连同压缩机消耗的功所转化的热量一起供给室内空气。

土壤源热泵系统的整体性能与土壤的热物性密切相关。土壤的热物理性能主要由土壤的初始温度、土壤的热导率和土壤的比热容来描述。土壤热物理性能参数的正确获得是决定整个土壤源热泵系统经济性和节能性的关键。

地埋管换热器有水平和竖直两种埋管方式。当可利用地表面积较大，浅层岩土体的温度及热物理性能受气候、雨水、埋设深度影响较小时，宜采用水平地埋管换热器。否则，宜采用竖直地埋管换热器。图3-44所示为常见的水平地埋管换热器形式，图3-45所示为新发展的水平地埋管换热器形式，图3-46所示

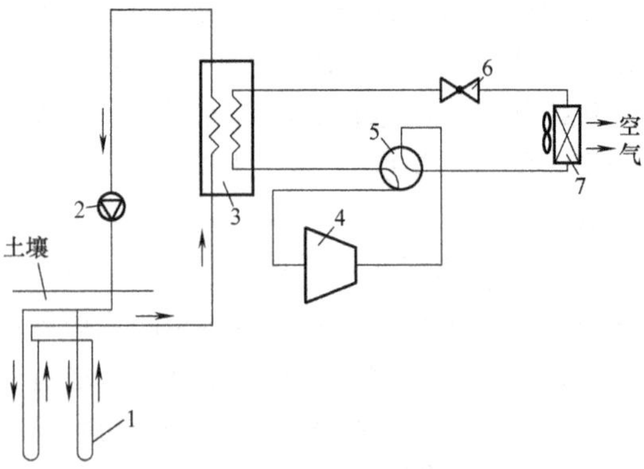

图3-43 土壤源热泵系统简图

1—地埋管换热器 2—水泵 3—蒸发器 4—压缩机 5—换向阀 6—节流阀 7—冷凝器

为竖直地埋管换热器形式。在没有合适的室外用地时，竖直地埋管换热器还可以利用建筑物的混凝土基桩埋设，即将U形管捆扎在基桩的钢筋网架上，然后浇灌混凝土，使U形管固定在基桩内[13]。

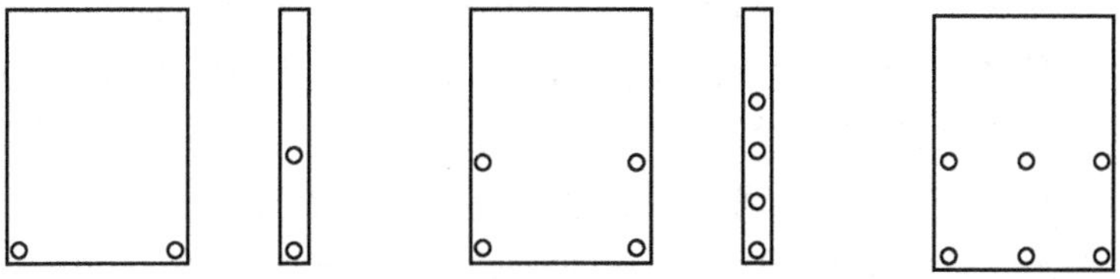

图3-44　几种常见的水平地埋管换热器形式

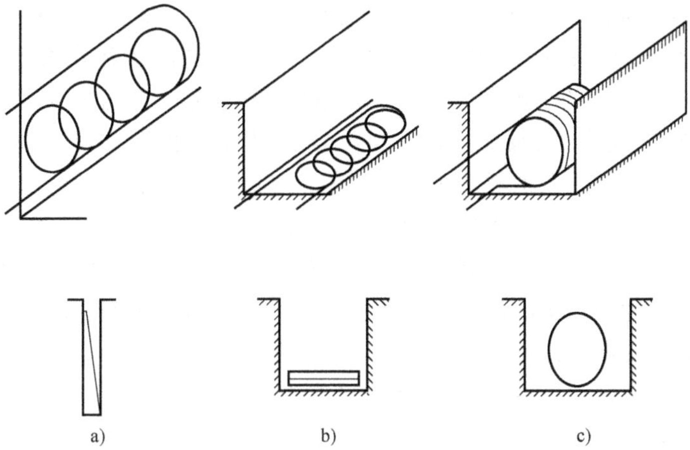

图3-45　几种新发展的水平地埋管换热器形式

a）垂直排圈式　b）水平排圈式　c）水平螺旋式

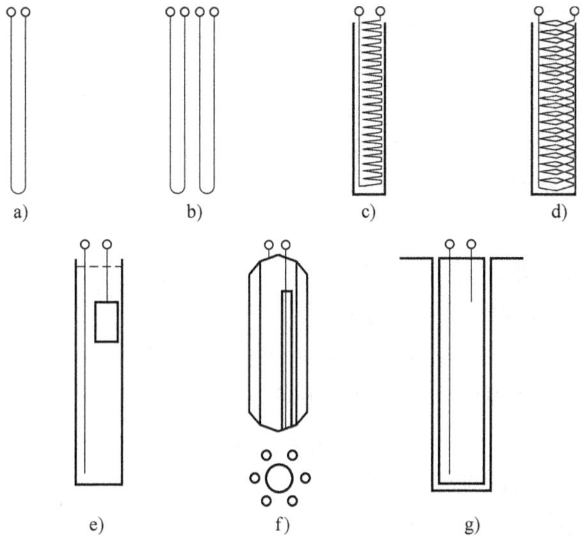

图3-46　竖直地埋管换热器形式

a）单U形管　b）双U形管　c）小直径螺旋盘管　d）大直径螺旋盘管　e）立柱状　f）蜘蛛状　g）套管状

影响地埋管换热器性能的因素很多，包括地下水流动、回填材料的性能、换热器周围发生相变的可能性以及沿管长岩土体物理性能的变化等。因此，如何完善地埋管换热器的传热模型，使其更好地模拟地埋管换热器的真实换热情况，确定最佳地埋管换热器的尺寸，是发展和推广地埋管热泵系统的关键。由于多孔介质中传热传质问题的复杂性，国际上现有的地埋管换热器传热模型大多采用纯导热模型，忽略了多孔介质中对流的影响，可分为两类。第一类是以热阻概念为基础的半经验性设计计算公式，主要用来根据冷、热负荷估算地埋管换热器所需埋管的长度。第二类是以离散化数值计算为基础的传热模型，可以考虑比较接近现实的情况，用有限元或有限差分法求解地下的温度响应并进行传热分析。

4. 余热热泵[17,21]

余热式热泵主要有压缩式余热热泵、吸收式余热热泵和压缩吸收式余热热泵等。

(1) 压缩式余热热泵　压缩式热泵的工质与制冷机的工质大致相同。但是，由于工作温度范围不同，系统的工作压力也不同。并且，一般的制冷工质所能承受的最高温度在100℃左右，对150℃以上的高温热泵，需要采用特殊的工质，例如氟利昂与油的混合物等。

(2) 吸收式余热热泵　吸收式余热热泵可分为两类，即第一类吸收式热泵和第二类吸收式热泵。第一类吸收式热泵消耗的是高温热能，其温度高于热用户要求的温度，如高温烟气或蒸汽等。高温热能提供给发生器。第二类热泵是利用温度较低（例如70～80℃）的余热作为热源，经热泵工作后，提供温度水平更高的热能（例如100℃）给热用户。这不违反热力学第二定律。因为余热源的温度高于环境温度，它具有一定的炯，只要热泵提供的炯小于或等于消耗的热源的炯，在理论上就是可以实现的[17,21]。

1) 第一类吸收式热泵。以溴化锂-水为工质对的第一类吸收式热泵的工作原理如图3-47所示。图中的机组按单效吸收式循环工作。发生器以高温烟气为驱动热源。吸收器和冷凝器串联构成热水回路供暖。蒸发器通过热源水回路从低温热源吸热。工作时，喷淋在吸收器管束上的浓溶液吸收来自蒸发器的冷剂蒸气，同时释放出吸收热使管内的热水第一次被加热而升温。来自发生器的冷剂蒸气在冷凝器管束上冷凝，同时释放出冷凝潜热使管内的热水第二次被加热而进一步升温。

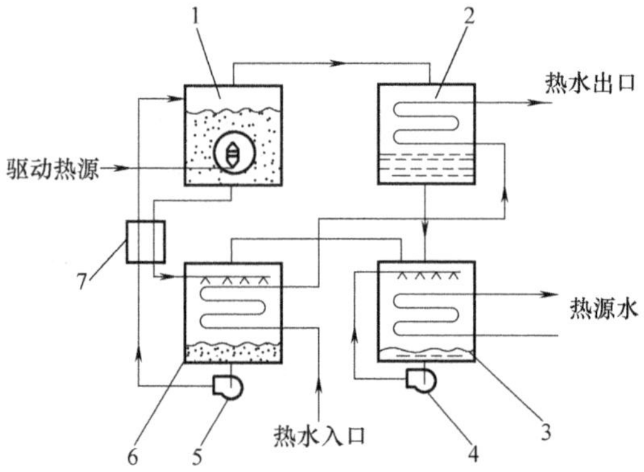

图3-47　第一类吸收式热泵

1—发生器　2—冷凝器　3—蒸发器　4—冷剂器
5—溶液泵　6—吸收器　7—溶液换热器

可见，将单效冷水机组的冷水回路切换成热源水回路就成了第一类吸收式热泵机组。

对于第一类吸收式热泵，机组的能耗是一个重要的性能指标。

在理想情况下，忽略热损失和泵功率，热泵机组的热平衡式为

$$Q_g + Q_o = Q_a + Q_k \tag{3-18}$$

式中　Q_g——发生器中消耗的补偿热量；

Q_o——蒸发器吸收的低品位热量；

Q_a——吸收器中排放的吸收热量；

Q_k——冷凝器中排放的冷凝热量。

因此，第一类吸收式热泵的热力系数

$$\zeta_{h1}=\frac{Q_a+Q_k}{Q_g}=1+\frac{Q_o}{Q_g}=1+\zeta_r \tag{3-19}$$

式中 ζ_r——吸收式制冷循环的热力系数。

对于单效第一类热泵，$\zeta_{h1}=1.6\sim1.7$。根据上述原理，还可做出能源利用率更高的双效第一类热泵，其热力系数 $\zeta_{h1}=2.0\sim2.2$。

2）第二类吸收式热泵。以溴化锂-水为工质对的第二类吸收式热泵的工作如图 3-48a 所示。

图 3-48 中机组按单效吸收式循环工作。发生器以低品位热水或物料蒸气等为驱动热源。蒸发器从低温热源（如图所示与驱动热源为同一热源）吸热。吸收器通过热水回路供暖，如图向闪蒸器供暖。冷凝器通过冷却水回路散热。工作时，喷淋在吸收器管束上的浓溶液吸收来自蒸发器的冷剂蒸汽，同时释放出吸收热使管内的热水加热升温，热水通过热水回路流入闪蒸器降压闪蒸。闪蒸产生的蒸气通过管路输出到应用系统。

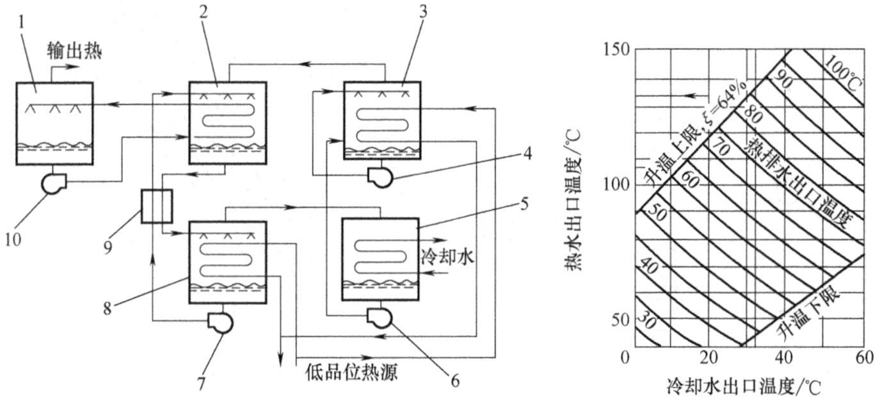

a)　　　　b)

图 3-48　第二类吸收式热泵

a）第二类吸收式热泵的工作原理图　b）第二类吸收式热泵的升温特性

1—闪蒸器　2—吸收器　3—蒸发器　4—冷剂泵Ⅰ　5—冷凝器

6—冷剂泵Ⅱ　7—溶液泵　8—发生器　9—溶液换热器　10—热水泵

根据上述原理，第二类吸收式热泵可以做成供应热水的热水机组，或者做成供应蒸汽的蒸汽机组。这是一种先进的节能设备，不仅在量的方面减少了能耗，而且在质的方面可以提高废热的品位，重新在生活领域或生产工艺中应用。以在溶剂生产中应用的第二类吸收式热泵为例，它以溶剂蒸气的潜热为热源，可以在闪蒸器中得到品位较高的蒸气供蒸馏工艺应用。

对于第二类吸收式热泵，输出热源（水或蒸汽）与驱动热源的温升是一个重要的性能指标。图 3-48b 所示是一种用于蒸馏系统的第二类吸收式热泵的升温特性曲线。可见，输出热水的温度随着热源水温度的升高而升高，而随冷却水温度的升高而降低，因此，理论上还可以做出温升更大的二级复叠的第二类吸收式热泵。

由式（3-18）可导出第二类吸收式热泵的热力系数

$$\zeta_{h2}=\frac{Q_a}{Q_g+Q_o}=1-\frac{Q_k}{Q_a+Q_k} \tag{3-20}$$

对于单效第二类吸收式热泵，$\zeta_{h2}\approx0.5$；对于二级第二类吸收式热泵（计算式与上述不同），$\zeta_{h2}\approx0.3$。

3）压缩-吸收式热泵。在一定工况条件下，单级第二类溴化锂吸收式热泵的温升是有限的，如图3-49b所示，在一定的工况条件下输出热源对输入热源的温升约45℃。为了获得更大的温升，可以采用二级复叠的第二类吸收式热泵，或者采用第二类吸收式热泵和第一类吸收式热泵复叠的机组。但是，按这两种原理工作的机组结构复杂，初投资和操作要求比较高。现在较多采用压缩-吸收式热泵来获得较大的温升。以三氟乙醇（TFE，$C_2H_2F_3OH$）-四甘醇掺二甲醚（TEGDME，$CH_3(C_2H_4O)_4CH_3$，又称E181）为工质对的压缩-吸收式热泵为例，其工作原理如图3-49a所示。

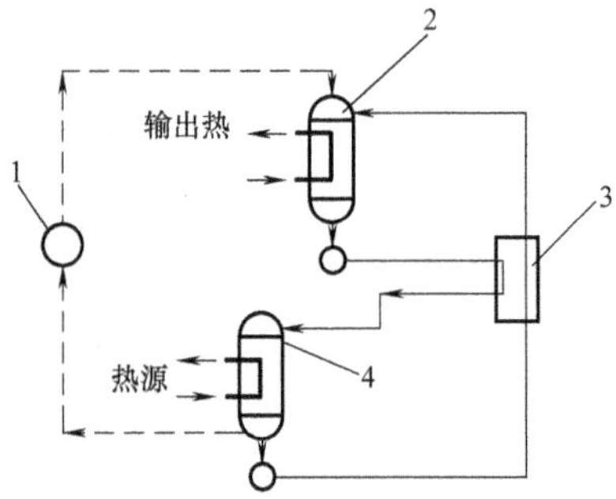

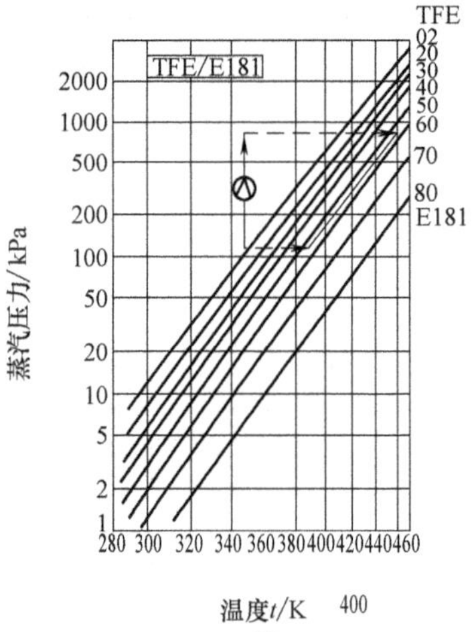

图3-49 压缩-吸收式热泵

a）压缩-吸收式热泵的工作原理图 b）p-t图上的压缩-吸收式热泵循环

1—压缩机 2—吸收器 3—溶液换热器 4—发生器

在图中，发生器由低品位热源驱动，压缩机由电动机或原动机驱动。溶液回路由发生器、吸收器和溶液换热器构成。从发生器输出的冷剂蒸气经压缩机压缩到要求的压力，被吸收器管簇上的溶液吸收。同时，溶液释放出吸收热，使供暖回路中的载热介质被加热升温。

压缩-吸收式热泵的主要特点如下：

① 通过压缩机加入少量补偿功，可以获得相当大的温升。据报道，上述压缩-吸收式热泵的温升可达60℃，相当于二级第二类吸收式热泵的温升。

② 热泵循环可以近似地实现劳伦兹循环，在发生器和吸收器中实现逆流换热，同单效第二类吸收式热泵相比，有较高的热力系数。

③ 结构比较简单，与单级第二类热泵相比，没有蒸发器和冷凝器，也没有相应的热源回路和冷却水回路，减少了初投资和运行费用。

另据报道，以R22-TEGDME为工质对的二级升温的压缩-吸收式热泵，当热源温度为20℃时，供暖温度可达115℃，升温幅度达135℃，按制冷工况计算的性能系数$Q_o/W\approx0.9$。

3.5 太阳能供暖设备

太阳能是没有地域限制的能量，是最清洁的能源之一。太阳能的开发与利用不会污染环境，是节能环保、提高生活质量以及实现节能型社会的重要内容。

3.5.1 太阳能概述[22,23,24]

1. 太阳辐射的基本概念

太阳是一颗距离地球平均距离为 1.5×10^8km 的恒星，其形态是一个炙热的气态球体，直径约为 1.39×10^6km，质量约为 2.0×10^{27}t，是地球的33万倍，体积是地球的130万倍，而平均密度大约是地球的1/4。太阳的主要成分是氢和氦，其中氢的体积占太阳体积的78.4%，氦占19.8%，氧、氮、硅、硫、钙、铁、钠、铝、镍、锌、钾、锰、铬、钛、铜、钒等60余种元素约占1.8%。

太阳表面的有效温度为5762K，而中心区域的温度则高达 $(8\sim40)\times10^6$K，内部压力约为 3.4×10^{11} 标准大气压。在高温高压的条件下，太阳内部的组成成分呈离子状态，其中，质子间高速相互碰撞、发生聚核反应，由4个质子聚合为一个氦核，并释放出大量的热，这构成了太阳能的来源。太阳每秒有 657×10^6t 氢通过热核反应变成 657×10^6t 氦，并产生 391×10^{21}kW 的能量，其中 173×10^{12}kW 的能量以电磁波的形式辐射到地球表面。根据当前的数据计算，太阳中氢的储量可以维持600亿年，因此相对于人类生存的能量需求而言，太阳能是一种取之不尽用之不竭的可再生清洁能源。

太阳的结构如图3-50所示。在 $0\sim0.23R$（R 为太阳半径）的内核区域，其质量约占太阳总质量的40%，温度大约为 $(8\sim40)\times10^6$K，密度为水的80～100倍，将产生90%的太阳辐射能；$(0.23\sim0.7)R$ 的区域为辐射输能区，温度下降到 13×10^4K，密度下降到 0.078g/cm^3；$(0.7\sim1.0)R$ 的区域为对流区，温度下降至约5000K，密度降至大约 10^{-8}g/cm^3。

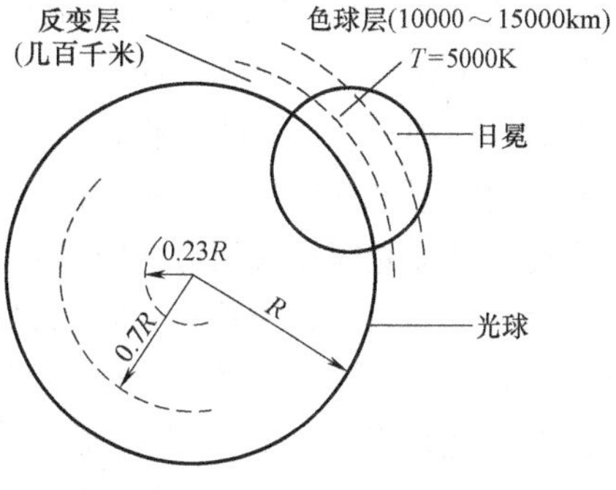

图3-50 太阳的结构[24]

人们肉眼所能看到的太阳表面是对流区的外层，称为光球，它的有效温度为5762K，厚约500km，密度为 10^{-6}g/cm^3。光球层之外数百千米的区域内由非常稀薄的气体组成，这是一层温度较低、能发光且几乎透明的太阳大气，称为反变层。反变层外面厚度约为10000～15000km的区域是色球层，温度大约为5000K，密度大约为 10^{-8}g/cm^3。最外面一层是日冕，其密度很小但温度很高，约有 10^6K。

由前述可知，太阳并不是一个恒定温度的黑体，由于其不同层温度差异非常大，因而它是一个具有多层不同波长辐射、反射和吸收综合作用的辐射体，而且其超短波和超长波部分辐射光谱强度分布随时间略有变动。然而，一般在太阳能热辐射利用系统中，则将太阳看作是一个温度为5762K的黑色辐射体。

太阳辐射能常用辐射通量、辐照度和曝辐射量等表示。辐射通量是指太阳以辐射形式发出的功率，单位为W；辐照度是指投射到单位面积上的辐射通量，单位为 W/m^2；曝辐射量是指从单位面积上接收到的辐射能，单位为 J/m^2。由于大气层的存在，到达地球表面的太阳辐射能和多个因素有关，如太阳高度、大气质量、大气透明度、地理纬度、日照时间和海拔等。图 3-51 所示描述了太阳辐射与地球相对位置的关系。太阳高度常用太阳光线和地平线的夹角（入射角）来表示。由于地球的自转及其绕太阳的公转影响，太阳高度在每天的不同时刻及春夏秋冬不同季节随时间变化。另外，太阳入射光线与海平面法线夹角称为天顶角，用 θ 表示。可见太阳高度角与天顶角之和为 90°。

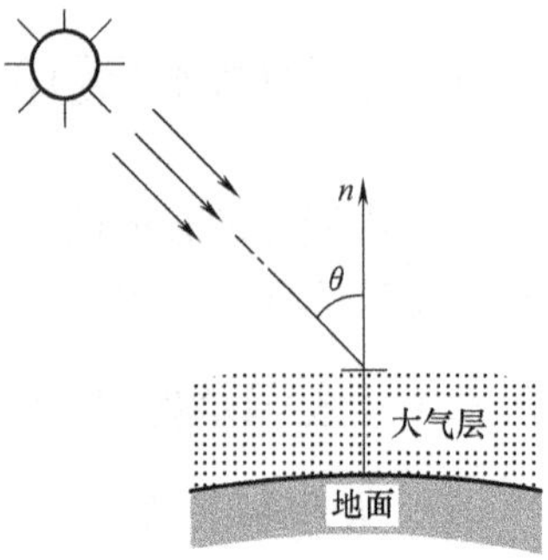

图 3-51 大气层外缘太阳辐射

根据太阳本身的特征及其与地球之间的空间关系，到达地球大气层上界的太阳辐射通量几乎是一个定值，从而引出太阳常数这个太阳辐射能计算中的重要参数。太阳常数是指在平均日地距离时，地球大气层外垂直于太阳辐射的单位面积上单位时间内所接受到的太阳辐射能，记作 G_{sc}。根据 1981 年 10 月在墨西哥召开的世界气象组织仪器和观测委员会第八届会议通过的数据[25]，太阳常数 $G_{sc}=(1367\pm7)\text{W/m}^2$。一年内太阳常数的变化波动大约为 $\pm7\text{W/m}^2$，其中部分原因是由于日地距离的变化引起的。则地球大气层外界某水平面上单位面积所接受到的太阳辐射能可表示为

$$G_o = G_{sc} f\cos\theta$$

式中 f——考虑地球绕太阳运行轨道的椭圆形而加的修正系数，$f=0.97\sim1.03$；

θ——天顶角。

太阳直射辐射能在穿越大气层到达地球表面时将会被衰减，一方面由于大气中的 O_2、O_3、H_2O（气）、CO_2等对太阳辐射的吸收，另一方面由于大气中的空气、水蒸气以及灰尘等对太阳辐射的散射和反射。衰减程度与太阳光线在大气中的行程长度、大气的成分及被污染的程度相关，而光线行程长度又取决于一年四季的日期、一天的时间以及所在的纬度等因素。通常用大气质量来表示太阳辐射在大气层中穿越的距离，指太阳光线穿过地球大气层的路径与太阳光线在天顶方向时穿过大气层的路径之比，记作 m，并假定在标准大气压和 0℃ 时海平面上太阳光线垂直入射的路径为 1，那么当天顶角为 θ 时 $m=1/\cos\theta$。

图 3-52 所示为大气层外缘与地球表面太阳辐射的光谱分布。由图中可见，在大气层外缘处，波长约为 0.5μm 的可见光光谱辐射力达到最大值。太阳辐射能中紫外线（$\lambda=4\times10^{-3}\sim0.38\mu m$）约占 8.7%；可见光（$\lambda=0.38\sim0.76\mu m$）约占 44.6%；红外线（$\lambda=0.76\sim1000\mu m$）约占 45.4%。约 98% 的太阳辐射位于 $\lambda=0.2\sim0.3\mu m$ 的波长范围内。大气层中的 O_2、O_3、H_2O、CO_2等气体对太阳辐射的吸收具有选择性，$\lambda<0.3\mu m$ 的紫外线几乎全部被臭氧（O_3）吸收；0.4μm 以下的射线被 O_3大大衰减。O_3和 O_2对可见光也有一定的吸收作用；H_2O 和 CO_2主要吸收红外线区域内的辐射能。

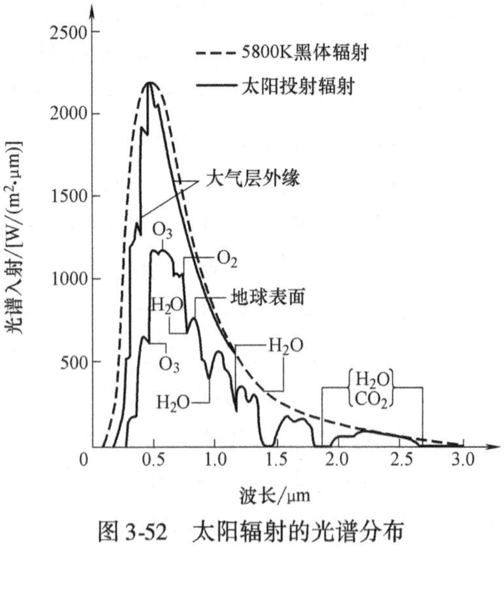

图 3-52 太阳辐射的光谱分布

在整个太阳光谱范围内，大气中的灰尘等悬浮颗粒对太阳辐射都具有吸收作用。从图3-52中还可以看出，经过大气层的吸收、散射和反射之后，到达地球表面的太阳辐射比大气层外缘削弱很多。在夏季理想的大气透明度条件下，中午前后到达地面的太阳辐射为1000W/m^2左右。当太阳高度为90°时，到达地球表面的太阳辐射中红外线占50%、可见光占46%、紫外线占4%；当太阳高度为30°时，太阳辐射中红外线占53%、可见光占44%、紫外线占3%；当太阳高度为5°时，太阳辐射中红外线占72%、可见光占28%、紫外线接近于0[25]。

2. 太阳能的分布

我国版图辽阔，其中陆地东西、南北跨度均超过5000km，全国2/3以上地区年日照时数大于2200h，具有丰富的太阳能资源。据估算，我国陆地表面每年接受的太阳辐射能约为50×10^{18}kJ，全国各地太阳年辐射总量达335～837kJ/cm^2，中值为586kJ/cm^2。从各地太阳年辐射总量的分布来看，又呈现出极度不均匀性，586kJ/cm^2的等值线是一条明显的分界线，从东北的大兴安岭西麓向西南至云南和西藏的交界处区分为两大部分。该线西北方向的地区太阳辐射量大多高于586kJ/cm^2，而东南地区则低于此值。西藏、青海、新疆、内蒙古南部、山西、陕西北部、河北、山东、辽宁、吉林西部、云南中部和西南部、广东东南部、福建东南部、海南岛东部和西部以及台湾省的西南部等广大地区的太阳辐射总量很大。尤其是青藏高原地区最大，那里平均海拔在4000m以上，大气层薄而清洁，透明度好，纬度低，日照时间长。

太阳能辐射资源受气候、地理环境条件等因素影响较大，我国各地区较大的差异性使得太阳能资源分布具有明显的地域特点，主要有：太阳能的高值中心和低值中心都处在北纬22°～35°这一带，青藏高原是高值中心，四川盆地是低值中心；太阳年辐射总量，西部地区高于东部地区，而且除西藏和新疆两个自治区外，基本上是南部低于北部；由于南方多数地区云雾雨多，在北纬30°～40°地区，太阳能的分布情况与一般的太阳能随纬度而变化的规律相反，太阳能不是随着纬度的增加而减少，而是随着纬度的增加而增长。

根据各地区接受太阳能辐射量的大小，全国大致可区分为如表3-5所示的五类地区[26]。

（1）一类地区　全年日照时数为3200～3300h，单位面积接受的太阳辐射量在670×10^4～837×10^4kJ/(m^2·年)，相当于225～285kg标准煤燃烧所发出的热量。这类地区主要包括：青藏高原、甘肃北部、宁夏北部和新疆南部等地，是我国太阳能资源最丰富的地区。特别是西藏地区，由于地势高，大气的透明度好，太阳辐射总量最高值达921×10^4kJ/(m^2·年)，仅次于撒哈拉大沙漠，居世界第二位，其中拉萨是世界著名的阳光城。

（2）二类地区　全年日照时数约3000～3200h，太阳辐射量在586×10^4～670×10^4kJ/(m^2·年)，相当于200～225kg标准煤燃烧所发出的热量。主要包括河北西北部、山西北部、内蒙古南部、宁夏南部、甘肃中部、青海东部、西藏东南部和新疆南部等地。此类地区为我国太阳能资源较丰富区域。

（3）三类地区　全年日照时数较一、二类地区小，为2200～3000h，太阳辐射量约502×10^4～586×10^4kJ/(m^2·年)，相当于170～200kg标准煤燃烧所发出的热量。该类地区主要包括山东、河南、河北东南部、山西南部、新疆北部、吉林、辽宁、云南、陕西北部、甘肃东南部、广东南部、福建南部、江苏北部和安徽北部等地。

（4）四类地区　全年日照时数为1400～2200h，太阳辐射量在419×10^4～502×10^4kJ/(m^2·年)。

相当于140～170kg标准煤燃烧所发出的热量。主要是长江中下游、福建、浙江和广东的一部分地区，这些地区春夏季多阴雨，秋冬季稍好，属太阳能资源一般地区。

（5）五类地区　全年日照时数约1000～1400h，比前述地区小很多，太阳辐射量约335×10^4～419×10^4kJ/（m^2·年），相当于115～140kg标准煤燃烧所发出的热量。这类地区主要包括四川、贵州两省。此类地区是我国太阳能资源贫乏地区。

一类、二类、三类地区，年日照时数大于2000h，辐射总量高于500×10^4kJ/(m^2·年)，是我国太阳能资源丰富或较丰富的地区，约占全国总面积的2/3以上，具有利用太阳能的良好条件。四类、五类地区虽然太阳能资源条件较差，但仍有一定的利用价值。各地区资源分类见表3-5[26]。

表3-5　我国各地区的太阳能资源及分布[26]

类　型	地　区	年日照时数/h	年辐射总量/$\times10^4$kJ/(m^2·年)
一	西藏西部、新疆东南部、青海西部、甘肃西部	3200～3300	670～837
二	西藏东南部、新疆南部、青海东部、宁夏南部、甘肃中部、内蒙古、山西北部、河北西北部	3000～3200	586～670
三	新疆北部、甘肃东南部、山西南部、陕西北部、河北东南部、山东、河南、吉林、辽宁、云南、广东南部、福建南部、江苏北部、安徽北部	2200～3000	502～586
四	湖南、广西、江西、浙江、湖北、福建北部、广东北部、陕西南部、江苏南部、安徽南部、黑龙江	1400～2200	419～502
五	四川、贵州	1000～1400	335～419

3. 太阳能的利用方式

太阳能的利用方式主要包括光热转换、光电转换以及光化学利用、光生物利用等四种领域。目前已形成规模化利用的主要有光热转换和光电转换。

太阳能光热利用是指太阳辐射能通过与工质（主要是水或者空气）的相互作用转换成热能加以利用。根据所能达到的温度和用途，一般可分为以下三类：

（1）低温利用(<200℃)　有太阳能热水器、太阳能干燥器、太阳能蒸馏器、太阳房、太阳能温室、太阳能空调制冷系统等应用形式。

（2）中温利用(200～800℃)　有太阳灶、太阳能热发电、聚光集热装置等应用形式。

（3）高温利用(>800℃)　如高温太阳能炉等。

3.5.2 太阳能集热器[22,25]

太阳能集热器是用于吸收太阳辐射能并将产生的热能传递到传热工质的部件，是组成各种太阳能热利用系统的关键部件。根据集热器所采用的集热技术和方法不同，可以将集热器区分为不同类型，目前应用最多的太阳能收集装置主要有非聚光型的平板集热器、真空管集热器以及聚光型集热器三种。

1. 非聚光型集热器

主要有平板集热器和真空管集热器。

（1）平板集热器　在17世纪后期发明，但直至1960年以后才真正进行研究和规模化应用。具有采光面积大、结构简单、可靠性高、成本低、运行安全、免维护、使用寿命长等特点，是当今世界太阳能市场上应用最广泛的集热器产品。由于其直接接收太阳光的直射辐射和散射辐射而不采用附加的聚光装置，导致其热流密度和工质温度都比较低，因此平板集热器主要是太阳能低温热利用系统中的关键部件，其技术经济性能远比聚光型集热器好。目前国内外使用比较普遍的是全铜集热器和铜铝复合集热器。

1）平板集热器的结构。如图3-53所示，平板集热器的部件主要包括[6]：吸热部件、透明盖板、隔热保温材料、外壳四个部分。

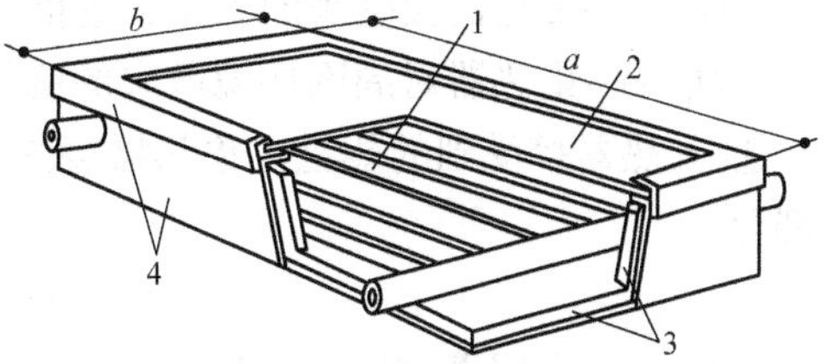

图3-53　平板集热器（管板式）结构示意

1—吸热部件　2—透明盖板　3—隔热保温材料　4—外壳

① 吸热部件。吸热部件包括吸收表面和与吸收表面结合良好的载热流体管道。太阳辐射穿过透明盖板投射到吸收表面上，光能被转换为热能并被传递给载热流体，从而使得载热流体温度升高。对吸热部件的技术要求如下：

对太阳辐射的吸收比高。吸收表面需经特殊处理或涂选择性涂层，从而提高太阳辐射的吸收效率。选择性涂层对太阳的短波辐射具有很高的吸收率，而本身对长波辐射的发射率较低，这样既保证了吸收更多的太阳辐射能，同时又减少了自身的辐射热损失。

热传递性能好。吸热部件吸收的太阳辐射热量能最大限度地传递给传热工质。

与工质的相容性好，耐蚀性好。

应具有一定的承压能力。

加工工艺简单，适于批量生产及推广应用。

② 透明盖板。为了减少集热板与环境之间的对流和辐射热损失，需要在集热器的上表面安装透明盖板，同时这也可保护集热板不受雨、雪、灰尘的侵袭。透明盖板应具有较高的太阳光透射率，以及尽可能低的红外辐射透射率，从而可以保证集热器高效集热的同时降低热损失。对透明盖板的技术要求如下：

对太阳辐射具有较高的透射比，能尽可能多地透过太阳辐射。

对红外长波辐射具有较低的透射比，可以阻止吸热部件升温后对环境的辐射散热。

热导率小，可以减少集热器与外界环境的对流换热损失。

冲击强度高，保护集热器不受雨、雪、冰雹、灰尘的侵袭。

耐候性好，经得起各种气候条件的长期侵蚀。

透明盖板的材料主要有两大类：平板玻璃和钢化玻璃。

为提高集热器效率，有时可采用两层盖板。一般情况下，很少超过三层。因为，随着层数的增多，虽然可以减少集热器的对流和辐射散热损失，但同时也大幅度降低了实际有效的太阳透射比。

③ 隔热保温材料。隔热保温材料的作用是减少集热器的侧面和背面向周围环境的散热损失。通常在隔热保温材料的热导率越大、集热器工作温度越高、环境温度越低的情况下，隔热层应越厚一些。

④ 外壳。外壳是整个集热器的骨架，用于承载其他部件并便于安装，因此它应具有一定的机械强度、良好的水密封性能和耐蚀性。用于集热器外壳的材料一般有铝合金板、不锈

钢板、碳铜板、塑料、玻璃钢等。

2）平板集热器的传热分析。根据能量守恒定律，稳定条件下，集热器所接受到的太阳辐射能量等于集热器输出的能量与集热器向周围环境的散热损失之和，即有：

$$Q_U = Q_A - Q_L \tag{3-21}$$

式中 Q_U——集热器输出的有用能量（W）；

Q_A——集热器接受到的太阳辐射能量（W）；

Q_L——集热器对周围环境散失的能量（W）。

① 集热器接受到的能量。集热器接受到的太阳能辐射能量 Q_A 包括太阳直射和散射辐射两部分。

$$Q_A = Q_D + Q_S \tag{3-22}$$

式中 Q_D——太阳直射辐射（W）；

Q_S——天空散射（W）。

太阳辐射的计算模型有很多种[28,29]，大气层外的太阳辐射可按下式计算：

$$G_{on} = G_{sc}[1 + 0.034\cos(360n/365)] \tag{3-23}$$

式中 G_{sc}——太阳常数，1367W/m^2；

n——从元旦算起的天数。

大气层外切平面上瞬时太阳辐射为

$$G_o = G_{on}\sin\alpha_s \tag{3-24}$$

$$\sin\alpha_s = \cos\psi\cos\delta\cos\omega + \sin\psi\sin\delta \tag{3-25}$$

式中 α_s——太阳直射方向与水平面的夹角，即太阳高度角；

ψ——当地地理纬度；

ω——时角；

δ——赤纬角。

$$\omega = \left(S + \frac{F}{60} - 12\right) \times 15° \tag{3-26}$$

式中，S 为小时，F 为分钟。

$$\delta = 23.45\sin[360 \times (284 + n)/365] \tag{3-27}$$

晴朗天气太阳直射大气透明度 P_h

$$P_h = a_0 + a_1\exp\left(-\frac{k}{\cos\theta}\right) \tag{3-28}$$

式中 a_0、a_1 和 k 为考虑海拔、纬度和气候条件的系数[9]。上式适用于大气能见度 23km，海拔低于 2500m 的地方。

水平地面太阳直射辐射为

$$G_{cb} = G_{on}P_h^m\sin\alpha_s \tag{3-29}$$

晴朗天气太阳散射大气透明度

$$P_d = 0.271 - 0.294P_h \tag{3-30}$$

水平地面上太阳散射辐射为

$$G_{cd} = (0.271 - 0.294P_h)G_o \tag{3-31}$$

则总太阳能辐射能量 Q_A 为

$$Q_A = Q_D + Q_S = (G_{cb} + G_{cd})A \tag{3-32}$$

式中，A 为平板集热器的面积。

② 集热器的散热损失。如图 3-54 所示，集热器对周围环境散失的能量 QL 包括三部分：

$$\begin{aligned} Q_L &= Q_t + Q_b + Q_e \\ &= A_t U_t (t_p - t_a) + A_b U_b (t_p - t_a) + A_e U_e (t_p - t_a) \end{aligned} \tag{3-33}$$

式中　Q_t、Q_b、Q_e——顶部、底部、侧面散热损失（W）；

U_t、U_b、U_e——顶部、底部、侧面总传热系数［W/（m^2·K）］；

A_t、A_b、A_e——顶部、底部、侧面面面积，（m^2）；

t_p——集热器温度（K）；

t_a——环境温度（K）。

集热器顶部的散热损失是由对流和辐射两种换热方式引起的，既包括吸热板与透明盖板之间的对流和辐射换热，又包括透明盖板与周围环境的对流和辐射换热；集热器底部和侧面的散热损失是通过隔热层和外壳以传导和对流的形式向环境散热的。一般说来，顶部的散热损失比底部和侧面的散热损失都大很多，它是集热器总散热损失的主要部分。

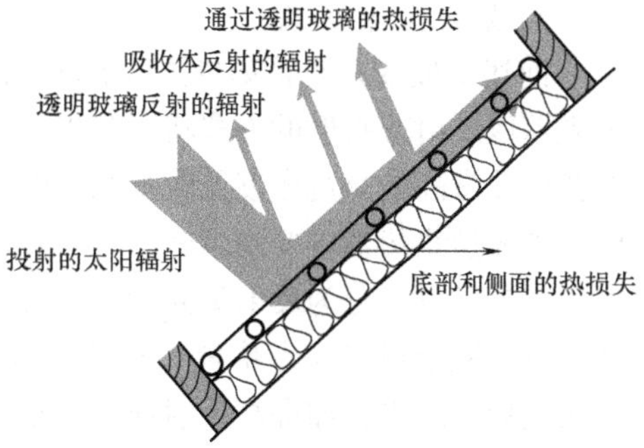

图 3-54　平板集热器的散热损失示意

顶部、底部、侧面的总传热系数 U_t、U_b、U_e，U_b 和 U_e 相对简单一些，可以按照一维传导及对流换热公式计算。

$$\frac{1}{U_b} = \frac{\delta_b}{\lambda_b} + 1/h_b \tag{3-34}$$

$$\frac{1}{U_e} = \frac{\delta_e}{\lambda_e} + 1/h_e \tag{3-35}$$

式中　λ_b、λ_e、h_b、h_e、δ_b、δ_e 分别为集热器底部和侧面的热导率、表面传热系数和厚度。

顶部的散热损失系数 U_t 的计算比较复杂，其中包括了玻璃盖板及吸热板对环境的红外辐射及对流换热等影响因素，详细计算过程参见文献[22，25]。

（2）真空管集热器　这种集热器是在平板集热器的基础上进一步发展而来的。由于平板集热器玻璃盖板与吸热板之间不可避免地存在空气，研究表明，这个夹层中的空气对流热损失是平板集热器散热损失的主要部分。一般而言，由于平板集热器内部难以抽成真空，为了减少平板集热器的散热损失，提高集热温度，国际上于 20 世纪 70 年代研制成功真空集热管，其吸热体被封闭在高真空的玻璃真空管内，大大提高了热性能。所谓真空管集热器，就是将吸热体与透明盖板之间的空间抽成真空的集热器。真空集热管可分为全玻璃真空集热管、玻璃-U 形管真空集热管、玻璃-金属热管真空集热管、直通式真空集热管和贮热式真空集热管等类型。

图 3-55 所示为全玻璃真空太阳能集热管的结构，包括内玻璃管、外玻璃管、选择性吸收涂层、弹簧支架、消气剂等部件。其一端开口，将内玻璃管和外玻璃管的一端管口进行环状熔封；另一端都密封成半球形的圆头，内玻璃管采用弹簧支架支撑，而且可以自由伸缩，以缓冲热胀冷缩引起的应力；内外玻璃管之间的夹层抽成高真空。内玻璃管的外表面涂有选择性涂层。弹簧支架上装有消气剂，它可以吸收真空集热管运行过程中产生的气体，从而保

持管内的高真空度。将若干支真空集热管组装在一起，即可构成真空管集热器。

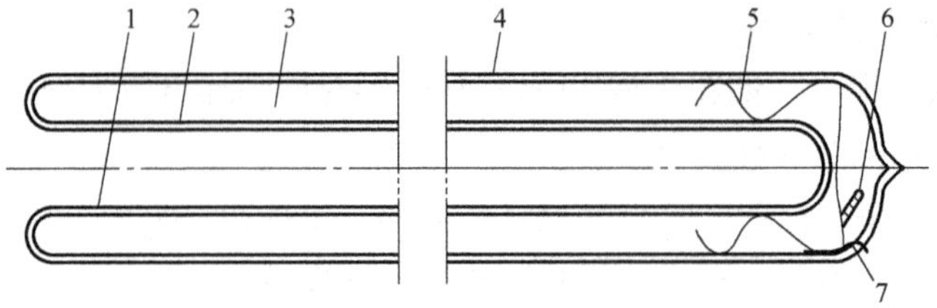

图 3-55　全玻璃真空太阳能集热管的结构

1—内玻璃管　2—太阳选择性吸收涂层　3—真空夹层　4—外（罩）玻璃管

5—弹簧支架支撑件　6—消气剂　7—吸气膜

2. 聚光型集热器

前述平板或真空管集热器所能获得的热能量很大，但品质并不高。而聚光型集热器是通过聚光器以反射或折射的方式将太阳光集中投射到接收器上，并转换为热能由换热介质带走，可以获得非常高的热流密度及较高的温度，从而为太阳能的中、高温热能利用提供更为有利的条件。聚光型集热器主要由聚光器、吸收器和跟踪器三大部分组成。按照聚光器原理区分，聚光型集热器又可以分为反射聚光和折射聚光两大类型。在反射式聚光型集热器中应用较多的是旋转抛物面镜集热器（点聚焦）和槽式抛物面镜集热器（线聚焦）。这两种集光型集热器得到了较快发展与改进，如提高反射面加工精度，研制高反射材料，开发高可靠性跟踪机构等。

由于大多数聚光型集热器只能收集直射辐射，而损失掉了散射辐射；另外还有额外的光学损失。所以在具体应用上，聚光型集热器必须选择太阳直接辐射资源比较丰富的地区。相对于非聚光型集热器，聚光型集热器都需要跟踪机构，所以控制复杂，成本较高，这些方面还需要进一步改进。

聚光型集热器的形式很多，目前主要有槽式聚光型集热器系统、塔式系统和蝶式系统。主要应用形式有太阳灶、聚光型的太阳能干燥器、太阳能热发电系统以及高温太阳炉等。

3.5.3　太阳能供暖装置

1. 太阳能热水器[22,25]

目前，世界范围内太阳能利用的主要方式是太阳能光热利用，太阳能热水器是太阳能光热利用技术最为成熟的产品。

太阳能热水器主要由集热器、储热水箱、循环水泵、管道、支架、控制系统及其相关附件组成。太阳能热水器按所采用的集热器类型不同，可分为闷晒式热水器、平板型热水器、真空管热水器等类型。

（1）闷晒式太阳能热水器　闷晒式热水器的特点是集热器与储热水箱合二为一。一般来说，只要是具有一定吸热能力的、可以盛水的容器，都可以用来制作闷晒式热水器。集热器中盛满水，在太阳光的照射下，太阳辐射能被转换为热能，同时被水吸收，从而使得水温升高。这种热水器结构简单、使用可靠、易于推广。它的缺点是保温性能差、散热损失大，热水保温时间短；冬季室外温度低于零度时，要注意防冻问题。闷晒式集热器有塑料袋式、池式、筒式等结构形式。

图 3-56 所示为塑料袋式热水器及其改进型的囊式热水器，其最大特点是质量轻、便于携带、价格低廉；缺点是使用寿命短。

图3-57所示为池式热水器，特点是水平放置、结构简单、便于制造和安装、成本低廉；缺点是在高纬度地区不能充分利用太阳能，玻璃内表面往往有水蒸气凝结，从而降低了玻璃的透光率及热水器的热效率，池内水质和使用寿命难以保证。

图3-58所示为筒式热水器，相比较于池式的敞开式结构，改进为密闭式结构，并具有较好的保温效果，从而避免了池式热水器的水质问题，而且其平均热效率比塑料袋式和池式热水器都高。

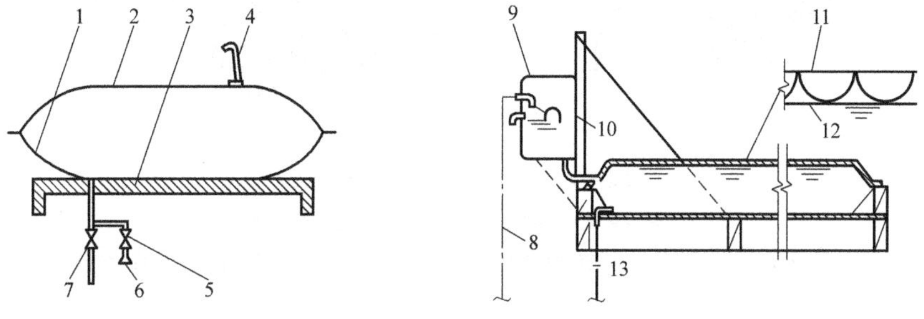

a) b)

图3-56 塑料袋式热水器及其改进型的囊式热水器

a）塑料袋式热水器 b）囊式热水器

1—下部黑色塑料 2—上部透明塑料 3—支撑 4—溢流口 5、7—阀门 6—喷头 8—给水管 9—塑料水箱 10—反射板 11—聚乙烯泡沫 12—塑料薄膜 13—供暖水管

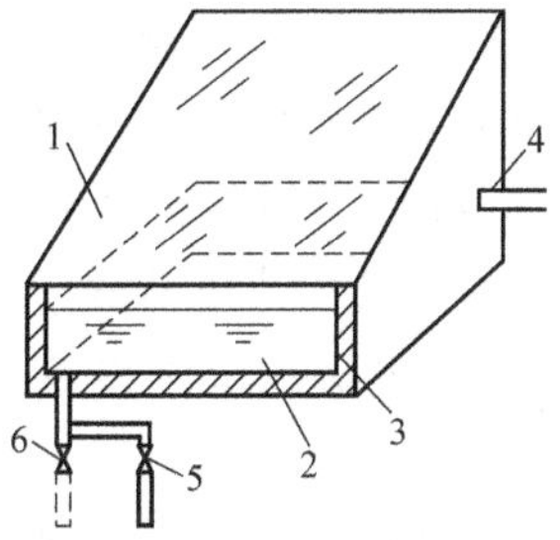

图3-57 池式热水器

1—玻璃 2—保温壳体 3—防水层 4—溢流管 5—热水阀 6—冷水阀

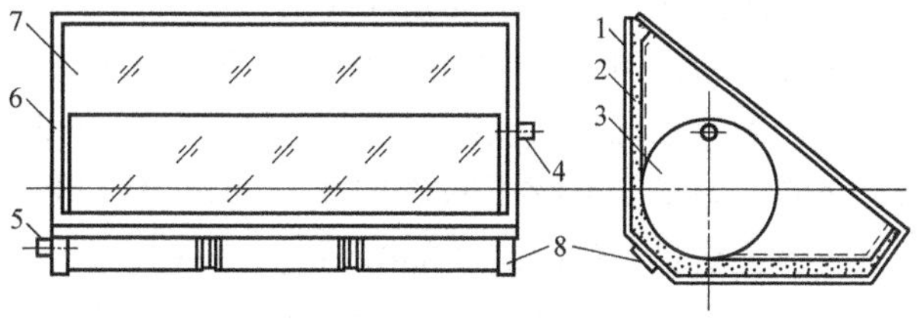

图3-58 筒式热水器

1—保温壳体 2—反射层 3—筒体 4—出水管口 5—进水管口 6—壳体 7—透明盖板 8—支架

（2）平板型太阳能热水器 采用平板集热器，集热器和水箱结合紧密，上下循环管很短，不仅节省材料，还减少了管道的散热损失。此外，水箱的前侧板对太阳光还起到反射作用，从而增强了通过盖板的太阳能辐射通量，有利于集热器整体热效率的提高[9]，集热器的采光面积一般是1～4m^2，如图3-59所示。

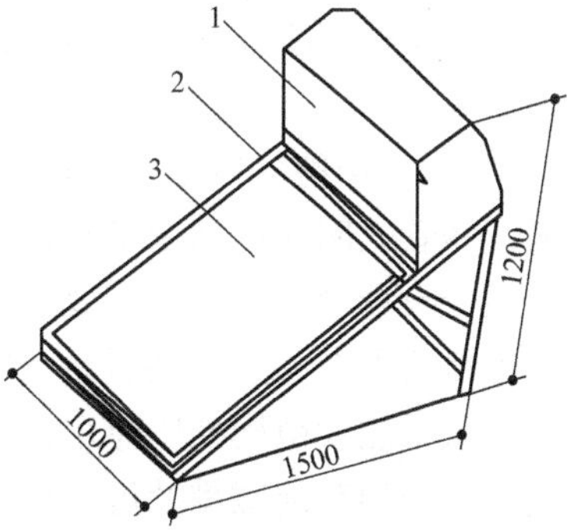

图3-59 平板型热水器

1—水箱 2—支架 3—平板集热器

（3）真空管太阳能热水器 其结构形式一般如图3-60所示。真空管热水器的关键部件是真空管集热器。真空管集热器又可以分为全玻璃真空管集热器和热管真空管（玻璃和金属结合）集热器两种。这种热水器制造安装中，真空集热管与水箱内胆一般用硅橡胶密封圈进行密封，防漏水；与水箱外壳的连接则采用抗老

化橡胶或塑料密封，以减少散热损失。

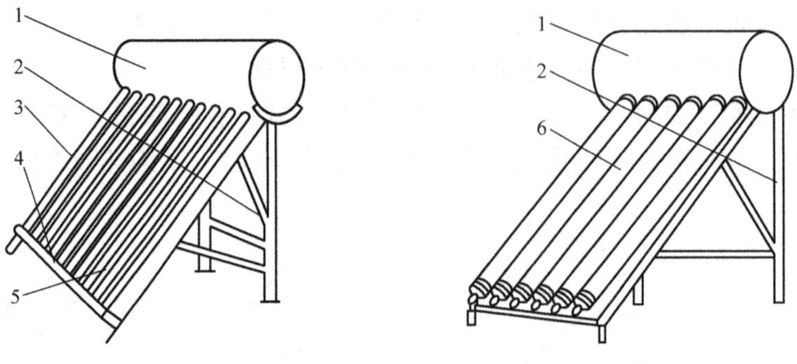

图 3-60　真空管太阳能热水器

a）全玻璃真空管集热器　b）热管真空管集热器

1—水箱　2—支架　3—真空玻璃管　4—底托　5—反射板　6—热管真空管

2. 太阳能供暖系统

1）太阳能供暖系统是通过将太阳辐射能收集转换为热能的热能转换系统，用于满足建筑物冬季供暖和生活热水等热负荷需求。太阳能供暖系统主要由集热系统、蓄热系统、供暖子系统和辅助热源系统等部分组成[30,31]。

① 集热系统。集热系统主要由太阳能集热器及其循环管路构成，是太阳能供暖系统的核心部件。集热系统的作用主要是收集太阳光的辐射能量，并转换为热能，再通过循环管路将获得的热能传递给蓄热系统储存起来，以备向建筑提供供暖和生活热水所需的热量。

② 蓄热系统。由于地理环境及气象条件影响，太阳能存在间歇性、不稳定性和地区差异等特点。集热系统一般仅能在白天光照条件较好的时段工作，而建筑的热负荷需求则是全天都存在的，为了能连续不断地向建筑物提供热量，需要在太阳能供暖系统中设置蓄热系统，从而解决集热与供暖之间的时间差异问题。

③ 供暖子系统。供暖子系统是向建筑物供暖或提供生活热水的末端设备等。通常条件下，太阳能集热、蓄热系统可以获得 60～70℃的热水，而低温地板辐射供暖技术需要的热水温度不超过 60℃，因此，其可与太阳能供暖系统联合应用，以满足建筑物的供暖需求。

④ 辅助热源系统。同样为避免由于天气等条件限制使得太阳能集热系统所获得的热量不能满足建筑物的热负荷需求，需要在系统中设置辅助热源，如可设置电加热、燃气或燃油锅炉等。

2）太阳能供暖系统的优点。由于太阳能是清洁无污染的可再生能源，取之不尽用之不竭，尽管太阳能的利用受到天气、气候等因素的限制，具有间断性和不可靠性等特点，如果在系统设计中采用合理有效的技术措施，则完全可以实现扬长避短，满足建筑物供暖及生活热水负荷需求。这种供暖系统不仅可以实现集中供暖，也可以面向热网不能达到的单体建筑，如果能大范围推广应用，必将对于缓解能源危机、降低温室气体等污染物的排放，实现建筑领域的节能减排及可持续发展具有深远的意义。

3. 太阳能供暖系统分类[32]

太阳能供暖系统的设计涉及许多因素，如热量的储存方式，采用贮水箱的个数，储热介质回路的设计，使用换热器的形式，贮水箱进口处的形状和流量，所用热分层器的形状和所有部件的尺寸等。综合上述各种因素，可以按照太阳能集热器所收集热量的储存方式和太阳能集热器与辅助加热器在供暖系统中的关系进行分类。

(1) 按太阳能集热器所收集热量的储存方式分类　按集热器收集到的热量的储存方式，系统可以分为下列几种：

A——没有供暖用的贮水箱。

B——贮水箱的热分层利用多个贮水箱，或利用多个进出口，或利用一个控制进出口流量的三通阀来实现。

C——贮水箱的热分层利用贮水箱内的自然对流来实现。

D——贮水箱的热分层利用贮水箱内专门设置的热分层器及利用贮水箱内的自然对流来实现。

B/D——B 和 D 的结合，贮水箱的热分层利用贮水箱内的热分层器、自然对流及多个贮水箱（或多个进出口或一个控制进出口流量的三通阀）来实现。

(2) 按太阳能集热器与辅助加热器在供暖系统中的关系分类　按太阳能集热器与辅助加热器在供暖系统中的关系，系统可分为下列几种：

M——混合方式，即太阳能集热器和辅助加热器同时与同一个贮水箱连接，供暖回路由此贮水箱供暖。

P——并联方式，太阳能集热器和辅助加热器以并联方式交替向供暖回路供暖。

S——串联方式，即太阳能集热器和辅助加热器以串联方式向供暖回路供暖。

对于任何一个太阳能供暖系统的类型，可以用上述两种分类方法中不同组合来表示。

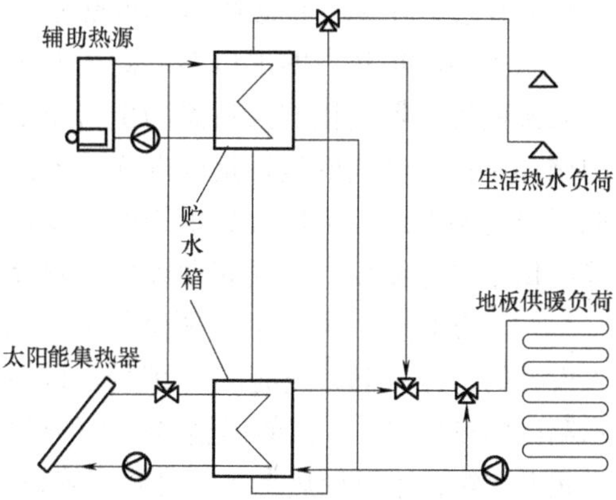

图 3-61　直接太阳能地板（AP）采暖系统

(1) 直接太阳能地板（AP）系统　图 3-61 所示为直接太阳能地板供暖系统，最早由法国人提出，并于 1992 年起进入市场。该系统不设供暖用贮水箱，只有生活热水用的贮水箱；供暖地板同时跟太阳能集热器和辅助加热器并联连接；当把太阳能集热器收集的热量提供给地板供暖时，如果室温达到所设定的温度（比设计室内温度高 4℃），就关掉集热器回路的循环泵；把辅助能源提供的热量提供给地板供暖时，一旦室内温度超过设定温度 0.5℃，就要关掉供暖回路的循环泵；太阳能集热器收集的热量在供暖负荷和生活热水负荷之间达到最优化的分配。

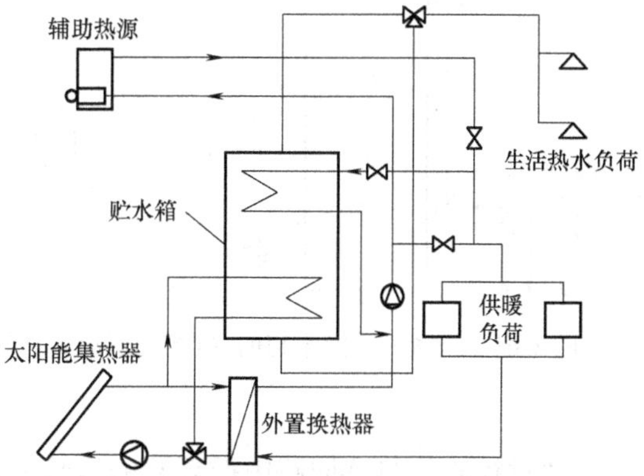

图 3-62　集热器回路与供暖回路之间利用换热器沟通的（AS）系统

(2) 集热器回路与供暖回路通过换热器相连的（AS）系统　如图 3-62 所示的 AS 系统最早由丹麦人设计，并于 20 世纪 90 年代进入市场。该系统是改进设计的标准太阳能热水系统，为了给供暖系统提供更多的热量，太阳能集热器采光面积较大；没有供暖用的贮水箱，只有生活热水用的贮水箱；贮水箱内设有两个换热器，底部的换热器跟太阳能集热器连接，顶部的换热器跟辅助加热器连接。

当太阳能集热器的出口温度高于供暖回路的回水温度（或者高于贮水箱的底部温度）时，集热器回路的循环泵就起动；当太阳能集热器的出口温度低于贮水箱的底部温度（或者贮水箱的顶部温度高于设定温度）时，调节三通阀，使太阳能集热器收集的热量直接传递给供暖回路；贮水箱内的生活热水温度太低时，开启两通阀，使辅助加热器产生的热量传递到贮水箱中。

由于该系统没有供暖贮水箱，因此室内温度的变化较大，这种系统最好跟热容量较大的供暖地板联合使用。

(3) 系统中设置供暖和生活热水两个贮水箱的（BM）系统　图3-63所示的BM系统是由奥地利人设计的，并从1994年起进入市场。该系统设置了两个贮水箱，分别贮存供暖热水和生活热水，两个水箱的尺寸大小可以单独选择；供暖贮水箱的热分层利用三通阀来实现，它将太阳能集热器提供的热水引入供暖贮水箱的中部或顶部；供暖贮水箱的上部跟辅助加热器连接；水泵使供暖贮水箱的热水通过生活热水贮水箱内的换热器，加热生活热水。

当太阳能集热器的出口温度高于贮水箱的底部温度时，就起动集热器回路的循环泵；当与太阳能集热器连接的换热器的出口温度高于供暖贮水箱的底部温度时，就起动换热器回路的循环泵；三通阀的运行是根据换热器的出口温度高低来控制的，当生活热水贮水箱的温度低于设定温度或者当供暖贮水箱的温度足够高时，就起动生活热水循环泵；当供暖贮水箱的温度低于设定温度时，就起动辅助加热器。

(4) 供暖贮水箱内装有两个热分层器的（DM）系统　图3-64所示的DM系统是由德国人设计的，并从1997年起进入市场。该系统的供暖贮水箱内装有两个热分层器，用于增强贮水箱内的热分层；太阳能集热器提供的热量，通过浸没在供暖贮水箱中的低流量换热器传递给供暖贮水箱；水泵使热水在供暖贮水箱和外部板式换热器之间进行循环来加热生活热水。

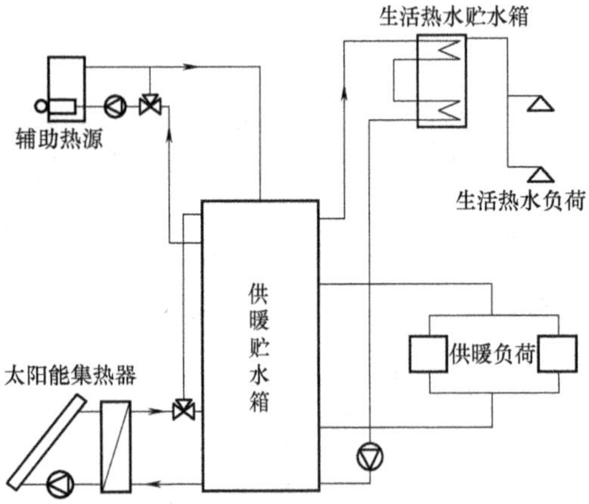

图3-63　设置两个贮水箱的（BM）系统

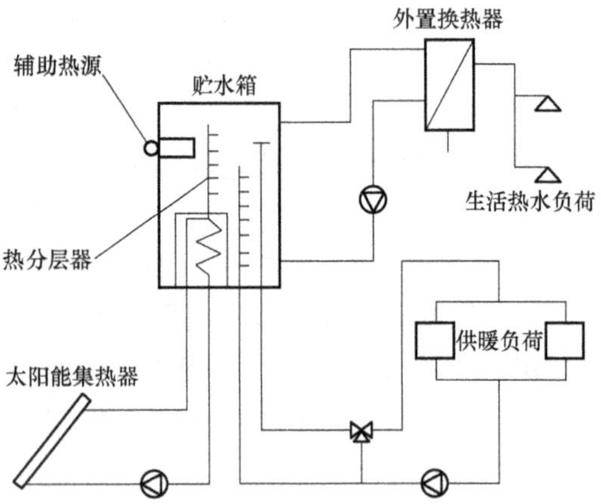

图3-64　供暖贮水箱内装有两个热分层器的（DM）系统

通过控制集热器回路中循环泵的运转速度，可使供暖贮水箱的温度达到最优化，并可使太阳能集热器内的流量保持在最小值，以确保集热器有良好的传热效果；通过控制板式换热器初级回路中循环泵的运转速度，可使生活热水的温度达到设定温度；通过由温控阀操纵的变速水泵，可以控制传递给供暖回路的热量，以节省水泵的能耗；根据供暖贮水箱的温度及所需的供暖回路的温度，可以调节辅助加热器的输出功率。

4. 太阳能季节蓄能集中供热系统[33]

由于太阳辐射能量是随昼夜、天气状况、季节等因素变化的，大型太阳能系统要正常运行，必然要有蓄能装置。根据蓄存与使用能量的时间跨度可分为太阳能昼夜（或短期）蓄能供热系统和太阳能季节蓄能供热系统。前者主要为住宅、旅馆、医院、办公楼等建筑提供生活热水。通常这种系统按提供7、8月份生活热水负荷的80%～100%设计，一般可提供全年热水负荷的40%～50%。这种类型的系统已在上一小节中详细介绍过。后者主要提供区域建筑供暖和供应生活热水全年热负荷的40%以上。

如图3-65所示，太阳能季节蓄能集中供热系统由太阳能集热器、季节蓄能装置、辅助热源、换热器、太阳能管网、供热管网与用户末端等部分组成。

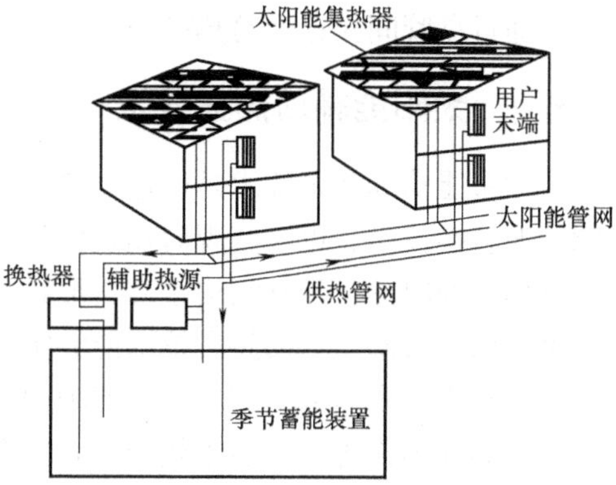

图3-65 太阳能季节蓄能集中供热系统

夏季太阳能集热器收集的热量除一部分供用户使用外，相当大的部分通过换热器送入蓄能装置中储存起来；冬季则将季节蓄能装置中的热量提取出来，通过供热管网输送到用户末端。在这种系统中，太阳能通常提供全年热负荷的40%～70%，其余部分由辅助热源如锅炉、热泵等提供。这种系统实现了太阳能量跨季节的储存与使用，其中蓄热装置的效率和造价在很大程度上影响整个系统运行的经济性。目前季节蓄能有以下几种方式：热水蓄能、地下埋管蓄能、含水层蓄能、砾石-水蓄能，如图3-66所示。

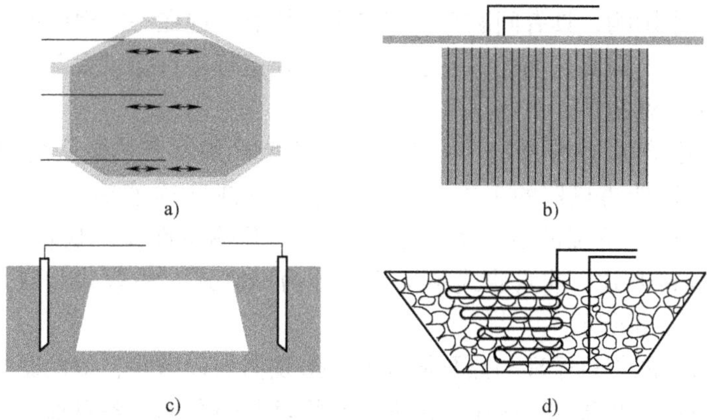

图3-66 太阳能季节蓄能的方式

a）热水蓄能 b）地下埋管蓄能 c）含水层蓄能 d）砾石-水蓄能

（1）热水蓄能 这种蓄能方式是在夏季将太阳的热量储存在钢罐或水池的水里，由于水的密度、比热大，单位容积的蓄热量大，同时蓄热和取热的速度也快，因此这是应用最多的一种季节蓄能方式。

（2）地下埋管蓄能 采用地下埋管蓄能与地源热泵系统的地下部分相似，将地下埋管放置在竖井里，夏季通过竖井中循环液的流动将太阳能量储存在地下土壤、岩石中，冬季用地下埋管中的循环液将热量从土壤、岩石中取出供用户使用。竖井中的管子可采用单U形管、双U形管或套管。竖井的深度在30~100m，在蓄热区的顶部敷设保温层以减少热量损失。

(3) 含水层蓄能　含水层是由沙子、砾石、砂岩、石灰岩等高透水性物质构成的地下水位线以下的地质构造层。当这一地层的上、下两侧是不透水层并且地下水的流动速度较慢时，含水层可用作太阳能的季节蓄能介质。夏季将抽取上来的地下水经太阳能集热器加热后回灌到热水井中，冬季抽取热井水满足建筑供暖和生活热水的要求，然后将已经提取热量的冷水回灌到冷水井中。

(4) 砾石-水蓄能　砾石-水蓄能也被称为人工含水层蓄能。它是在水池里铺设一层防渗塑料，在里面放入砾石、水等作为储热介质，在防渗塑料外侧铺设保温材料，太阳能可以直接或通过盘管间接存到蓄热槽中。

3.5.4 太阳能辅助热泵技术[23]

太阳能辅助热泵技术是通过将热泵技术与太阳能利用技术相结合而来的一种新型清洁节能能源转换技术，可以实现向建筑供暖和提供生活热水。其弥补了太阳能利用及热泵技术单独使用时的缺点，具有结构紧凑、形式多样、运行安全可靠、节能效果明显、使用寿命长等特点。同时太阳能辅助热泵技术能够实现与建筑的一体化设计，极具开发和应用潜力。

根据集热介质的不同，太阳能辅助热泵一般分为直膨式和非直膨式两大类。在直膨式系统中，制冷剂作为太阳能集热介质直接在太阳能集热/蒸发器中吸热蒸发，然后通过热泵循环在冷凝器中释放热量给被加热物体，如图3-67a所示。由于太阳能集热器与热泵蒸发器在结构和功能上都合二为一，使得太阳能集热温度与制冷剂蒸发温度始终相对应，即集热温度一直处于一个较低的温度范围内，从而可以获得非常高的集热效率。另一方面，随着制冷剂蒸发温度的提高，热泵机组的性能也得到很大提升。前已述及太阳能辐射条件受地理、天气、环境等多种因素影响，具有间歇性、非稳定的特点，这在一定程度上将影响太阳能辅助热泵系统的稳定运行，因此，如何保证系统高效稳定运行是直膨式太阳能辅助热泵系统成功商业应用必须解决的难题。

非直膨式太阳能辅助热泵系统，与直膨式的主要区别在于热泵系统的制冷剂不直接在集热器中蒸发，太阳能集热器的工质主要采用水空气或防冻液等，工质在太阳能集热器中获得热量，并与热泵系统的蒸发器换热，从而提升热泵性能。根据太阳能集热循环与热泵循环的不同连接方式，非直膨式系统又可分为串联式、并联式和双热源式三种类型，分别如图3-67b、c、d所示。

串联式是将太阳能集热循环与热泵循环通过蒸发器加以串联，蒸发器的热源完全来自集热循环所获得的热量。并联式系统中太阳能集热循环与热泵循环各自独立工作，向建筑提供热负荷需求，并且一般只有当太阳能集热循环所提供的热量不足时才开启热泵机组，提供辅助热量。双热源式系统与串联式系统相似，只是增加了一个空气源蒸发器，从而使得太阳能与空气热源二者互为补充。非直膨式太阳能辅助热泵系统的最大优点是在太阳能辐射条件较好时，可以直接利用太阳能集热循环向建筑提供供暖和生活热水，并不开启热泵机组，从而可以获得更高的经济性。而只有当太阳辐射条件较差时才开始热泵循环，从而保证系统工作的稳定性。与直膨式系统相比，非直膨式系统也存在规模较大、系统复杂、初投资较高等缺点，同时其集热循环还存在冬季防冻、夏季防止过热等问题。

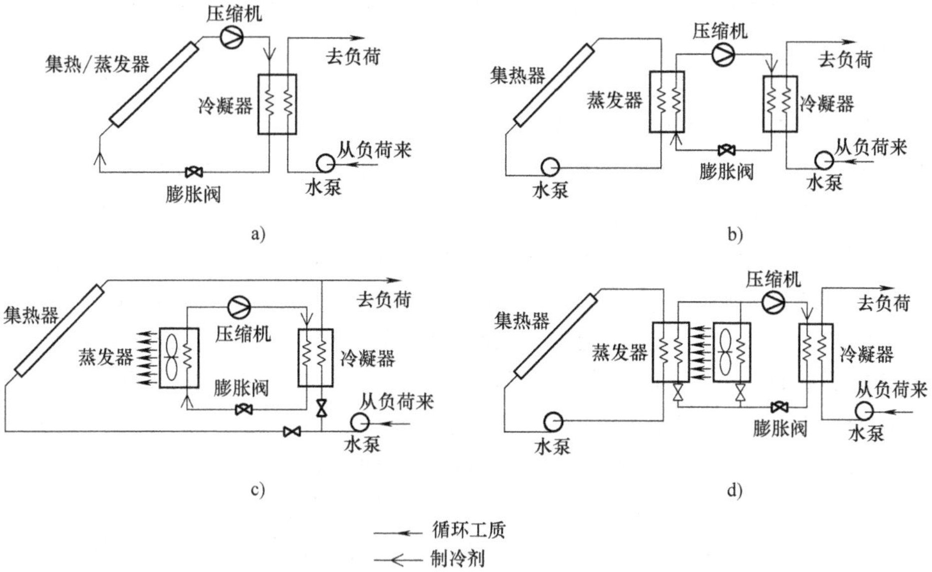

图3-67 太阳能辅助热泵的类型

a）直膨式 b）串联式 c）并联式 d）双热源式

近年来，越来越多的学者开始关注太阳能与土壤源热泵结合使用的系统，这是因为太阳能的利用在保证系统高能效比及维持土壤温度稳定性的同时，还能提供生活热水，这样就减少了系统的能耗，增加了其经济性和环保性。目前，太阳能-土壤源热泵复合式系统没有得到广泛的应用，还处于探索研究阶段。主要是因为复合式系统中，太阳能集热系统不同运行模式的切换方式及时间需要根据地理位置、气候条件及系统特点来确定，这样当气候条件、建筑特点发生变化时，之前的结论就不一定适用，所以至今很难获得普遍适用性的结果。在太阳能-土壤源热泵复合式系统的研究中，主要是通过实验和模拟两种方法，结合不同的运行模式对部件、系统的各个参数进行研究，分析系统经济性和环保性。

我国对太阳能-土壤源热泵复合式系统的研究始于天津大学，该校在1994～1995年的供暖期进行了太阳能热泵和土壤源热泵交替运行供暖的实验研究，即晴天白天利用太阳能热泵供暖，阴天、晚上则利用土壤源热泵供暖，获得了不同运行方式下供热系数等结果。近几年来我国对太阳能-土壤源热泵复合式系统的关注越来越重视。实验研究方面，毕月虹等人[14]搭建了太阳能-土壤源热泵复合式系统试验台，制热季太阳能与土壤热源交替使用。并模拟了垂直埋管和水平埋管的二维温度场，结果表明垂直埋管的换热能力为水平埋管的18倍左右，且垂直式系统的COP比水平式的提高了21%。还有人针对小型住宅建筑建立太阳能-土壤源热泵复合式系统，测试了系统运行时期的地温变化、太阳能辐射量、水箱水温等参数，指出对于小型集热系统，太阳能集热器面积与水箱体积最佳比例[35]为$20\sim40L/m^{-2}$。哈尔滨工业大学[36]则建立了太阳能季节蓄热式的太阳能-土壤源热泵复合式系统，夏季土壤源热泵供冷，冬季两种热源联合运行，分析一天中系统的供热量、供回水温度、蒸发器的进出口温度变化情况。香港理工大学[37]对单独土壤源热泵系统和太阳能-土壤源热泵联合系统的四种不同运行方式进行探讨研究，第一种是室内温度控制在23～24℃，土壤为热泵唯一热源，系统每天间歇运行，时间从早上八点到下午五点半；第二种是室内温度自由浮动，土壤依然为热泵唯一热源，系统连续工作48h；第三种是室内温度自由浮动，土壤和太阳能同时作为热泵的热源，系统连续运行48h；第四种是室内温度自由浮动，土壤和太阳能同时作为热泵的热源，系统每天间歇工作，时间从早上八点到下午五点半。最终比较了不同方式下的系统性能变化，给出了系统最佳的运行方式。

模拟研究方面，主要以TRNSYS为平台，对系统的性能及相应的控制策略进行模拟分析，香港理工大学在此方面获得了很多研究成果。例如，采取了五种不同的控制策略建立太阳能-土壤源热泵联合运行的系统，模式一是太阳能集热器直接供热；模式二是太阳能作为热泵唯一热源供热；模式三是土壤作为热泵唯一热源供热；模式四是太阳能结合土壤源热泵共同供热；模式五是将太阳能存储起来，以便提供部分热量、制备生活热水。最终分析了全年每月的集热器效率、系统COP、换热量等参数的变化情况，并提出了每增加一平方米的集热器可减少3.9m埋管的优化结果[38]。与此同时，为满足建筑需求并解决土壤负荷的不平衡问题，采用六种不同的控制策略，即太阳能直接供热、太阳能热泵系统供热、土壤源热泵系统供热、太阳能-土壤源热泵系统供热、太阳能存储和回灌、太阳能制备生活热水，运行周期为20年的模拟结果表明，太阳能的有效利用使此系统的供热效率比常规的土壤源热泵系统提高了26.3%，同时太阳能的利用还增加了土壤的内部温度，提高系统的环保性[39]。

思考题

1. 本书对热源的定义是怎样的？常见的热源有哪些？
2. 什么是锅炉？锅炉由哪几部分组成？各部分的作用是什么？
3. 锅炉设备节能应该做好哪些方面的工作？
4. 锅炉本体包括哪些部件？各自起什么作用？
5. 锅炉有哪些辅助设备？作用是什么？
6. 锅炉的工作可分为哪几个过程？各过程是怎样进行的？
7. 什么是锅炉的物质平衡和热平衡？有何作用？
8. 锅炉的热损失主要有哪些？如何定义的？
9. 过量空气系数是怎样定义的？
10. 什么是漏风系数？漏风对锅炉有什么危害？
11. 什么是理论烟气量？如何计算？
12. 锅炉效率的确定方法有哪些？各有何特点？适用于何种场合？
13. 什么是排烟热损失？排烟热损失与哪些因素有关？锅炉排烟温度的进一步降低受哪些条件限制？
14. 什么是气体不完全燃烧热损失？如何计算？哪些因素影响化学不完全燃烧热损失的大小？
15. 什么是固体不完全燃烧热损失？影响固体不完全燃烧热损失的因素有哪些？
16. 什么是锅炉散热损失？其大小与哪些因素有关？
17. 什么是灰渣物理热损失？其大小与哪些因素有关？
18. 何为空气预热器？加装空气预热器是如何节能的？
19. 锅炉运行节能包括哪些方面？
20. 何为余热锅炉？可分为哪些种类？常用于哪些场合？
21. 何为地热？如何能做到合理利用？有何意义？
22. 地热供热常见的方式有哪些？
23. 地热利用的常用方式有哪些？

24. 何为热泵？热泵的工作原理是怎样的？使用热泵技术的意义何在？
25. 热泵常用的低温热源有哪些？有何优缺点？
26. 常见的水源热泵系统有哪些？
27. 土壤源热泵地埋管换热器的埋管方式有哪些？影响地埋管换热器性能的因素有哪些？
28. 常用的余热热泵有哪些？如何工作的？
29. 太阳能利用的原则有哪些？太阳能利用的方式包括哪几大类别？
30. 太阳能集热器的类别及各自的优缺点是什么？
31. 试分析平板式太阳能集热器的传热过程。
32. 建筑中常用的太阳能热水器种类及各自的优缺点有哪些？
33. 采用太阳能实现建筑节能的方式及途径有哪些？
34. 太阳能建筑供热系统的组成及功能？
35. 太阳能供热系统的分类方法有哪两种？
36. 太阳能供热系统的类别分别有有哪几类？各自的工作原理及特点是什么？
37. 如何实现太阳能的季节蓄能？其工作原理是什么？蓄能的方式又有哪些？
38. 太阳能热泵系统的类别有哪几种？其工作原理及优点是什么？
39. 太阳能热泵系统在建筑节能领域的应用前景如何？

参考文献

[1] 车得福，庄正宁，李军，等. 锅炉 [M]. 西安：西安交通大学出版社，2008.
[2] 刘艳华. 锅炉及锅炉房设备 [M]. 北京：化学工业出版社，2010.
[3] 刘新旺，等. 锅炉房工艺与设备 [M]. 北京：科学出版社，2002.
[4] 吴味隆，等. 锅炉及锅炉房设备 [M]. 北京：中国建筑工业出版社，2009.
[5] 车得福，刘银河. 供热锅炉及其系统节能 [M]. 北京：机械工业出版社，2008.
[6] 徐世光，郭远生. 地热学基础 [M]. 北京：科学出版社，2009.
[7] 约翰·塔巴克. 太阳能和地热能——昂贵资金和技术的挑战 [M]. 张丽娇，译. 北京：商务印书馆，2011.
[8] 舟丹. 中国地热资源概况 [J]. 中外能源，2012 (7)：23-23.
[9] 龙恩深，等. 冷热源工程 [M]. 重庆：重庆大学出版社，2002.
[10] 朱家玲，等. 地热能开发与应用技术 [M]. 北京：化学工业出版社，2006.
[11] 贺玉龙，杨立中，熊春梅. 地热开发过程中的主要工程环境问题 [J]. 环境与可持续发展，2008 (5)：42-44.
[12] 张昌，等. 热泵技术与应用 [M]. 北京：机械工业出版社，2008.
[13] 马最良，姚杨，姜益强. 暖通空调热泵技术 [M]. 北京：中国建筑工业出版社，2008.
[14] 赵军，戴传山，等. 地源热泵技术与建筑节能应用 [M]. 北京：中国建筑工业出版社，2007.
[15] 徐邦裕，陆亚俊，马最良. 热泵 [M]. 北京：中国建筑工业出版社，1988.
[16] 徐伟，等. 地源热泵技术手册 [M]. 北京：中国建筑工业出版社，2011.
[17] 车得福，刘艳华. 烟气热能梯级利用 [M]. 北京：化学工业出版社，2006.
[18] 马最良，姚杨，姜益强，等. 热泵技术应用理论基础与实践 [M]. 北京：中国建筑工业出版社，2010.
[19] 姚杨，姜益强，马最良，等. 水环热泵空调系统设计 [M]. 2版. 北京：化学工业出版社，2011.
[20] 陈东，谢继红. 热泵热水装置 [M]. 北京：化学工业出版社，2009.
[21] 汤学忠，等. 热能转换与利用 [M]. 北京：冶金工业出版社，2002.

[22] 苏亚欣，毛玉如，赵敬德．新能源与可再生能源概论［M］．北京：化学工业出版社，2006：27-36.
[23] 王如竹，代彦军．太阳能制冷［M］．北京：化学工业出版社，2007.
[24] J A 达菲，W A 贝克曼．太阳能-热能转换过程［M］．葛新石，龚堡，陆维德，译．北京：科学出版社，1980.
[25] 罗运俊，何梓年，王长贵．太阳能利用技术［M］．北京：化学工业出版社，2005.
[26] 中华人民共和国发展计划委员会基础产业发展司．中国新能源与可再生能源 1999 年白皮书［M］．北京：中国计划出版社，2000.
[27] 中国标准化研究院，国家太阳能热水器质量监督检验中心（北京），等．GB/T 6424—2007 平板型太阳能集热器［S］．北京：中国标准出版社，2008.
[28] John A Duffie, William A Beckman. Solar Engineering of Thermal Processes [M]. Hoboken: John Wiley & Sons Inc, 1980.
[29] Edward E-Anderson. Fundamentals of Solar Energy Conversion [M]. Reading: Addison-Wesley Publishing Company, 1983.
[30] 罗运俊，李元哲，赵承龙．太阳热水器原理、制造与施工［M］．北京：化学工业出版社，2005.
[31] 徐伟．可再生能源建筑应用技术指南［M］．北京：中国建筑工业出版社，2008.
[32] 何梓年．太阳能热利用与建筑结合技术讲座（三）太阳能采暖系统［J］．可再生能源，2005（121）：85-88.
[33] 底冰，马重芳，唐志伟，等．太阳能集中供热系统发展简况［J］．暖通空调，2006，36（7）：27-31.
[34] Bi Y, Guo T, Zhang L. Solar and ground source heat-pump system [J]. Applied Energy, 2004, 78 (2): 231-245.
[35] Wang H, Qi C. Performance study of underground thermal storage in a solar-ground coupled heat pump system for residential buildings [J]. Energy and Buildings, 2008, 40 (7): 1278-1286.
[36] Wang X, Zheng M, Zhang W. Experimental study of a solar-assisted ground-coupled heat pump system with solar seasonal thermal storage in severe cold areas [J]. Energy and Buildings, 2010, 42 (11): 2104-2110.
[37] Chen X, Yu HX, Li Lin. Experimental studies on a ground coupled heat pump with solar thermal collectors for space heating [J]. Energy, 2010, 36 (8): 5292-5300.
[38] Chen X, Yu HX. Performance analysis of a proposed solar assisted ground coupled heatpump system [J]. Applied Energy, 2012 (97): 888-896.
[39] Chen X, Li Lin, Yu HX. Long term operation of a solar assisted ground coupled heat pump system for space heating and domestic hot water [J]. Energy and Buildings, 2011, 43 (8): 1835-1844.

第 4 章

4

通风节能技术

针对建筑通风中的节能技术，本章主要介绍被动节能的自然通风、将自然通风与机械通风有机结合的多元通风以及通风效率较高的置换通风。

4.1 通风与节能

通风是用室外新鲜或未被污染的空气来置换或稀释室内被污染或不新鲜的空气的过程。通风的主要功能有：①提供人员呼吸所需的氧气；②稀释室内污染物或不良气味；③排除室内工艺过程产生的污染物；④除去室内多余的热量（称余热）或湿量（称余湿）；⑤提供室内燃烧设备所需的氧气。其中，利用通风除去室内余热和余湿的功能是有限的（不同于空调），它受室外空气状态的限制。对于建筑来说，通风的作用就像人体中肺的功能，不可缺少。

无论通风系统形式如何，按空气流动的动力不同，通风分为自然通风和机械通风。自然通风是指不借助机械设备而仅依靠建筑开口与外界实现空气对流的方式，它与建筑设计的关系经历了众多变更。前工业化时期的建筑中，自然通风是一种自然而又必然的选择；工业化时期由于技术的进步，机械通风被认为是优越于自然通风的选择；当代节能的紧迫性则又进一步挖掘自然通风的价值。目前在建筑设计中自觉运用自然通风方式来改善室内空气环境是一种趋势。现代人类对自然通风的利用已经不同于以前开窗、开门通风，而是如何充分利用室内外条件，如建筑周围环境、建筑构造（如中庭）、太阳辐射、气候、室内热源、机械通风等，来组织和诱导自然通风[1]。“生态气候学”和“建筑气候学”都从理论高度支持利用地方资源进行被动节能设计。当自然通风冠以被动节能的定语后，即被动式自然通风，它的含义略有改变，特指包含被动节能策略的自然通风方式。通常包括两个部分：一是通过科学的设计，合理改造建筑设计，加强建筑内部通风换气，从而达到改善内部空气质量的目的，并进行被动制冷；二是采用被动方式，人为利用某些设备对进入空气进行预冷或预热的处理，从而有效地改善建筑内部的热环境。由此，被动式自然通风包含了三种被动节能方式：一是加强自然通风从而实现被动制冷；二是对空气进行被动式预冷处理；三是对空气进行被动式预热处理。前两种都是被动制冷模式下的通风策略，第三种是被动得热模式下的通风策略。

与自然通风不同，机械通风是依靠风机为动力造成空气流动的。机械通风系统一般由风机、风口、净化设备和管道组成，它的通风量不受自然条件的限制，可以根据需要进行送风和排风，获得稳定的通风效果，但风机运行需要消耗能量。由于自然通风不易控制，而机械通风需要耗能，它们独自发展的潜力已非常有限。为了充分利用自然通风的节能性，同时随时保证室内环境的可控性，将自然通风和机械通风相结合的多元通风应运而生。

除了通风方式外，通风效率对建筑能耗也有影响。通风效率指实际参与工作区内稀释污染物的通风量与总通风量之比，它等于送、排风污染物浓度之差与送风、工作区污染物浓度之差的比，它表示通风系统排出污染物的能力。通风效果不仅与通风量有关，而且与通风效率有关，较高的通风效率需要的通风量就小。机械通风的通风量越小，则系统的初投资和风机运行能耗均可减少。本章4.4节介绍的置换通风则是一种较高通风效率的通风方式。

此外，提高风机效率，减小通风管的流动阻力，以及有效控制通风系统的运行策略（例如变风量），均有利于减少通风的能耗。

4.2 被动式自然通风

被动式自然通风指包含被动节能策略的自然通风方式，它是不需要消耗动力而仅依靠建筑自然的热压和风压作用形成的通风。

4.2.1 热压和风压

如果建筑物外墙上的窗孔两侧存在压力差 Δp，就会有空气流过该窗孔，流过的空气量为

$$L = uF = F\sqrt{\frac{2\Delta p}{\xi\rho}} = \mu F\sqrt{\frac{2\Delta p}{\rho}} \tag{4-1}$$

$$G = L\rho = \mu F\sqrt{2\rho\Delta p} \tag{4-2}$$

式中 L——通过窗孔的空气流量（m^3/s）；

G——通过窗孔的空气量（kg/s）；

Δp——窗孔两侧的压差（Pa）；

u——空气流过窗孔的流速（m/s）；

ρ——通过窗孔空气的密度（kg/m^3）；

μ——窗孔的流量系数；

ξ——窗孔的局部阻力系数；

F——窗孔的面积（m^2）。

要实现自然通风，窗孔两侧必须存在一定的压力差。

1. 热压

由建筑室内外温度不同引起室内外空气密度不同，从而形成的压差为热压。我们知道，室外大气压力会随高度的增加而降低，由流体静力学基本原理可知，由高程引起的上下压力差值等于空气密度、重力加速度、高差三者的乘积。当室内外空气温度不同时，则由于空气密度不同会造成这种上下压差值也不同。如图4-1a所示，在外围护结构不同高度设有窗孔 A 和 B，高度差为 H，室内外空气温度分别为

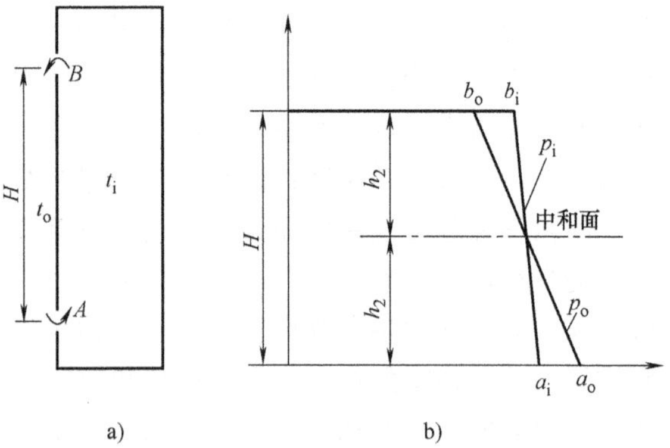

图4-1 热压作用下的自然通风

t_i、t_o。当 $t_i>t_o$时，室内空气密度 $\rho_i<$ 室外空气密度 ρ_o，室内压力 p_i随高度的变化，即室内上下压差比室外上下压差小，如图4-1b所示，室内压力线 $a_ib_i(p_i)$和室外压力线 $a_ob_o(p_o)$的斜率则不同。

如果首先关闭窗孔 B，开启窗孔 A，不管最初窗孔 A 两侧的压差如何，由于空气的流动，下部窗孔 A 处内外压力趋于相等（$\Delta p_A=0$），即图4-1b中的 a_i、a_o两点重合。而上部窗孔 B 由于室内外空气密度不同会导致 $p_{iB}>p_{oB}$，其压差可用下式计算，式中 g 为重力加速度。

$$\Delta p_B=p_{iB}-p_{oB}=(p_{iA}-p_{oA})+gH(\rho_o-\rho_i)=\Delta p_A+gH(\rho_o-\rho_i) \tag{4-3}$$

然后开启上部窗孔 B，在压差 Δp_B的作用下，室内空气会通过上部窗孔 B 流向室外。随着室内空气向室外排出，室内压力逐渐降低，则压力线 a_ib_i 会向左平行移动到图4-1b所示的位置。这时就会在上下孔口之间的某处（图4-1b中压力线 a_ib_i 与压力线 a_ob_o 的交点高度）有室内与室外压力相等。在室内外温度保持不变的情况下，假定外墙上任一高度上室内外压力相等，该面上所有室内外压力相等，这样的水平面叫中和面。位于中和面以下的窗孔 A 处存在压差 $\Delta p_A<0$，在该压差的作用下，室外空气会通过窗孔 A 流进室内；而中和面以上，室内空气通过窗孔 B 流向室外，这就形成了自然通风。

根据式（4-3），两窗孔两侧压差的绝对值之和为 gH（$\rho_o-\rho_i$），即热压值。如果室内外没有温度差或窗孔之间没有高差就不会产生热压作用下的自然通风。实际上，如果房间只有一个窗孔，只要温差存在也仍然会形成自然通风，这时窗孔的上部排风、下部进风，相当于两个窗孔连在一起。

2. 风压

当风吹向建筑物正面的时候，受到建筑物表面的阻挡而使迎风面上压力增高，产生正压区，气流将发生偏转，绕过建筑物侧面及背面，在建筑物顶部和后侧产生局部涡流，压力降低，形成负压区。由于风的作用造成的建筑物各表面相对未扰动气流的静压力变化称为风压。建筑物表面的风压分布由建筑物相对于主导风向的位置和建筑物本身的几何形状决定，图4-2展示了不同形状的建筑物的压力分布情况。建筑物在风压作用下，具有正压侧进风，而在负压侧排风，这就是风压作用下自然通风。当风垂直吹向建筑物正面时，迎风面中心处正压最大，在屋角及屋脊处负压最大。风向一定时，建筑物外围护结构上某一点的风压值 p_f可用下式表示：

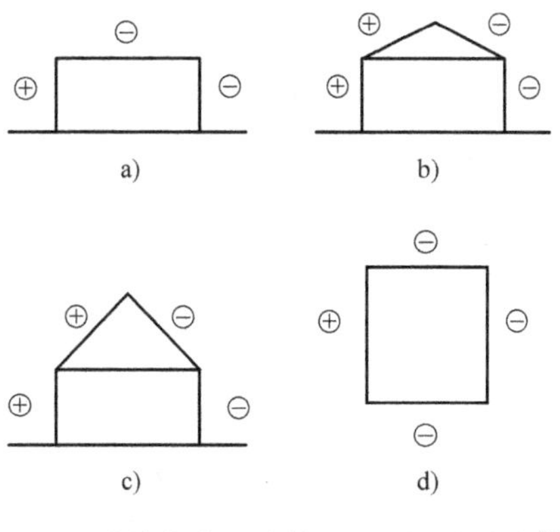

图4-2　建筑物在风力作用下的压力分布[2]

（⊕—附加压力为正，⊖—附加压力为负）

a）平屋顶建筑（立剖面）　b）倾角30°坡屋顶建筑（立剖面）

c）倾角45°坡屋顶建筑（立剖面）　d）建筑平面图

$$p_f=K\frac{u_w^2}{2}\rho \tag{4-4}$$

式中　K——空气动力系数；

u_w——室外风速(m/s)。

K值为正，说明该点的风压为正值；K值为负，说明该点的风压为负值。不同形状的建筑物在不同方向的风力作用下，空气动力系数是不同的。风压作用下的自然通风量与正压侧和负压侧的开口面积、风力大小等因素有关。

4.2.2 被动式自然通风的形式

1. 单侧通风

单侧通风通常是建筑物自然通风中最简单的形式，通过使用一扇窗户或者其他通风装置（如安装在墙上的微流通风器（图4-3）[3]）来使室外空气进入建筑物，同时室内的空气从同一开口流出，或从同一墙面上的另一个开口流出。单侧通风的形式包括单侧单开口和单侧双开口，如图4-4所示。对于单侧单开口的房间，风压是主要驱动力，特别是对于开口很小的情形。单侧开口的最大有效通风进深大约为层高的2倍。对于单侧双开口的房间，热压作用协助了风压使风量和进深有所增加，热压随着单侧开口的垂直距离和内外温差的增加而增加。单侧双开口的最大有效通风进深大约为层高的2.5倍[4]。BRE Digest 399[5]推荐窗面积大约应为地板面积的1/20。

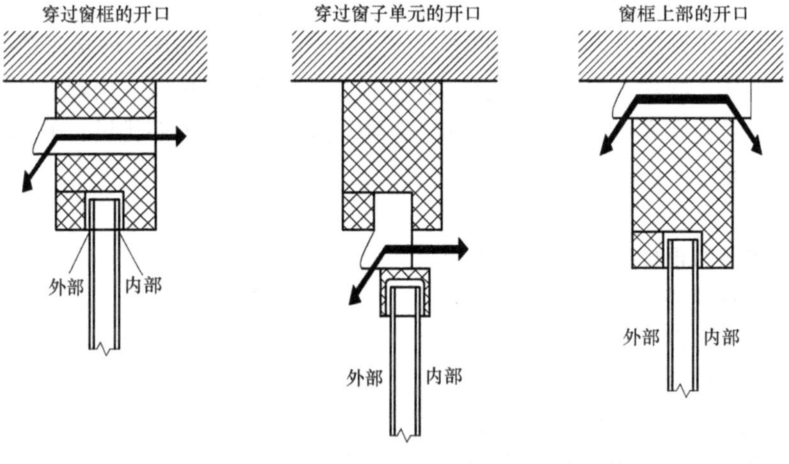

图4-3 典型微流通风器的设置位置[3]

2. 穿堂风

当室外空气从一侧的一个或多个开口流入房间或建筑物，而从另一侧的一个或多个开口流出房间或建筑物时，就会形成双侧通风或穿堂风，如图4-5所示。穿堂风中空气的流动主要是由风压引起的，仅在进风口和出风口之间存在一个明显的高度差的时候，热压的作用才会产生影响。用于穿堂风的开口可以是小开口，如微流通风器和格栅，或者是大开口，如窗户和门。穿堂风气流从一侧开始“清扫”房间直到另一侧，通风进深比单侧通风时要大，一般最大有效通风进深大约为层高的4倍[4]。所以这种通风方式更适用于进深较大的房间通风。一些开口应设置在迎

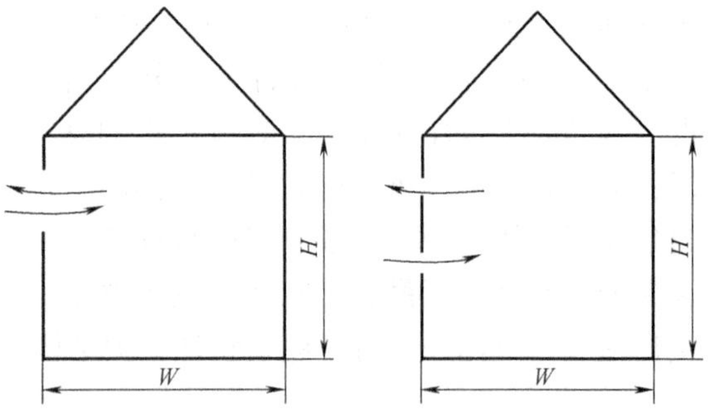

图4-4 单侧通风

风面，这样能够在入流开口和出流开口之间维持一个良好的风压差。房间内部的分隔物或其他的障碍物也会影响或干扰房间内的空气流动形式以及空气的渗透深度。

3. 烟囱通风

当建筑需要的通风量大于使用单侧通风或穿堂风能够满足的风量时，可以利用烟囱加强通风[6]。这时，通风的主要驱动力是浮升力，而热压由室内外温差及烟囱的高度决定。烟囱效应的基本要求是烟囱内的空气被加热，内部温度高于外界温度，烟囱的主要功能仅是通风，尺寸可以仅迎合压降的需要。烟囱可以作为采光井、太阳吸收器等。烟囱可以是一个单独的烟囱，也可以是围绕建筑的几个小烟囱。如果建筑朝向繁华的街道，则可以把入风口放置在远离噪声和污染源的地方，而把烟囱放置在靠近街道侧。对于有高大空间如中庭的建筑物，具有大的温度分层，烟囱可以更方便地与中庭结合设置。

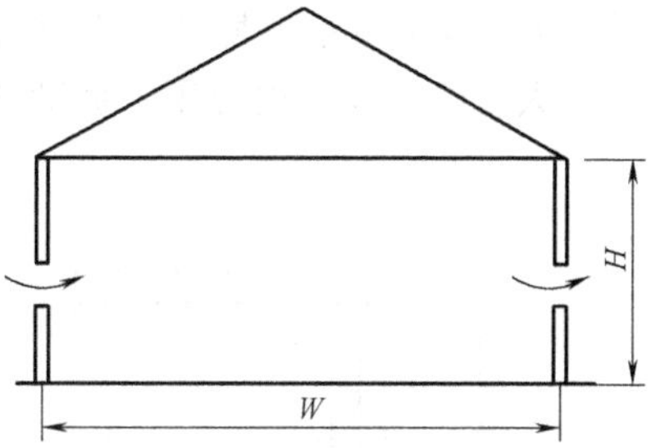

图4-5 穿堂风

4. 太阳能通风

在不能很好地获得风压或者热压不足以提供所需风量的时候，太阳能通风是一种可能的选择。太阳能通风依靠太阳辐射对建筑的一部分加热，从而产生大的温差，因此与传统的由内外温差引起空气流动的浮升力驱动策略相比，能获得更大的风量。基于这种目的的结构通常有三种：特朗勃墙、太阳能烟囱、太阳能屋顶。

特朗勃墙由一面中等厚度的墙（热质体）以及外面包裹的一面玻璃组成，墙上开着一高一低两个开口，如图4-6所示，玻璃和墙壁之间50～100mm的空隙使得加热后的空气在这个空间内上升。特朗勃墙传统上用于空间加热，采用的方式是空气从房间进入特朗勃墙壁底部，被加热，然后从高处返回房间，如图4-6a所示，它是用于冬季加热房间空气的。然而，通过在玻璃上设置一个位于高处的外部开口，关闭通向房间的顶部开口，则这个装置就可以通过另一个开口将室外空气引入房间，将热空气通过特朗勃墙抽走，从而冷却房间，如图4-6b所示。

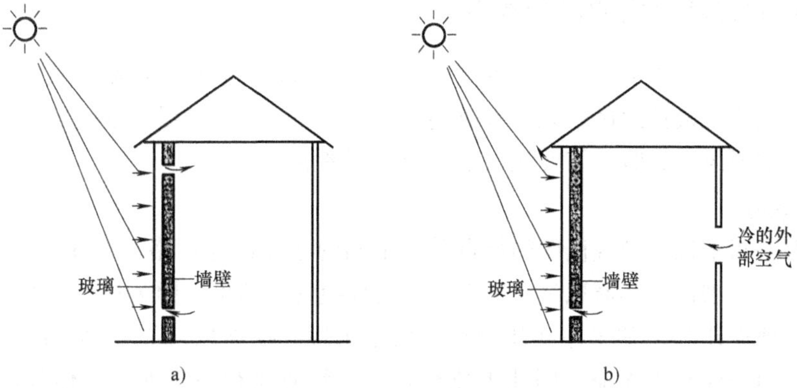

图4-6 特朗勃墙[3]

a）用于冬天加热的集热器 b）用于夏季通风的集热器

太阳能烟囱的工作原理与特朗勃墙相似，紧贴在南向或西南向墙上的太阳能烟囱通过太阳辐射被加热，蓄存在该结构的热用于通风。被加热的烟囱通过将建筑物内部的空气引出，并将其从顶部排走的方式实现自然通风。室外的空气进入建筑物以更换内部热的、滞留的旧空气。常见的太阳能烟囱形式有墙体式结构、竖直集热板屋顶式结构、倾斜集热板屋顶式结构，如图4-7所示，另外还有墙壁屋顶式结构、辅助风塔通风式结构等。目前，在欧美国家，太阳能烟囱已被应用于被动式太阳房，并成为太阳房的主要组成部分。

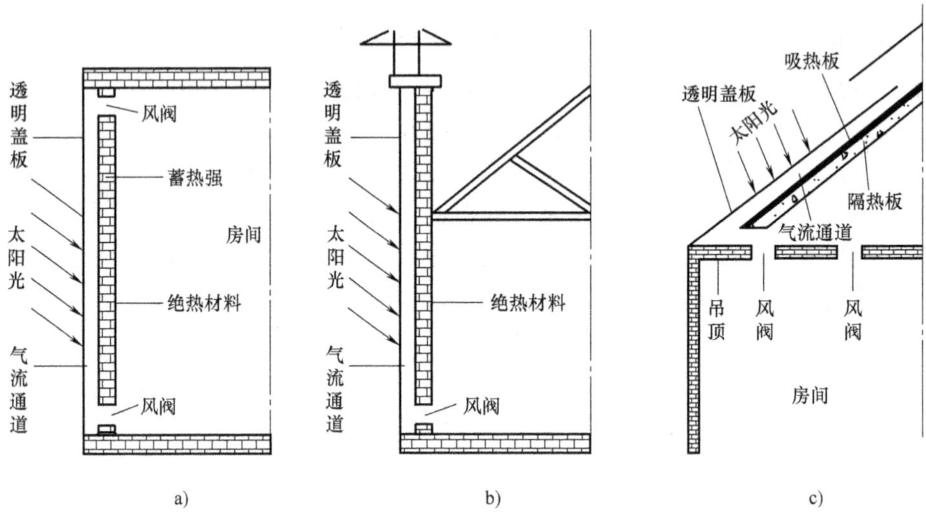

图4-7 太阳能烟囱的主要结构形式[7]

a）墙体式结构 b）竖直集热板屋顶式结构 c）倾斜集热板屋顶式结构

在太阳高度角大的地方，特朗勃墙或太阳能烟囱可能不是有效的太阳能集热器，可实现的通风量是有限的。这时倾斜的屋顶集热器可能会更有效地收集太阳能。屋顶集热器的优点在于可以利用一个大的表面积来收集太阳能，因此能达到更高的空气出口温度，根据设计形式以及室外气候，屋顶通风器可以获得接近太阳能烟囱的通风量甚至更高。

4.2.3 被动式自然通风的设计要点

自然通风受气候、季节、建筑周围微气候等因素的影响而难以控制，在使用时，需要进行控制优化，以实现最佳通风效果，有时还需要借助相应的辅助设备加强自然通风效果。所以，在进行自然通风设计时，需要从以下几个方面考虑[8]：

1. 气候策略

气候策略是指根据不同气候区的特点采用不同的通风设计策略。如在北方的寒冷地区，侧重于保温性与气密性，其通风量只需满足必要性换气量即可，因为过量的通风将会导致建筑大量失热，所以建筑通常采用热压通风，而不采用风压通风。而干热地区，室外温度过高，过量的通风一样有害无益，因此干热地区的自然通风和寒冷地区一样都需要减少通风量。与寒冷地区不同的是，干热地区热压通风需要排除大部分太阳辐射，因此中庭在干热地区需要发挥“太阳烟囱”的作用，可以将高宽比设计得更大，从而充分利用烟囱效应来进行拔风。另外干热地区空气干燥，湿度很小，需要在建筑内增加水体的设计并结合通风来进行蒸发制冷和增加湿度，同时充分利用夜间通风来降温。在湿热地区主要的通风方式是风压通风，建筑呈现出“开放式通风”特征。民居多为大屋顶，架空的干栏式，再配合深深的挑檐用来遮阳和诱导通风。通风策略以除湿为主要目的，降温则主要通过气流吹过人体产生蒸发散热来实现。温暖地区与温和地区的舒适度比较高，适合采用热压通风。可通过“烟囱效应”来进行自然通风。

2. 建筑周围微环境预测与优化

(1) 建筑物朝向、间距和布局　由于大气气流不稳定，作用于建筑物表面风压的大小与方向总是不断地变化。因此，在进行风压通风建筑布置时，应根据当地的主导风向进行设计。从总图设计时，就需考虑建筑物的朝向和排列。中国大部分地区的主导风向，夏季为东南风，冬季为西北风，所以坐北朝南的建筑更有利于风压通风。建筑群错列、斜列的平面布局形式相对行列式更有利于自然通风。建筑背风面存在回旋气流区，此区域不利于风压通风，且此区域中的污染物浓度相对较高，应尽量避免将其他建筑摆放于此区域内。对于建筑群，地形特征也会直接影响到建筑周围的气流走向。

(2) 植被和水体的布置　植被对建筑通风的影响主要有两个方面：首先，树木等植被的布置对气流会产生一定的阻挡、导流与缓和作用；其次，植被本身对空气质量与热舒适性有较强的改善作用。进风口附近的绿化，在夏季有明显的降温效果，而进风口的水体有降温与加湿的作用。

3. 风压和热压的设计与利用

风压通风设计时，当外界风速较高时，可以通过调节开口开度，减小通风量；但反过来，外界风速较小时，则有可能无法满足建筑的通风量要求。设计时建筑内部气流通道的设计原则是穿过建筑物的气流路径尽量短，途经的障碍物尽量少。热压通风设计时，热压换气量不足是最主要的问题。热压产生的流量大小主要受室内外温差及进出风开口之间的有效高差的影响。室内外温差与开口之间高差越大，则热压通风产生的换气量越大。在设计中，提高室内外温差的方法常采用太阳烟囱，即通过玻璃幕墙利用太阳光加热室内的空气，最终达到提高室内外温差的目的；通过通风塔、天井等建筑设计，人为提高通风开口间有效高差，也是常用的热压通风手段。

4. 设备选型

为了进一步加大风压的作用效果，设计人员需要借助风压通风设备。建筑物的迎风面呈正压状态，背风面与顶部一般呈负压状态。在外界风的作用下，普通天窗迎风面的排风窗孔会发生倒灌，如果引入室内的气流风速大于 3m/s 时，将造成纸张飞扬，不利于工作与生活。

因此，为了保证天窗能稳定排风，不发生倒灌，在天窗上增设挡风板，以保证在任何风向下，天窗帽都处于负压状态，这种天窗称为避风天窗。在此基础上，有人提出可对倒灌的气流进行控制，减速后再引入室内。于是出现了一种有导向叶片的风帽。风帽的进风口与出风口方向会随导向叶片的旋转而旋转，以保持进风口面向迎风面，出风口面向背风面。

5. 控制策略

在前面的设计步骤全部完成后，设计人员需要根据实际情况，制定合理的控制方法，以便保证系统运行的最佳效果，即自然通风控制策略。在不同的季节有不同的使用策略，同一天的不同时刻也有不同使用方法。

4.2.4 被动式自然通风在现代建筑中的应用

现代建筑的自然通风设计多结合建筑的设计要求，选用适宜技术措施与建筑设计结合，提高自然资源的利用效率，以创造舒适、健康、安全、节能的室内环境。

1. 利用风压的自然通风系统

利用风压进行自然通风的典范作品当属伦佐·皮亚诺设计的Tjibaou文化中心[9]，如图4-8所示。Tjibaou文化中心位于澳大利亚东侧的南太平洋热带岛国新喀里多尼亚，这里气候炎热潮湿，常年多风，因此最大限度地利用自然通风来降温除湿，便成为了适应当地气候、注重生态环境的核心技术。Tjibaou文化中心背面指向主导风向，保持背面为正压区，在建筑内部安装了1套被动通风系统，能根据不同的风向和风速调节风叶方向和开度，从而控制室内气流，实现了完全被动式的自然通风，达到节约能源，减少污染的目的。

图4-8 Tjibaou文化中心[9]

2. 利用热压的自然通风系统

利用热压原理，建筑灵活设置中庭、通风塔、楼梯间，结合内部贯通空间，根据烟囱效应的拔风性，形成室内的自然通风系统。Kiessler + Partner设计的德国Gelsenkirchen科技园就是利用热压通风的典型实例，如图4-9所示[10]。Gelsenkirchen科技园是北莱因威斯特伐利亚兰德政府于1989年制订的环境改善十年计划中的一个极富创造性的项目。9个研究用房沿一个长约300m的西向临湖拱廊依次排列。拱廊是一个设有商店和咖啡馆的公共场所，高三层，外侧为倾斜的玻璃墙面，在走廊中人们可以俯瞰整个湖泊。拱廊的正面安装可随季节变化而自由调节的隔热玻璃。在冬季，可将低处的挡板关闭，这样拱廊便成为一个温室，有利于节约供暖能耗；在夏季，可将挡板滑向上方，就像是大型的上下推拉窗。这样，经过水面冷却的冷空气便可从玻璃墙面下部吹入拱廊内部，而室内的热空气则由玻璃墙面与屋顶的接合处缝隙中排出。除此以外，地板下还设有调节室温的水冷系统，调节过程中被热空气加热的水在晚间则可向室内补充热能。

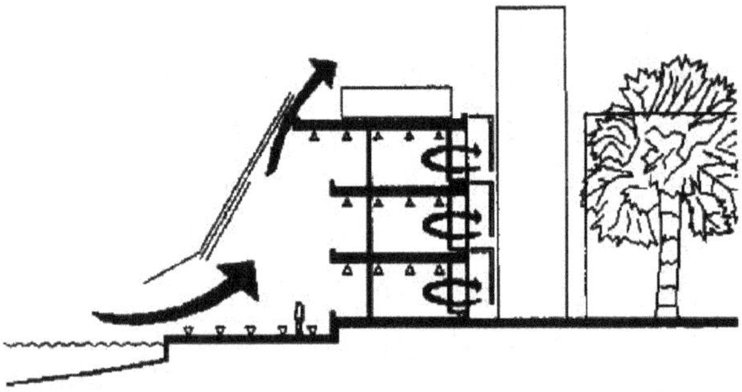

图4-9 Gelsenkirchen科技园通风示意图[10]

3. 风压与热压相结合实现自然通风

在建筑的自然通风设计中，风压通风与热压通风往往是互为补充、密不可分的。一般来说，在建筑进深较小的部位多利用风压来直接通风，而进深较大的部位则多利用热压来达到通风效果。位于英国莱彻斯特的蒙特福德大学女王馆就是这方面的一个优秀实例，如图4-10所示。建筑师肖特和福特将庞大的建筑分成一系列小体块，既在尺度上与周围古老的街区相协调，又能形成一种有节奏的韵律感，同时小的体量使得自然通风成为可能。位于指状分支部分的实验室、办公室进深较小，可以利用风压直接通风；而位于中间部分的报告厅、大厅及其他用房则更多地依靠烟囱效应进行自然通风。同时，建筑的外围护结构采用厚重的蓄热材料，使得建筑内部的得热量降到最低。正是因为采用了这些措施，虽然女王馆建筑面积超过 10000m^2，相对于同类建筑而言，全年能耗却很低。

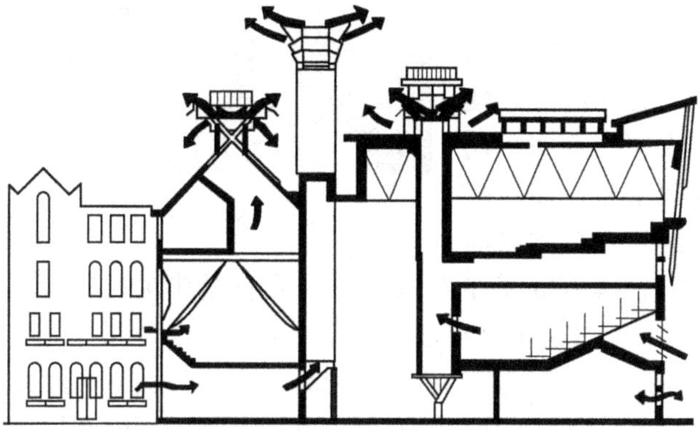

图 4-10　蒙特福德大学女王馆通风示意图[10]

4. 带双层围护结构的自然通风系统

目前高层建筑多采用双层外墙系统，以解决高层建筑通风问题。双层外墙系统形成空气间层，空气在其中可以流动，工作原理是利用空气腔里较低的气压把废气从房间抽出，在空腔内受太阳辐射后变热上升，从而带走废气和太阳辐射热。系统的效能受到下列因素的影响：自然通风/机械辅助通风的效率、玻璃种类及排列顺序、空气腔的厚度、遮阳装置的位置和面积等。这些因素的不同组合将提供不同的热、通风和采光效能。随着技术发展，双层外墙系统日益完善，玻璃性能提高，遮阳设施改善再加上通风辅助设备，外墙系统如同生物缓冲层，在电子设备智能控制下，可自行进行调节，同时满足建筑自然通风、自然采光的要求。双层幕墙系统最早期的应用实例如理查德罗杰斯设计的伦敦 88 伍德大道办公楼，如图 4-11 所示。大厦采用了双层幕墙系统，内外玻璃间留有 140mm 的空腔，空腔内配有遮光百叶，可以控制阳光的入射量。室内空气通过顶棚中的管道吸入空腔中，然后从屋顶排出，自然通风效果得以改善，达到了普通办公室的两倍。随着技术的发展和不断的改进，双层系统的运用会越来越广泛。最新发展将光电电池、微型风扇装置、电子玻璃以及各种智能控制系统和幕墙结合起来时，双层幕墙系统不但能被动地适应环境、利于高层建筑通风，还将成为建筑重要的能量来源。

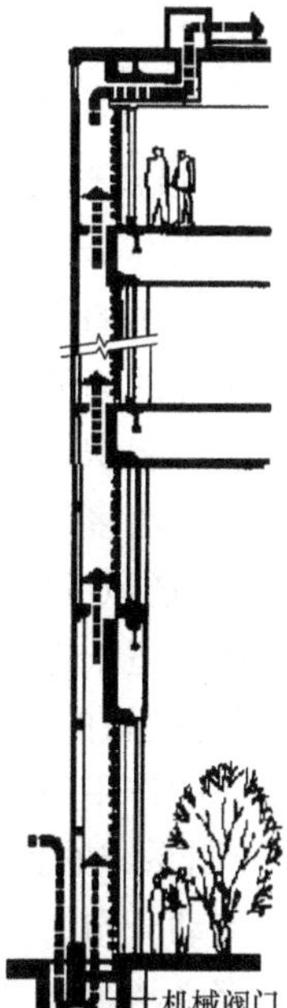

图 4-11　通风双层幕墙示意图[10]

5. 引入建筑绿化的自然通风系统

结合建筑构造技术，将绿色体系移植到建筑内部、表皮（包括外立面、屋顶），形成立体绿化模式，美化室内、外环境，给建筑增添绿色生机，同时结合机械调控系统，在建筑内部形成良好的自然通风条件，并借助绿色植物的自调节能力，改善室内空气质量。美国建筑师诺曼·福斯特设计的法兰克福商业银行总部大厦（图 4-12），位于法国莱茵河畔，是第一座将自然景观引入超高层办公建筑的案例，在创造宜人室内空间的同时，也产生良好的通风效果。该大楼平面呈三角形，三面围绕一个中央筒布置。福斯特设计了 9 个 14.03m 高的花园，沿 49 层高的中央通风大厅交替盘旋而上。螺旋上升的花园与中庭结合，形成类似风扇般的气流，带动建筑内部空气流动，促进办公室自然通风。花园外侧为电控调节开启程度的双层玻璃幕墙，内侧面对大厅完全敞开，根据方位种植各种植物和花草，绿化的引入不仅创造良好的室内景观，同时利用植物自调节能力，结合机械辅助设备，组织室内通风，改善建筑内部微气候。

图 4-12　法兰克福商业银行总部大厦[10]

4.3　多元通风

传统的建筑通风方式包括自然通风和机械通风，自然通风无能耗，但可控性差；机械通风可控性好，但需要消耗能源。多元通风，作为一门新兴技术，综合了自然通风和机械通风的优势，在满足室内控制要求的同时尽量使用较少的能源，有望得到更多应用。

4.3.1　多元通风的定义及分类

1. 多元通风的定义

多元通风（hybrid ventilation），是一个能够在不同季节甚至同一天的不同时刻利用自然通风和机械通风的不同特性的系统。它的基本原理是通过利用计算机模拟技术和相应的控制方法实现两者的切换，在满足室内环境要求的同时尽可能降低能源消耗。

国际能源组织 ANNEX35 课题是国际上最有影响的多元通风研究项目，该课题的科学家们从三个方面给多元通风做了一个定义[11]。

1）多元通风的定义：多元通风是一个可以控制的双方式通风系统，在保持可接受的室内环境和热舒适条件下最大限度减少能耗。这里的双方式指自然和机械驱动力。

2）通风的目的：所有的多元通风都是为了保证室内空气品质而提供空气，但同时又起到空气调节的作用而保持热舒适。

3）控制系统的目的：控制系统的目的在于以可能的最低能量消耗达到所期望的空气流量和空气流动分布。

这个定义清晰地区分了通风和空调，同时明确了通风的双重作用。通风的主要作用是保持良好的室内空气质量，而空调的主要作用则在于保持良好的热舒适条件。由于通风可以带走室内热量，同时增强人体表面对流换热，因此通风也具有夏季风冷的作用。

多元通风系统与传统通风系统的主要区别在于多元通风的控制系统，它可以自动控制各个子系统的交互使用或者有机结合。

2. 多元通风系统的分类

将自然通风与机械通风结合在一起的方式有很多，目前可将多元通风系统分为三类[12]：

(1) 自然通风和机械通风交替运行 自然通风系统和机械通风系统相互独立，运行时根据控制策略在两者之间进行切换。

该多元通风系统的特点是：在自然通风得以允许的条件下，充分利用自然通风，此时的系统为自然通风系统；当自然通风条件不满足，或者单独依靠自然通风不能满足室内人员对热舒适度的要求时，关闭自然通风系统，而开启机械通风系统，自然通风和机械通风之间无交集。例如，在过渡季节采用自然通风，在夏季和冬季则采用机械通风；在工作时间内采用机械通风，而非工作时间则采用自然通风。这种通风模式适用于四季分明的地区，但是很难把握两种通风系统交替的时间，设计和操作起来比较复杂，不方便住户自主控制。

(2) 风机辅助式自然通风 以自然通风为主，当自然驱动力不足时，开启机械通风系统以辅助自然通风。这种通风模式中，机械通风处于辅助地位，两者存在交集，主要适用于四季温和的地区。这类通风模式可以依据用户的要求单独设计和安装，形成小户型系统，和上述混合通风系统相比，用户可自主方便地进行调节，简单，易于设计和操作。

(3) 热压和风压辅助式机械通风 此类多元通风系统和上述第二类刚好相反，其特点是利用最佳自然驱动力的机械通风系统，即以机械通风为主，自然通风系统处于辅助地位。它适用于常年炎热或寒冷的地区。一般来说，这类系统通风模式更接近于机械通风，一般设计时，可依照常用的机械通风系统进行，操作也比较简单。

4.3.2 多元通风的控制策略

一个好的多元通风系统应设计为既能全面利用自然条件，同时又能与机械装置有效结合的系统。这无疑需要一个智能控制策略来使两种系统结合后实现能耗最小、室内空气品质和舒适性最好。

根据控制手段的不同，多元通风系统的控制包括自动和手动控制。多元通风系统的优点之一是用户满意率高，原因就在于多元通风能实现用户的个性化控制，即手动控制。同时也需要自动控制辅助用户获得舒适的室内气候以及在非工作时间接管控制室内气候。采用哪种控制方式，与具体的建筑类型和房间用途有关。例如：对于小型办公室，主要是在工作时间内采用手动控制，而在非工作时间内，采用自动控制来进行夜间通风降温，并防止过度降温；对于景观类型办公室，需要采用自动控制，而靠近工作区域的开口可进行手动控制，以满足工作人员的个性化需求；对于会议室，主要采用自动控制。

根据控制目的的不同，多元通风系统的控制策略包括：

1. 室内空气质量的控制

通常，CO_2是室内主要检测的污染物，根据需要可通过手动控制、定时控制或动态检测等手段进行通风，实现室内空气质量、热舒适、能耗、环境影响之间的最佳平衡。按需控制是实现室内空气质量控制的重要手段，对需要量检测的方法包括：CO_2传感器检测、红外线探测、现场检测等。室内空气质量的控制可以是自动的，也可以是手动的。最佳的策略应该是有一个能让工作人员调节工作区域环境的用户控制，并有自动控制辅助。

2. 热舒适的控制

工作时间内房间温度的控制是实现热舒适的必要条件，所以需要适时检测房间温度，并在其超出舒适度范围时，做出适时调整。房间温度的控制可以是手动的也可以是自动的。虽然人对自身的热舒适有清晰的感受，但往往反应比较慢，这时候房间温度已在可接受的温度限制之上。所以，对房间温度的检测控制，主要以自动控制为主。

此外，制定多元通风系统的控制策略，应注意以下几点：

1）自然和机械模式切换的控制随多元通风原理的不同而不同。对于风机辅助式系统，如果风机在自然通风通道内，则根据自然驱动力来控制风机的运行；如果风机平行于自然通风通道，则很难确定风机停止的时间。而对于自然通风和机械通风交替运行，则依据室外温度和湿度来控制，可通过时间表来控制。

2）多元通风的控制策略随季节的变化而变化。如在冬季室内空气质量是主要考虑的参数，而在夏季主要关心的是室内最高温度。多元通风控制策略还会受到建筑所在区域气候的影响，如寒冷气候区需要考虑的是夏季和冬季在不使用人工冷源的条件下获得好的室内热环境，而温和气候区则需要考虑降低夏季机械制冷的能耗。

3）为了避免通风带来的冷风感，冬季需要对入口空气进行预热，预热空气的盘管或散热器的控制依据的是进口空气的温度，所以需要对进口空气温度进行单独的控制。

4）多元通风控制策略的实现，需要传感器来测量温度、室内空气质量等。目前需要开发低价且可靠的传感器[13]。

5）多元通风控制是多种控制技术的结合应用，包括简单的开关控制到复杂的神经网络控制和模糊控制等。多元通风的控制系统可用建筑能源管理控制系统 BEMCS（Building Energy Management and Control System）来实现。

4.3.3 多元通风的分析与系统设计

1. 多元通风的分析

合理的多元通风系统需要正确的设计和控制，而分析是正确设计和控制多元通风的关键，要贯穿多元通风的设计到运行的各个阶段。多元通风系统的分析方法不仅包括空气流量和空气流动组织的分析，还应该包括温度、湿度、空气品质、能量消耗、系统经济的分析[14]。这里仅讨论空气流量和气流组织的分析。

（1）建筑围护结构表面的气流压力分布　建筑围护结构表面的风压分布的计算对多元通风的分析很重要。已知风压分布，不仅可预测自然通风的通风量，还能估计对机械通风的需要和确定机械通风的策略。通常，风力相关的数据都从气象站获得，但是建筑周围的局部风力条件会受到建筑周围微气候的影响，所以需要将气象站的数据转变为当地数据，或者直接测量当地数据。已知局部风力条件（风速、风向等），可得到无量纲风压系数，进而得到建筑结构表面的压力分布。

（2）开口处的气流特征　流过小开口的自然通风气流量的计算在第 2 节被动式自然通风中已介绍，对于通过大的外部开口的气流的计算，目前还没有理论求解的方法，主要是通过风洞试验、计算流体力学（CFD）的方法对其进行模拟[15]。

（3）房间内气流过程的预测　多元通风建筑内的气流存在非线性动力学现象，如存在多重稳态解、周期或非周期性流动，即气流组织形式有多种可能。这种多重解的特征已经由简单建筑的缩小比例实验和 CFD 方法预测得到证实。

预测机械通风和自然通风室内气流的方法有许多，包括从最简单的解析法到比较复杂的 CFD 方法。其中大多数的分析方法基于最基本的建筑内外质量、动量和能量守恒原则，还有一些实验方法，包括示踪气体法、盐水模拟法等。多元通风系统正处于发展阶段，从原理上讲，大多数应用于自然或机械通风的分析方法同样也适合于多元通风，主要包括以下几类：

（1）简单分析和经验分析方法　简单的方法主要是用伯努利方程计算开口处气流速度，用质量守恒方程求质量流量。对于简单的多元通风建筑，主要采用简单的理论分析方法，能获得解析解，如给定温度，通风量可描述成室内外温差、风压、机械风机气流量、通风开口尺寸等的函数。简单的分析方法有助于加深对主导参数、多重稳态解的可能性的理解，也是对复杂的数值方法的验证。

（2）多区域分析方法　多区域分析方法使用了一种网格处理手段，把建筑分成多个区域，并假定边界区域的参数与外部环境相同。气流通道，如窗户、门、竖井连接形成网络。如果建筑内部通风口面积足够大，建筑近似地认为是单区域，否则为多区域。

有两种主要的多区域方法：基于区域压力的方法和基于回路压力方程的方法。

基于区域压力的方法是对每个区域建立质量平衡方程，然后联立求解非线性方程组，方程组的解是内部区域的压力。基于回路压力方程的方法是对每个回路，平衡方程从进口到出口再回到进口的压力变化为 0，求解的结果是回路的气流量。

多区域分析方法对具有多房间建筑的流体模拟十分有效。但是，它不能预计建筑每个区域的具体流动形态。

（3）网络分析方法　网络分析方法可以认为是多区域和 CFD 两种分析方法的过渡。网络方法能提供一个空间内温度剖面，用于预测辐射和对流系统的热舒适度，以提供较精确设计信息和确定辐射和对流系统的大小，对混合通风系统压力流和对流组件性能进行评估。

（4）CFD　CFD 能预计每个房间或者建筑的每个分区的具体流体信息[16,17]。CFD 技术对于建筑内部和周围的气流运动预测效果突出，并能非常详细地分析在通风空间的气流形式和污染物分布。因此，CFD 在通风工程界被称为现场模拟工具。

（5）热模型和气流模型结合的模拟方法　对于多元通风系统年运行的预测需要热和气流模型结合的方法。目前已有一些工具可用于预测多元通风的性能，如 ESP-r，CHEMIX，TRNSYS + COMIS 等。热和气流模型结合的方法是分析多元通风建筑强有力的工具，并且其准确性已足够用于设计多元通风系统。然而，对于多元通风策略的模拟，风对通风性能的影响的模拟，仍需要对该方法进行改善。

（6）概率方法[18]　由于建筑内的人员和发热设备以及室外气候条件（风速、室外温度和太阳辐射等）随时都在变化，属于随机变量，所以在对多元通风系统进行分析时需要考虑这些因素，提出了概率方法。该方法用统计的方式，采用平均值、标准差、自相关函数等对上述随机变量进行处理。显然，随机变量的考虑增加了分析的复杂性，所以，该方法适合用于复杂和特殊的设计情况。

2. *多元通风系统的设计*

（1）设计目标　通风系统不但是为了控制室内空气质量，而且也是为了夏季通过自然冷却的节能方式获得热舒适环境。在多元通风的设计中，需要将室内空气质量控制的通风设计和夏季自然冷却策略的通风设计区别开，原因是二者所用的装置、设计过程中存在的障碍和需要解决的问题都不同。

1）基于室内空气品质控制的通风设计。优化室内空气质量控制的通风，需要使室内空气质量、热舒适、能耗、供热和制冷对环境的影响达到最佳平衡。要实现这一点，需要从以下几个方面着手：

首先，通过减少污染源和根据需要控制人员的通风量来减少必要的新风量；其次，通过热回收、被动冷却或加热通风来减少供热和制冷的需要；最后，通过采用低压管道和其他部件和优化自然驱动力来减少对风机的使用。

另外，还需要注意：当不需要制冷和供热时，可采用全新风来改善室内空气品质。室内空气品质控制的通风，要求不能产生影响舒适性的问题，如吹风感、高的温度梯度和噪声。

2）基于室内温度控制的通风设计。优化自然冷却效果的通风，需要实现制冷量、围护结构蓄热量和热舒适之间的最佳平衡。要实现这一点，需要从以下几个方面着手：

首先，通过采用低能耗设备、自然采光和有效地遮阳来减少室内和室外热负荷；其次，利用建筑的蓄热性能（工作时间段吸收和储存热量，并在夜晚通风冷却）；最后，通过采用低压管道和其他部件和优化自然驱动力来减少对风机的使用。

另外，还需要注意：通常条件下，温度控制的通风量比室内空气质量控制的大。

（2）设计步骤

第一步，确定建筑的方位、设计和布局。多元通风过程受室外气候和建筑周围的微气候以及建筑的热特性的影响，因此首先需要考虑这些因素。

第二步，设计多元系统的自然通风模式。根据选择的白天和夜晚的通风模式设计建筑开口的尺寸和位置，以及像太阳能烟囱那样加强驱动力的部件。考虑室外空气的预热/冷以及热回收和过滤，确定自然通风模式的控制策略。

第三步，设计满足舒适性和能源要求的必要的机械系统，包括加强驱动力的简单的机械排风机到平衡的机械通风或全空调系统。这一步要确定多元通风的控制策略，使维持可接受的热舒适的同时减少能耗。

（3）设计流程　多元通风的设计流程包括：概念设计阶段、基础设计阶段、详细设计阶段和设计评价阶段。

概念设计阶段需要确定建筑的形式、尺寸、功能和位置。

基础设计阶段需要估计建筑的得热和污染物量，考虑多元通风系统的布局，计算必要的通风量以及期望的室内空气品质和温度水平，计算粗略的年能耗和必要的峰值负荷。如果不能满足室内空气品质、热舒适和用能以及费用限制的要求，通风系统就需要在进入下一步设计之前重新设计。

详细设计阶段需要重新估计污染物量和热负荷，选择多元通风系统组件的类型和位置以及控制策略和传感器位置。要求以设计年的逐时计算为基础，考虑室内外气候、能耗和费用，使整个通风系统处于最佳状态。

最后，在设计评价阶段，进行室内空气品质和热舒适的详细预测。

4.3.4　多元通风的应用

目前全世界已经建造了一些多元通风建筑，主要是欧洲的一些公共建筑，如德国的法兰克福商业银行、悉尼的威尔金森办公楼、比利时的IVGE办公楼、丹麦的Pihl&Son HQ办公楼、挪威的Jear学校，还有许多正处于计划或建造中。在大多数建筑中，多元通风系统的基本组成包括风机、二氧化碳浓度和温度传感器、手动或自动操作的门窗及其他特殊通风口（如通风塔、太阳能烟囱等）。少数建筑还利用地下风道、地下管路或地下静压箱来预处理新风。以下是两类典型的多元通风系统的应用实例。

1. 风机辅助式自然通风

丹麦的B&O指挥中心，采用风机辅助式自然通风，如图4-13所示[19]，其通风入口位置较低，新风通过管道预热后进入室内，出口位于楼梯顶部，在需要的时候，位于屋顶的风机开启加强通风。该建筑北面是玻璃面，受日光辐射的影响较小。南面有一个中等大小的窗户区域，白天工作时窗户可由用户手动调节，夜间冷却时该窗户由控制器自动控制。需要进行通风的时候，通风口打开。如果通风量还没有达到要求，风机开启，风机的转速根据需要自动调整。B&O指挥中心用于多元通风系统的投资仅占传统通风系统的60%，风机的能源消耗、非常低，仅1.7kW·h/(m^2·年)，占全部电能消耗的3%，而室内空气质量（以室内二氧化碳为指标）非常好。

图4-13 丹麦的B&O指挥中心的多元通风系统[19]

2. 热压和风压辅助式机械通风

挪威的Media学校采用热压和风压辅助式机械通风，如图4-14所示[19]，空气从离建筑一定距离的进风塔进入（有进风风机），通过地下通道来减少温度的波动，然后通过地下室走廊分配给低处的送风末端装置。排风从教室高处的开口进入采光井走廊，从屋顶的排风塔排出，塔内有热回收机组和低压排风机。地下暗渠和地下室走廊之间有过滤、预热和热回收装置，气流依靠低压风机送风、排风。每间教室通过CO_2传感器根据需要控制通风量，CO_2浓度超过设定值，排风口打开并调整开度。送风机通过控制地下室送风走廊压力比室外高2Pa来控制。排风风机通过维持地下室送风走廊和采光井走廊之间5Pa压降来控制。

这些试验性多元通风建筑主要是低层建筑。一般位于低、中等含尘浓度及低、中噪声污染的区域。如今，多元通风系统已成功地应用于建筑的改建。在通风系统翻新中，多元通风在能源消耗和使用者满意度方面的优势使得多元通风的推广应用很有潜力。

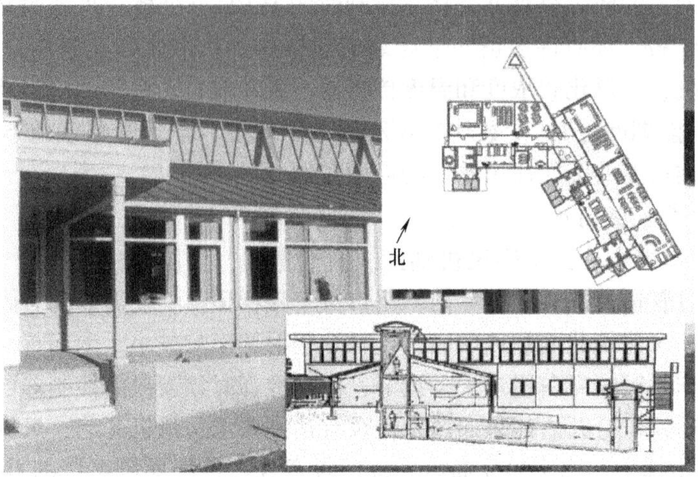

图 4-14 挪威的 Media 学校的多元通风系统[19]

然而，多元通风是一门新的技术，在研究和发展中仍然面临着一些挑战需要克服，如需要简单而快速的设计工具、可靠的控制策略和便宜的传感器。所以多元通风技术的研究、应用与推广还有一段很长的路要走，需要各领域研究人员的相互配合和共同努力。

4.4 置换通风

置换通风起源于20世纪40年代的北欧，它最早应用在工业厂房来解决室内污染物的控制问题。随着民用建筑室内空气品质问题的日益突出，置换通风方式的应用转向民用建筑，如办公室、会议室、剧院等。这种送风方式与传统的混合通风方式相比较，可使室内工作区得到较高的空气品质，并具有较高的通风效率和节能性。置换通风在我国日益受到设计人员和业主的关注，已经在工业建筑、民用建筑及公共建筑中得到应用[20,21]。

4.4.1 置换通风与节能

1. 置换通风的原理与特点

（1）置换通风的原理　置换通风是将经过热湿处理的新鲜空气以较小的风速及湍流度沿地板附近送入室内人员活动区，并在地板上形成一层较薄的空气湖。空气湖由温度较低、密度较大的新鲜空气扩散而成。室内的热源（人、电气设备等）在挤压流中会产生浮升气流（热烟羽），浮升气流会不断卷吸室内的空气向上运动，到达一定高度后，受热源和顶板的影响，发生湍流现象，产生湍流区。排风口设置在房间的顶部，将热浊的污染空气排出，属于“下送上排”的气流分布形式（图 4-15）。如果烟羽流量在近顶棚处大于送风量，根据连续性原理，必将有一部分热浊气流下降返回，因此顶部形成一个热浊空气层。根据流量守恒，在任一个标高平面上的上升气流流量等于送风量与回返气流流量之和。

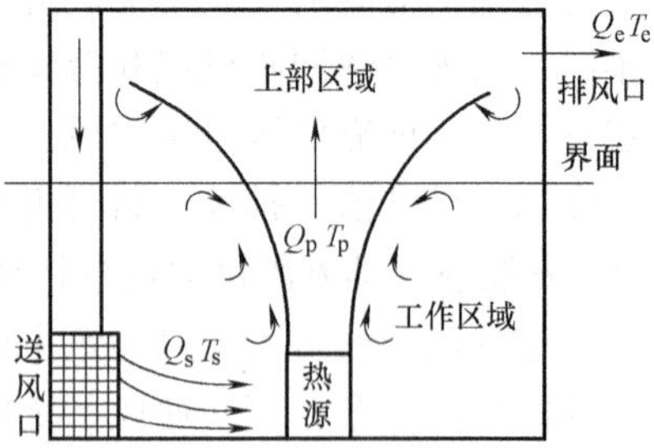

图 4-15 置换通风的气流

因此，必将在某一平面高度会出现烟羽流量正好等于送风量的情况，该平面上回返空气量等于零，这就是热分层界面。在稳定状态时，热分层界面将室内空气在竖直方向上分成两个区域，即下部的单向流动清洁区和上部的湍流混合区[22]。

在这两个区域的空气温度场和污染物浓度场特性差别较大。下部单向流动区域存在明显的垂直温度梯度和污染物浓度梯度，上部湍流混合区域温度场和污染物浓度场则比较均匀，接近排风的温度和污染物浓度。因此，从理论上讲，只要保证分层高度在工作区以上，首先由于送风速度和湍流度较低，即可保证在工作区大部分区域风速低于0.15m/s，不产生吹风感；其次，新鲜清洁空气直接送入工作区，先经过人体，可以保证人处于一个相对清洁的空气环境中，从而有效地提高工作区的空气品质。

（2）置换通风的特点　传统的混合通风是以稀释原理为基础的，全室温湿度达到均匀；而置换通风以浮力为动力，只需满足工作区的热舒适性。置换通风具有送风温差小、送风速度及湍流度低、存在垂直温度梯度以及污染物浓度梯度等特点。

1）以浮力为动力。置换通风系统的气流运动以空气密度差形成的浮力为动力，气流组织类似单向活塞流，湍流度低，风速低。置换通风房间内的热源有工作人员、办公设备或机械设备等三大类。在混合通风的热平衡设计中，仅把热源释放的热量作为计算参数而忽略热源产生的上升气流。置换通风的主导气流依靠热源产生的上升气流及烟羽流来驱动房间内的气流流向，从而将热量和污染物等带至房间上部，脱离人的停留区，最终从房间顶部的回（排）风口排出，并形成室内下部温度低、顶部区域温度高的结果。由于室内流动的动力主要是热羽流，因此很难利用传统射流理论预测室内速度和温度等的分布。关于热源引起的上升气流流量，由于实验条件的不同所得出的数据也不尽相同。

2）送风温差小、送风速度及湍流度低。为了保证较好的热舒适性、降低吹风感，置换通风的送风温度不能太低、风速不能太大。根据建筑要求不同，送风温差一般取3～4℃，送风速度一般取0.13～0.50m/s。当置换通风房间由靠墙散流器以低速向工作区送冷风时，冷空气下沉于地面，贴近地面的冷空气层在地面以上0.04～0.1m处出现最大速度，此速度由送风量、阿基米德数 Ar 和送风装置决定[23]。在一定条件下此最大速度值可能大于气流出口面速度，是产生风感和局部不适的主要原因，应引起注意。散流器的选择是至关重要的，其扩散性能（出口气流卷吸周围空气的能力）对工作区温度梯度乃至通风效率有一定影响，卷吸性能强的风口能使工作区温差减小0.2～0.7℃，这对小于3℃的舒适性限制是有一定意义的。

3）明显的垂直温度梯度和污染物浓度梯度。由于热源引起的上升气流使热气流逐渐浮向房间的顶部，因此，房间在垂直方向上存在温度梯度，即置换通风房间内除热源附近，水平方向上同一高度平面上空气温度几无差别，而在垂直方向上则存在明显的温度梯度，即下部温度低，上部温度高。层高越大，这种现象越明显。在层高、送风温度及速度相同的条件下，垂直温度梯度大小主要受热源形式与热源垂直分布的影响：当热源在房间较低处时，垂直温度梯度在低处较大，而在高处较为均匀；当热源在房间较高处时，垂直温度梯度在低处较小，而在高处逐渐增大。这种垂直温差“上高下低”的分布与人体的舒适性规律有悖，因此应当控制离地面0.1（脚踝高度）～1.1m之间的温差不能超过人体所容许的程度，否则会造成“脚寒头暖”的局面，降低热舒适性[24]。ISO7730 的规定要求1.1m与0.1m高度的温差应小于3℃。另外，可以将冷却顶板同置换通风结合起来，这样不仅可以增加空调系统的冷负荷容量，还可以减小垂直温差并提高人体舒适度，但必须注意负荷的分配以及冷吊顶发生凝结等问题[25,26]。

置换通风的污染物浓度梯度与温度分布相似，污染物浓度也存在浓度分层，即上部污染物浓度高，下部污染物浓度低，在1.1m以下的工作区其污染物浓度远低于上部的污染物浓度。

4）热力分层现象。置换通风存在热分层界面，该界面在垂直方向上将室内空气划分为上部湍流混合区和下部单向流动清洁区。在置换通风条件下，下部区域空气凉爽而清洁，只要保证分层高度（地面到界面的高度）在工作区以上，就可以确保工作区良好的空气品质，而上部区域不属于人员停留区，其污染物浓度甚至可以超过工作区的允许浓度。实际工程中，置换通风室内的热力分层较为复杂，各种热源形成的烟羽流既沿高度方向运动也沿水平方向运动，且不同方向的运动之间相互影响。热力分层高度与送风量有着直接的关系，故保证一定的送风量是确保分层高度的关键。

2. 置换通风的节能效益

置换通风不仅在提高空气品质方面有较为突出的优势，同时置换通风也具有较好的节能效益。下面从冷负荷、送风温度及新风量三个方面对置换通风系统的节能性进行分析。

（1）冷负荷的减少　采用置换通风进行夏季供冷，室内冷负荷主要由三部分组成：室内人员及设备的负荷；上部灯具的负荷；围护结构以及太阳辐射的负荷。与传统空调系统负荷相比，室内冷负荷理论值较小，这是因为：由于置换通风自身特点，室内存在温度梯度，这会使工作区上部空间内的温度值高于设计温度，这将使这个房间温度较高。从传热学角度分析，室内温度升高将会使室外向室内传入的热量减少，因此室内冷负荷降低。

此外，与混合通风相比，当置换通风的排风温度高于室内设计温度时，通过排风可以带走一部分热量，使得空调系统所需的制冷量减少，节约能耗。

（2）送风温度的提高　为达到较好的热舒适性，相比较而言，置换通风的送风温度要比传统空调送风温度高。送风温度的提高使得制冷机组内制冷剂的蒸发温度升高，制冷机组COP增大，运行效率提高；同样因送风温度有所提高，过渡季节利用自然冷源时间长，可延迟冷机开启，降低运行能耗。

（3）新风量的减少　在送风参数及排风口处污染物质量浓度相同条件下，将置换通风与传统空调送风方式作比较。以全室为对象，两种送风方式的排污能力相同；而以人员活动区为对象，因置换通风方式存在污染物质量浓度梯度，人员呼吸区污染物质量浓度低于排放污染物质量浓度，所以置换通风的排污能力优于传统空调送风。在保证同样的室内空气品质时，置换通风的通风效率高，因此置换通风所需新风量少，全新风系统的风机能耗降低，节能效果提高。

4.4.2 置换通风的设计

1. 置换通风的主要设计方法

在我国，还没有较为成熟的、适应我国国情的设计规范，主要借鉴国外资料[27-30]。在民用建筑上，国外的置换通风起步于20世纪70年代，其研究也比较成熟，设计方法主要有两类，即欧洲供热、通风与空调协会联盟（REHVA，Federation of European Heating，Ventilation and Air-Conditioning Associations）和美国采暖、制冷与空调工程师协会（ASHRAE，American

Society of Heating，Refrigerating and Air-conditioning Engineers）分别颁布了各自的非工业建筑置换通风系统设计指南——《非工业建筑用置换通风系统》和《置换通风系统的性能及其设计指南》[31]。两者在充分肯定各自在过去几十年的研究成果的同时，也给出了不同的设计思路，但所要达到的目标是一致的——在不增加能耗的前提下实现室内空气品质和热舒适性的提高。

（1）REHVA 的设计方案　REHVA 的设计方案是在北欧国家进行的大量实验的基础上逐步形成并得到完善的。它定义地面温升系数 $k=0.5$，即认为送排风温差的一半在地面附近平稳过渡，剩余部分沿高度方向线性变化。其设计思路是从室内空气品质控制和温度控制同时出发，计算并校核送风各参数，在保证工作区内污染物浓度和热舒适性均达到要求后，进行设备的选型和风口的选择。其步骤如下所示：

1）适用性分析：保证热源与污染源的重合。

2）室内空气品质的控制：①确定工作区的高度；②计算维持室内空气品质所需风量；③计算排风中的污染物浓度；④计算工作区内的污染物浓度。

3）热舒适性控制：①定义 $k=0.5$，垂直温度梯度为 2K/m；②计算热负荷；③计算送风与排风间的最大温度差；④计算维持热舒适性所需风量；⑤计算送风温度；⑥计算送风在地板处的温升。

4）选择风量并校核换气次数。

5）校核垂直温度分布及污染物分布。

6）送风口的选型与布置。

（2）ASHRAE 的设计方案　由于美国的气候和建筑物的设计与北欧存在较大差别，为了使置换通风的设计更适应美国的实际情况，ASHRAE 的设计具体步骤如下：

1）适用性分析：热源种类和污染物分布情况；吊顶高度是否高于 2.44m。

2）冷负荷计算：包括照明负荷 Q_1(W)、人员及设备产热 Q_0(W)、通过房间围护结构的导热以及穿透的太阳辐射热 Q_{ex}(W)。

3）计算供冷所需送风量。

4）确定满足室内空气品质所需风量。

5）确定送风量。

6）计算送风温度。

7）确定新风比例。

8）送风口选型与个数确定。

9）校核冬季供暖工况。

10）计算出投资与年能耗。

随着社会的进步，空调系统的设计和优化也面临新的机遇和挑战。在我国，置换通风空调系统的理论研究还不够深入，工程应用技术也不是十分成熟，置换通风系统的设计不能盲目照搬设计公式，更重要的是要理解其基本原理和掌握各因素对系统舒适性的影响情况以及运用范围，并借鉴国外的设计规范，以尽可能提出适用于我国的设计方案。

2. 置换通风设计要点

（1）室内温度及工作区温度梯度的确定　置换通风房间内工作区的温度梯度 Δt_n 是造成人体不舒适的重要因素。离地面 0.1m 的高度是人体脚踝的位置，脚踝是人体暴露于空气中的敏感部位。该处的空气温度 $t_{0.1}$ 不应引起人体的不舒适。房间工作区的温度 t_n 往往取决于离地面 1.1m 高度的温度 $t_{1.1}$（对办公、会议、讲课、观剧等状态）。表 4-1 中所列为室内温度及工作区温度梯度。

表 4-1　室内温度 T_n 及工作区温度梯度[25]

活动方式	散热量/W	t_n/℃	$\Delta t_n = t_{1.1} - t_{0.1}$/℃
静坐	120	22	≤2.0
轻度劳动强度站姿	150	19	≤2.5
中度劳动强度站姿	190	17	≤3.0
重度劳动强度站姿	270	15	≤3.5

由于置换通风在我国尚属于起步阶段，现推荐欧洲及国际标准中有关数据，见表 4-2。

表 4-2　欧洲及国际的舒适指标

舒适指标	DIN1946/2（1/1994）	SIA V382/1（1992）	CIBSE（1990）	ISO 7730（1990）
$\Delta T_n = T_{1.1} - T_{0.1}$/℃	≤2	≤2	<3	<3
$T_{0.1min}$/℃	21	19	20	—

（2）送风量的确定　从人头部和脚部之间的温差热舒适要求出发，根据实验与理论分析，得到工作区温度梯度的经验公式

$$\Delta t_n = \frac{\alpha_0 Q_0 + \alpha_1 Q_1 + \alpha_{ex} Q_{ex}}{\rho c_p L_T} = t_{1.1} - t_{0.1} \tag{4-5}$$

$$\alpha_0 = 0.295, \alpha_1 = 0.132, \alpha_{ex} = 0.185$$

式中　Q_0——室内人员及电器设备负荷（W）；

Q_1——室内照明负荷（W）；

Q_{ex}——结构以及太阳辐射热负荷（W）；

ρ——空气密度（kg/m^3）；

c_p——空气比定压热容[kJ/(kg·℃)]；

L_T——满足头部和脚部之间的温度差热舒适要求的置换通风送风量（m^3/s）。

根据 $\Delta t_n = t_{1.1} - t_{0.1}$ 的要求（一般小于 3℃），即可由式（4-5）求得 L_T。

适合送风量还应兼顾考虑新风要求。由于置换通风的换气效率 η 要高于混合通风，所需新风量少于混合通风所需量。其所需新风量的计算可采用下列经验公式

$$L_1 = L_m / \eta \tag{4-6}$$

$$\eta = 2.83(1 - e^{-n/3})(Q_0 + 0.45Q_1 + 0.63Q_{ex})/Q \tag{4-7}$$

式中　$Q = Q_0 + Q_1 + Q_{ex}$；

n——换气次数；

Q——总负荷（W）；

L_m——混合通风方式下通风效率为 1 时的新风量，按 ASHRAE1989 规定，应由每人最小新风指标 R_p（L/人）和每平方米地板所需最小新风量指标 R_b（L/m^2）之和确定，即

$$L_m = R_p P_D D + R_b A \tag{4-8}$$

式中　P_D——人数；

D——差异系数；

A——地板面积（m^2）。

具体取值详见表4-3。

表4-3　ASHRAE62-1989R新风量要求

使用类型	通风要求		使用指标		
	R_p/(L/人)	R_b/(L/m²)	人员密度/人/m²	差异系数	通风效率
办公空间	3	0.35	0.07	1.00	0.80
零售商店	3.5	0.85	0.15	0.75	1.00
普通教室	3	0.55	0.35	1.00	0.90
会议室	2.5	0.35	0.50	1.00	1.00

送风量的大小L取L_1与L_T的较大值。

在置换通风系统中，送风量直接影响着通风房间的流场变化，对热力分层高度的变化产生很大影响。送风量增大，热力分层高度也在增高，增大通风量有利于热力分层的提高，能够形成洁净的工作区域。但是当送风量增大到一定程度时，将会使送风动量增大，破坏置换通风下层气流层流或低湍流的流态流动。另外，送风速度偏大会对人体造成不舒适的吹风感，因此送风速度不宜太大，在保证通风效率的同时，应控制送风速度在合适的范围内。

（3）送风温度的确定　在置换通风系统中，送风温度的变化直接影响着通风房间的温度场变化，对热力分层高度、通风效率以及热舒适性等产生影响。送风温度增大，送风温差减小，故热力分层高度增高，工作区域空气温度与送风温度差减小。因此，增大送风温度，有利于热力分层高度的增高，可避免因送风温度低对人体产生不舒适的吹风感。但送风温度太高，不能有效消除通风房间的热负荷，达不到调节空气温度的目的。相反送风温度也不能太低，否则会影响热力分层高度的大小变化和产生吹风感。所以，兼顾热力分层高度大小和热负荷的有效消除，工作区域空气温度应选在合适的范围内。

送风温度t_s由下式确定：

$$t_s = t_{1.1} - \Delta t_n (k/c + 1) \tag{4-9}$$

式中　t_s——送风温度（℃）；

c——停留区温升系数，$c = \Delta t_n / \Delta t = (t_{1.1} - t_{0.1})/(t_e - t_s)$；

t_e——排风温度（℃）；

k——地面区温升系数，$k = \Delta t_{0.1} / \Delta t = (t_{0.1} - t_s)/(t_e - t_s)$。

停留区温升系数c也可以根据房间用途确定。表4-4列出各种房间的c值。

表4-4　各种房间停留区温升系数c

停留区的温升系数c	地表面部分的冷负荷比例（%）	房间用途
0.16	0～120	顶棚附近照明的场合；博物馆，摄影棚
0.25	20～60	办公室
0.33	60～100	置换诱导场合
0.4	60～100	高负荷办公室；冷却顶棚会议室

地面区温升系数 k 也可根据房间的用途及单位面积送风量确定，表 4-5 列出了各种房间的 k 值。

表 4-5 各种房间的地面区温升系数 k

地面区温升系数 k	房间单位面积送风量/[$m^3/(m^2 \cdot h)$]	房间用途情况
0.5	5～10	仅送最小新风量
0.33	8～10	使用诱导式置换通风器的房间
0.2	>25	会议室

（4）送、排风温差的确定　送风量一旦确定后，就可以根据负荷大小由式（4-10）和式（4-11）确定送风温度 t_s 和排风温度 t_e。

$$t_s = t_{0.1} - kQ\rho c_p/L \tag{4-10}$$

$$t_e = t_s + Q\rho c_p/L \tag{4-11}$$

式中　Q——室内总负荷大小（W）。

当室内参数送风量 L、送风温度 t_s、排风温度 t_e 以及新风量 L_1 确定后，就可以确定制冷系统的总冷负荷。

在置换通风的房间内，满足热舒适性要求的条件下，送排风温差随着顶棚高度的增高而变大。欧洲国家根据多年的经验确定了送排风温差与房间高度的关系，见表 4-6。

表 4-6 送排风温差与房间高度的关系

房间高度/m	送排风温差/℃	房间高度/m	送排风温差/℃
<3	5～8	6～9	10～12
3～6	8～10	>9	12～14

4.4.3 置换通风的应用

1. 应用场合

下列情形更适合采用置换通风：①污染物质的温度比环境空气温度高，或污染物质密度比环境空气密度小；②供给空气温度比环境空气温度低；③层高大的房间，例如房间层高大于 3m。

浮升力作为驱动力的置换通风在下列情形效率较低：①顶棚的高度低于 2.3m；②房间空气扰动（湍流）强烈；③污染物质的温度比环境空气温度低，或污染物质密度比环境空气密度大。

置换通风主要应用于以下场所：演播厅、录音棚、新建办公楼、酒店、旧办公楼、酒店改造、医院病房、图书馆和书店。

2. 工程实例[32]

（1）工程概况　山东省大众日报社印报车间建筑主体 3 层，1、2 层为印报车间，3 层为办公室，两侧还有 5 层耳房（办公用）。印报车间 1、2 层前部为轮转机车间（只有两层），单层面积为 $1890m^2$，分为东、西两部分。轮转机由 1 层穿楼板至 2 层，1 层层高 3.15m，2 层梁下弦净高为 9.05m，南向外墙窗墙比为 1∶1.2。车间内轮转印刷机电动机及滚筒为主要发热源，印刷机滚筒带出的纸张碎粉末及散发的油墨为主要尘源。经详细调查和反复论证，在轮转机车间采用了置换通风空调系统。

（2）原有空调系统存在的问题　原有空调系统是在20世纪80年初安装的，轮转机车间空调平面图如图4-16所示。1、2层分设两台组合式空调机组，共计4台，总送风量132000m³/h，空调机组内设喷淋室，车间内采用上侧送风，同侧下部回风方式。

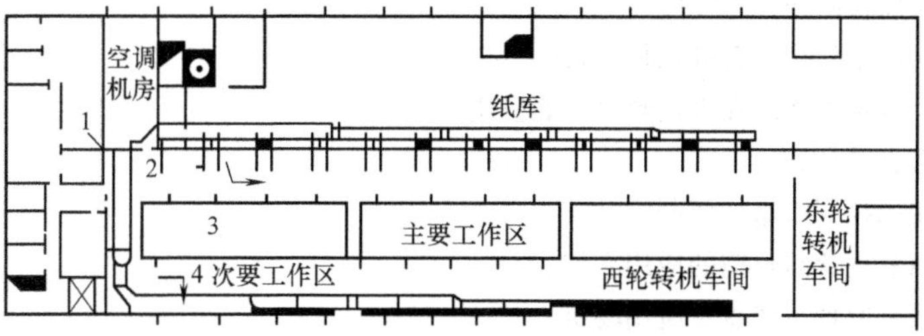

图4-16　首层轮转机车间空调平面图

1—回风管（仅新系统有）　2—送风管（新旧系统同）　3—送风口　4—回风口

业主反映存在以下问题：夏季室内温度降不下来，室内空气品质差，在印报车间长期工作的许多工人患了呼吸系统疾病。原有空调系统主要存在以下问题：①气流组织不合理，回风口附近的回流区污染物浓度比其他地方大，2层设备运行产生的大量热量被带回了工作区，加大了空调设备承担的冷负荷；②过滤设施太简单，无机械排风系统；③自控水平低。

（3）改造后的置换通风系统　改造后的置换通风系统，室内设计参数为：冬季设计温度（20±2)℃，夏季设计温度（26±2)℃，相对湿度（55±5)%；工作区污染物（粉尘）浓度≤0.5mg/m³；根据热源位置、设备和车间的几何尺寸将热力分层高度定为5.5m；计算总冷负荷（未计新风冷负荷）为330.8kW，较常规空调计算冷负荷约降低33%；改造后的置换通风气流组织如图4-17所示。

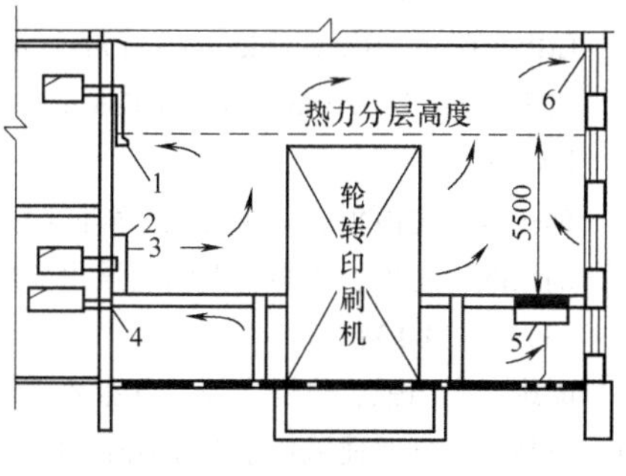

图4-17　改造后空调剖面图

1—二层回风口　2—低速送风柜　3—二层送风口　4—一层送风口　5—一层回风口　6—排风机

一层利用原送风口上侧送风，下部回风口改设在对侧回风管上，工作区处于送风区；二层采用置换通风方法，原底部回风口改为置换通风的送风口，并在送风口设置低速送风柜。送风温差取为6℃，送风温度20~22℃，设计总送风量为156000m³/h，在同等条件下新旧空调方式总送风量相差不大。回风经过滤及冷热、加湿处理后送入室内，提高送风品质。采用分散式DDC控制器单片机就地控制，并可对温度、湿度、污染物浓度压差、防冻保护、新风阀等设定参数按实际情况调整，基本可以实现自动控制。

经对改造后的转轮机车间进行现场测量，工作区测点污染物（粉尘）浓度都在0.5mg/m³以下，室内热力分层现象比较明显，空调效果好，达到设计要求。

该置换通风空调系统减少了冷源能耗，提高了通风效率，与常规上侧送、下侧回气流组织空调系统相比，空调系统承担的冷负荷可减少30%，节能效果显著。由于冷负荷减少使设计送风量减少，热力分层高度与工作人员高度相同，工作区垂直温差不大，工作人员没有头热脚冷的感觉，并且由于工作人员身着蓝色咔叽布工作套服、戴帽，不断地进行着一定强度的工作，工作区气流速度为0.2～0.4m/s，工作人员没有不舒适的感觉。

思 考 题

1. 减少通风系统能耗的途径有哪些？
2. 被动式自然通风指什么？有哪几种形式？
3. 举例说明被动式自然通风在现代建筑中的应用。
4. 多元通风的含义是什么？
5. 多元通风系统的控制策略如何制定？
6. 分析多元通风的现状与目前的应用实例。
7. 分析置换通风的原理、特点及应用场所。
8. 置换通风系统如何设计？

参考文献

[1] 阿尔温德·克里尚，尼克·贝克，西莫斯·扬纳斯，等．建筑节能设计手册——气候与建筑［M］．刘加平，张继良，谭良斌，译．北京：中国建筑工业出版社，2005.
[2] 王汉青．通风工程［M］．北京：机械工业出版社，2007.
[3] Ambi H-B. 建筑通风［M］．原著2版．李先庭，等译．北京：机械工业出版社，2011.
[4] CIBSE Guide B2. Ventilation and air conditioning［S］. London：CIBSE，2001.
[5] BRE Digest 399. Natural ventilation in non-domestic buildings［J］. Building Research Establishment，Carston，UK，1994.
[6] 孙一坚，沈恒根．工业通风［M］. 4版．北京：中国建筑工业出版社，2010.
[7] 刘雨曦，谢玲，罗刚．太阳能强化自然通风的研究现状与问题探讨［J］．土木建筑与环境工程，2011（33）：134-138.
[8] 殷维，张国强，徐峰，等．自然通风设计通用流程初探［J］．建筑学报，2009（5）：77-80.
[9] 王战友．自然通风技术在建筑中的应用探析［J］．建筑节能，2007（7）：20-23.
[10] 钟军立，曾艺君．建筑的自然通风设计浅析［J］．重庆建筑大学学报，2004（4）：18-21.
[11] Delsante A，Vik T A. Hybird ventilation：state-of-the-art review［C］//IEA Annex 35 HybVent，2001.
[12] 段双平．混合通风——一种节能环保的通风方式［J］．制冷空调与电力机械，2008，29（3）：69-72.
[13] Aggerholm S. Control of hybrid ventilation systems［J］. International Journal of ventilation，2003，1（4）：65-75.
[14] 王莹．浅析多元通风［J］．洁净与空调技术，2006（3）：39-42.
[15] Axley J-W，Wurtz E，Mora L. Macroscopic airflow analysis and the conservation of kinetic energy［C］//in Proceedings of Roomvent 2002，Seventh International Conference on Air Distribution in Rooms，Copenhagen，8-11September.
[16] Qiongxiang Kong，Bingfeng Yu. Numerical study on temperature stratification in a room with underfloor air distribution system［J］. Energy and buildings，2008，40（4）：495-502.
[17] Weirong Zheng，Bo Song，Qiongxiang Kong. Numerical simulation of indoor airflow by parallel method［C］//APEC Conference on Low Carbon Town and Physical Energy Storage，Changsha，2013：531-536.
[18] Brohus H，Frier C，Heiselbeg P. Probabilistic analysis methods for hybrid ventilation-preliminary application

of stochastic differential equations [C]//in Proceedings of the First International Forum on Hybrid Ventilation, Sydney, Australia, September.
[19] Hazim B-Awbi. Ventilation Systems: Design and performance [M]. Abingdon: Taylor & Francis Ltd, 2007.
[20] 孔琼香. 地板送风室内热分层和静压区内热衰减的实验研究及数值模拟 [D]. 西安: 西安交通大学, 2007.
[21] 吴梅艳. 桌面工位空调系统的送风特性及其影响因素研究 [D]. 西安: 西安交通大学, 2010.
[22] Elisabeth Mundt, Peter V, Nielsen, et, al. Displacement Ventilation in non-industrial premises [J]. REHVA, 2002: 10-46.
[23] 马仁民. 末端装置特性对置换通风工作区速度场与温度梯度的影响 [J]. 暖通空调, 2003, 33 (3): 12-16.
[24] 马仁民. 地板送风技术条件与舒适条件的研究 [J]. 暖通空调, 1995, 25 (6): 45-48.
[25] Atila Novocelac, Jelena Srebric. A critical review on the performance and design of combined cooled ceilings and displacement ventilation systems [J]. Energy and buildings, 2002 (34): 497-509.
[26] 周鹏, 李强民. 置换通风与冷却顶板 [J]. 暖通空调, 1998, 28 (5): 1-5.
[27] 李强民. 置换通风原理、设计及应用 [J]. 暖通空调, 2000, 30 (5): 41-46.
[28] 陈光, 王东伟, 方正平, 等. 置换通风的发展及研究现状 [J]. 建筑热能通风空调, 2007, 26 (2): 23-28.
[29] 顾皓. 李永安, 刘学来. 民用建筑置换通风设计的欧美标准及其借鉴意义 [J]. 制冷空调, 24 (2): 85-90.
[30] 陆耀庆. 实用供热空调设计手册 [M]. 2版. 北京: 中国建筑工业出版社, 2008.
[31] Yuan Xiaoxiong, Chen Qingyan, Glicksman L R. Acritical review of displacement ventilation [J]. ASHRAE Trans, 1998, 104 (1): 78-90.
[32] 梁军, 魏艳萍, 王建奎. 置换通风在某车间空调改造中的应用 [J]. 暖通空调, 2000, 3 (5): 59-61.

5

第5章 中央空调系统节能技术

随着国民经济的发展、人民生活水平的提高，中央空调在现代建筑中应用越来越广泛。在给人们提供舒适的生活和工作环境的同时，中央空调系统也消耗了大量的能源。据统计，在建筑物总能耗中，中央空调的能耗约占60%～70%，而且呈逐年增长的趋势。本章从近年来出现的一些中央空调系统节能技术中筛选出技术相对成熟且均有一定程度应用的技术并加以介绍，包括：低温送风、变风量空调、多联式空调、新风节能技术、水系统节能技术、蓄能技术以及温湿度独立控制空调系统等。

5.1 低温送风技术

低温送风，是相对于常规空调送风而言的。常规空调系统的送风温度为16～18℃，低温送风系统的送风温度为4～12℃。低温送风是随着冰蓄冷技术发展而发展起来的一种空调方式。

5.1.1 低温送风系统与节能

1. 低温送风系统

低温送风技术是1947年首先由美国人提出的，当时受到设备的限制而发展缓慢。随着空调系统在现代建筑中的应用越来越广泛，相应的空调系统能耗也迅速增大，一些大、中城市的空调系统用电量已占其高峰用电35%以上，使得电力系统峰谷差加大，电网负荷率下降，电网不得不实行拉闸限电，严重影响工农业生产和人们的生活。解决的办法之一就是“移峰填谷”，于是一种新型的制冷空调技术——蓄冷技术便应运而生。单纯的蓄冷虽然可以起到移峰填谷的作用，运行费用似乎比常规冷源更节省，但庞大且控制复杂的蓄冷系统使冷源的初投资比常规冷源高，制冷机的实际能耗也要高。所以，从真正节能的角度，蓄冷系统的高能耗、高投资必须由低温送风系统的低能耗、低投资来弥补。低温送风与冰蓄冷技术结合在一起，能够进一步减少空调系统的运行费用，降低一次性投资，提高空调系统的整体能效[1,2]。

低温送风系统属于全空气系统，由中央空气处理机组、风机、风管、末端空气扩散设备及调节控制设备等组成，但与常规全空气系统主要不同在于末端设备，低温送风系统的末端设备需要防止结露。按送风温度的高低，低温送风系统通常可分为以下三类：

（1）一类低温送风　送风温度为4～6℃，这种低温送风由于需要特制的风口，故一般较少推荐采用。

（2）二类低温送风　送风温度为6～8℃，这种低温送风与冰蓄冷技术紧密结合在一起，能达到很好的节能效果，经济效益也很好，得到了较大范围的推广与应用。

（3）三类低温送风　送风温度为9～12℃，这种低温送风较为灵活，可与冰蓄冷结合，也可与常规空调结合，经济效益不是很显著，因此较少在冰蓄冷送风空调系统中推广应用。

2. 低温送风系统的节能和经济效益

低温送风空调系统的优势是与冰蓄冷技术相结合，在获得低温冷源的同时，凸显出冰蓄冷系统“移峰填谷”的作用，平衡电网负荷，提高了能源利用率。此外，低温送风系统本身和常规全空气空调系统相比，能够在以下几个方面体现其节能和经济效益。

（1）降低输送系统的初投资　一方面由于低温送风系统的送风温度降低，送风温差增大导致送风量减少，则风管尺寸和风机功率减小；另一方面由于冷冻水进出口温差增大导致冷冻水量减少，则冷冻水管尺寸和水泵容量均减小，因此输送系统的初投资减小。虽然其冷却盘管的排数有所增加，送风末端以及管道保温的投资会有所增加，但是随着送风末端产品的开发，系统的初投资能够降低。

（2）节省建筑空间　由于空调设备和风道尺寸均减小，所占空间亦减小，这会增加建筑有效空间，降低建筑物层高，从而降低建筑造价。据估算[3]，针对不同的低温送风空调系统和送风温度，建筑物层高可降低8～24cm。对于高层建筑而言，在不增加建筑物总高度的前提下，约每20～30层可增加一层的使用空间。

（3）减少系统运行能耗　送风温度越低，空调区域越大，与常规空调系统相比，低温送风空调系统所需的风机功率的减少、送风电耗的下降也越明显，随之也降低了电力增扩容费用及运行费用。而与冰蓄冷结合的低温送风空调系统，可以进一步减少整个空调系统在用电高峰段的电能需求，更大程度上减小系统运行的能耗费用。

（4）采用较高的室内干球温度来降低能耗　因供水温度低，低温送风系统除湿量大，因此能维持较低的室内相对湿度。实验研究表明，在较低的湿度下受试者感觉更为凉快和舒适。因此，在保持室内热舒适相同的情况下，室内设计干球温度可相应提高1℃左右，因而减少了围护结构传热量，降低了空调负荷，从而降低了能耗。

5.1.2　低温送风系统的设计

低温送风空调系统的设计流程如图5-1所示，完整的设计还包括最后的空气处理设备的选型与校核以及管道的设计。低温送风系统设计中需重点关注如下方面。

1. 冷源配置的选择

低温送风系统的冷源设备必须提供足够低温度的冷冻水，以产生所需的低温送风。一般可采用低温制冷机或者冰蓄冷系统。冰蓄冷系统，又分为全蓄式和半蓄式。全蓄式即蓄冰时间与空调时间完全分开，制冷机在夜间用电低谷期间用于制冰；在白天用电高峰期间，空调冷冻水从冰取冷，制冷机不运行。这种系统蓄冰槽要承担全部负荷，多用于间歇空调的场合，如影剧院、商店等，但蓄冰槽要求容量大，初投资高。半蓄式即用电低谷期制冷机用于蓄冰运行，白天空调开始运行后，一部分负荷由蓄冰槽承担，另一部分负荷由制冷机直接承担。工程实践证明，将低温送风空调系统与半蓄式冰蓄冷系统结合可降低系统的初投资和运行费用。

2. 室内设计参数的确定

室内热舒适性受室内空气温度、湿度和气流组织的影响。而室内空气温度、湿度和气流组织相互作用、相互影响，任何一个因素的改变都会影响到室内热舒适性。

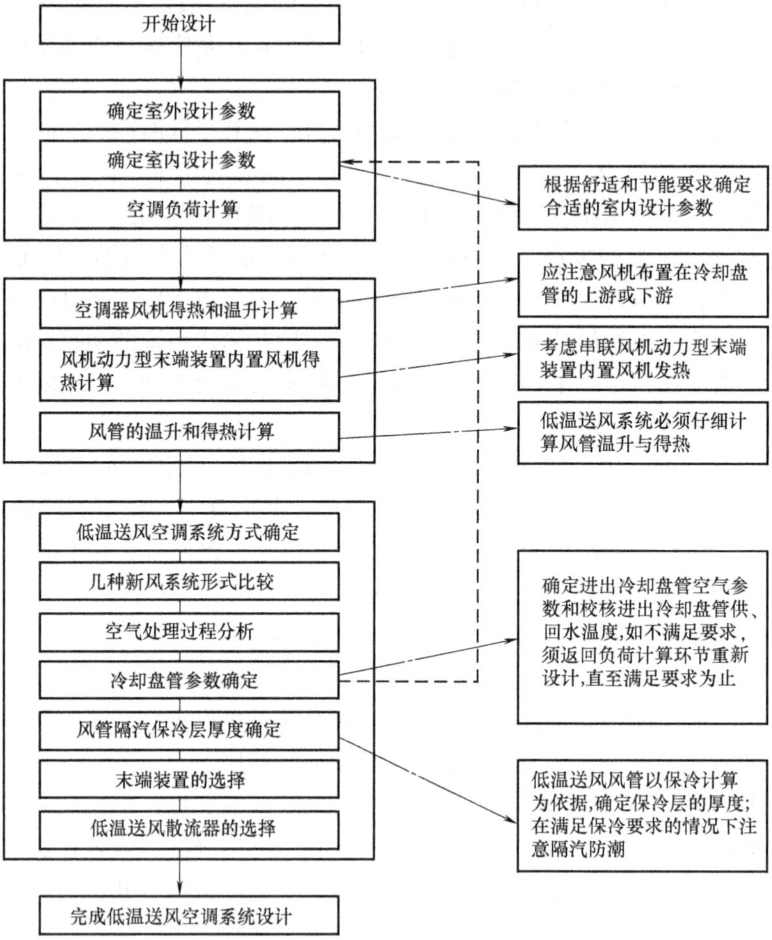

图 5-1 低温送风空调系统的设计流程[4]

由于低温送风系统一次风的处理温度低，送风含湿量也低，可使室内相对湿度维持在30%～45%。根据 ASHRAE 标准 55-1981，干球温度 26℃、相对湿度 33% 的室内环境与常规空调所设定的干球温度 24℃、相对湿度 50% 的室内环境能够提供同样的舒适感。因此，在保持室内热舒适相同的情况下，工程中室内设计相对湿度可选取在 40% 左右，干球温度可相应提高 1℃左右。这样一方面可以避免着衣较少的人进入室内有冷感，另一方面减少了围护结构的传热量，从而降低能耗。

3. 室内负荷的确定

低温送风系统的空调负荷计算与常规空调大致相同，但要特别注意考虑以下两个方面：

1）低温送风系统中，室内较低的相对湿度使得设计人员在进行负荷计算时要特别注意房间的潜热负荷。房间的潜热负荷主要来源于人员、产湿设备和室外空气渗透，前两者的计算与常规空调相同，而室外空气的渗透由于室内相对湿度低，能形成较大的潜热负荷。一般来说，保持室内正压可防止室外空气的渗透，但工程实践证明，室内正压的稳定性难以保证。渗透的湿空气形成的附加潜热负荷 Q_w（单位：W）可根据下式计算[5]：

$$Q_w = 0.28G_1(h_w - h_n) - 0.28G_1(t_w - t_n) \tag{5-1}$$

式中 G_1——单位时间渗入室内的空气量，包括外门开启和门窗缝隙渗入的空气量（kg/h）；

h_w——室外空气的计算焓值（kJ/kg）；

h_n——室内空气的计算焓值（kJ/kg）；

t_w——夏季室外空调计算干球温度（℃）；

t_n——夏季室内空调计算干球温度（℃）。

2）送风机、混合箱风机及风管得热的计算。风机的散热可造成送风温度的升高。风机的得热量造成的送风温升可根据下式计算[6]：

$$\Delta T_{fan} = \frac{Q_{fan}}{C_1 G} \tag{5-2}$$

式中 ΔT_{fan}——风机温升（℃）；

C_1——常数，取值1.24W·s/（m^3·℃）；

G——风机风量（m^3/s）；

Q_{fan}——风机得热量，如果风机的电动机处在气流之外，则风机的得热量只与风机风量、风机全压、风机效率有关；如果风机的电动机处于气流之中，则风机的得热量不仅与风机风量、风机全压、风机效率有关，还与电动机驱动装置的效率有关（W）。

通常风机温升值范围大致在1.1～1.7℃。

风管得热造成的送风温升与保温材料密切有关。风管的得热量可根据下式估算：

$$Q_{duct} = UPL_{duct}\left(T_a - \frac{T_i + T_o}{2}\right) \tag{5-3}$$

$$T_o = \frac{T_i(y-1) + 2T_a}{y+1} \tag{5-4}$$

式中 Q_{duct}——管道得热量（W）；

U——风管壁的总传热系数［W/（m^2·℃）］；

P——保冷后风管的外周长（m）；

L_{duct}——风管长度（m）；

T_i、T_o——空气进入、离开风管管段的温度（℃）；

T_a——风管周围空气的温度（℃）；

y——常数，与平均风速、空气密度、风管壁的传热系数、风管长度、风管外周长、风管横截面积等因素有关。

计算风管工作时的得热和温升，要对每一段风管的温升进行求解，并把上一段风管的出口温度作为下一段风管的进入温度。可以利用计算机程序，输入每段风管的长、宽、高，风量，空气密度，风管壁的传热系数，风管周围空气的温度，进入第一段风管的空气温度等参数来进行计算。通常风管的大致温升范围为0.8～1.7℃。

4. 送风量的确定

送风量可由下式确定：

$$G_s = \frac{Q}{C_1(T_r - T_o)} \tag{5-5}$$

式中 G_s——送风量（kg/s）；

C_1——常数，$C_1=1.23$W ✍/（m·℃）；

Q——室内显热冷负荷（W）；

T_r——房间平均温度（℃）；

T_o——散流器出口温度（℃）。

房间平均温度取决于室内设计温度和气流组织，而散流器出口温度取决于送风温度。低温送风系统的送风温度为4~10℃，选择范围较广。由于送风温度的降低，一方面风机、风管、冷冻水管、冷冻水泵等的初投资降低，风机水泵电耗减小，系统对建筑空间的要求降低；另一方面冷却盘管、送风末端初投资增加，保冷层厚度增加，用于消除潜热负荷的能耗增加。所以送风温度的确定要综合考虑以上因素。Dorgance[7]等认为采用6~8℃的送风温度是最经济的且满足舒适性和安全性要求的，王健敏等的研究表明[8]，除非有特殊要求，对于非蓄冷空调系统一般建议不采用低于7℃的送风温度。

5. *冷却盘管的计算与选择*

低温送风系统与常规系统相比，由于送风温差增大，送风量减小，从而减小了风管、风机和空气处理设备的尺寸。风管的管径和风机型号的确定方法与常规空调系统相同，通过风道的水力计算来确定。空气处理设备中冷却盘管可根据以下方法确定。

1）对于冷却盘管的负荷大小，可采用下式进行计算：

$$Q_p=\rho(G_s+G_l)(h_i-h_o) \tag{5-6}$$

式中 ρ——空气密度，$\rho=1.2\text{kg/m}^3$；

G_l——系统漏风量（m^3/s）；

G_s——系统送风量（m^3/s）；

h_i、h_o——进、出盘管的空气比焓（kJ/kg）。

2）常规空调冷却盘管一般为4排或6排，冷水温升6~8℃，迎面风速2~3m/s；低温送风系统因为有更多的热量由通过盘管的单位风量带走，冷却盘管需要更多的传热表面，因此一般采用8~10排，冷水温升11~16℃，为了防止凝结水吹出盘管，采用较低的迎面风速，一般取1.5~2.3m/s。

6. *末端设备的选择*

低温送风系统的送风量小，空气流速低，可能导致送入房间内的空气无法有效扩散，造成房间局部温度偏低，温度分布不均，影响空调区域的舒适性。而送风温度低，如果直接在送风末端布置常规散流器，可能会导致散流器出口空气温度低于室内空气露点温度，在送风口产生"结雾"和滴水现象，破坏室内环境。为了解决上述问题，可采取以下方法：

（1）在送风末端采用低温送风专用散流器 与传统的散流器相比，专用散流器具有诱导率高的特点，这使得从空气处理机组送出的一次风在送入室内时与大量的室内回风混合，从而在很短的距离内保证送风温度达到常规空调所能提供的温度水平。目前有两种典型的高诱导比散流器[7]被广泛采用，一种是喷嘴型散流器，如图5-2所示，其核心部分是末端的一个盒子，盒子周边布置了一系列直径很小的圆孔；另一种是旋流风口，如图5-3所示，适合安装在层高较高的房间的顶棚上，旋流风口所产生的稳定射流能引起周围气流的扰动并形成螺旋状气流，螺旋状气流在下降过程中不断卷吸室内空气，从而完成室内空气与一次风的混合。

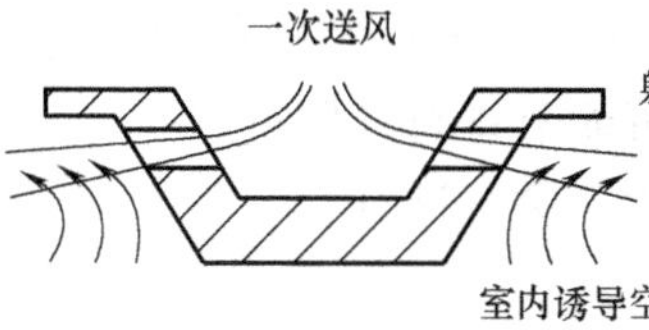

图 5-2　喷嘴型低温送风散流器

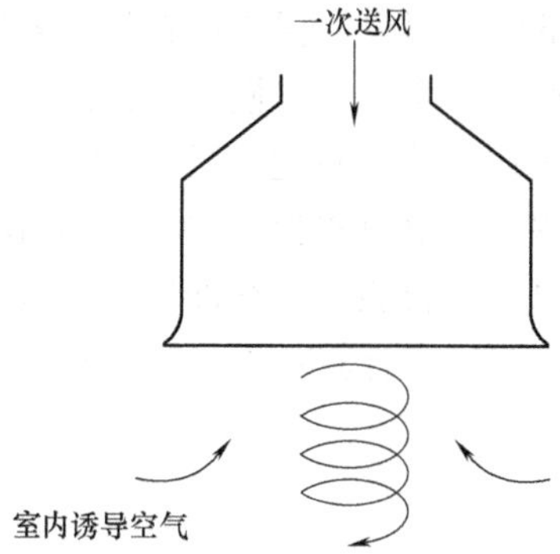

图 5-3　旋流型低温送风散流器

（2）在送风末端加设空气混合箱　空气混合箱使一次送风和部分回风在混合箱内混合至常规送风状态后，直接通过常规散流器送入空调区域。常用末端混合箱有：无风机诱导型混合箱、并联型风机动力混合箱和串联型风机动力混合箱，如图 5-4a、b、c 所示。

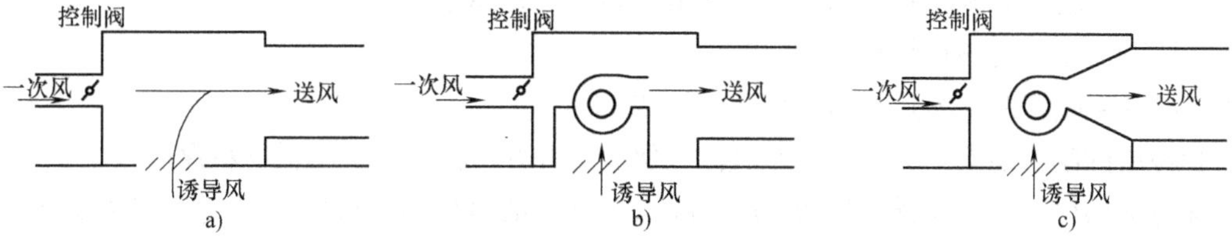

图 5-4　低温送风系统末端混合箱的形式[7]

a）无风机诱导型混合箱　b）并联型风机动力混合箱　c）串联型风机动力混合箱

无风机诱导型混合箱可以将低温一次风与室内诱导回风在送入散流器之前混合，避免散流器结露。它能在一次风量减少时，保持送风温度不变，也可以通过调节风阀改变送风温度。并联型风机动力混合箱的风机只在供暖或维持最低换气次数时使用，其作用与诱导末端装置相同，但其低温送风压头较小，另外其送风量随风机的起动变化，所以必须采用能同时满足供冷和供暖要求的散流器。串联型风机动力混合箱能保持送风量不变，但风机需要连续运行，这样就消耗较多的能量，风机的大小按室内总风量选择，散流器的选择则与常规系统完全相同。

7. 风管的保冷设计

由于低温送风系统的送风温度与环境温度的差值比常温空调系统大，故低温送风系统的风管保冷更为重要，其保冷层厚度也比常温空调系统大。风管的保冷设计主要涉及保冷材料的选择、保冷层厚度的计算及保冷层的隔汽防潮。

保冷材料的选择：保冷材料的性能要求，见表 5-1[7,11]。

表 5-1　保冷材料的性能要求[7,11]

项目名称	性能要求
热导率/［W/（m·K）］	在平均温度低于 27℃时，热导率≤0.064
密度/（kg/m³）	≤200
抗压强度/MPa	硬质材料，≥0.15
质量含水率（%）	≤1
防火性能	不低于难燃 B_1 级
耐腐蚀性能	化学性能稳定，对金属无腐蚀作用

对于低温送风管，保冷材料的内外壁两侧始终存在着温度差和湿度差。在水蒸气压力差的持续作用下，水汽会慢慢渗入保冷材料内部，随着使用时间的延长，材料的热导率会逐渐增大，使按初始热导率选定的保冷层厚度变得不足因而产生结露。因此，应选用湿阻因子大、吸水率小的材料作保冷材料。选用保冷材料时，可按生产厂家提供的公称厚度进行选择，必要时应进行验算，在确保保冷效果的情况下尽可能节省材料用量。

保冷层厚度的计算：保冷层最小厚度可采用下列式子进行计算

$$d_i = K_i R_i \tag{5-7}$$

$$R_i = R_s \frac{t_{dp} - t_{sa}}{t_a - t_{dp}} \tag{5-8}$$

式中 d_i——保冷绝热层厚度（m）；

t_{sa}——送风温度、风管周围空气的露点温度（℃）；

t_{dp}——风管周围空气的露点温度（℃）；

t_a——风管周围空气的干球温度（℃）；

R_s——表面对流换热热阻，取值为0.109$m^2 \cdot K/W$；

K_i——保冷绝热材料热导率［W/（m·K）］；

R_i——风管保冷绝热材料热阻（$m^2 \cdot K/W$）。

保冷层的隔汽防潮：为了防止水气渗入保冷层并在里面凝结，降低材料保冷效果，对非闭孔的保冷绝热材料必须设置隔汽防潮层。隔汽防潮层的材料和做法可参照《管道及设备保冷》(98R419)。

8. 系统的自控装置

低温送风空调系统由于它的独特性质，需要专门的自动控制系统，依靠工人技术水平和经验性手动控制是难以胜任的。手动控制不能发挥低温送风的全部效益，也不能保证最低的能耗水平。当前自动控制多数采用DDC（直接数字控制）带中央程序控制的微型计算机控制系统，它能满足低温送风的特殊控制要求，并能充分发挥低温送风的效益。

1）由于周围空气的温度比房间内空气的温度高，当无人使用时空调系统已停止运行，室内空气温度会提高，DDC系统可根据回风露点，控制再起动时的送风温度，实行软起动，以避免末端装置上出现凝结露水。

2）低温送风房间的相对湿度较低，室内干球温度的设定值应该适当提高，以节省电力消耗，DDC系统可根据回风的露点，重置每个可保证室内舒适的室内干球温度设定值。

3）按照卫生条件和节能的要求，DDC系统可根据回风中CO_2的浓度来保证室内实有人数所需要的新风量。

5.1.3 低温送风系统的应用

1. 低温送风系统的应用场所

低温送风系统虽然有很多优点，但也有一定的局限性。在采用之前应全面分析了解它能否在特定的项目中发挥优势，通常从以下几个方面考虑[7]：

1）有无制取低温冷冻介质的条件。

2）对房间相对湿度有无特定要求（如必须高于40%）。

3）对房间通风换气有无很高要求。

4）经济上是否要求投入资金相对较少。

5）全年中能否有大量时间可利用7~13℃的送风温度为室内环境供冷。

从低温送风的优点及局限性可以看到，低温送风系统在下列场所可优先考虑：

1）建筑空间有限，需要尽量小尺寸的送风管道的场所。

2）改造项目，如冷负荷已增加或超过现在供冷能力的场所。

3）采用冰蓄冷的项目。

4）希望降低房间湿度的场合。

5）希望通过降低建筑层高以达到降低建筑造价或增加建筑物有效使用面积的场合。

2. 工程实例[13]

（1）工程概况　文化商厦位于北京中关村地区，为综合性高层建筑，地上17层，地下4层，建筑总高度为74.40m，建筑面积为10520m^2。地上一层至十层为商业部分，主要功能为图书销售和批发，十一层至十七层为办公区，地下一层为餐厅、厨房、给水机房、中水机房、消防水池、泵房及自行车库等，地下二层为汽车库、热力站、制冷机房以及变配电用房，地下三层为汽车库，地下四层为汽车库和战时人防物资库。

（2）空调设计方案　文化商厦空调面积为9700m^2，冷负荷为12.53MW，由于该建筑与中关村西区冷站只有一路之隔，建设方决定不再自建冷站，改由中关村冷站提供冷源。为了充分发挥冰蓄冷系统提供低温冷源的潜能，室内设计由原来的常规送风系统改为低温送风系统。

空调设计分为内区和外区，根据平面功能布局，靠外墙的房间均划分为外区，其余面积为内区。内区全年供冷，外区冬季供暖，夏季供冷。商业部分外区采用全空气低温送风系统，送风温度由原来的13℃改为8℃，冷源为由冷站提供供水温度2.2℃、回水温度13.3℃的冷水；由于该建筑土建部分已基本完成，为了减少设计改造和施工改造的工作量，内区仍为风机盘管加新风系统，冷源为由冷站提供供水温度7℃、回水温度12℃的冷水。办公楼部分外区采用超低温变风量末端装置，内区采用风机盘管加新风系统。气流方式均为上送上回。由于内区需常年供冷，水系统采用内外分区两管制。

（3）经济性分析

1）初投资的对比。　以二层的商场为例，对常规空调系统和低温送风系统做比较和分析，具体如图5-5所示，方案1为常规空调系统，方案2为低温送风系统。

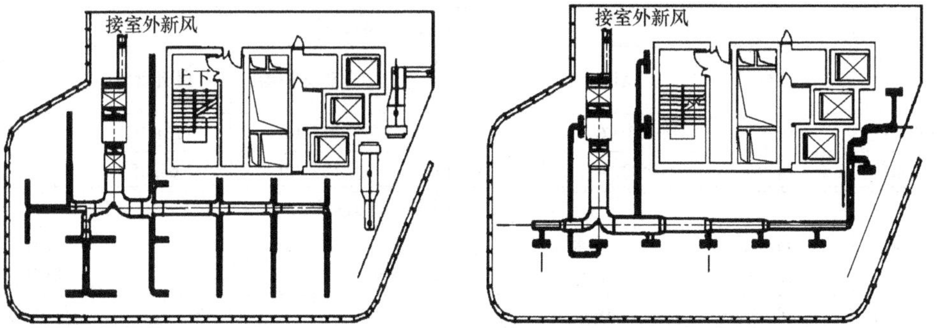

a)　　b)

图5-5　二层商场的局部区域风管平面图

a）方案1　b）方案2

通风量的减少使得空气处理装置体积及风管、水管尺寸减小，室内安装空气处理装置的面积减小，增加建筑有效面积。通过图5-5对比可以看出，相同负荷条件下，与常规空调系统（方案1）相比，低温送风系统（方案2）的风管尺寸小，末端风口的数量少，图中所示组合式空调机组KT-2-2的风量由原来的12000m^3/h减小为6000m^3/h，见表5-2所列的二层空气处理设备参数的对比。

表5-2 二层商场空气处理设备参数的对比

设备编号	方案1		方案2	
	风量/（10^3m^3/h）	功率/kW	风量/（10^3m^3/h）	功率/kW
KT-2-1	10	3.6	4	1.1
KT-2-2	12	4.4	6	2.0
KT-2-3	10	3.6	5	1.1
KT-2-4	12	4.4	6	2.0
KT-2-5	12	4.4	6	2.0
KT-2-6	12	4.4	6	2.0
合计	68	24.8	33	10.2

考虑到低温送风系统对末端的特殊要求，本设计采用的是国外比较成熟的低温送风末端产品，保证了室内环境的舒适性。由于设计所选用低温送风专用风口的价格昂贵——2200元/个（表5-3），低温送风系统的初投资要比常规系统的高，方案2空调系统部分总投资为1008.60万元，比方案1的735.50万元增加了273.10万元，见表5-4。但由表5-3可见，其中低温送风系统的风管系统的一次费用较低。

表5-3 二层商场常规空调系统与低温送风系统末端投资比较

项目	常规空调系统			低温送风系统		
	数量	单价	总价/万元	数量	单价	总价/万元
风管	1021m^2	25～50元/m^2	3.21	327m^2	25～50元/m^2	1.00
风管保温	19.4m^2	1500元/m^2	2.91	9.82m^2	1500元/m^2	1.47
风口	118个	370元/个	4.37	71个	2200元/个	15.60
合计			10.49			18.07

表5-4 常规空调与低温送风系统的综合经济比较 （单位：万元）

项目	不同部分购置费					
	空调机组	风口	变风量末端装置	全热交换器	风机盘管	冷冻水干管管材
常规空调系统	159.13	43.66		211.00	131.95	42.96
低温送风系统	190.96	282.48	147.00	171.00	64.05	26.43

项目	不同部分购置费				
	冷冻水干管保温材料	冷冻水管管材	冷冻水管保温材料	空调送风管	空调送风管保温材料
常规空调系统	8.10	48.67	10.14	41.86	38.02
低温送风系统	6.66	40.88	9.71	25.04	44.43

项目	基本建设投资合计	每年空调机组或风盘运行费
常规空调系统	735.50	226.18
低温送风系统	1008.60	136.45

2）运行费用的比较。由于相同的负荷下低温送风系统处理的空气量相对较少，运行费用就会相应降低。如表5-2所示，虽然组合式空调机组的数量没有变，但要处理的空气量比原来少了51%，消耗功率只是方案1的41%。通过两种方案的比较，全年总运行费用由原来（方案1）的226.18万元减少为136.45万元（方案2）。其中，商业部分的运行费用只比较了空调机组，不含排风机等未改变装置的运行费；办公楼部分比较了变风量末端和风机盘管及全热换热器。运行费用按每天运行小时数和全年运行天数计算。

3）综合比较。综合比较两种空调方案的一次投资和运行费用，计算低温送风系统相对于常规空调系统的投资回收期（表5-5）。由表5-5可以看出，累计净现金流量现值在第4年成为正值，可以计算出动态回收期 $P=3.4$ 年。过了回收期以后低温送风系统的末端运行费用每年要比常规的空调系统节省71.02万元，该文化商厦采用低温送风系统的经济效益明显。

表5-5 低温送风系统相对于常规空调系统现金流量表 （单位：万元）

时间/a	方案1现金流出		方案2现金流出		净现金流量	折现系数（年利率8%）	净现金流现值	累计净现金流现值
	末端基本总投资	运行费用	末端基本总投资	运行费用				
0	735.5	0	1008.6	0	-273.10	1.000	-273.10	-273.10
1	0	226.18	0	136.45	89.72	0.9259	83.08	-190.02
2	0	231.83	0	139.87	91.97	0.8573	78.85	-111.18
3	0	237.63	0	143.36	94.27	0.7938	74.83	-36.34
4	0	243.57	0	146.95	96.62	0.7350	71.02	34.68
5	0	249.66	0	150.62	99.04	0.6806	67.40	102.08
6	0	255.90	0	154.39	101.52	0.6302	63.97	166.05

5.2 变风量空调技术

变风量空调系统亦称VAV（Variable Air Volume）系统，它是通过改变送入室内的送风量来适应空调区负荷变化的，是随着空调的节能要求而发展起来的一项技术。国外始于20世纪60~70年代，近年来美国和日本的办公、商业建筑已普遍采用变风量系统。而我国始于20世纪80年代，随着我国办公建筑设计标准的提高，该系统得到了推广和应用。

5.2.1 变风量空调系统与节能

变风量空调系统是全空气空调系统的一种形式，当空调区负荷变化时，系统末端装置自动调节送入房间的送风量，确保室内温度保持在设计范围内，从而使得空气处理机组在低负荷时的送风量下降，输送能耗随之降低，达到节能的目的。

1. 变风量空调系统

（1）系统组成　空调系统运行过程中，由于室外温度和室内热源的随时变化，室内负荷是变化的，为了保证室内温度的稳定，需要进行运行调节。对于全空气空调系统，有两种调节方式：①送风量保持不变而调节送风温度，即常规的定风量空调系统。②送风温度不变而调节送风量，即变风量空调系统。

典型的变风量单风道空调系统，如图5-6所示，由空气处理机组、送（回）风管、变风量末端装置、送风口及自动控制仪表等组成。其中，空气处理机组与定风量空调系统一样，能改变新风或新风与回风的混合空气的温湿度，能进行净化、降噪、升压等处理，一般由新风格栅、新风阀和回风阀、空气过滤器、加热器、冷却器、加湿器和风机等设备和部件组成。变风量末端装置是变风量系统的关键设备之一，当室内负荷变化时，通过它来调节送入每个房间的送风量，以维持室内温度满足要求。变风量末端主要有两种类型：可接风口的变风量末端装置和变风量风口。可接风口的变风量末端装置又分为节流型和风机动力型。节流型变风量末端装置主要由箱体、控制器、风速传感器、室温控制器、电动风阀等组成，如图5-7所示。风机动力型变风量末端装置，如图5-8所示，在箱体内设置了一台离心式增压风机，根据风机与一次风阀的排列位置的不同，风机动力型变风量末端装置又可分成并联式和串联式两种形式。变风量风口是将室温传感器、风量调节机构组合在送风散流器内的一种变风量末端设备。某变风量风口的结构图，如图5-9a所示，该风口由模式转换温控器、房间温控器、诱导喷嘴、调节风阀、传动控制盘以及面板等组成。其中，模式转换温控器设置在风口进风管入口处，用来控制变风量风口供冷或供暖的模式转换；诱导喷嘴的作用是在风口中产生局部负压，把部分室内空气（二次风）吸进风口，通过设置在二次风通路内的温控器感受进入风口的室内空气的温度；温控器是一个充有石蜡状物质的小铜柱，当其受热时，蜡状物会融化膨胀，向外推动柱塞，当其冷却时，蜡状物凝固收缩，弹簧将柱塞拉回，通过柱塞往复运动成比例地控制风阀的开度，调节送入房间的风量，其风量的调节原理如图5-9b所示。

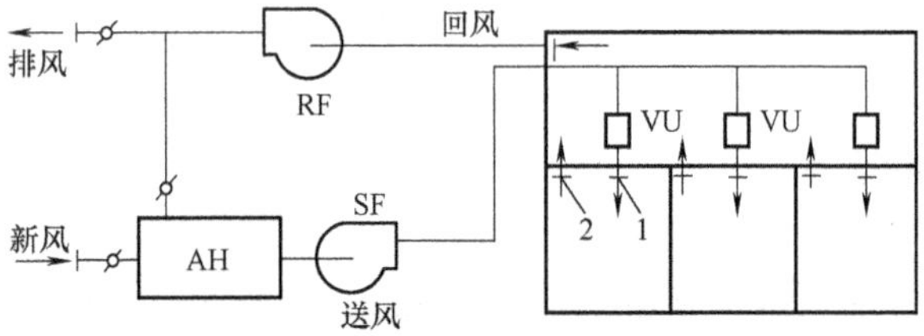

图5-6 变风量单风道空调系统

AH—空气处理机组 VU—变风量末端装置 SF—送风机 RF—回风机 1—送风口 2—回风口

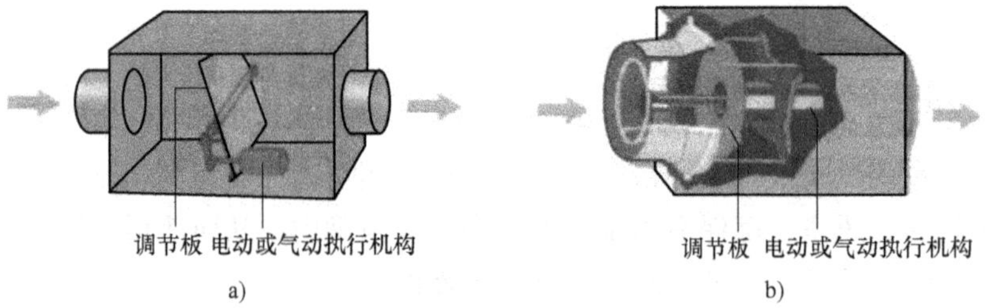

图5-7 节流型变风量末端装置

a）单叶风阀变风量箱 b）空气阀变风量箱

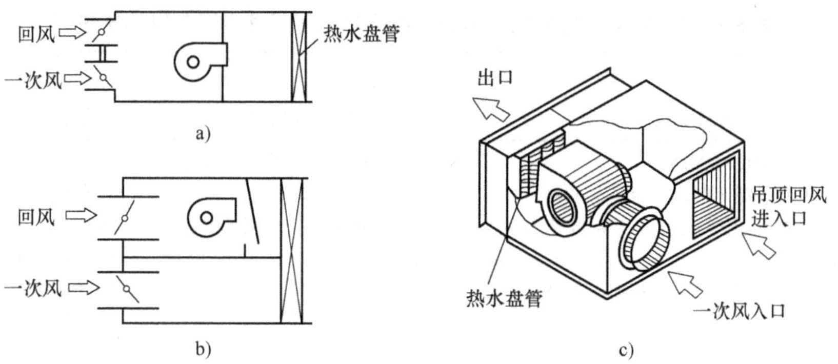

图5-8 风机动力型变风量末端装置

a）串联风机型 b）并联风机型 c）串联风机型变风量箱结构

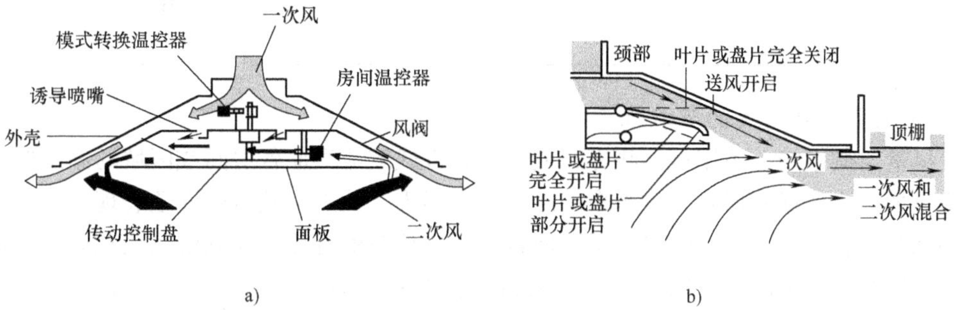

图5-9 变风量风口

a）结构 b）风量调节原理图

（2）系统类别 可以从不同角度对变风量空调系统进行分类，分别如下：

1）按照空调机组所采用的送风管道的数目来分，有单风道变风量系统和双风道变风量系统。前者只是用一条送风风管通过变风量末端装置和送风口向室内送风的；后者用双风管送风，一条风管送冷风，一条风管送热风，通过变风量末端装置按不同的比例混合后送入室内。双风管变风量系统，不符合节能原则，不宜采用。

2）按照所服务的区间来分，有单区系统和多区系统。当空调系统向负荷变化不同的区域送风时，采用多区变风量系统显示了它的优越性。除了空调机组的风量可以调节外，每个空调房间的送风口都装有变风量末端装置，并由室内温控器来控制送入房间的风量，达到有效控制各房间温度的目的。

3）按照风机风量是否可以变化来分，有“真”变风量系统（VAV）和“准”变风量系统（BVV），即旁通式系统。对于旁通式变风量空调系统来说，当空调区负荷发生变化时，空调机组送入房间的空气通过风管或变风量末端装置或送风口，将处理过的空气进入房间之前部分旁通到回风中，以改变送入房间的风量，达到变风量和控制室内温度的目的。

4）按照变风量末端装置的结构型式和调节原理来分，有节流型、风机动力型、旁通型和双风管型等4种。其中节流型是最基本的，其他的型式都是在节流型的基础上变化发展起来的。

（3）系统特点 变风量空调系统与其他常用的集中冷热源舒适性空调系统的比较详见表5-6[4]。

表5-6 VAV系统与其他常用的集中冷热源舒适性空调系统的比较[4]

比较项目	全空气系统		空气-水系统
	变风量空调系统	定风量空调系统	风机盘管+新风系统
优点	1）区域温度可控制 2）空气过滤等级高，空气品质高 3）部分负荷时风机可变频调速节能运行 4）可变新风比，利用低温新风节能	1）空气过滤等级高，空气品质高 2）可变新风比，利用低温新风节能 3）初投资较小	1）区域温度可控制 2）空气循环半径小，输送能耗低 3）初投资小 4）安装空间小
缺点	1）初投资大 2）设计、施工、管理复杂	1）系统内各区域温度一般不可单独控制 2）部分负荷时风机不可变频调节	1）空气过滤等级低，空气品质差 2）新风量一般不变，难以利用低温新风节能 3）室内风机盘管有滋生细菌、真菌与出现“水患”的可能

2. 变风量空调系统的节能性

变风量空调系统，不用再加热方式或双风管方式就能适应各房间或区域的温度要求，完全消除再加热方式或双风管方式带来的冷热混合损失。此外，其节能性还表现在：

1）设备容量减少。由于VAV系统能自动适应负荷的变化，在确定系统总风量时可以考虑一定的同时使用情况，所以能够减少风机装机容量。研究表明，和定风量（CAV）空调系统相比，设备容量减少20%～30%，建筑物同时使用系数可取0.8左右，可以节约空调系统的总装机容量10%～30%[14]。设备容量的减少可节省建筑空间的占用，降低建筑造价。

2）运行能耗的减少。由于空调系统在全年大部分时间里是在部分负荷下运行的，而变风量空调系统是通过改变送风量来调节室温的，末端装置可以随空调房间实际负荷的变化而改变送风量，而且充分利用负荷差异，减小了系统的总负荷，使得变风量空调器的冷却能力及风量比定风量风机盘管系统减少10%～20%，从而减少空调机组的风机能耗，明显降低运行用电量。

5.2.2 变风量空调系统的设计

变风量系统为全空气空调系统，其设计过程可参考全空气系统。设计中应注意以下方面。

1. 空调分区

变风量系统设计中，应该考虑空调负荷的特性，对于进深较大的空调房间宜进行内、外分区，其中外区进深可取3～5m（距离外墙或外窗）。根据内外分区的不同负荷特点分别采用不同的方式。空调内部区域不受室外负荷影响，主要是内热源，其空调为单冷系统，可采用变风量形式，一般不带供暖功能。外区即周边区域，按照外区所采取的供暖方式不同，主要有以下两种类型：

1）与散热器组合的周边系统。将热水或电热散热器设置在外区的地板上，作为冬季供暖用，能有效防止气流下降，运行成本低、控制简单。夏季采用变风量系统供冷。

2）变风量再热周边系统。在变风量末端装置（图5-10）中增加再加热盘管，一般采用热水、蒸汽或电加热盘管，供冬季使用，夏季关闭热盘管。

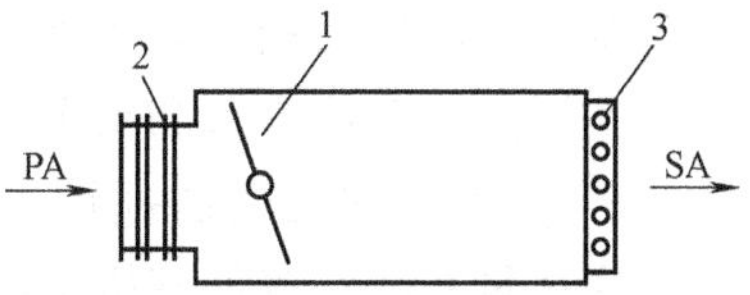

图5-10　再加热式变风量末端装置
1—蝶形调节风门　2—风量传感器
3—再加热器　PA—由系统来的一次风
SA—室内送风

2. 空调负荷的计算

空调系统在设计时，需要根据送风分区计算冷负荷，或逐个房间计算冷负荷。由于变风量系统能够根据实际需要实现能量供应的转移，因而除了进行单个房间的冷负荷计算外，还应做建筑物分区负荷或系统负荷的综合计算，求得同时出现的分区或系统的最大负荷值。分区或系统的综合冷负荷计算中人员、照明得热量，均应考虑同时使用系数。

在变风量系统中，系统负荷值取各时刻各个房间累计负荷中的最大值。考虑各个房间最大负荷出现的时间差，末端设备负荷总和应大于分区负荷，分区负荷总和大于整个建筑物的总负荷。这个差异，对于较小的系统很小，约为5%～10%；对于较大的系统则较大，会达到30%～35%。

在计算出的各种负荷中，单个温度控制区负荷累计用于选择末端装置；多个温度控制区负荷累计用于确定风管尺寸；系统负荷累计用于选择空调设备的型号[15]。变风量空调系统的负荷计算和设备选择的步骤如图5-11所示[3]。

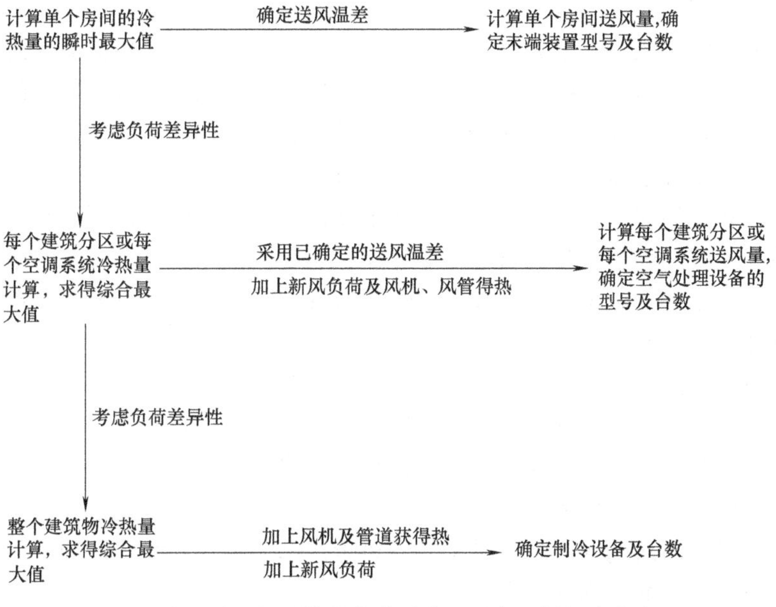

图5-11　变风量空调系统的负荷计算和设备选择的步骤流程图

3. 变风量末端装置的选择

变风量末端装置的选择主要依据三个性能参数：①标准送风量（或最大和最小送风量）；②噪声值；③装置入口静压值或装置最大压力降。

变风量末端装置的选择，与其控制功能是密不可分的。不同的控制设计要求，需要选用不同类型和大小的末端装置与之相配，才能获得满意的运行效果。两类变风量末端均能实现区域的独立温度控制，但接风口的变风量末端装置具有较大的通风能力，通常每个变风量末端装置带3～6个风口，可控制的空调区域范围较大；当要求将空调房间划分为多个较小单元的独立控制区域时，从经济性考虑，可采用变风量风口[7]。末端装置数量的选择，应该与建筑隔断、照明灯具和吊顶上的其他设备的平面布置协调一致。

4. 空气处理机组的选择

变风量系统空气处理机组即空调机组，一般采用组合式空气处理机组，可实现各个功能段的优化组合，大多设置在单独的空调机房内或安装在建筑物的屋顶机房内。

变风量空调机组的风机常采用中、高压离心式风机，风机风压根据风管系统布置、末端装置的类型、风口形式等确定。大多数空调机组风机的全压为1000～1500Pa，机外静压一般为450～700Pa，如按常规定风量空调系统概念，配置空调机组的机外静压为250～300Pa，在工程调试时常发现风量不够。变风量空调机组的送风机的电动机由变频装置驱动，使得空调机组风量范围变化大，适用于大风量的空调系统。

普通的空调系统空气过滤效率较低，常见风口附近出现黑渍，影响室内空气品质。变风量空调机组的过滤器大多采用比色效率60%的中效袋式过滤器。

对于高档写字楼，可每层设一台空调机组，也可根据建筑朝向不同，设置多台小型空调机组。对于进深较小而不设内、外区的空调系统，变风量空调机组需设置冷盘管和热盘管；对于进深较大而设置内、外区的，且外区末端装置采用再加热盘管或独立冷热装置、进入空调机组的新风已经过预处理的空调系统，其变风量空调机组里一般只设冷盘管。

5. 送风管道的设计

变风量空调系统的集中式空调机组的送风量根据系统逐时总冷负荷最大值计算确定；区域送风量按区域逐时负荷最大值计算确定；房间送风量按房间逐时负荷最大值计算确定。因此，各空调房间末端装置和支管尺寸按空调房间最大送风量设计；区域送风干管尺寸按区域最大送风量设计；系统总送风管尺寸按系统送风量设计。

变风量空调系统的送风管道设计时，为使末端设备的运行较为稳定，要求变风量末端装置的送风管内有一定的静压，且运行过程中应保持稳定，以利于末端装置的稳定运行。一般都设计成中速中压系统，也可以设计成低速低压系统，但是应满足系统静压控制的要求，并保证末端装置运行的静压值。

送风管道设计除满足技术要求外还应考虑管网的初投资和运行费。一般管网的初投资和运行费变化是相反的；风管尺寸大，初投资增加，阻力小，运行费低；风管尺寸小，初投资减小，阻力大，运行费高。需要对二者权衡优化，取得一个合理的平衡。

6. 变风量空调系统的控制

变风量系统送至各房间的风量和系统的总风量，都会随着房间负荷的变化而变化，基本控制要求包括以下几方面的内容：

1）房间温度的控制。根据房间设定的温度，调节末端装置风阀的开度，从而调节进入房间风量，并使空调空间的温度尽量平稳，较少受其他因素的影响。

2）空气处理机组的控制。保证送风温度符合设计要求，同时使送风量紧随系统负荷的减少而减少，实现最经济的运行。

3）房间正压的控制。通过对送风机和回风机的平衡控制来实现房间正压。

4）新风量的控制。变风量空调系统是根据冷热负荷变化而调整风量的，当室内负荷减少时，送风量和新风量同时减少，在对新风量有要求的房间，需采取恒定新风量的措施，如设定变风量末端最小开度或利用CO_2控制新风量[7]。

7. 设计中值得注意的问题[7]

1）噪声。变风量末端是系统中除了送、回（排）风机外比较大的噪声源，其入口调节阀片是末端装置中较高噪声的一个主要来源。另外，如果采用带风机的末端装置，该风机也是产生噪声的根源。可考虑的措施有：采用变静压法自动控制系统，尽量提高末端装置的节流调节阀的平均开度；尽量采用无风机的末端装置；尽量选用小型号的末端装置；合理设置所需的消声设备。

2）气流组织。在我国一些南方地区，冬季外区热负荷较小，末端装置采用电加热，没有热水盘管所产生的额外空气阻力，因此外区采用无风机的末端装置较多，失去了风机恒定送风量的作用，必须仔细分析气流组织，合理布置周边空调送风口，一般采用条缝型风口靠外窗布置为好，避免采用方形平面散流器。

3）房间温度控制。空调系统设计中应尽量避免同一个末端装置的送风口跨分隔分布。在冬季空调运行时，一些内外区连通的大空间场合，可以考虑外区的设定温度较内区低2～3℃，这样有利于内区产生的部分富余热量传至外区，承担外区的部分热负荷，从而达到空调运行时的节能目的。

5.2.3　变风量空调系统的应用

1. 应用场所

变风量空调系统比较适合多房间且负荷有一定变化的场合，如办公、会议、展厅等。尤其适用于格局多变的建筑，例如出租写字楼等，当室内参数改变或重新隔断时，可能只需要更换支管和末端装置，移动风口位置，或重新设定一下室内温控器。而对于负荷变化较小的场合，采用变风量系统的意义不大。

GB 50189—2005《公共建筑节能设计标准》有规定，下列全空气空气调节系统宜采用变风量空气调节系统：

1）同一个空气调节风系统中，各空调区的冷、热负荷差异和变化大，低负荷运行时间较长，且需要分别控制各空调区温度。

2）建筑内区全年需要送冷风。

2. 工程实例[20]

（1）工程概况　某大厦具有停车场、商场、餐饮、会议室、客房等功能，其空调系统的设计是按大厦功能分区的。下面以标准办公层为例，分析比较变风量系统和定风量系统的经济性。

某大厦标准办公层空调平面，如图5-12所示。该层建筑面积为2500m^2，其中核心筒区为730m^2，走廊为160m^2，空调面积为2000m^2，办公区空调面积为1600m^2，层高4m，吊顶高为2.7m，180人，新风为6210m^3/h。夏季设计冷负荷为238kW，其中围护结构60kW、照明

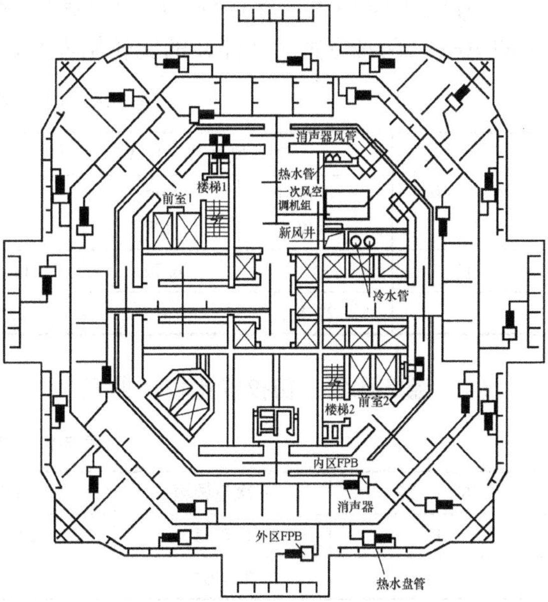

图5-12　某大厦标准办公层空调平面

动力 60kW、人员 22kW、新风冷负荷 96kW；冬季设计热负荷为 92.9kW，其中围护结构 60kW、新风热负荷 32.9kW，新风量为 6210m^3/h。本层分区是以外墙线向内 4.2m 处来划分为内外两区。

（2）空调设计方案　下面是两种空调系统的设计方案，方案 1 为变风量系统，采用一次风变频调速空调机组和串联式风机动力型变风量箱（FPB：Fan Power Box）；方案 2 为定风量系统。其中，各种空调方案的配置如下：

方案 1：一次风空调机组的设计风量 26482m^3/h、冷量 142.8kW，其风机全压 1000Pa、功率 15kW，一次风通过低速环形主风管送至末端串联型 FPB；回风经吊顶由空调机房处的回风管回至空调机组。新风由新风空调机组处理后经低速风管送至空调机房，空调机房内设置最大和最小新风阀。FPB 的一次风入口装有风速测定装置和电动阀，由房间感温元件通过 DDC 控制一次风量，FPB 内的小风机连续运转，将一次风与室内回风混合通过风管送至室内。本层外区 FPB 共 16 台，总供热量 74.8kW，外区的 FPB 一次风量为 18594m^3/h，FPB 的小风机风量为 22986m^3/h；内区 FPB 共 8 台，内区 FPB 一次风量为 11484m^3/h，FPB 小风机风量为 13086m^3/h。

方案 2：外区，空调机组 22986m^3/h，风机全压 1125Pa，功率 15kW；内区，空调机组 13086m^3/h，风机全压 1125Pa，功率 7.5kW。

（3）风系统的能耗比较（不考虑新风）　两种方案的风机功率的比较见表 5-7。

表 5-7　风机功率的比较

方　　案	一次风机/kW	FPB/kW	总功率/kW
1	15	6.72	21.72
2	22.5	0	22.5

假设空调系统的全年运行时间为 3600h，典型的变风量空调系统全年平均运行于设计风量的 70%，两种方案全年能耗的比较见表 5-8。

表 5-8　风系统全年能耗比较

方　　案	70% 风量时（仅 VAV）功率			全 年 能 耗		
	一次风机 /kW	FPB /kW	总能耗 /kW	一次风机 /（kW·h）	FPB /（kW·h）	总能耗 /（kW·h）
1	5.1	6.72	11.82	18360	24192	42552
2	22.5	0	22.5	81000	0	81000

（4）经济比较　初投资比较，见表 5-9。

表 5-9　初投资比较　　　　（单位：元）

方　　案	一次空调箱	FPB	风、水系统	总　造　价
1	157255	216000	281000	654255
2	253463	0	300000	553463

设基本电价 18 元/（kW·月），电价 0.9 元/（kW·h），风机运行能耗比较见表 5-10。

表 5-10　风机运行能耗比较

方　　案	一次风机		FPB		电价/元	基本电价/元	总运行费用/元
	/kW	/(kW·h)	/kW	/(kW·h)			
1	15	18360	6.72	24192	38297	4691	42988
2	22.5	81000	0	0	72900	4860	77760

以上数据表明，虽然串联型 FPB 空调方式（方案 1）的初投资为定风量空调方式的 1.2 倍，但串联型 FPB 空调方式的一次风风机采用变频调速，全年运行时风机能耗明显降低，总运行费用为定风量系统的 92.55%，可节省 7.45%，可在 4 年左右收回初投资多投的部分。

5.3　变制冷剂流量多联式空调技术

变制冷剂流量多联式空调系统即 VRV（Variable Refrigerant Volume）系统于 20 世纪 80 年代由日本大金工业株式会社首先研制推出[20]。该系统是具有集中式空调系统特点的新型空调系统，多联机空调系统因其在节能、智能化、管理、占空间小和外形美观等方面的优点逐渐成为空调系统的主导产品，市场占有率不断增加。

5.3.1　变制冷剂流量多联式空调系统与节能

1. 变制冷剂流量多联式空调系统

（1）系统组成及原理　变制冷剂流量多联式空调系统（简称多联机），是一台室外机组配置多台相同或不同形式、容量的室内机，通过改变制冷剂流量适应各空调区负荷变化的直接膨胀式空气调节系统。该系统室外机由室外侧换热器、压缩机和其他制冷附件组成；室内机由风机和直接蒸发器等组成。室内机和室外机之间由细小的冷媒铜管连接，室外机通过管路向若干个室内机输送制冷剂液体，而每台室内机可以自由地运转/停止或群组或集中等控制。系统根据室内舒适性参数及室外环境参数，通过控制压缩机的制冷剂循环量和进入室内各个换热器的制冷剂流量，可以适时地满足室内冷热负荷要求。

大多数多联式空调都是热泵型（包括热回收型）空调系统，即室内、室外侧换热器都具有冷凝器和蒸发器的双重功能。而且在单台室外机运行的基础上，同时发展出多台室外机并联系统，可以连接更多的室外机。

多联式空调系统的主要工作原理是：室内温度传感器控制室内机制冷剂管道上的电子膨胀阀，通过制冷剂压力的变化，对室外机的制冷压缩机进行变频调速控制或改变压缩机的运行台数、工作气缸数、节流阀开度等，使系统的制冷剂流量变化，达到制冷或制热两种方式随负荷变化而改变供冷量或供热量的目的。图 5-13 所示为多联式空

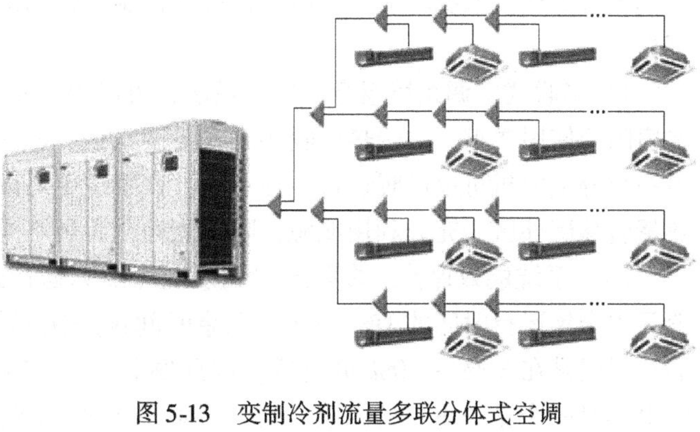

图 5-13　变制冷剂流量多联分体式空调

调系统示意图。

多联式空调系统根据采用压缩机形式的不同主要分为两大类：直流变频式与数码涡旋式，表 5-11 所示为该系统分类及特点。

表 5-11　变制冷剂流量多联式空调系统的分类[4]

<table>
<tr><th>类　型</th><th>特　点</th></tr>
<tr><td rowspan="2">直流变频式</td><td>根据室内负荷的变化，通过改变压缩机频率来调节制冷剂流量。部分负荷（部分室内机开启）能效比高于满负荷能效比</td></tr>
<tr><td>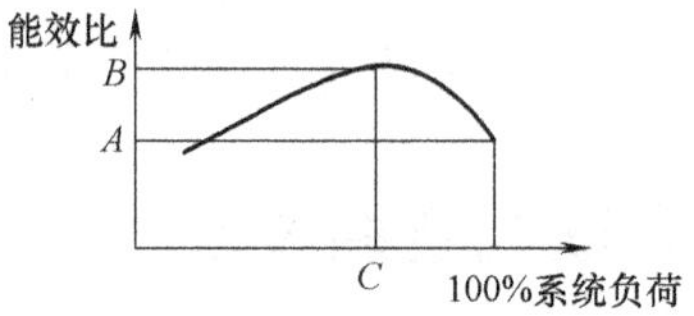

系统在 50% ~80% 使用率情况下，能效比比较高</td></tr>
<tr><td rowspan="2">数码涡旋式</td><td>根据室内负荷的变化，通过压缩机输出旁通来调节制冷剂流量。部分负荷能效比低于满负荷能效比</td></tr>
<tr><td>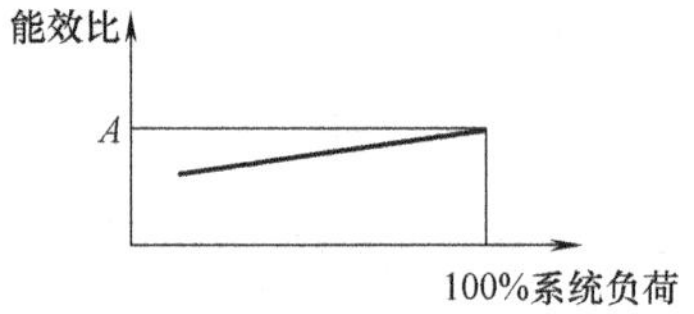
</td></tr>
</table>

（2）系统特点　多联式空调系统没有空调水系统和冷却水系统，系统简单，不需机房面积，管理方便灵活，可以热回收，且自动化程度较高，近年已在国内一些工程中采用。该空调系统具体主要有以下几个特点：

1）多联式空调系统可以根据系统负荷变化自动调节压缩机转速，改变制冷剂流量，保证机组以较高的效率运行。部分负荷运行时能效比较高，能耗下降，全年运行费用降低。

2）多联式空调系统采用的风冷式室外机一般设置在屋顶，不需占用建筑面积。系统的接管只有制冷剂管和凝结水管，且制冷剂管路布置灵活、施工方便，与集中空调水系统相比，在满足相同室内吊顶高度的情况下，采用多联式空调系统可以减少建筑层高，降低建筑造价。

3）与集中式空调系统相比，多联式空调系统施工工作量小得多，施工周期短，尤其适用于改造工程。系统环节少，所有设备及控制装置均由设备供应商提供，系统运行管理安全可靠。

4）多联式空调系统组合方便、灵活，可以根据不同的使用要求组织系统，满足不同工况房间的使用要求。对于热回收多联式空调来说，一个系统内，部分室内机在制冷的同时，另一部分室内机可以供暖运行。在冬季，该系统更可以实现内区供冷，外区供暖，把内区的热量转移到外区，充分利用能源，降低能耗，满足不同区域空调要求。

（3）系统能效评价　多联式空调系统在实际运行过程中，满负荷运行的时间很短，一般只占全年运行时间的 1% ~3%，其余时间都是在部分负荷下运行的，而其中又有 70% 的运行时间是在 30% ~70% 负荷段。因此衡量一个空调产品节能性的好坏，其部分负荷的 COP 值是一个至关重要的因素。对于多联式空调系统，可以用 IPLV 值（多联式空调（热泵）机组制冷综合性能系数[21]）来评价一个季节的空调系统的用能效率。

2. 变制冷剂流量多联式空调节能性

多联式空调是一种全新概念的空调，它集一拖多技术、节能技术、智能控制技术、网络控制技术和多重健康技术等多种高新技术于一身，除了能满足消费者对舒适性、方便性等方面的要求之外，该型空调还具有较大的节能潜力，主要体现在以下几个方面[22]：

（1）采用高效压缩机　多联式空调系统大多数情况下采用的是涡旋式压缩机。涡旋式制冷压缩机结构简单，不需要设置吸、排气阀片；具有较高的容积效率，易损部件少，运行平稳，噪声低，而且允许吸入少量湿蒸汽，故特别适用于热泵式空调。相对于其他几种压缩机而言，涡旋式制冷压缩机的能效比较高，相对较节能。

（2）冷（热）量直接由制冷剂输送　多联式空调系统直接以制冷剂作为传热介质。由于制冷剂存在相变过程，在同样质量流量下，工质主要以液态形式流动，用沸腾和凝结换热传送的冷量或热量远高于同质量的水或空气传输的冷量或热量。而且不需要庞大的风管或水管系统，减少了输送耗能及载冷剂输送中能量损失。

（3）冷（热）量随负荷调节　每台室内机组可以自由开启和停止，由于采用先进的变频技术，系统可实现多级的能量调节，根据室内空间不同情况的负荷需要，室外机组自动调整输出负荷，进行“按需供给”冷（热）量，从而克服了传统中央空调只能进行全开或半开的单一调节的缺点，大大减少能量的损耗和浪费，使得整个系统消耗的能量最低，较一般中央空调节能15%～25%。

5.3.2　变制冷剂流量多联式空调系统的设计

1. 系统确定

多联式空调系统设计之前，应确定采用何种系统。对于只需供冷而不需要供暖的建筑，可采用单冷型多联式系统；对于既需要供冷又需要供暖且冷热使用要求相同的建筑可采用热泵型多联式系统；而对于分内、外区且各房间空调工况不同的建筑可采用热回收型多联式系统。

2. 系统设计步骤[23]

（1）选择室内机　室内机形式依据空调房间的功能、使用和管理要求来确定。根据建筑物室内要求的干、湿球温度以及建筑物所在地夏季空调室外计算干球温度，计算出建筑物内每个房间的冷负荷，此冷负荷是选择室内机的依据。空调室内机的额定制冷容量是在标准空调工况（室外干球温度为35℃，室内干球温度为27℃、湿球温度为19℃）时的制冷量。由于夏季空调系统的设计条件与标准空调工况是不一样的，因此空调室内机的实际制冷容量与额定制冷容量也是不同的。这时候需要对应设备生产厂所提供的实际制冷容量表（图）进行修正后，再根据计算出的房间冷负荷选出最接近或大于房间冷负荷的室内机。此外当采用热回收装置或新风直接接入室内机，室内机选型时应考虑新风负荷；当新风经过新风多联机系统或其他新风机组处理时，则新风负荷不计入总负荷。

（2）选择室外机　室外机应根据室内机安装的位置、区域和房间的用途考虑。室内机和室外机组合时，室内机总容量值应接近或略小于室外机的容量值。如果一个系统中，因各房间朝向、功能不同而需考虑不同的使用因素，则可以适当增大连接率。

1）根据室内外机的容量配比系数来确定室外机额定制冷容量，室内外机的容量配比系数是指一个系统内所有室内机额定制冷容量之和与室外机额定制冷容量的比。室外机可以在容量配比系数 50% ~135% 之间运行，但在设计选型时，要根据系统的具体使用情况来定。同时使用率较低的场所，容量配比系数以 110% ~120% 比较合适；同时使用率较高的场所，最好在容量配比系数接近或者小于 100% 下选择室外机，系统容量配比系数宜参照表 5-12 进行选择。

表 5-12　系统容量配比系数选择

同时使用率	最大容量配比系数	同时使用率	最大容量配比系数
≤70%	120% ~130%	80% ~90%	100% ~110%
70% ~80%	110% ~120%	≥90%	100%

2）根据室内外机的容量配比系数，室内要求的干、湿球温度以及夏季空调室外计算干球温度对照不同厂家提供的实际制冷容量图（图 5-14）查出室外机实际制冷容量。空调室外机的额定制冷容量是在标准空调工况，容量配比系数为 100% 时的制冷量，因此空调室外机的实际制冷容量与额定制冷容量也是不同的。每个厂家的不同额定制冷容量室外机都有在不同的容量配比系数，室内干、湿球温度以及室外干球温度下的实际制冷容量表（图）。

3）配管长度及高差修正。空调室外机的额定制冷容量是在冷媒配管长度为 5m，室内外无高度差时的制冷量，因此根据系统的实际配管长度、室内外机及高差，在修正曲线图（图 5-15）上查取相应的修正系数 α，室外机制冷容量乘以系数 α 才是最终制冷容量。经过修正后得到的才是室外机的最终制冷量 Q_{OF}。

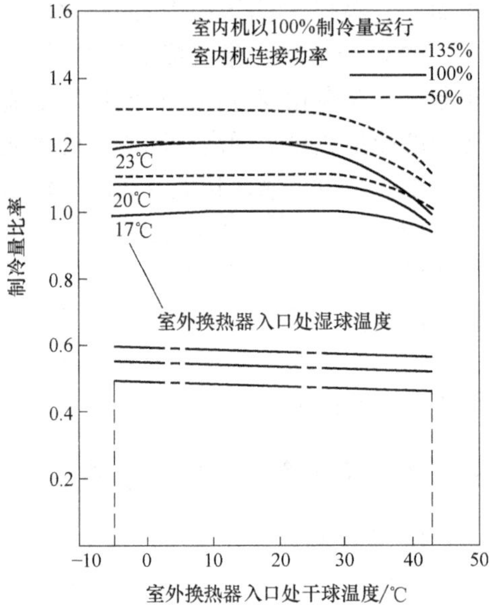

图 5-14　室外机制冷容量修正图

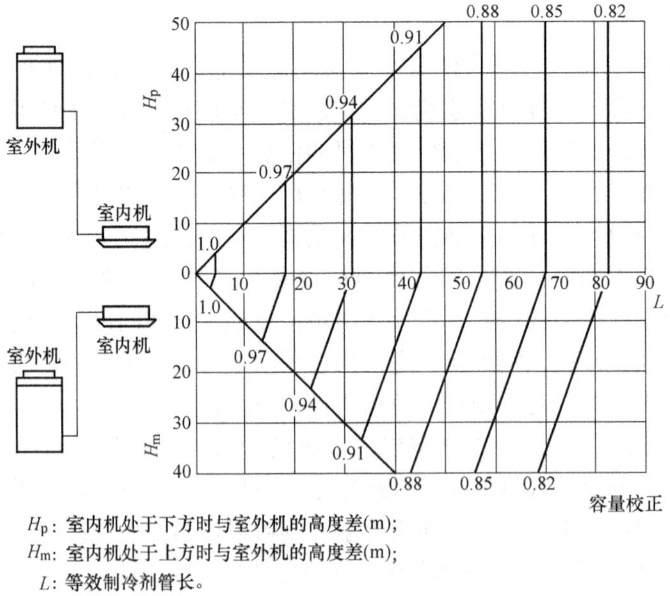

图 5-15　配管长度与高差修正图

4）校核室内机最终制冷量。系统中每个室内机的最终实际制冷容量为

$$Q_{\mathrm{IF}} = Q_{\mathrm{OF}}Q_I / \sum_{I=1}^{N} Q_I \tag{5-9}$$

式中　Q_{IF}——室内机的最终实际制冷容量；

Q_{OF}——室外机最终的实际制冷容量；

Q_I——室内机的额定制冷容量；

N——系统中室内机的数量。

如果按照上式计算出的室内机的最终实际制冷量小于该室内机所对应的房间负荷，则应重新选择室内机，再按上述步骤进行计算，直到满足要求为止。多联式空调系统设计步骤可归纳为图5-16。

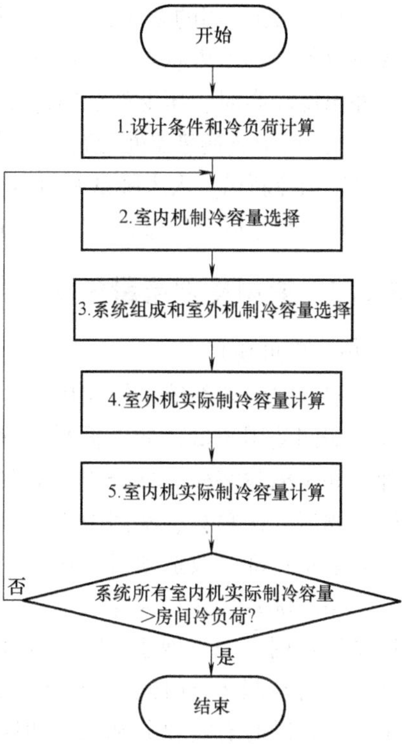

图5-16　多联式空调系统设计流程图

3. 设计注意事项[23]

（1）室内机与室外机容量的匹配　室内机的容量应根据所在房间的最大负荷选择。合理经济地选择室外机容量需要考虑以下两个因素：同一个系统中各室内机同时使用率；空调房间的冷热负荷峰值的时间分布。

一般的室内机与室外机的容量匹配比要求控制在50%～130%。同时，在空调系统设计时，需要对建筑物的功能、朝向、使用情况等进行分析，合理划分多联机系统。在功能相似的房间划分空调分区，尽量使用同一系统的室内机，避免出现同时最大负荷峰值（比如室内机布置在不同朝向的区域），这样可以有效减少室外机的容量，匹配可以达到1.1，也可以使室外机运行尽量平稳，不出现负荷的剧烈波动；在同一多联机系统中，每个室内机同时使用的概率较小，比如住宅和别墅等，室内机的匹配可以达到1.3，但是要注意同时使用时压缩机的过载，防止冬季制热效果下降。

（2）冷媒铜管的配置　当前多联机市场上，一般厂家的标准配管长度为7～10m。冷媒管加长会增加管路的阻力，压缩机的吸气压力降低，过热增加，能效比COP值降低。过大的内外机高度差影响回油效果。机组制冷能力随管长增加衰减明显，制热影响相对较小。综合考虑，建议冷媒管长度不超过120m，高度差不超过50m，最好不超过40m。同时在设计中要考虑管长及室外环境湿度对制冷量、制热量的修正。多联机系统管线第一分支到最末段室内机的管长对系统中冷媒的分配有重要影响，可能会导致冷媒分配不均，影响最不利管线处室内机的效果。一般厂家规定该管长小于40m。设计中建议控制在30m以内。

（3）冷量修正　由于管路加长后冷媒的沿程阻力损失增大，出现闪发，末端室内机制冷/制热效率降低。另外，对于VRV系统，管路过长会使部分润滑油沉积在冷媒管道内，长期运行造成润滑油回油困难。多联式空调系统室内机与室外机的额定制冷量是在标准工况下测得的数据，实际工程条件往往偏差加大，因此，产品样本中所提供的技术参数与实际工程条件（室内外温度、内外机高差、管道长度）不同时，应对冷量进行修正，否则达不到使用要求。

(4) 系统新风问题　为了满足卫生要求，经常有人停留的建筑物内需设置新风系统，其最小新风量必须满足国家相关卫生标准的要求，因此，新风系统的设置在多联机空调系统中不容忽视。目前常用的新风处理方式有以下几种：

1) 室内机作为新风机来处理新风、未经过处理的新风直接接入室内机，由室内机负担了部分新风负荷，因此室内机型号加大，噪声也增大，在室外温度较高时，会使室外机长时间超负荷运转，出现过流保护。而且在室外空气湿度较大时，室内机除湿量增大，室内相对湿度无法保证要求。

2) 使用专用的新风机。这类新风机通常按新风状态设计，加大了机组盘管的排数，可将新风处理到室内状态点。但此种方法工程造价较高，影响在工程中的应用。另一方面，在室外温度较高时，压缩机长时间不间断运行，会影响机组的寿命。

3) 用全热换热器处理新风。使用全热换热器在向房间补充新风的同时，利用室内排风的冷量来预冷新风，大大降低新风负荷，非常节能，这种方式适合有排风要求的场合。但需要注意新风口和排风口的布置一定要合理。该系统较复杂，且有新风和排风交叉污染的问题。

5.3.3 变制冷剂流量多联式空调系统的应用

1. *应用场所*

多联式空调系统主要应用于舒适性空调领域，特别适合于专业管理能力弱，如学校、医院；房间使用率低，如度假村、别墅、高档公寓；空调房间分散，分室分户收费，集中管理，如出租写字楼、办公楼、商住楼；更适合于中小型项目，如几千平方米的企事业办公楼、酒店、夜总会、洗浴中心；负荷波动大，使用功能有区别，如大型商场、体育馆等的部分办公室；部分改造项目等场合[24]。

GB 50019—2012《采暖通风与空气调节设计规范》中指出：变制冷剂流量的多联式空调系统适用于中小型建筑物的空气调节或者较大型建筑物基于使用功能需要分区进行空气调节、同时空调运行时间不统一的系统中。该系统全年运行时，宜采用热泵式机组。在同一系统中，当同时有需要分别供冷和供暖的空气调节区时，宜选择热回收式机组。变制冷剂流量多联式空气调节系统不宜用于振动较大，油污蒸气较多以及产生电磁波或高频波的场所。

2. *工程实例*[25]

(1) 工程概况　该大厦是一栋 27 层的办公大楼，总建筑面积 14000m^2，每层建筑面积 500m^{2}左右，3 ~ 18 层的层高大部分只有 3m，最高不超过 3.2m。19 层以上的楼层层高 3.1 ~ 3.2m，且在结构设计上飘出 3.2m，结构梁设计较大，最大梁高 0.7m。大梁纵横交错，有效使用空间较低。以上特点使得该大楼在空调系统的设计中必须尽可能减小设备机房的使用面积，并应尽可能地不多占用楼层空间。

(2) 空调设计方案

1) 中央空调系统。主机采用 2 台 300RT（1RT = 3.517kW）螺杆式冷水机组，配 3 台冷却水泵，3 台冷冻水泵，均置于地下室，所需机房面积为 160m^2，由于地下室主机房位置要安装电梯，只能将主机房移到 27 层处，为安装、维修带来很大困难。系统每层末端采用风机盘管系统，因层高较低，梁底只剩 2.3m 的净空，因而无法考虑新风的设置。为了尽量提高使用空间，将风机盘管尽可能置于板下，避开梁，而冷冻水管和冷凝水管占用了较大空间，加保温占用空间 120mm，考虑供回水管交叉将占用 300mm 左右。

2）VRV系统。按每层情况选用44台10匹单冷室外机及22台8匹单冷室外机共510RT。首层室外机置于2层飘板处，3～10层室外机置于大楼6层阳台处，11～14层的室外机置于16层屋面，18～22层室外机置于22层天台处，23～26层室外机置于27层屋面处。这样布置室外机既满足VRV系统要求的室内外机最大高差不超过50m（室外机高于室内机时）或40m（室外机低于室内机时）的条件，同时不占用使用面积，又可正常运转。

（3）能耗对比分析 考虑到中央空调的末端装置风机盘管与VRV系统的室内机容量基本相同，只需比较中央空调主机制冷水系统与VRV系统的室外机容量（表5-13）。

表5-13 VRV系统与中央空调系统能耗对比

空调系统	设备名称	数量/台				单位功率/(kW/台)	装机容量/kW			
负荷率		100%	30%	50%	70%		100%	30%	50%	70%
中央空调系统	主机(300RT)	2	1(60%)	1(100%)	2(100%+20%)	208	615	243.5	307.5	461
	冷冻水泵	2	1	1	2	55				
	冷却水泵	2	1	1	2	35				
	冷却塔	2	1	1	2	7.5				
VRV系统	室外机(10匹)	44				7.5	451	162	270.6	384.6
	室外机(8匹)	22				5.5				

注：1RT＝3.517kW，1匹≈2.5kW。

（4）全年耗电量 全年空调使用时间为210天（7个月），每天使用9小时，考虑满负荷使用时间60天（2个月），30%负荷时间30天（1个月），50%负荷使用时间60天（2个月），70%负荷使用时间60天（2个月），则：

1）中央空调系统主机制冷水系统全年空调耗电量：

$$(615\times60+243.5\times30+307.5\times60+461\times60)\times9\text{kW}\cdot\text{h}=812835\text{kW}\cdot\text{h}$$

2）VRV系统全年空调耗电量：

$$(451\times60+162.4\times30+270.6\times60+384.6\times60)\times9\text{kW}\cdot\text{h}=641196\text{kW}\cdot\text{h}$$

按每1kW·h电1.5元计，VRV空调系统一年可比中央空调系统节约25.7万元。

（5）系统调节性 该栋大楼是办公用，建设单位希望使用时调节灵活，个别房间在8h以外仍可使用空调。在调节方面，VRV系统表现出了较大的灵活性，VRV系统室内机有独立的温控装置可自行调节，即使只用1台室内机开启，室外机也可运行。而中央空调系统在调节方面则不如前者灵活，2台300RT的螺杆机可在15%～100%负荷范围内无级调节，15%即45RT，需要20台800号的风机盘管开启，主机才可起动，6、7、8层总冷负荷为35RT，如在夜间使用，则造成主机供冷浪费。再者，中央空调系统需要专人管理，24h值班，而VRV系统则可根据使用者自身的需要来调节室温。

（6）系统施工安装 中央空调系统在盘管、水管、主机、水泵等安装完毕之后，需要对空调系统进行冲洗、试压，并对各层冷冻水系统进行平衡水量方面的调节、保温，才可交付使用，施工时间较长，工序复杂。VRV系统采用的是小口径冷媒管道和REFNET管道选购部件，使得安装能够简便而迅速地进行，而且在安装完每一层的室内外机后，经管道试压及充注制冷剂后即可使用。

（7）其他方面　以上方面比较，VRV 变频空调系统较中央空调系统具有较多的优势。但另一方面，VRV 系统还具有一些不完善的地方：首先，它的使用寿命比中央空调系统短，VRV 空调系统压缩机为变频控制涡旋压缩机，起动电流低，寿命约为 15 年以上，而螺杆式压缩机寿命可达 25 年以上；其次，VRV 系统室内外机用铜管连接，管内走制冷剂，冷媒管网有压力，这对施工技术要求较高，不允许有冷媒泄露现象，使用后也得经常维修、保养。

综合以上各因素，该空调工程最后决定采用 VRV 变频控制空调系统。

5.4 中央空调新风节能技术

随着经济和社会的发展，中央空调在商业和民用建筑中的应用越来越广泛，中央空调是现代建筑中不可缺少的能耗运行系统。并且人们的健康意识逐步增强，开始追求高品质的工作、生活环境，尤其是两种热点“疾病”，即“空调病”和“SARS”，使社会各界对建筑新风系统加强了重视。因此，中央空调新风系统的设计就显得更加重要。

中央空调系统在给人们提供舒适的生活和工作环境的同时，又消耗了大量的能源。随着设备功率和数量的增加，其能耗也不断增大。据统计，我国建筑物能耗约占能源总消耗量的 30%。在有中央空调的建筑物中，中央空调的能耗约占建筑总能耗的 60% 以上，而且呈逐年增长的趋势。从大量工程实例可以知道，空调中为处理新风所需能耗大致要占到总能耗的 25% ~30%，在南方地区还要高一点。因而为了降低新风能耗，达到节能目的，必须采用新风节能技术[7]。

5.4.1 中央空调的新风

1. 中央空调的新风量

空调系统中引入室外新鲜空气是保障良好室内空气品质的关键。一个完善的空调系统，除了满足对室内温、湿度控制以外，还必须给房间提供足够的室外新鲜空气（简称新风），因此一般情况下，中央空调的送风空气由新风和回风组成。

由于空调系统中新风的热状态参数不同于室内空气，冬夏季对新风的热湿处理所消耗的能量很多，因此新风需求量越大，新风能耗就越大。新风量的增加与能耗的增长并非线性关系。在满足室内要求的基础上，减小新风量是新风节能的重要方法之一[7]。但是不能无限制地减小新风量，从改善室内空气品质的角度来说，新风量越多越好。因而在系统设计时，必须确定最小新风量以满足室内的要求。单个房间的最小新风量通常应满足以下三个要求：

1）稀释人群本身和活动所产生的污染物，保证人群对空气品质的要求。在人员长期停留的空调房间，由于人们呼出 CO_2 气体量的增加，会逐渐破坏室内空气的正常成分，给人体健康带来不良影响。因此在空调系统的送风量中，必须掺入含 CO_2 量少的室外新风来稀释室内空气中的 CO_2 含量，使之合乎卫生标准的要求。GB 50736—2012《民用建筑供暖通风与空气调节设计规范》[26]中规定：公共建筑主要房间每人所需最小新风量应符合表 5-14 所示规定；设置新风系统的居住建筑和医院建筑，所需最小新风量宜按换气次数法确定，居住建筑换气次数宜符合表 5-15 所示规定，医院建筑换气次数宜符合表 5-16 所示规定；高密度人群建筑每人所需最小新风量应按人员密度确定，且应符合表 5-17 所示规定。

表5-14 公共建筑主要房间每人所需最小新风量 [单位：$m^3/(h\cdot人)$]

建筑房间类型	新风量
办公室	30
客房	30
大堂、四季厅	10

表5-15 居住建筑设计最小换气次数

人均居住面积 F_p	每小时换气次数
$F_p \leqslant 10m^2$	0.70
$10m^2 < F_p \leqslant 20m^2$	0.60
$20m^2 < F_p \leqslant 50m^2$	0.50
$F_p > 50m^2$	0.45

表5-16 医院建筑设计最小换气次数

功 能 房 间	每小时换气次数
门诊室	2
急诊室	2
配药室	5
放射室	2
病房	2

表5-17 高密度人群建筑每人所需最小新风量 [单位：$m^3/(h\cdot人)$]

建 筑 类 型	人员密度 P_F/（人/m^2）		
	$P_F \leqslant 0.4$	$0.4 < P_F \leqslant 1.0$	$P_F > 1.0$
影剧院、音乐厅、大会厅、多功能厅、会议室	14	12	11
商场、超市	19	16	15
博物馆、展览厅	19	16	15
公共交通等候室	19	16	15
歌厅	23	20	19
酒吧、咖啡厅、宴会厅、餐厅	30	25	23
游艺厅、保龄球房	30	25	23
体育馆	19	16	15
健身房	40	38	37
教室	28	24	22
图书馆	20	17	16
幼儿园	30	25	23

对于公共建筑，GB 50189—2005《公共建筑节能设计标准》[19]中规定的设计风量，见表5-18。

表 5-18 公共建筑主要空间的设计新风量

建筑类型与房间名称			新风量/［m³/（h·人）］
旅游旅馆	客房	5 星级	50
		4 星级	40
		3 星级	30
	餐厅、宴会厅、多功能厅	5 星级	30
		4 星级	25
		3 星级	20
		2 星级	15
	大堂、四季厅	4～5 星级	10
	商业、服务	4～5 星级	20
		2～3 星级	10
	美容、理发、康乐设施		30
旅店	客房	1～3 级	30
		4 级	20
文化娱乐	影剧院、音乐厅、录像厅		20
	游艺厅、舞厅（包括卡拉 OK 歌厅）		30
	酒吧、茶座、咖啡厅		10
体育馆			20
商场（店）、书店			20
饭馆（餐厅）			20
办公			30
学校	教室	小学	11
		初中	14
		高中	17

2）按照补充室内燃烧所消耗的空气或补偿排风（包括局部排风和全面排风）量要求。如果建筑物内有燃烧设备时，系统必须给空调区补充新风，以弥补燃烧所消耗的空气。燃烧所需的空气量可从燃烧设备的产品样本中获得，也可根据相关公式计算而得。如果空调房间有排风设备，为了不使房间产生负压，至少应补充与局部排风量相等的室外新风。

3）按照保证房间的正压要求。为了防止外界未经处理空气渗入空调房间，有利于保证房间清洁度和室内参数少受外界干扰，需要使空调区保持一定正压值，即用增加一部分新风量的办法，使室内空气压力高于外界压力，然后再让这部分多余的空气从房间门窗缝隙等不严密处渗透出去。舒适性空调室内正压值不宜过小，也不宜过大，一般采用 5～10Pa 的正压值就可满足要求。当室内正压值为 10Pa 时，保持室内正压所需的风量为每小时约 1.0～1.5 次换气。室内正压值超过 50Pa 时会使人感到不舒适，而且需加大新风量，增加能耗，同时开门也较困难，因此规定室内正压值不应大于 50Pa。对于工艺性空调，因与其相通房间的压力差有特殊要求，其压差值应按工艺要求确定。

通常按照上述三条要求确定新风量中的最大值作为每个房间的最小新风量。对于半集中式空调，新风系统的新风量即为系统所服务的每个房间的最小新风量之和。对于全空气系统，若以上计算的最小新风量仍不足系统总送风量的 10%，则新风量应按总送风量的 10%

计算，以确保卫生和安全。但温、湿度波动范围要求很小或净化程度要求很高，房间换气次数特别大的系统不在此列。这是因为通常温、湿度波动范围要求很小或净化程度要求很高的空调区送风量一般都很大，如果要求最小新风量达到送风量的10%，新风量也很大，不仅不节能，大量室外空气还影响了室内温、湿度的稳定，增加了过滤器的负担。

综上所述，最小新风量可按图5-17所示确定。

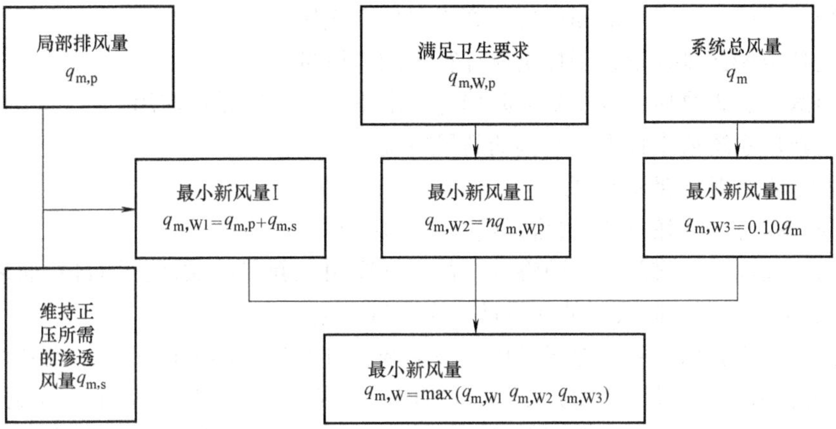

图5-17 空调最小新风量的确定

以上讨论的空调房间最小新风量的确定原则都是按照空调系统为单个区域服务的情况考虑的。在一个空调系统负担多个空调房间时，由于每个房间人员数量与负荷条件的不同，各房间的新风比会有很大的差别，然而同一个集中空调系统的新风比是唯一的，因此，各个空调房间按比例实际分配得到的新风量就不一定符合要求。因此，对于一个中央空调系统为多个房间服务的场合，为了较合理地确定空调系统的最小新风量，做到保证人体健康的卫生要求，又尽可能地减少空调系统的能耗，需根据空调房间和系统的风量平衡来确定空调系统的最小新风量。

当一个空调系统负担多个使用空间时，系统的最小新风量可按下列公式计算确定。

$$Y=X/(1+X-Z) \tag{5-10}$$

$$Y=\sum q'_{m,W}/\sum q_m \tag{5-11}$$

$$X=\sum q_{m,W}/\sum q_m \tag{5-12}$$

$$Z=q_{m,W,max}/q_{m,max} \tag{5-13}$$

式中 Y——修正后的系统新风量在送风量中的比例；

$\sum q'_{m,W}$——修正后的总新风量（m^3/h）；

$\sum q_m$——总送风量，即系统中所有房间送风量之和（m^3/h）；

X——未修正的系统新风量在送风量中的比例；

$\sum q_{m,W}$——系统中所有房间的新风量之和（m^3/h）；

Z——需求最大的房间的新风比；

$q_{m,W,max}$——需求最大的房间的新风量（m^3/h）；

$q_{m,max}$——需求最大的房间的送风量（m^3/h）。

采用上述计算公式时，部分新风经过一次甚至多次循环后才“被利用”，因此某些房间的新风“年龄”会长些。如果设计中要考虑新风“年龄问题”，就需要针对系统的实际情况进行更为详细的计算。

按以上方法确定的新风量是最小新风量。由于一年四季室外气候条件是变化的，新风的状态参数随之变化，当可利用新风冷源或低湿度时，应尽量增大新风量，以节约人工冷源的费用，同时也可得到较好的室内空气品质。此外，有下列情况存在时，应采用全新风空调系统：

1）制冷工况时空调系统的回风比焓高于室外空气比焓。

2）系统各空调区排风量大于按负荷计算出的送风量。

3）室内散发有害物质，以及防火防爆等要求不允许空气循环使用。

4）独立新风系统或半集中式空调的新风系统。

2. 中央空调的新风供给方式

目前空调系统常采用的新风供给方式有以下几种。

1）无组织新风。仅靠门窗缝隙渗透，甚至开窗引入新风的做法，即自然通风的新风供应方式，无法保证空调房间所需的新风量，应尽量避免。

2）室内机自吸新风。对于像多联机中央空调，可通过选用室内机专用换新风组件，将新风引入机组，采用室内机自吸的方式送入室内。新风一般直接取自室外，不经过温、湿度处理（有时经过简单的过滤），新风负荷由室内机承担，室内机除湿负荷增大，在高湿度地区室内湿度较难控制，影响空调效果。

3）采用新风机组。对于风机盘管、多联机等空调系统，可设置新风机组，向新风机组供冷（热）媒，新风由新风系统分别送入各房间。

4）组合空调机组送风。对于全空气空调系统，空调机组的送风包括新风和室内回风，其中新、回风量最好全年可调。

5.4.2 新风节能关键技术

随着能源供应的日趋紧张及对室内空气品质要求的日益增高，人们迫切要求在保持空调区域舒适度的前提下，最大限度地降低空调能耗。新风负荷在空调系统负荷中所占的比例较大，因此如何降低新风负荷对中央空调系统节能很重要。

1. 提高新风品质

要减少新风量又要保证室内空气品质就必须提高入室新风空气质量和提高新风利用率。提高送风质量可从新风的处理、风道的维护、回风处理方面努力，提高新风的利用率可从加强气流组织，改变送风方式入手。

一是要加强新风口设置的管理，保证新风口设置在建筑周围污染物浓度较低处。首先，引风点必须是一个空气质量相对好的地方。其次要保持新风的新鲜度，要尽量减少从新风入口到室内的路程，使新风尽可能地保持少受污染，因为新风处理机、风管等均有可能对新风造成二次污染。在选取新风口和新风入室的路径方面，设计人员有必要对建筑周围的环境污染物的情况进行分析。

二是要对新风进行净化处理，增加过滤网的效率，选择具有杀菌、吸附功能的过滤功能段。这些措施虽然可能使成本增加，并需要定期更换过滤网，但均能减少系统新风量的引入，对提高室内的空气品质和减少新风处理能耗大有好处。在室内回风处理上，可采用回风吸附净化技术，加大对室内散发污染物的处理。

三是要加强对空调系统的维护，特别是风管、盘管的清洗。例如，盘管清洗后的空调机组的送风量和回风量均明显增加，提高了空调系统的运行效率，具有明显的节能效果。

2. 调节新风量

通过调节空调系统的新风量来节省空调系统的能耗有两方面含义：一是在过渡季节，用焓值较低的室外新风来抵偿部分冷负荷，节省对空气热湿处理的能耗；二是在冬季，新、回风以最小新风比混合后的焓值（或含湿量）大于送风露点的焓值（或含湿量）时，可用冬季新风的低湿度，增大新风量使新回风混合后参数达到要求，从而不需要用冷却减湿的方式来保证室内湿度，节省了人工冷源的能耗。

有研究表明[26]，一些地区在春秋两个季节，差不多有三个月的时间，可以利用新风的冷量，采用新回风混合或是全新风来供冷，而不用开制冷机；新风量如果能够从最小新风量到全新风变化，在春秋季可以节约近60%的能耗；全年累计变新风量所需的供冷量比固定的最小新风量所需的供冷量少将近20%。所以充分利用低温室外新风的节能效果是很明显的。

为了实现新风量的全年可调，应当设置可调节风量的排风系统，以保证室内的正压恒定。如果不设置排风系统，室内正压将随新风量的变化波动，甚至会造成回风排不掉，新风抽不进的情况。系统排风量的大小等于各空调房间的回风量之和与空气处理室的回风量的差值。

3. 新风预热处理

前面已介绍，空调系统中对新风的热湿处理所消耗的能量较多，而对新风的热湿预处理可以采用低品位的能源，因此采用新风预处理技术对能量的高效利用有重要意义。新风预热处理技术通常有两类：热回收式新风预处理和除湿式新风预处理。

1）热回收式新风预处理。为了保证室内压力恒定，空调房间有多少新风就有多少排风。又由于空调房间排风的热状态参数接近室内空气的参数，排风的焓值相对新风有一定的焓差，直接排入大气会造成能量损失，可利用排风来预冷或预热新风。热回收式新风预处理是在传统空调系统中增设预处理新风的热回收装置。热回收装置的种类很多，有全热换热器、显热换热器、闭式环路热回收系统、热泵等。其中，以转轮式全热换热器的热回收效率最高，可接近77%；闭式环路热回收系统的设备费最少，且维护管理简单。热回收式新风预处理系统能回收排风中的能量对新风进行预处理，可减小设备容量，降低系统的部分制冷量和除湿量。

2）除湿式新风预处理。这是利用除湿设备处理新风，包括两种方法：一种是直接将除湿设备处理的空气送入空调房间与经空调机组处理的冷风混合；另一种是用除湿设备将新风预处理后再送入空调机组。第二种方法是将除湿技术与空调技术相结合，可先将新风中的潜热转化为显热，然后再利用冷源去除显热。除湿式新风预处理，由于可以将室内湿负荷交给新风承担，因而可以将温、湿度控制解耦，避免了冷热抵消和低机器露点的要求，大大地减少了制冷量，实现温、湿度独立控制（见5.7节），调节方便，精度高。处理显热的冷却盘管为干工况，极大地降低了真菌、细菌生长的危险性，有利于提高室内空气品质。若除湿式新风预处理与蒸发冷却（见6.4节）、冷辐射吊顶等技术联合使用，节能效果更明显。

此外，还可以利用地下水、土壤或建筑新风道对新风进行预热或预冷处理。

4. 采用合理的通风方式

采用合理的通风方式，可以提高新风利用率。

1）置换通风。置换通风作为一种新的中央空调通风形式，采用低速低温差、房间底部送风和房间顶部排风的气流组织方式。比传统的混合通风方式具有很多优点，多数场所都能较好满足人体舒适性要求。一方面通风效率得以提高，停滞在室内的污浊空气可以迅速排到室外；另一方面由于送风温度高、温差小，冷水机组和处理新风所需的能耗降低。

2）需求通风。需求控制通风系统是近年来暖通空调设计方面的一种新方式。它通过在建筑物内外安装 CO_2 传感器，计算出室内外 CO_2 的浓度差，并将这些信息持续反馈给中央控制系统，用以进行送风控制。这样做的优点是能够实时在室内人员变化或建筑相关污染物浓度改变时调节入室新风量，实现节能与保证室内空气品质的统一。

5. 采用独立新风系统

独立新风系统是一种全新风系统，没有回风循环利用，在防止病毒、细菌扩散方面具有其他空调系统无法比拟的优越性。独立新风系统主要由冷源设备、新风处理单元、室内显冷设备、诱导风口和管道系统组成。由于独立新风系统的风量一般比全空气系统的送风量少，为了室内气流组织合理，故其风口一般采用诱导型。独立新风系统是一种节能型的空调系统方案，其节能性体现在三个方面：采用满足人体空调舒适性的最小新风量运行；可回收排风的全热对新风进行预冷或预热；可利用温、湿度独立控制技术的节能性。

若独立新风系统应用于卫生要求很高的空调场合，还需要增加性能较高的过滤器和杀灭病菌装置等附件。

5.4.3 新风节能技术的应用

1. 新风预处理系统[7]

(1) 转轮全热回收新风预处理系统　图 5-18 所示的是热回收式新风预处理技术的应用，是在传统空调系统中的排风和新风管路间安装转轮式全热换热器，新、回风可进行全热（显热和潜热）交换。室外新风（W）经全热换热器预冷减湿后变成状态 W'，然后与室内回风（N）混合，从混合空气（C）处理成露点状态（L）需要人工冷源，由于新风已预冷，新风负荷大大减小，从而减轻了冷却盘管的制冷量和除湿量。为了满足空调精度的要求，露点状态的空气（L）需加热到送风状态（O），其夏季空气处理流程为

$$W \xrightarrow{\text{全热交换}} W' \xrightarrow{\text{与} N \text{混合}} C \xrightarrow{\text{冷却盘管}} L \xrightarrow{\text{再热}} O \xrightarrow{\text{送风} \varepsilon} N$$

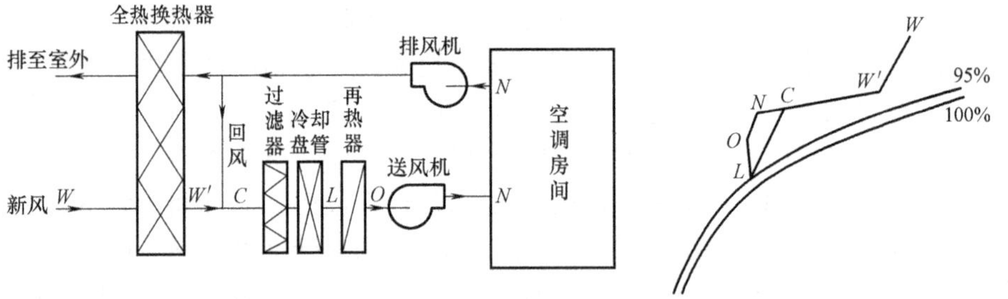

图 5-18　转轮全热回收新风预处理系统

由于该系统的湿度控制仍与温度控制耦合在一起，不可避免冷、热抵消和低机器露点的要求。如果空调系统不是再热式而是露点送风，则不能精确控制湿度，此时系统仅能用于温、湿度不太高，湿度控制不太严格的场合。

(2) 除湿式新风预处理系统　除湿式新风预处理系统是利用除湿设备处理新风，在各类除湿设备中，由于转轮式除湿机除湿性能好，再生热量可利用低品位能源或工业废热，目前应用较广。应用转轮式除湿机的三种处理方式如下：

1）预冷除湿新风预处理系统。当室外新风温度较高时，为使除湿机在高效下运行，通常先将新风送入预冷装置，以冷水（通常可利用天然冷源）冷却，降低其显热及潜热，然后进入除湿设备除湿，干燥而温度较高的新风（W）与回风混合后再经冷却盘管等湿冷却至送风状态点，最后送入室内，使室内空气满足新标准要求，如图 5-19 所示，其夏季空气处理流程为

$$W \xrightarrow{\text{冷却减湿}} W' \xrightarrow{\text{转轮除湿机}} W'' \xrightarrow{\text{与 }N\text{ 混合}} C \xrightarrow{\text{等湿冷却}} O \xrightarrow{\text{送风 }\varepsilon} N$$

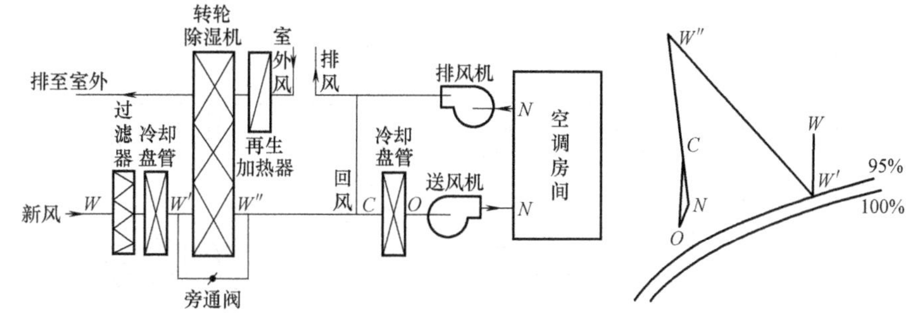

图 5-19　预冷除湿新风预处理系统

2）新风回风混合除湿新风预处理系统。对于高温、高湿地区，仅对新风除湿仍满足不了室内温湿度要求，此时，可对新风与回风的混合风进行除湿处理，并视除湿量的大小，旁通一部分混合风，再混合、冷却至送风状态点，如图 5-20 所示，其夏季空气处理流程为

$$W \xrightarrow{\text{与 }N\text{ 混合}} C \xrightarrow{\text{部分通过转轮除湿机}} C' \xrightarrow{\text{与 }C\text{ 混合}} C'' \xrightarrow{\text{等湿冷却}} O \xrightarrow{\text{送风 }\varepsilon} N$$

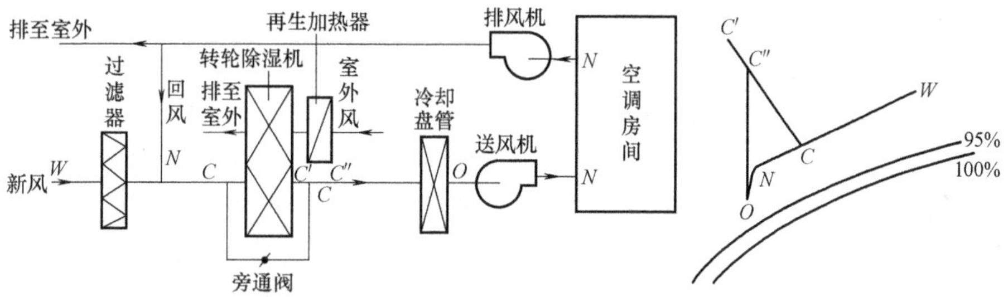

图 5-20　新风回风混合除湿新风预处理系统

3）除湿热回收新风预处理系统。在图 5-20 所示系统混合除湿后的高温干燥送风与低温的排风管路之间设置显热换热器，便组成除湿热回收新风预处理系统，如图 5-21 所示。利用热回收预冷除湿后的送风，同时加热排风，再设一加热器将排风进一步加热作为转轮式除湿机的再生空气。这样，既可降低冷却盘管的冷量又可减少一部分再生空气的加热量，具有较大的节能意义。空气处理流程为

$$W \xrightarrow{\text{与 }N\text{ 混合}} C \xrightarrow{\text{部分通过转轮除湿机}} C' \xrightarrow{\text{热回收冷却}} R \xrightarrow{\text{与 }C\text{ 混合}} C'' \xrightarrow{\text{等湿冷却}} O \xrightarrow{\text{送风 }\varepsilon} N$$

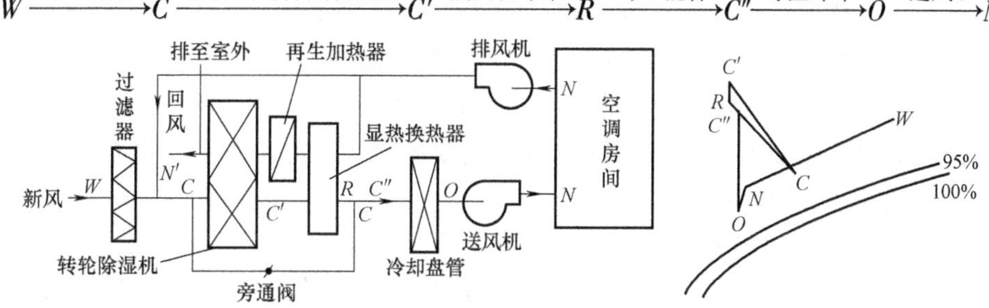

图 5-21　除湿热回收新风处理系统

由于这些除湿式新风预处理系统利用除湿机除去空气湿度，利用冷盘管降温，温湿度可分开控制，因此这些系统能用于湿负荷大、要求湿度控制精度高的场合。

2. 独立新风系统

图 5-22 所示是一种独立新风系统[7,28]，以夏季空调过程说明其工作过程。

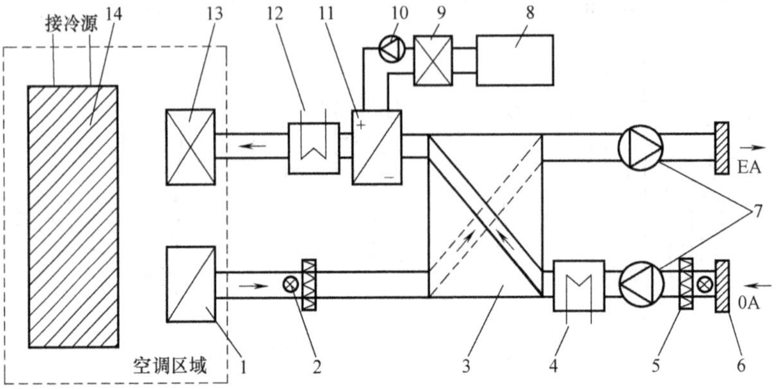

图 5-22 独立新风系统工作流程[7,28]

1—排风口 2—紫外灯 3—全热换热器 4—预热器 5—过滤器 6—防雨百叶 7—风机 8—压缩冷凝机组 9—板式换热器 10—水泵 11—表面冷却器 12—再热器 13—诱导风口 14—辐射冷吊顶顶棚

(1) 新风流程 室外新风在新风风机的作用下从防雨百叶进入新风风管，过滤后进入预热器。冷暖两用型的独立新风系统需要设置预热器，单冷型的独立新风系统不必设置。预热器的作用是防止冬季供暖使用时，室外空气中的水分在全热换热器内结霜，影响正常的热、湿交换过程，造成全热换热器性能恶化。预热器的功率通常比较小，可以采用直接电加热器，也可以采用热水盘管等其他清洁热源。然后新风进入全热换热器与室内排风进行热、湿交换，回收排风的能量。经处理后新风温度和湿度下降，进入表面冷却器。表面冷却器管内流动的介质可以是低温水、乙二醇溶液，也可以是制冷剂。当管内流动介质为制冷剂时，通常称为表面式蒸发器。图 5-22 所示的独立新风系统采用了板式换热器作为中间换热器，制取温度较低的乙二醇溶液输送到表面式冷却器。表面式冷却器工作温度低，除湿效果很好，进入空调区域的新风不会产生冷凝水，因此能有效阻止或抑制微生物的繁殖。

新风经过表面冷却器后处理到露点温度为 6 ~ 7℃，送到空气区域内设置的诱导风口。诱导风口具有合适的诱导比，能有效地防止低温送风直接吹拂人体。从图 5-22 可以看到诱导风口前设置了再热器，其作用是防止空调区域冷负荷很小时，新风提供的冷量过大，造成房间温度偏低。再热器不是独立新风系统的必需部件，如果空调区域冷负荷较大，可以不设置再热器。再热器可以是直接电热装置，也可以是与排风进行热交换的显热换热器。当再热器是显热换热器时，可以节省能量消耗，但新风或排风风管必须设置旁通风管和风量调节阀，以调节再热功率，因此系统比较复杂。

(2) 排风流程 室内排风在排风风机的作用下，经过排风过滤器过滤，在全热换热器内与新风进行热、湿交换的回收能量过程后，温度、湿度升高，然后经防雨百叶排放到室外。

(3) 工程应用前景 独立新风系统方案将潜热负荷和显热负荷分开处理，增加了额外的独立冷源设备，设备投资量大幅度增加。独立新风系统方案的另一个问题是只有在空气湿度较高的地区，其湿度控制能力和节能潜力才有非常明显的优势，适合我国南方沿海地区；若在干旱少雨的地区，则独立新风系统优势不明显。

独立新风系统还是一个比较新颖的空调方案，国内尚没有建立相应的评价体系，以广泛接受的软件或模型评价独立新风系统的节能潜力和技术经济性还存在一定的困难，但该系统已被美国能源部列为21世纪商业建筑最有前途、最先进的15项空调节能技术之一[7,28]。

5.5 中央空调水系统节能技术

随着世界经济的高速发展和城市化水平的日益提高，建筑规模越来越大，且使用功能也复杂多变，中央空调系统的规模和功能复杂程度也随之提高，使得其能耗在建筑能耗中占的比重也越来越大。据统计，我国现有的中央空调系统能耗根据建筑类型的不同约占建筑总能耗的40%～60%。在大型中央空调系统能耗中，水系统的输配能耗又占有相当的比重。据有关资料统计，集中供冷系统的夏季耗电量中，大约25%～30%消耗于冷冻水泵与冷却水泵上[30]。由图5-23可知，过去30年间水泵能耗在整个供冷系统能耗中所占比例有明显的增加。可见，降低中央空调水系统的输配能耗对建筑节能有着极其重要的意义。

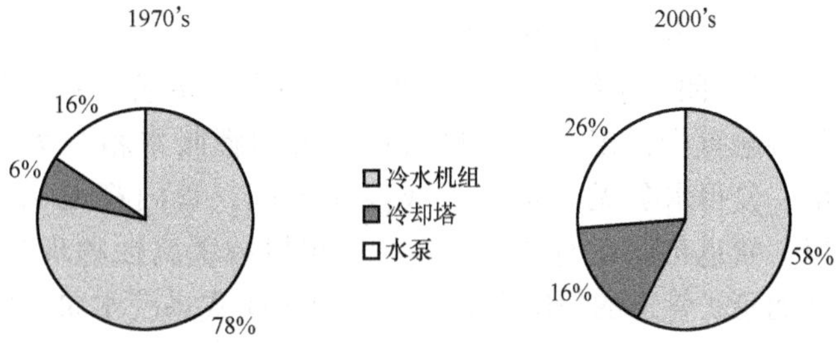

图5-23 过去30年内冷冻水系统能耗百分比的变化

5.5.1 中央空调水系统

中央空调水系统的作用，就是以水作为介质在空调建筑物之间和建筑物内部传递冷量或热量。正确合理地设计空调水系统是整个空调系统正常运行的重要保证，同时也能有效地节省电能消耗[31]。

就空调工程的整体而言，空调水系统包括冷（热）水（可称冷冻水）系统、冷却水系统和冷凝水系统。但从能耗的角度分析，可以不用考虑冷凝水系统带来的能耗，因此下面主要讲冷冻水系统和冷却水系统。

1. 中央空调冷冻水系统

冷冻水系统是指由冷水机组制备出的冷冻水供水，由冷冻水循环泵通过供水管路输送至空调末端设备，释放出冷量后的冷冻水回水，经回水管路返回冷水机组的工作系统。对于高层建筑，该系统通常为闭式循环环路，除循环泵外，还设有膨胀水箱、分水器和集水器、自动排气阀、除污器和水过滤器、水量调节阀及控制仪表等。对于冷冻水水质要求较高的冷水机组，还应设软化水制备装置、补水水箱和补水泵等。

根据不同的分类方法，可以将空调冷冻水系统分为若干形式：按水压特性划分，可以分为开式系统和闭式系统两种；按冷、热水管道的设置方式划分，可分为双管制系统、三管制系统和四管制系统；按各末端设备的水流程划分，可分为同程式和异程式系统；按末端用户侧水流量的特性，可分为定流量和变流量系统。实际上，对于一个空调系统而言，其水系统往往是各种类型的组合，它可能既是闭式的，又是异程式的；既是变流量系统，又是二次泵系统。

（1）开式系统与闭式系统

1）开式系统（原理如图5-24所示）需要设置冷冻水箱和回水箱，夏季可采用喷水室冷却空气，系统的水容量大，具有一定的蓄冷能力，可用于蓄冷空调，其运行稳定，与蓄热水池连接比较简单，控制也简便。但是开式系统与大气相通，水中的含氧量高，管道与设备腐蚀和污损的机会多，使得管道的使用寿命缩短；且管路系统复杂，若末端设备与水池的高差较大时，水泵不但需要克服输水过程中供水管的阻力，而且还需将水提升至末端设备的高度，增加了水泵克服静水压力的额外能耗，所以，开式系统输送的能耗大，不利于节能；并且由于不同高度的末端设备与水池高度不同，末端设备则有不同的供回水压差，其水力平衡较为困难。

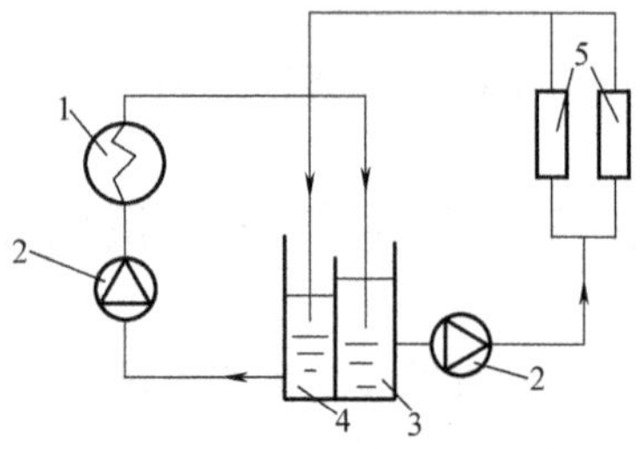

图5-24 开式冷冻水系统
1—蒸发器 2—水泵 3—冷冻水箱 4—回水箱 5—用户开

2）闭式系统（原理如图5-25所示）的管道系统与大气相接触得少，仅在系统最高点设置的膨胀水箱与大气相接触，使得水泵无论是运行或停止期间，管内都充满水。所以，管道与设备腐蚀的机会少，可以减缓腐蚀的现象发生，从而延长管道的使用寿命。并且由于闭式系统水泵所需克服的阻力只有管道的沿程阻力和局部阻力，不需克服系统的静水压力（假定水系统总高度100m，开式系统水泵扬程需120m，而闭式系统水泵扬程仅需30～40m），使水泵的电耗大大降低。同时因为不设水池，可减小机房的占地面积。但闭式系统的空调机组在处理空气时，只能采用表冷器，并且由于系统本身几乎不具有蓄冷能力，因此要求冷水机组的制冷量必须满足建筑的最大需求，且要求可调范围较大，当系统总冷量低于单台冷水机组最小可调范围时，相对于开式系统而言，闭式系统在满足使用要求方面不如开式系统。

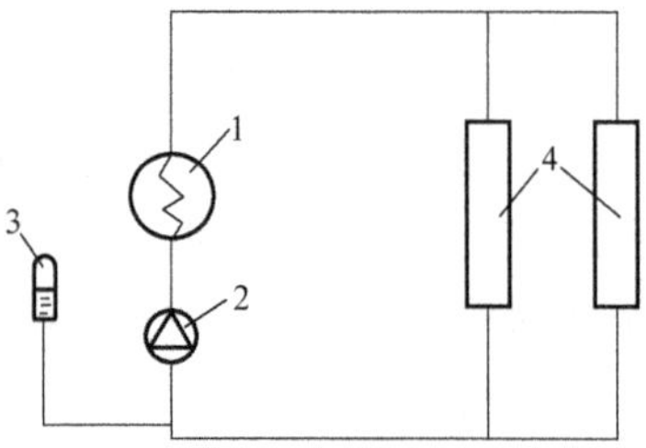

图5-25 闭式冷冻水系统
1—蒸发器 2—水泵 3—膨胀水箱 4—用户闭

（2）双管制系统、三管制系统与四管制系统

1）双管制系统（图5-26）的供、回水干管各有一根。其特点是：由冷冻站来的冷冻水和由热力交换站来的热水在空调供水总管上合并后，通过阀门切换，把冷、热水用同一根管道不同时地送至空气处理设备。同样，其回水通过总回水管后分别回至冷冻机房和热交换站。

该系统中冷热源设备是各自独立的，但对于冷、热源以外的水管路，则是冷、热水共用同一根管道。在夏季，关闭热水总管阀门，打开冷冻水总管阀门，系统内充满冷冻水，作供冷运行；在冬季则操作方式相反，系统作供暖运行。由此可看出，这一系统不能同时既供冷又供暖，只能按不同时间分别运行，因此，它的适用范围及特点如下：

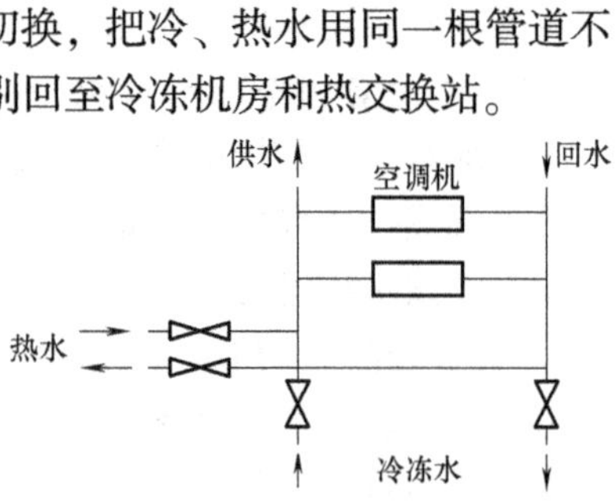

图5-26 双管制系统

① 冬夏季冷热负荷分明，过渡季节很短或过渡季节

可不进行空气调节的建筑物较为适用。夏季供冷、冬季供暖、过渡季节可采用天然冷源（如新风）冷却的建筑。

② 建筑物的朝向对负荷的影响较大时，宜对两管制水系统进行朝向分区，各朝向内的水系统虽然仍可为两管制，但每个朝向的主环路均应独立提供冷热水供回水总管，这样可保证不同朝向的房间各自分别进行供冷或供暖（即建筑物内某些朝向供冷的同时，另一些朝向可供暖）。最明显的例子是南北朝向分区的建筑。

③ 建筑物的内区较大时，宜对内外区水系统进行分区，各区有独立的冷热水总管。在过渡季节外区供暖时，内区仍可采用供冷方式运行。这种方式和风系统的分区相结合来设计。

④ 空调标准较低的建筑物可采用此系统。由于这一系统不可能做到每个末端设备在任何时候都能自由地选择供冷或供暖，最多可以做到不同环路之间的冷热独立，同一环路的末端设备无法自由选择既供冷又供暖。

⑤ 该系统简单明了，冬夏季节转换分明，管理较为方便。

⑥ 该系统投资较节省（与三管制和四管制系统相比），管道、附件及保温材料的投资较少，占用建筑物的面积和空间也较少，这也是它能广泛采用的一个重要理由。

⑦ 由于末端设备中，盘管为冷热两用，其控制也较方便，末端设备的投资及占用机房的面积均可减少。

2）三管制系统（图5-27）的特点是冷热水供水管同时接至末端设备（盘管仍为冷热合用），在末端设备接管处进行冬夏自动转换，这样可使每个末端设备独立供冷或供暖。但所有末端设备的回水仍是通过一条回水总管混合后，分别再回到冷冻机房或热交换站中。这种方式对于过渡季节的适用性较好。这一系统解决了两管制系统中各末端设备无法自由选择冷热的问题，因此建筑的使用标准得以提高。但是，这一系统本身存在下列缺陷：

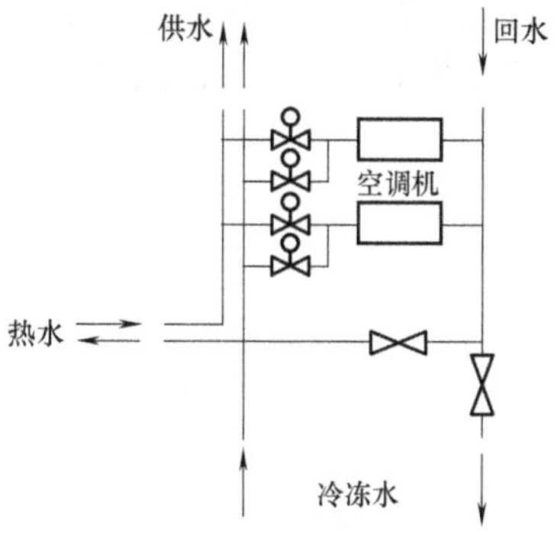

图5-27　三管制系统

① 末端控制较为复杂，两个电动阀切换可能较为频繁。

② 在既有供冷又有供暖的末端设备同时运行时，回水总管的水温是热水回水温度和冷冻水回水温度的混合温度，这一回水温度对于冷水机组和换热器而言，将高于冷水机组正常的回水温度而却低于换热器正常运行的回水温度。对冷水机组和换热器来说，这种情况将使两种设备的供回水温差加大，其设备的能耗将比两者各自独立运行时大得多，特别是冷水机组，一方面电耗会大大增加，另一方面会使其运行工况变得恶劣。这一情况说明，该系统冷热相互抵消的情况极为严重。

③ 当供冷冻水的末端设备运行数量减少时，混合回水温度较高，如此高的回水温度直接进入冷水机组，对冷水机组的运行是不安全的，甚至根本无法正常运行。

④ 回水分流至冷水机组和换热器时，其水量的控制必须和末端设备使用及控制情况统一考虑，这使得控制变得相当复杂。由于上述缺点，三管制系统使用很少。

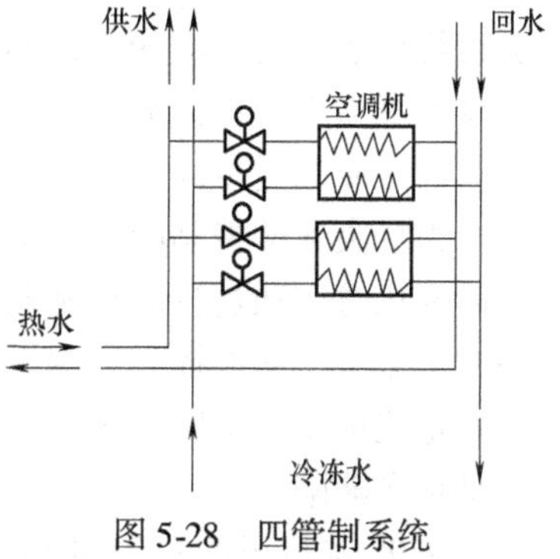

图5-28　四管制系统

3）四管制系统（图5-28）的特点是：供冷、供暖的供、回水管均分开设置，使系统具有独立的冷、热两套系统，能灵活地实现同时给末端设备供冷、供暖的要求，可随时自由选择供暖和供冷的运行模式，对调节室温具有很好的效果。四管制系统没有像三管制系统带来的热量和冷量混合损失，运行很经济。然而该系统的水管路较多，系统设计变得较为复杂，运行管理也相对复杂，初投资费用较高（增加的水管路带来管道及其附件、保温材料、末端设备等），占用建筑物的空间较多，所以四管制系统使用受到了限制，一般四管制系统往往应用在舒适要求很高的建筑物内。

（3）同程式系统与异程式系统　在空调水系统的管道的布置中，根据供、回水干管的循环环路的总长度是否相等，可将水系统分为同程式和异程式两种方式。同程式（图 5-29）的特点是：供、回水干管的水流方向相同，经过每一个环路的管路长度相等，使得各环路压力损失易于平衡，该方法能方便分配与调节整个系统水量，便于系统的水力平衡。当然，这种平衡要求各末端设备水流阻力接近，各末端设备相对于系统管路的位置基本相同，如果各末端设备及其支管路的阻力小于负荷侧环路总阻力的 1/2 时，应考虑同程式系统。但是，由于该方式需要设回程管，从而增加管道的长度，使得初投资较高。

异程式水系统（原理如图 5-30 所示）管路简单，因不需要同程管，水流经每个末端设备的流程是不相同的，通常离冷、热源机房越远的末端设备，环路的阻力越大。但是，异程式水系统投资较省，施工方便，但各水环路的水力较难平衡，所以在采用异程式布置时，盘管连接管上必须用流量调节阀或平衡阀（分自动与手动两种）平衡阻力，分配冷冻水流量。当采用的是手动平衡阀时，不能采用变流量水系统。

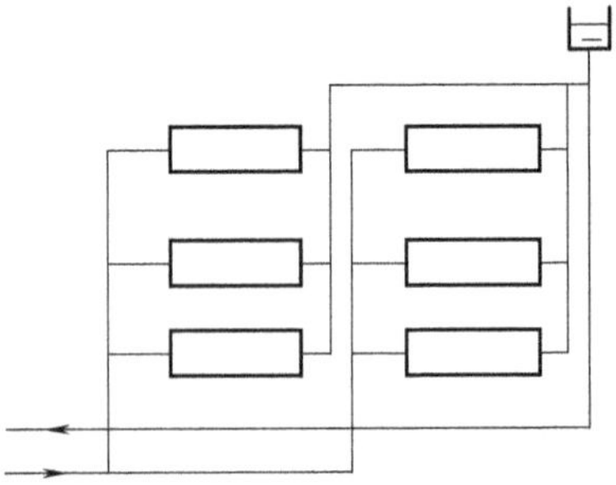

图 5-29　同程式系统

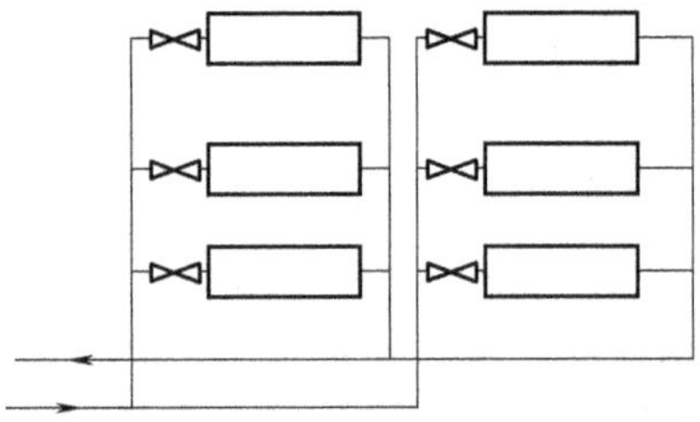

图 5-30　异程式系统

（4）定流量系统与变流量系统

1）定流量系统中（原理如图 5-31 所示），没有任何自动控制水量的措施，系统的水量变化基本上是由水泵的运行台数所决定的，因此，通过各末端设备的水量是一定值，或随水泵运行台数呈阶梯形变化，不能无级的对水量进行控制。定流量系统当末端负荷减少时，无法控制温、湿度等参数，造成空调区域的过冷或过热。

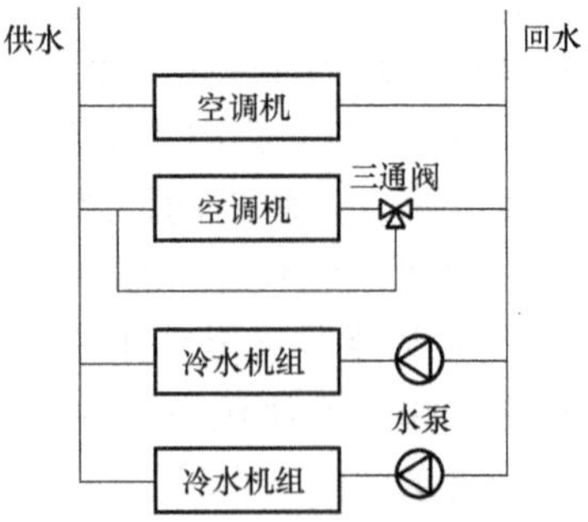

图 5-31　定流量系统

为解决末端控制问题，工程中采用三通自动调节阀，当负荷变化时，通过自动控制调节三通阀的开度，调节旁通支路的水流量，从而控制末端设备的水量。

定流量系统管路简单，控制方便或者不需控制，但系统本身存在缺陷：

① 冷水机组的总容量和水泵的总流量必须按照各末端

设备冷量的最大值之和来计算，不能考虑各末端设备冷量的同时使用系数，否则会造成部分末端冷量不足。但是，由于末端设备不可能同时使用，这将造成所选的设备的容量往往超出建筑物的需求，造成浪费。且因定流量系统全年在固定的水流量下工作，而实际空调负荷在全年的绝大部分时间内远比设计负荷低，因此这种系统在固定流量的情况下，全年大部分运行时间内冷冻水的供回水温差仅为1℃左右，而设计温差为5～7℃，即系统处于大流量、低温差的情况下工作，大大浪费了冷冻水泵运行的输送能量，造成冷水机组和水泵容量过大，能耗过高，且初投资和其他有关费用随之增加。

② 采用多台冷水机组及相应的水泵联合运行时，其系统工作情况取决于水泵的运行方式，以图5-31所示的两台冷水机组为例分析如下：

需冷量小于50%设计量时，运行一台冷水机组及相应的水泵，由于负荷侧的阻力系数没变，这时水系统的工作点将下移，此时的系统水流量将大于单台泵设计流量而小于两台泵同时运行的流量，如图5-32所示，这将导致：水泵处于超流量状态，如长时间运行将导致电动机烧毁的严重后果，而若电动机选择过大，则不能发挥水泵的效率。即使电动机选择时按照超流量状态选择，但如果负荷减少的原因是室外空气处于设计状态下只有一半的末端设备运行的情况，即部分空调水从不运行的末端设备旁通流过，则将导致运行的末端设备的水量达不到设计要求，因而其冷量也不能满足设计要求。

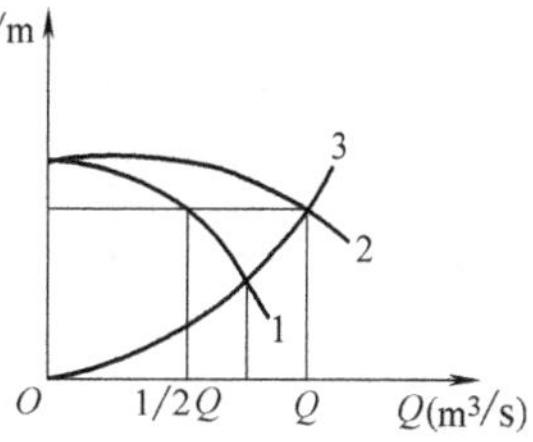

图5-32 两台水泵并联性能曲线
1—一台水泵性能曲线 2—两台水泵并联性能曲线 3—管路阻力特性曲线

2）空调冷冻水变流量系统又有一次泵变流量系统和二次泵变流量系统之分。一次泵变流量系统的工作原理是：一方面是在负荷侧通过调节电动两通调节阀的开度改变流经末端设备的冷冻水流量，以适应末端用户空调负荷的变化；另一方面是在冷源侧采用可变流量的冷水机组和变频调速冷冻水泵，使蒸发器侧流量随负荷侧流量的变化而改变，从而最大限度地降低冷冻水循环泵的能耗。同时，要确保通过冷水机组蒸发器的水流量在安全流量范围内变化，维持冷水机组的蒸发温度和蒸发压力相对稳定，保证冷水机组能效比相对变化不大。

组成空调冷冻水一次泵变流量系统的典型配置如图5-33所示。在冷源侧配置变频泵，每台冷水机组的进（出）水管上设置慢开慢关型隔断阀，冷冻水泵与冷水机组不必一一对应设置，且二者启停应分开控制；在空调冷冻水供回水总管之间设置旁通管，旁通管上设置旁通控制阀（电动调节阀），当负荷侧冷冻水量小于单台冷水机组许可的最小流量时，旁通管上的电动调节阀打开，使流经冷水机组蒸发器的最小流量为负荷侧冷冻水量与旁通管流量之和，最小流量由流量计或压差传感器测得。另外，系统末端需安装电动两通调节阀。

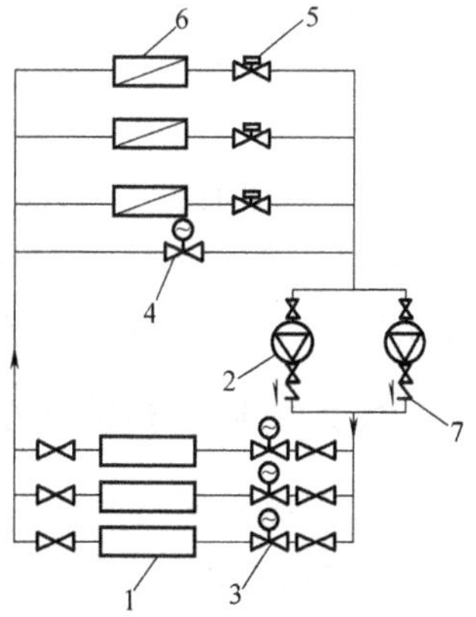

图5-33 空调冷冻水一次泵变流量系统
1—冷水机组 2—变频调速冷水泵 3—电动隔断阀 4—旁通控制阀 5—电动两通调节阀 6—末端空气处理装置 7—止回阀

一次泵变水量系统的控制过程为：冷水机组按定水量系统运行，空调机组按变水量系统运行，两者的差值从旁通管中流过。但是，实际运行中发现，一次泵系统不仅存在非线性问题，而且还会浪费大量的能量甚至影响系统和设备的正常使用。在这种情况下，二次泵变水量系统就应运而生了，二次泵变水量系统的原理图如图5-34所示。

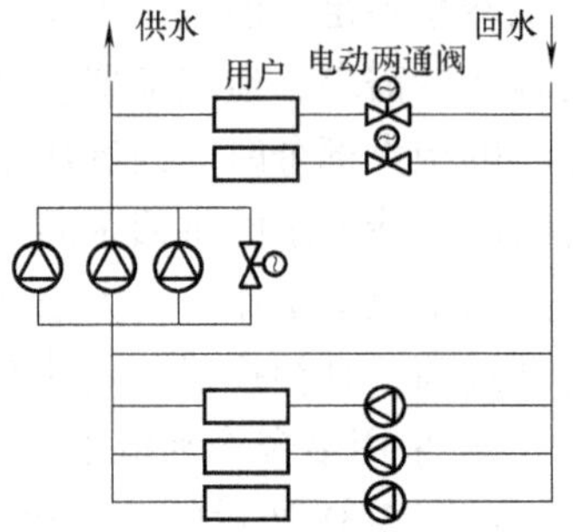

图5-34 二次泵变水量系统原理图

2. 中央空调冷却水系统

合理地选择用冷却水源和冷却水系统对制冷系统的运行费用和初投资有重要意义。为了保证制冷系统的冷凝温度不超过制冷压缩机的允许工作条件，冷却水进水温度一般应不高于32℃[32]。

除与空调冷冻水系统相似外，冷却水系统可分为同程系统和异程系统、开式系统和闭式系统等，还有集中式冷却水系统和用户冷却水系统，即：为制冷机房的制冷剂集中设置冷却水系统，虽然集中设置冷却水设备，但是，为了适应建筑内用户的需求，为其所使用的空调机组或其他公益设备分别引入冷却水供回水管路。此外，特别值得一提的是，常用电冷却水系统均采用空气作为热汇，如冷却塔。冷却水系统可分为直流式、混合式和循环式三种。

最简单的冷却水系统是直流式供水系统，即升温后的冷却回水直接排出，不重复使用。根据当地水质情况，冷却水可为地面水、地下水或城市自来水。由于城市自来水价格较高，只有小型制冷系统采用。直流式供水系统，冷凝器用过的冷却水直接排入下水道或用于农田灌溉，因此，它只适应于水源充足的地区。

采用深井水的直流式供水系统，由于水温较低（在我国南方地区也只有20℃左右），一次使用后升温不大。例如，为了保证立式壳管冷凝器有足够高的传热效果，冷却水通过冷凝器以后的温升一般为3℃左右，如果深井水的温度为8℃，采用直流式供水系统时，则将大量21℃的水排掉，是对自然资源的一种极大浪费。当然，加大冷却水在冷凝器中的温升，可以大大减少深井水的用量，但这样将使冷凝器的传热效果恶化。因此，为了节约深井水用量，减少打井的初投资，而又不降低冷凝器的传热效果，常采用混合式冷却水系统。混合式冷却水系统是将一部分已用过的冷却水与深井水混合，然后再用水泵压送至各台水冷凝器使用。这样，既不减少通入冷凝器的水量，又等于提高了冷却水的温升，从而可大量节省深井水量。

为了减少冷却水的用量，除了采用蒸发式冷凝器或风冷式冷凝器以外，也可以采用循环式冷却水系统。此种系统就是将来自冷凝器的冷却回水先通入蒸发式冷却装置，使之冷却降温，然后再用水泵送回冷凝器循环使用，这样，只需少量补水即可。

5.5.2 中央空调水系统变流量设计及控制

1. 中央空调冷冻水系统变流量设计[33]

（1）空调冷冻水一次泵变流量设计要点

1）冷水机组的选择。对于空调冷冻水一次泵变流量系统采用的可变流量冷水机组，机组蒸发器的允许流量变化范围和允许流量变化率是衡量冷水机组性能的重要指标。机组蒸发器的允许流量变化范围越大，越有利于冷水机组的加、减机控制，节能效果越明显；机组蒸发器的允许流量变化率越大，冷水机组变流量时出水温度波动越小。在实际的机组设计选型中，应选择蒸发器允许流量变化范围大、最小流量尽可能低的冷水机组，如离心机30%～130%，螺杆机45%～120%，最小流量宜小于额定流量的50%；选择蒸发器允许流量变化率大的冷水机组，每分钟允许流量变化率宜大于30%。

对于空调冷冻水一次泵变流量系统，冷水机组尽可能选择同一规格型号，如规格型号无法保持一致，建议各冷水机组蒸发器额定水阻力尽可能保持在相等的水平，此时，当外网空调负荷导致空调冷冻水流量发生变化时，流经各冷水机组蒸发器的水流量可基本实现同步等比例变化。

2）冷水机组的起停控制。空调冷冻水一次泵变流量系统的运行难点是如何解决并联冷水机组的顺序启停控制问题，而其冷水机组的最大流量、最小流量、温度设定值又是这些顺序启停控制的关键切换点。因此，空调冷冻水一次泵变流量系统的正常运行必定需要依靠预先编好程序的顺序启停软件来执行。

在起动另一台冷水机组之前，应让正在工作的冷水机组几乎满负荷运行。当所监测的蒸发器出水温度超过了设定值的允许偏差上限，或其水流量超过了该机组所允许的最大流量时，才起动另一台冷水机组运行。通常做法是以压缩机运行电流为依据，若机组运行电流占额定电流的百分比大于设定值（如90%），并且这种状态持续10～15min，则开启另一台机组。这种控制方式的好处是供水温度控制精度高，在系统供水温度尚未偏离设定温度时，已加机了。此时，为防止正在运行的冷水机组蒸发器流量的突然下降，需要采取以下两项保护措施[34]：

① 为缓解由于水流量突然下降出现铜管内冷冻水冻结的危险，采取关小机组进口导叶阀或提高机组供水温度设定值，保持1～3min使正在运行的冷水机组暂时卸载。

② 缓慢打开新起动冷水机组蒸发器的电动隔断阀，打开速度要根据所起动冷水机组的最大允许流量变化率而定。最大允许流量变化率越大，其电动隔断阀从全关到全开所需要的时间越短，例如，对于最大允许流量变化率每1min为30%的机组，其电动隔断阀从全关到全开，大约为2min；对于最大允许流量变化率每1min为10%的机组，约需要6min；而对于最大允许流量变化率每1min为5%的机组，则需要12min左右。

根据机房内机组的台数与部分负荷效率曲线来设计停机策略，避免机组的低负荷运行。在空调冷冻水一次泵变流量系统中，通过测定机组运行时的电流RLA（Running Load Amps）来控制机组的启停间隔。运行电流与额定电流的百分比反映了冷水机组运行时实际负荷率的指标，在多台相同机组并联运行时，停机策略是目前正在运行的各台机组的运行电流与额定电流的百分比之和除以运行机组台数减1，若结果小于设定值（如80%），就关闭1台机组。例如，3台机组运行电流为满负荷电流的50%，可以关闭1台机组。另外，应根据冷水机组蒸发器结构、最小允许流量和防冻结温度设定值设计防冻结延时停机保护顺序。因为，一般定流量冷水机组控制器当监测到蒸发器出水温度达到冻结水温度时就会立即执行保护性停机。但在空调冷冻水一次泵变流量系统中，如立即执行保护性停机，停机的概率会很高。这种防冻结延时停机保护顺序能在监测到达冻结温度时不会立即停机，而是累加冻结温度以下的度·秒值，只有当此值总和上升到临界值时才迫使其停机，以便使机组的制冷能力调节器达到稳定的出力控制。

3）冷冻水泵的选择及控制。对于空调冷冻水一次泵变流量系统，在设计中宜采用“集合母管并联”后再与蒸发器串联的方式进行配管。此种连接方式下，冷冻水泵与冷水机组在控制方面不呈一一对应关系，冷水机组的起停数量由用户端空调瞬时总负荷决定，而冷冻水泵起停数量的控制则根据用户端空调水流量实际需求值并同时结合水泵、电动机及变频器效率分析决定。此种方式通用性强，针对大、小冷水机组组合的情况，避免了冷冻水泵变频工作时相互干扰的问题，可最大限度地减少冷冻水泵运行能耗[35]。

根据设备设计安装位置、空间及承压，结合设计流量及扬程，决定选用何种类型水泵及其所配机械密封，选泵时，水泵设计工作点尽可能在高效区偏右一点区域，以实现水泵在高效区变频运行。实际设计中应选择 *Q-H* 曲线陡峭的水泵。

空调冷冻水一次泵变流量系统冷冻水泵的变频控制原理为：供回水总管最不利的末端空调设备根据负荷变化调节电动两通调节阀（风机盘管、空调机组等）的开度，使得系统流量变化，从而引起压差变化，水泵变频器控制器根据此压差调节冷冻水泵的转速，实现系统变流量的节能运行。

在设计中，为防止冷冻水泵低流量造成的负面效果需设定最小流量，建议最小流量为水泵最佳效率点流量的 25%；为确保水泵电动机的正常散热，水泵转速不应低于标准值的 30%。另外，冷冻水泵每台均配置变频器，同时变频调速，避免一变多定。

（2）空调冷冻水二次泵变流量设计要点[36]　二次泵变流量系统的控制主要包括初级泵和次级泵的控制，现分述如下。

1）初级泵的控制。一般来说，初级泵都采用定速泵，所以对初级泵主要控制其台数。通常可以采用温度传感器和流量传感器测得用户的供回水温度及通过用户侧的水流量，根据公式 $Q=cm\Delta T$ 可以计算出用户实际所需的冷量，从而连锁控制初级泵和冷水机组的台数。其控制示意图如图 5-35 所示。

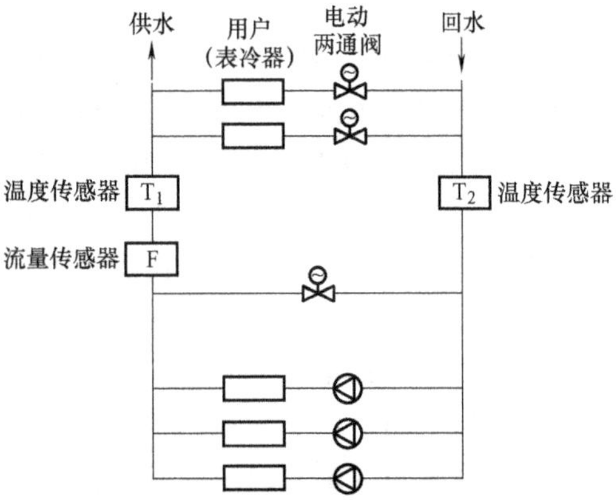

图 5-35　初级泵控制系统示意图

2）次级泵的控制。对于次级泵都是定速泵的情况，通常可以采用台数控制，而台数控制又分为压差控制和流量控制两种。压差控制的过程为：在控制过程中水泵起粗调作用，旁通管起微调作用，具体是当压差旁通阀全开时，压差仍超过设定值时，则要停下一台泵；当压差旁通阀全关，压差仍低于设定值时，则要起动一台泵。流量控制的过程为：用户侧装有流量传感器，因此可以直接根据此流量测定值与每台次级泵的设计流量进行比较计算，即可方便迅速地得出需要运行的次级泵的台数。

2. 中央空调冷却水系统变流量设计

（1）空调冷却水泵变频节能可行性分析　对于空调冷却水泵变频节能，目前在工程技术领域大致有两种观点：①冷却水泵变频降低流量，会导致空调冷冻机能耗增加，没有节能效果，甚至危及冷冻机运行安全；②空调冷却水泵变频节能和冷冻水泵变频控制方法和效果基本一样。受第一种观点的影响，空调冷却水泵变频节能研究和应用很少，受第二种观点影响，空调冷却水泵变频节能成功的工程实例较少。

从理论上分析，对空调制冷循环来说，冷凝温度升高，会增大制冷能耗，冷凝温度升高 1℃，制冷能耗增大约相当于冷冻机电动机功率的 1%～2%。但从大多工程实例看，空调冷却水泵电动机功率大致相当于冷冻机电动机功率的8%~12%，当冷冻机负荷较小或冷却水温度较低时，假如冷却水泵运行频率从50Hz减小至40Hz，按理论计算，冷却水流量减小约20%，冷却水泵消耗功率减小约4%以上，减少量相当于冷冻机电动机功率额的3%~4.8%，同时，冷冻机冷凝温度约升高1℃，制冷能耗增大约1%~2%，两者相比，综合能耗降低大约相当于冷冻机电动机功率额的2%，节能效果依然比较显著。

从空调冷冻机运行实践分析，冷冻机运行需要保持冷凝压力和蒸发压力一定的压差，例如，根据世界著名的空调冷冻机厂商特灵公司资料，R22制冷剂空调冷冻机冷凝压力和蒸发压力的最小差值宜保持在400kPa左右，这样，在冷冻水出水温度基本不变的情况下（一般设定为6~7℃），冷却水温度不宜过低，流量不宜过大，尤其是部分负荷情况下，压差过小，会使回油困难，噪声和振动增大，甚至造成冷冻机报警和故障。随着高档公共建筑增多，尤其是智能化建筑增多，空调冷冻机运行时间明显延长，半年甚至全年运行，各季节天气情况和空调需求负荷变化很大，冷却水温度也经常大大低于设计温度，在这种背景下，空调冷却水泵变频控制不仅可以节省能耗，而且是空调冷冻机安全正常运行的需要。

（2）空调冷却水水泵变频调节控制参数选定[37]　当冷冻机在某一负荷运行时，冷凝器散热量基本稳定，调整冷却水泵运行频率，冷却水流量近似与运行频率成正比变化，进出冷凝器水温差则近似与运行频率成反比变化。如果用冷却水进出水温差ΔT作为控制参数来控制冷却水泵运行频率，则冷却水泵运行频率主要与冷冻机运行负荷相关联，春、秋、冬季节，如果冷冻机负荷较大时，虽然冷却水进出水温差ΔT比较大，但冷却水整体温度却比较低，不仅不能有效利用冷却水低温时的节能潜力，而且冷却水温度较低时，还会使冷冻机运行工况差，甚至出现故障的情况。

冷却水系统与冷冻水系统不同的是它的温度不仅与冷冻机负荷相关，还与外界环境温度、湿度和冷却塔工况等相关，进入冷冻机冷凝器的冷却水温度T_1（或冷却塔出水温度）主要取决于环境温度、湿度和冷却塔工况，受冷冻机运行状况影响不大，出冷冻机冷凝器的冷却水温度T（或冷却塔进水温度）则主要取决于冷冻机的运行负荷、冷凝器换热工况和冷却水流量、进口温度等。所以可以采用出冷冻机冷凝器的冷却水温度T（或冷却塔进水温度）作为控制参数调节冷却水泵频率，则可以较大限度地利用冷冻机低负荷和外界环境温度、湿度较低时两种情况下的节能潜力[34,38]。

降低制冷系统的水消耗量非常重要。为了减少冷却水的用量，除采用蒸发式冷凝器或风冷式冷凝器外，也可以采用循环式冷却水系统。此种系统就是将来自冷凝器的冷却水回水先通入蒸发式冷却装置，使之冷却降温，然后再用水泵送回冷凝器循环使用，这样，只需少量补水即可。

5.5.3 动力分散式中央空调水系统的节能原理及其应用[39]

在供冷、供暖系统的运行过程中，由于建筑的冷热负荷是经常变化的，为了适应动态负荷的要求，冷热水流量必须随着负荷变化而经常调节。传统水系统是按照满负荷工况设计的，而实际上绝大部分时间是在部分负荷下运行。以供冷系统为例，实际使用过程中，供冷系统在50%负荷以下运行的时间超过70%。制冷机有相对完善的能量调节系统，可根据负荷的变化自动调节制冷机功率达到节能的目的，而冷冻水泵一般只进行简单的台数控制，不能根据系统所需流量连续调节，富余的压力消耗在末端设备的调节阀上。因此，当供冷系统在部分负荷运行时，虽然冷源的产冷量已按需供给，但冷冻水的输送能耗并没有得到相应的减少。再加上负荷计算、设备选型保守等问题在设计中普遍存在，致使水泵选配流量和扬程偏高。进一步增加了富余压力的比例，导致水系统输配能耗相应地又加大。

流量的调节方法通常分为两大类，即改变阻力的调节和改变动力的调节。传统的流量调节主要采用改变阻力的调节，即阀门节流调节，是以消耗流体的机械能为代价而实现的，这种调节方式显然是不节能的。为了避免阀门节流的能量损失，尽可能采用改变动力的调节，已成为人们的共识，“以泵代阀”的设计理念成为新的技术潮流，推动了供暖、供冷冻水系统的动力配置方式由集中向分散转变，动力分散式水系统应运而生。其主要特点是在冷热源处和所有的分支均设水泵，各级水泵按照动力接力的方式提供整个管网系统所需的输配动力，基本实现动力按需供给，没有富余压力。随着变频技术的发展，还可对各支路泵采用变频控制，使各支路流量动态地满足负荷需要，从而消除流量调节过程中的阀门能耗。因此，要减少乃至消除阀门能耗，最好的办法就是改变系统的动力形式，即由动力集中改为动力分散。动力分散式水系统是近年来开始在我国应用的系统。与动力集中式系统相比，动力分散式水系统对于输送距离较远、单体建筑分散且规模差异大的项目有其独特的优势。许多学者对其在集中供暖中的应用做了研究，在集中供暖中也有一些工程应用。实际上，对于输配能耗而言，其在供冷系统总体能耗中占的比例大于其在集中供暖系统总体能耗中所占的比例，且供冷系统的输配温差远小于集中供暖系统的输配温差。由此可见，在区域供冷系统中，动力分散式水系统能显示出更大的节能潜力[35]。

1. 动力分散式水系统类型

主要包括直接加压式系统和末端混水系统两大类。

（1）直接加压式系统　直接加压式系统的主要特点是除了在冷热源处设水泵，在所有的分支也设水泵，各级水泵按照动力接力的方式提供整个管网系统所需的输配动力，基本实现动力按需供给。该系统实际上是采用局部加压，而非动力集中方式中为了某些资用压头很小的远端用户整体提高主循环水泵的压力，大大降低了系统输配能耗，如图5-36所示。

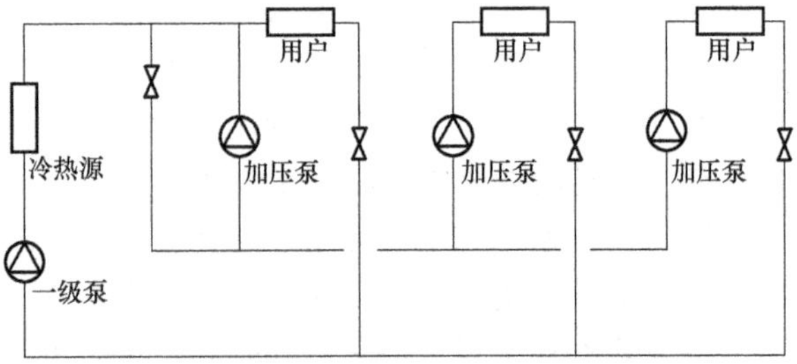

图5-36　直接加压式系统

在直接加压式系统中，输配干管上存在一个供回水压力相等的点，称为零压差点；系统主泵克服冷热源及其与零压差点之间的干管阻力，各支路泵克服零压差点之后干管和其所在支路用户末端的阻力。主泵和各级用户加压泵之间是直接串联的关系。

（2）末端混水系统　在供暖、供冷系统设计中，冷热源所提供的冷热水温度不一定是末端设备所合适的温度，例如地板辐射供暖供水温度要求低于60℃，但热媒的实际供水温度很可能是95℃或110℃，这时需要降低热源的热媒温度才能给供暖末端设备使用。当冷热源供水温度与末端设备需求不匹配时，传统的做法有两种：①冷热源与末端设备通过中间换热器间接连接；②设置两套管网系统，分别满足不同末端对供水温度的需求。由于传热温差的存在，方案1必然存在着一定的传热损失，而且中间换热器也大大增加了系统初投资。方案2也存在系统初投资大的缺点。还可以采用将冷热源供水与末端设备回水直接混合、无传热损失的直接连接方案，即末端混水系统。在混水连接系统中，混水泵可装设在末端供水管、回水管以及连通管上（图5-37）。动力分散式水系统中的末端混水系统通过一套管网系统实现了不同末端设备对供水温度的不同需求，实现冷热水的“小流量、大温差”输送，大大降低了水系统初投资并节省了运行费用。

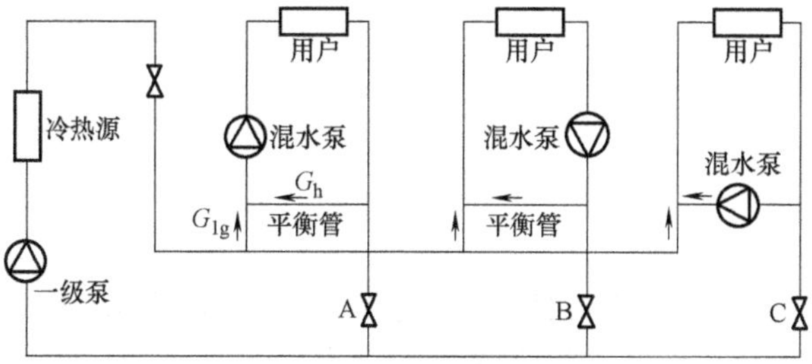

图5-37 末端混水系统

对于混水系统，混水比 u 是一个非常重要的参数，是指进入混水装置（混水泵）的二次网回水流量和一次网供水流量之比。

$$u=\frac{G_h}{G_{1g}} \tag{5-14}$$

式中 G_h——二次网回水流量（m^3/h）；

G_{1g}——一次网供水流量（m^3/h）。

2. 动力分散式水系统节能机理分析

在动力集中式水系统设计中，循环水泵是根据最不利环路选取的，即水泵流量为各个环路上的流量之和，扬程为最不利环路上的压力损失，再考虑一定的安全余量。水泵的电动机输入功率为

$$P_0=\frac{\rho gGH_0}{\eta_0} \tag{5-15}$$

式中 ρ——冷冻水的密度（kg/m^3）；

g——重力加速度（m/s^2）；

G——循环水泵总流量（m^3/h）；

H_0——最不利环路阻力相应的压头（m）；

η_0——电动机效率。

为定量分析动力分散式水系统的节能效果，以管网的次最不利环路选取主循环水泵。此时，最不利环路所需资用压力不足，需要增设用户加压泵（图5-38）。主循环泵流量为所有用户的流量之和，扬程为次最不利环路的压力损失；加压泵的流量为最不利环路的流量，扬程为最不利环路与次最不利环路的阻力差。

则泵的总功耗为

$$P_1=\frac{\rho gGH_1}{\eta_1}+\frac{\rho gG_0(H_0-H_1)}{\eta} \tag{5-16}$$

式中 H_1——次最不利环路各环路上的阻力相应的压头（m）；

G_0——最不利环路的流量（m^3/h）；

η_1——主循环水泵电动机的运行效率；

η——用户加压泵及其电动机的运行效率。

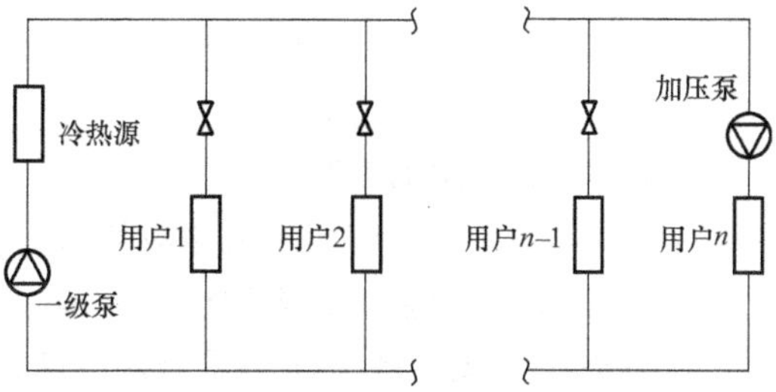

图5-38 以次不利环路选取主泵时系统示意图

为了便于比较，假设主循环泵和加压泵的电动机运行效率相等，有 $\eta_0=\eta_1=\eta$。则

$$P_0=\frac{\rho gG(H_1+H_0-H_1)}{\eta} \tag{5-17}$$

$$P_1=\frac{\rho gG\left[H_1+\frac{G_0}{G}(H_0-H_1)\right]}{\eta} \tag{5-18}$$

由于最不利环路的流量 $G_0<G$，则有 $G_0/G<1$，所以有 $P_1<P_0$。可见，动力分散式系统比动力集中式系统节能。

其节能率为

$$\frac{\Delta P}{P_0}=\frac{P_0-P_1}{P_0}=\frac{\frac{\rho gG(H_1+H_0-H_1)}{\eta}-\frac{\rho gG\left[H_1+\frac{G_0}{G}(H_0-H_1)\right]}{\eta}}{\frac{\rho gG(H_1+H_0-H_1)}{\eta}} \tag{5-19}$$

$$\frac{\Delta P}{P_0}=\left(1-\frac{G_0}{G}\right)\left(1-\frac{H_1}{H_0}\right) \tag{5-20}$$

可见，最不利环路与次最不利环路的阻力比越大，节能率越高；最不利环路上流量与总流量的比值越小，节能率越高。

由以上分析可知，当以次不利环路选取主循环水泵，最不利环路采用末端加压泵时，在理想情况下，末端加压泵能刚好克服最不利用户压力损失，不产生多余的资用压头，则不需要阀门节流。以此类推，当在冷热源、用户支路上均合理设置相应扬程和流量的水泵（图5-39），让输配管网各管段上水泵分别克服自身管段阻力时，则不会产生任何富余压头，即无节流损失，整个输配系统能耗将达到最小值。

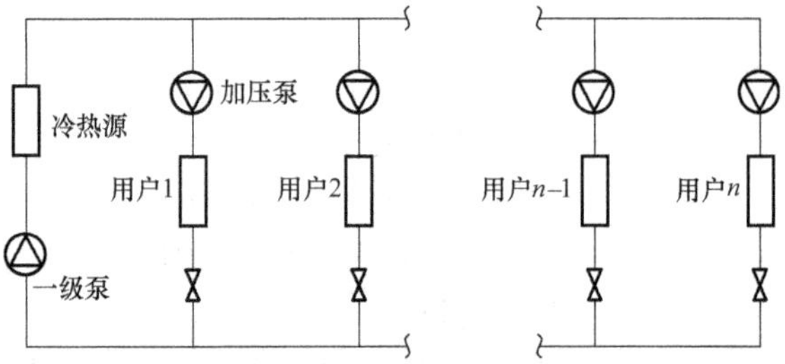

图5-39　动力分散式水系统

和动力集中式系统相比，整个输配系统没有无效电耗，其相对于动力集中式系统的节能率为

$$\beta_v=\frac{\left(1-\frac{1}{n}\right)LR(1+\alpha)}{2LR(1+\alpha)+H_u+H_s}\approx\frac{LR(1+\alpha)}{2LR(1+\alpha)+H_u+H_s} \tag{5-21}$$

式中　n——用户数；

L——干线总长（m）；

R——干管的比摩阻；

α——局部阻力系数；

H_u——各用户的资用压力相应的压头；

H_s——冷热源阻力相应的压头（m）。

系统规模越大，各个环路阻力越悬殊，节能率越接近50%，即几乎能省去全部阀门的无效能耗。

3. 动力集中式与动力分散式水系统的能耗对比实例

以具有如图5-40所示的三个用户支路的动力集中式系统为计算模型，应用“环状管网水力计算与水力工况分析”软件定量计算动力集中式水系统的运行能耗。

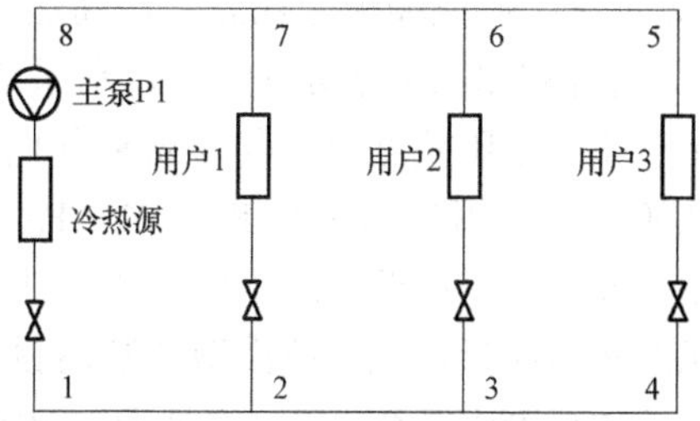

图5-40 动力集中式系统示意图

在计算模型中，假定冷热源的阻力相应的压头为10m，三个用户的阻力相应的压头为8m，设计流量分别为15m³/h、15m³/h、10m³/h。水泵性能曲线为：$H=-0.002Q^2-0.01Q+36$，各管段参数见表5-19。

表5-19 计算模型各管段参数

分支编号	起点	终点	流量/（m³/h）	压降损失/Pa	阻抗/（kg/m⁷）
1	8	1	40	130926	1.05×10^9
2	1	2	40	20142	1.62×10^8
3	7	8	40	20142	1.62×10^8
4	2	7	15	163154	9.33×10^9
5	2	3	25	20142	4.15×10^8
6	6	7	25	20142	4.15×10^8
7	3	6	15	122869	7.03×10^9
8	3	4	10	20142	2.59×10^9
9	5	6	10	20142	2.59×10^9
10	4	5	10	82584	1.06×10^{10}

主泵扬程根据最不利用户3选取，则需调节其他两个用户支路的调节阀，使系统达到设计工况下的水力平衡，三个用户分支均为设计流量。管网各支路运行能耗见表5-20。

表5-20 动力集中式系统设计工况下的运行能耗

项目	冷热源支路	支路1	支路2	支路3
流量/（m³/h）	40.20	15.10	15.10	10.00
外网提供压头/m	-20.34	16.32	12.29	8.26
富余压头/m	3.09	8.32	4.29	0.26
富余压头比例（%）	23.61	50.98	34.91	3.15
调节阀能耗/kW	0.34	0.34	0.18	0.01
调节阀能耗比例（%）	23.71			
总能耗/kW	3.64			

从表5-20的数据可以看出，在动力集中式系统中，为了满足最不利环路3的资用压头需求，使水泵的扬程高达33.4m，管网系统的其他用户分支都有不同程度的压力富余，富余压头的比例随着用户分支与冷热源的距离减小而急剧增大，支路1的富余压头比例高达到50.98%，不得不用增大支路阻力的方法（关小支路调节阀开度）来消耗多余的压头，这部

分调节阀能耗即为无效能耗，无效能耗的比例达到23.71%，造成输配能耗总能耗高达3.64kW。

将图5-37改为动力分散式水系统，如图5-41所示，系统零压差点为1点（或8点）。主泵P2克服冷热源阻力，用户加压泵P3、P4、P5分别克服各用户阻力及其与零压差点间干管阻力。为了和动力集中式系统进行能耗对比，该模型各管段设计参数和动力集中系统模型中参数一致。各水泵参数见表5-21。

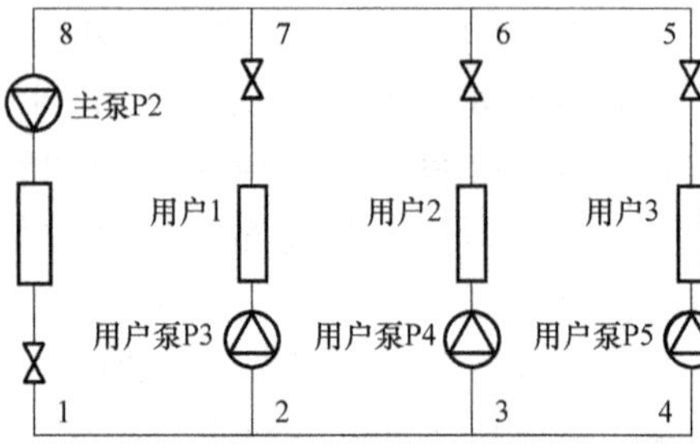

图5-41 动力分散式水系统示意图

表5-21 动力分散式水系统各水泵参数

水泵编号	流量/(m^3/h)	扬程/m	性能曲线
P2	40	12	$H=-0.002Q^2-0.007Q+14.8$
P3	15	12	$H=-0.007Q^2+0.09Q+12$
P4	15	16	$H=-0.004Q^2-0.009Q+17.9$
P5	10	22	$H=-0.04Q^2+0.45Q+20.6$

采用动力分散设计后，主泵的扬程大大减小，三个用户支路分别增加了加压循环泵。微调各个用户支路的调节阀，使系统达到设计工况下的水力平衡，各用户分支达到设计流量。管网各分支运行能耗见表5-22。

表5-22 动力分散式水系统设计工况运行能耗

项目	冷热源支路	支路1	支路2	支路3
支路流量/(m^3/h)	40.200	15.100	15.000	10.100
外网提供压头/m	0.300	-4.380	-8.420	-12.490
水泵扬程/m	10.800	12.500	16.500	20.600
富余压头/m	1.100	0.120	0.080	0.110
富余压头比例(%)	9.900	1.480	0.990	1.360
各泵输出能耗/kW	1.181	0.513	0.673	0.566
调节阀能耗/kW	0.120	0.005	0.003	0.003
调节阀能耗比例(%)	4.483			
总能耗/kW	2.933			
节能率(%)	19.42			

从表5-22数据可以看出，各支路的富余压力比例大幅下降，支路1的富余压头比例由50.98%下降到1.48%。系统无效能耗的比例也由23.71%下降到4.483%。采用动力分散设计后，系统总能耗由3.65kW下降到2.933kW，节能19.42%。

动力分散式水系统基本消除了各支路调节阀的无效能耗，实现循环动力的按需供给。在理论上，主泵和各个加压泵的扬程选择无需任何余量，则可以完全消除系统中的所有调节阀的无效能耗。但在水泵的实际选型中，为确保安全可靠，均会留有一定的安全余量，水泵的扬程均会略高于实际所需扬程，故在动力分散式水系统中仍然会存在一定的调节阀无效能耗，但比例很低。

5.6 空调蓄能技术

5.6.1 空调蓄冷技术发展的背景与特点

由于工业发展和人民物质文化生活水平的提高，空调的普及率逐年增长，电力消耗增长迅速，高峰电力紧张，而用电低谷时的电力又得不到充分应用。因此，如何转移高峰电力需求，“移峰填谷”平衡电力供应，提高电能的有效利用，就成为当前许多国家重视解决的问题。采用“分时电价”政策以及某些鼓励性政策，进一步推动了使用低谷电力的积极性。这就使在用电低谷时进行蓄冷的技术得到重视和发展。

1. *蓄冷空调的发展背景*

电力供应紧张由来已久。虽然年发电量在逐年增长，但是由于峰谷差的拉大，峰时段的用电仍然非常紧张。全国平均的峰谷差为电网峰值的35%，有的电网峰谷差达到40%以上。在夏季普遍使用的空调已成为高峰用电的主要大户，特别是对商场、办公楼、体育馆、影剧院，负荷的峰谷特点更加突出。许多城市高峰负荷的20%～40%是由商业建筑空调所造成的。由于空调耗电主要集中在温度最高的中午时间区段，这就使得波浪形电力负荷的高峰更加升高，高峰与低谷间的负荷差拉大。大多数城市电网均面临高峰期电力不够用、低谷期电力用不了的局面。一般气候条件下的负荷变化和夏季电力负荷变化情况如图5-42所示。逐年增加的峰谷差给电站的调峰运行带来困难，要满足高负荷必须投入大机组进行调峰。所以，仅靠电站进行调峰不能满足要求。故通过用户侧的调荷（特别是商业），来实现“移峰填谷”、均衡负荷，已成为当务之急。蓄冷空调就是针对这种局面而提出并得以应用的。蓄冷空调将建筑物空调时所需冷量的部分或全部在非空调时间制备好，并以某种形式储存起来供空调时使用。当空调使用时间和非空调时间，与电网高峰和低谷时间同步时，就可将电网高峰时的空调用电量，转移至电网低谷时使用，达到节约电费的目的。

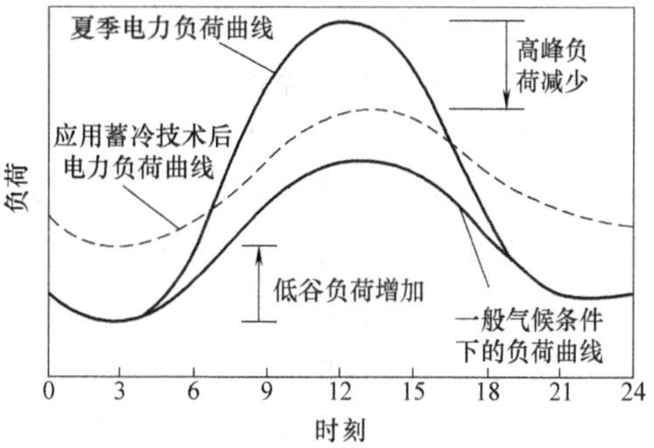

图5-42 负荷变化基本特征和应用蓄能技术的效果

常用的蓄冷技术，是让制冷机组在夜间电力负荷低谷期运行，并将产生的冷量储存起来，次日需要时再将冷量释放出来，满足生产和生活用冷负荷的需求；运用将冷量的生产和冷量的使用，在时间上相分离的方法进行调荷，以实现用户侧冷负荷用电的“移峰填谷”，达到均衡电网负荷的目的。按常规的空调方式，若某一电网有100kW的高峰空调负荷，则同期电力公司必须有100kW的装机容量来满足这个负荷要求，但大部分时间用户达不到这个负荷，如果使用分量蓄冷策略，将50kW的高峰负荷移到低谷使用，电力公司只需有50kW的发电容量就可满足用户需求，节约50kW的装机容量。从图5-42可看出蓄冷技术移峰填谷、均衡负荷的作用。通过对大量蓄冰工程的实践总结，移1kW的低谷电至高峰时段，耗资2300元左右。而建设1kW的电厂，供电至用户变压器耗资9000元。高峰时段的缺电可能只有几天，而且可能只是一天中的一个或几个小时。所以发电装机容量的发展和蓄能技术同步发展，是最终合理解决用电供需矛盾的方法。因此，蓄能技术是解决电网用电峰谷差的主要手段之一[40]。

从目前国内外制冷空调设备的发展趋势来看，尽管用热能的吸收式制冷技术得到了较快的发展，但用电动压缩机的制冷在空调和其他应用场合中仍占主导地位。中央空调将是蓄冷调荷技术应用的主要领域，蓄冷空调技术在我国具有良好的应用环境和发展潜力。

2. 蓄冷空调的特点

蓄冷空调的特点可归纳如下[30]：

1）转移制冷机组用电时间，转移电力高峰期用电负荷，减缓电厂和输变电设施的建设。

2）蓄冷空调系统的制冷设备容量和设备功率小于常规空调系统，一般可减少30%～50%，制冷主机容量减少，减少空调系统电力增容费和供配电设施费。

3）蓄冷空调系统的一次投资比常规空调系统要高。如果计入供电增容费及用电集资费等，有可能投资相当或增加不多。

4）蓄冷空调系统的运行费用由于电力部门实行峰谷电价政策，分时电价差值越大，用户得益越多，比常规空调系统要低。

5）蓄冷空调系统制冷设备满负荷、高效运行比例增大，状态稳定。

6）蓄冷空调不一定节电，而是合理使用峰谷段的电能，提高设备利用率。

7）系统连续运行，避免了间歇运行不必要的能量浪费。

8）充分利用夜间大气冷却能力，提高制冷机产冷量和性能系数COP（冷凝温度降低1℃，约可提高制冷量2%左右）。

9）具有应急冷源，空调可靠性提高。

10）冷冻水温度可降到1～4℃，可实现大温差低温送风，节省风、水系统的投资和能耗。

蓄冷常用的介质有冷水、冰。虽都是用水，但冷水不发生相变，温度在0℃以上。低温共融的无机或有机物质亦可作为蓄冷介质，可产生相变。例如，气体水合物是在特定温度和压力下，水在外来气体分子周围形成坚实包络状结晶体，在水和结晶时释放出相当于水结冰的相变热。由于大多数制冷剂与水作用时，能在5～12℃条件下形成气体水合物，而且结晶相变热较大（单位容积相变热大于冰），被认为是理想的空调蓄冷介质。共晶盐蓄冷是潜热蓄冷的另一种方式。共晶盐蓄冷介质是由无机盐、水、成核剂、稳定剂组成的混合物。

空调蓄冷工程中，较常用的是相变温度约为8～9℃的共晶盐蓄冷材料。其相变潜热约为95kJ/kg。将此蓄冷材料装在球形或长方形的密封体里，并堆积在有载冷剂（或冰冻水）循环通过的储槽内组成蓄冷装置。蓄冷介质特性的比较见表5-23。

表5-23 蓄冷介质特性的比较

蓄冷特性	冷 水	冰	低温共融体	
			气体水合物	共晶盐
蓄冷方式	显热	显热+潜热	潜热	潜热
相变温度/℃	—	0	5～12	8～9
蓄冷量/（kJ/kg）	20.9（12～7℃）	384（12～0℃）	270～465	95

由表5-23可见，用水作介质进行蓄冷的单位质量或体积的蓄冷量小；而冰则由于有相变，约为水的18倍；低温共融体则介于水和冰之间（目前价格较高）。由于冰的相变潜热

大，其所需占据的蓄冷空间（或容积）约为蓄冷水的1/8～1/5。这是考虑到冰体结构、流通通路及结冰率等实际因素后的结果。

另一重要特点是冰蓄冷方式可以提供较低温度的冷冻水（1～5℃，一般2℃左右），从而可加大处理空气的焓差，为采用低温、大温差送风提供了条件。

3. 空调蓄冷系统应用设计原则[31]

空调蓄冷系统应用设计的基本原则是：除了要考虑运行安全、可靠、满足舒适空调的要求，操作及维护管理简便外，还要有比常规空调供冷系统更好的经济性。具体设计时，应注意以下几点：

（1）根据具体条件选择恰当的蓄冷系统　各种常用成熟的蓄冷系统，它们各有特点及适用范围，根据空调蓄冷、供冷系统的特点，按已有实践经验，考虑易于操作控制、经济等综合因素，一般采用载冷剂为25%～30%的乙二醇水溶液的冰蓄冷系统。应用较多的是内融冰、封装冰和水蓄冷系统。

（2）应考虑空调蓄冷系统的整体优化　由于空调蓄冷系统的特点，如供冷介质温度可低至1～3℃，利用夜间电力负荷稳定等条件，有可能进一步提高系统综合节能和经济效果。如冷凝器的热回收利用和冬季的自然制冷，采用低温空调送风等，其生产的效益往往超过蓄冷系统自然带来的效益，使整体建筑工程造价和运行管理费用降低，使用户和社会获得更大的效益。

（3）应考虑运行电费的节省　空调蓄冷系统优于常规空调系统的程度，关键在于运行电费能节省多少。因此，全年各电费段的用电量计算很重要，其基础是要正确统计各电费段的用电量，这是一项较复杂的工作，简单从事往往不能反映实际情况，需要认真分析。

4. 当前在我国影响空调蓄冷技术顺利推广的主要因素

推广空调蓄冷技术，需要有用户的积极性，而技术可靠、性能先进、价格适度是吸引用户的主要条件。当前，我国已有几家开发制造蓄冷装置的企业，价格略低于国际市场的价格。但尚缺乏标准、规范和系列化产品。如按当前各地区的峰、谷分时电价，尚不足以吸引用户采用蓄冷系统。因此，当前的主要矛盾在于移峰优惠政策的力度尚不够。国外实践表明，推广蓄冷技术就是采用合适的移峰优惠政策，除了峰、谷分时电价外，还应对移峰电功率进行鼓励性的补贴。当前我国某些地区采用的限电政策不一定有助于空调蓄冷的顺利推广。

另外，国内外较多的设计单位和用户，对蓄冷技术的应用尚缺乏系统的了解和管理运行经验，也是影响空调蓄冷技术推广应用的一个因素。因此，更广泛有效地推广、总结空调蓄冷技术是我国经济持续发展的需要，在当前更具有现实意义。

5.6.2 蓄冷设备

美国制冷工业协会（ARI）1994年出版的《蓄冷设备热性能指南》将蓄冷设备广义地分为显热式蓄冷和潜热式蓄冷，见表5-24。最常用的蓄冷介质是水、冰和其他相变材料，不同蓄冷介质具有不同的单位体积蓄冷能力和不同的蓄冷温度。

（1）水　显热式蓄冷以水作为蓄冷介质，利用水温变化蓄存显热量，水的比热容为4.184kJ/(kg·K)。蓄冷槽的体积和其蓄冷效率取决于供冷回水与蓄冷槽供水之间的温差，对于大多数建筑的空调系统来说，此温差可为8～11℃。

表 5-24 蓄冷设备的分类

<table>
<tr><th>分类</th><th colspan="2">类　型</th><th>主要生产厂家</th><th>蓄冷介质</th><th>蓄冷流体</th><th>取冷流体</th></tr>
<tr><td>显热式</td><td colspan="2">水蓄冷</td><td>—</td><td>水</td><td>水</td><td>水</td></tr>
<tr><td rowspan="5">潜热式</td><td colspan="2">冰盘管（外融冰）</td><td>B. A. C，Evapco（美国、日本）</td><td>冰</td><td>制冷剂
载冷剂</td><td>水</td></tr>
<tr><td rowspan="2">全冻结式（静态）</td><td>冰盘管
（内融冰）</td><td>蛇形：BAC，RH
圆形：Clamac
蛇形：Fafca</td><td>冰</td><td>载冷剂</td><td>载冷剂</td></tr>
<tr><td>封装式</td><td>冰球：CIAT，西冷，台佳
冰板：开利，台佳
蕊芯球：华源</td><td>冰或其他
共晶盐</td><td>载冷剂</td><td>载冷剂或水</td></tr>
<tr><td rowspan="2">动态蓄冰</td><td>冰片滑落</td><td>Mueller，Turbo（美国）</td><td>冰</td><td>制冷剂</td><td>水</td></tr>
<tr><td>冰晶（冰浆）</td><td>Mueller，Maximalce
Y. T. Li
Sunwell（加拿大）</td><td>冰或其他水混合物气体水合物</td><td>制冷剂
载冷剂</td><td>水或载冷剂</td></tr>
</table>

注：载冷剂一般为乙烯乙二醇水溶液。

水蓄冷的蓄冷温度为4～6℃，是空调常用冷水机组可适应的温度。此外，空调水蓄冷系统的设计，应异于常规空调系统的设计，就是说应该尽可能提高空调回水温度，以充分利用蓄冷水槽的体积。蓄冷水槽的体积受蓄冷供水和回水之间保持温度分层程度的影响。一般蓄冷温度为8℃，每蓄冷3.517kW·h需0.118m^3的水；如温差为11℃，则蓄冷水量可减为0.086m^3/(kW·h)。

（2）冰　蓄冰则是利用冰的熔化热（熔化潜热）335kJ/(kg·℃)。蓄冷槽的体积取决于槽中冰水百分比，一般蓄冷槽的体积为0.02～0.025m^3/(kW·h)。冰蓄冷的蓄存温度为水的凝固点0℃。为了使水冻结，制冷机应提供-7～-3℃的温度，它低于常规空调用制冷设备所提供的温差。当然，蓄冰装置可以提供较低的空调供水温度，这样有利于提高空调供回水温差，以减小配管尺寸和水泵电耗。

（3）共晶盐　为了既可以提高蓄冰温度，又不改变冷水机的空调工况运行，可以采用除冰以外的其他相变材料。目前常用的相变材料为共晶盐，即无机盐与水的混合物。对于用做蓄冷介质的共晶盐有如下要求：

1）融解或凝固温度为5～8℃。

2）熔化热大，热导率大。

3）密度大，无毒，无腐蚀。

5.6.3 水蓄冷空调系统

1. 水蓄冷原理[32]

水蓄冷是利用水的显热进行冷量储存。它是利用4～7℃低温水进行蓄冷，该温度与大多数非蓄冷的制冷机组相匹配。水蓄冷优点是系统简单、投资少、维修方便。可以使用常规空调制冷机组，而且冬季可以用于蓄热。适宜于既可蓄冷又可蓄热的空调热泵机组。另外，制冷机在蓄冷阶段基本上为满负荷运行，制冷效率大大提高，能耗降低。但由于水蓄冷密度小，水的比热容为4.2kJ/(kg·K)，使蓄冷容积增大，冷损耗大，不易防水保温。

我国曾在一些体育馆建筑（如首都体育馆和上海体育馆等）内采用水蓄冷空调系统。

由于受常规空调进水温度7℃和出水温度12℃的束缚，载冷剂工作温升受到一定限制，因此使蓄水槽体积庞大，其占地面积、造价和蓄冷过程中冷损失都相应增大，给水蓄冷空调系统的普及带来了困难。如果加大载冷剂工作温升，可使蓄冷槽容积减小，工程造价、传热损失及载冷剂输送功率也随之减小。蓄冷温差在6～11℃间的水蓄冷系统，其单位体积的蓄冷容量约为5.9～11.3kW·h/m^3；如果蓄冷温差维持在17℃，其蓄冷容量可达17.7kW·h/m^3。同样的蓄冷容量，水蓄冷系统的空间要求约为冰蓄冷的3～7倍，是共晶盐系统的2～3倍。只要空间条件许可，水蓄冷系统是一种贮存大量冷量的较为经济的方式。蓄冷罐体积越大，单位蓄冷量的投资越低。当蓄冷量大于7000kW·h，或蓄冷容积大于760m^{3}时，水蓄冷是最为经济的。

水蓄冷空调的设计和运行主要应考虑两个方面：

（1）提高泵和冷水机组的工作效率　应尽可能增加主机在满负荷下运行的时间，并充分利用低谷电价。

（2）减少蓄冷环节能量损失　主要指蓄水槽表面的能量损失和内部传热损失。

蓄水槽表面的能量损失，主要是指蓄水槽四周的空气和土壤传给冷冻水的热量。对此，应加强蓄水槽外表面的保温。在一定的容积下，尽可能减少蓄水槽的外表面积和冷冻水蓄存的时间。对埋入地下的蓄水槽，为减少其对周围土壤的传热，特别是当土壤中的水分增加时，散热加强，应隔离蓄水槽和周围的土壤，或使周围土壤干燥；同时尽量减少蓄存水的蓄存时间，即采用部分蓄冷模式，只蓄存次日所需冷量即可，可靠的方法是避免蓄水满槽的操作。

蓄水槽内部传热损失，是指热量由蓄水槽中较高温度的冷冻水，传给较低温度的冷冻水。虽然对系统而言没有热损失，但却使槽中部分冷冻水的温度上升，并达到空调不可用的温度，使系统的蓄冷量损失掉。同时这部分回水在槽中被冷却，使主机在蓄冷过程中的制冷量也有所损失，且增加了泵的工作量。为了维持尽可能大的蓄冷温差，并防止蓄存冷水和回水的混合，人们采用了多种行之有效的水蓄冷模式：自然分层式、蓄冷槽组式、空槽式及隔膜式等。

2. 水蓄冷系统模式

自然分层式是一种结构简单、蓄冷效率较高、经济效益较好的蓄冷方法，目前应用较为广泛。水的密度与其温度密切相关，在水温大于4℃时，温度升高，密度减小。而在0～4℃范围内，温度升高，密度增大，见表5-25。自然分层蓄冷就是依靠密度大的水会自然集聚在蓄冷罐的下部，形成高密度水层的趋势进行的。在分层蓄冷中使温度为4～6℃的冷水聚集在蓄冷罐的下部，而10～18℃的热水自然地聚集在蓄冷罐的上部，来实现冷、热水的自然分层。

表5-25　水的密度

t/℃	0	3.98	5	10	15	20	25
ρ/(10^{3}kg/m^3)	0.99987	1.0000	0.99999	0.99973	0.99913	0.99823	0.99707

图5-43所示为自然分层水蓄冷系统。在蓄水槽中，上、下部设置了两个均匀分配水流的均流器。为了达到自然分层的要求，必须在蓄冷和释冷过程中，温度较高的空调回水（热水）始终是从上部均流器流入或流出，而空调供水（冷水）是从下部均流器流入或流

出，以尽可能形成上、下分层水的各自平移动；同时，应使水流以较小的流速均匀流入或流出蓄水槽，减少水的扰动，避免供、回水的混合。

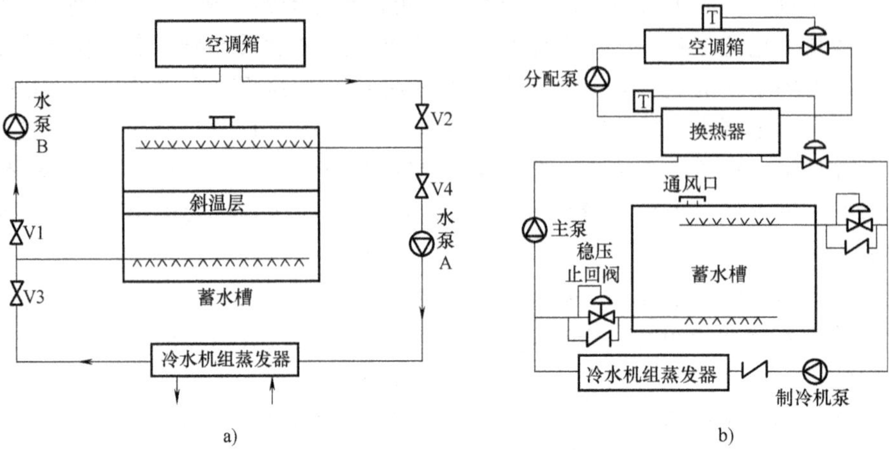

图 5-43 自然分层水蓄冷系统

上、下分水层之间是斜温层，也称过渡层。在斜温层内部，存在温度梯度，随高度增加，水温有所升高，传热和水的扰动都会破坏斜温层。稳定的斜温层能防止蓄水槽下部冷水和上部热水（回水）的混合。斜温层的厚度一般在0.3～1.0m。蓄水槽在蓄冷水期间，斜温层厚度的变化是衡量蓄水槽蓄冷效果的主要指标。

自然分层水蓄冷系统的工作有两种工况：①蓄冷工况。此时阀门V1和V2关闭，V3和V4打开，水泵A和冷水机组运行，水泵B停。从冷水机组来的冷水通过阀门V3，由下部均流器缓慢地进入蓄水槽，而温水则从上部均流器缓慢地流出，通过阀门V4和水泵A进入冷水机组，再降温。随着冷水量的增加、热水量的减少，槽中总水量不变，斜温层将向上移动，直至槽中全是冷水为止，蓄冷过程完成。②释冷工况。阀门V1和V2打开，V3和V4关闭，水泵A和冷水机组停，水泵B运行。空调回水通过阀门V2进入上部均流器，而冷水由下部均流器缓慢流入蓄水槽，直至蓄水槽中充满热水为止。释冷过程结束。

（1）蓄水槽组水蓄冷系统　蓄水槽组实际上是以垂直的间隔方式将一个大的蓄水槽分成多个小槽，如图5-44所示。这种水蓄冷空调系统在美国和日本都有很多实例。大多将建筑物地下室用作蓄水槽。将一个大的蓄水槽用隔板分隔成多个相互串联的小槽，形成多个蓄水槽的串联形式。

1）蓄冷工况。水泵A起动，阀门V3和V4打开，水泵B关闭，阀门V1和V2关闭；冷水从右边第一个蓄水槽的底部进入蓄水槽中，上部的热水溢流至第二个蓄水槽底部进口；以此类推，直至最后蓄水槽中全是冷水，完成蓄冷。

2）释冷工况。此时水泵和阀门的动作与蓄冷时相反。空调回水由左边的蓄水槽下部进入，由隔板导流从上部进入蓄水槽，冷水则从第二个蓄水槽下部由隔

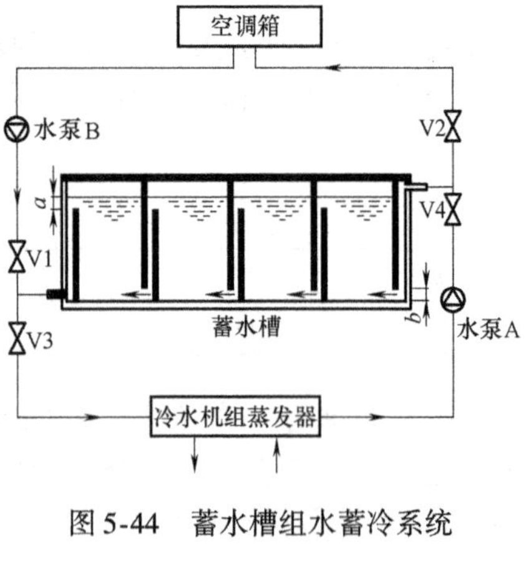

图 5-44 蓄水槽组水蓄冷系统

板导流至上部，这样一直进行下去，冷水从最右边蓄水槽上部流出为空调供冷。

隔板与槽底的间距 b 及隔板与上部水面的间距 a，均起到均流器的作用。在隔板的作用下，无论蓄冷还是释冷，所有槽中均为温水在上、冷水在下，因而可利用水温不同产生的密度差来防止冷热水混合。为了减少“死水区”，a 和 b 的位置应尽可能靠近底部或顶部。隔板可用橡胶制成的可移动式悬吊结构的薄片，可随时移动，改变间隔位置，安装和使用方便，价格便宜。

（2）空槽式水蓄冷系统　空槽式这种方式是在蓄冷和释冷结束时，即在蓄冷和释冷转换时，总留有一个空槽，因而称为空槽式水蓄冷系统，如图 5-45 所示。该系统有多个蓄水槽，槽的数量和容量可根据当地用电情况和空调负荷大小决定。

1）蓄冷工况。开始蓄冷时，槽 1 是空的，热水从槽 2 中抽出，通过阀门 V18、V14、V15、V16、V3、冷水机组、水泵 A、阀门 V5 和 V9 进入槽 1。当槽 1 被冷水充满时，槽 2 中的热水正好被抽光。接着通过阀门的开关控制，槽 3 中的热水按上述的流程降温后，再进入槽 2。依此类推，直到槽 4 中回水抽光为止，蓄冷结束。

2）释冷工况。释冷开始时，槽 4 中无水，从槽 3 抽出的冷水流经阀门 V19、V14、V13、V4、V1、空调箱、水泵 B、V12，进入槽 4。当槽 3 中冷水被抽光时，正好槽 4 中充满温度较高的空调回水。接着通过阀门开关控制，槽 2 中的冷水流经空调箱升温后，进入槽 3，这样依此类推，直至槽 1 中的冷水全部被用光为止，释冷结束。

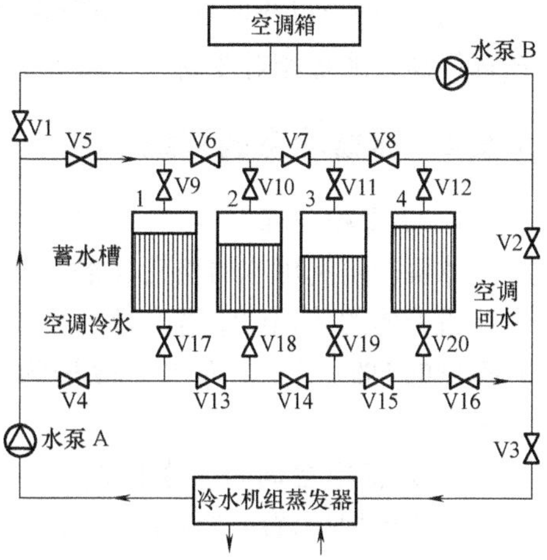

图 5-45　空槽式水蓄冷系统

这种蓄冷方式避免了冷、热水混合造成的冷量损失，可以达到较高的蓄冷效率。但同样的蓄冷量，槽体外表面积成倍增大，且系统复杂，初投资高。

隔膜式是在蓄水槽中加一层隔膜，将蓄水槽中的回水与存储的冷冻水隔开。隔膜可垂直放置也可水平放置，则相应构成了垂直隔膜式和水平隔膜式水蓄冷空调系统。图 5-46 和图 5-47 所示分别为水平隔膜式蓄水槽和垂直隔膜式蓄水槽。

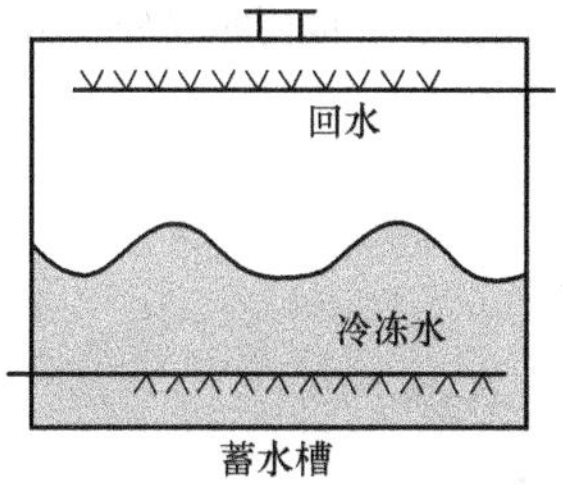

图 5-46　水平隔膜式蓄水槽

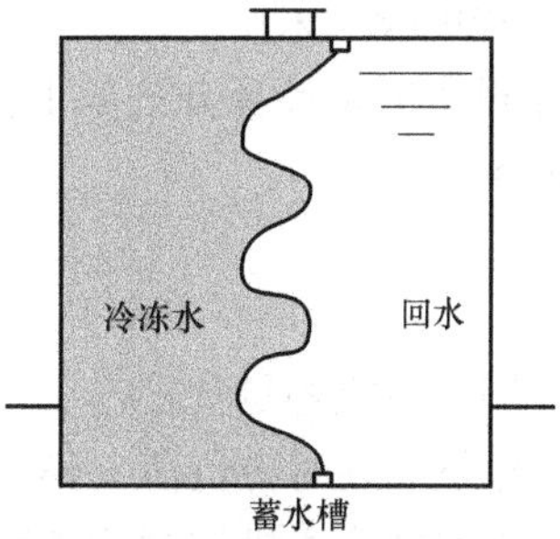

图 5-47　垂直隔膜式蓄水槽

隔膜一般都是用橡胶布制成的，也可做成一个可左右移动或上下移动的刚性隔板。因垂直隔膜易发生破裂或附着于吸入口而穿孔，因而使用逐渐减少。水平隔膜以上下波动方式分隔回水和冷冻水，可利用水的密度差，将回水存储于冷水上面。这样可有效避免上、下方水的混合，减少蓄冷损失，但应重视隔膜的隔热性能。水平隔膜能维持较高的蓄冷效率，已成功用于许多水蓄冷工程。空调水蓄冷系统多用开式流程。其主要特点是直接向用户供冷，具有系统简单，一次投资低，温度梯度损失小，蓄冷效率高等优点。但应注意以下问题：

1）蓄水槽与大气相通，水质易受环境污染，水中含氧量高，且易生长菌藻类生物。为防止系统管路、设备的腐蚀及微生物的繁殖，故需设置相应的水处理装置。

2）整个蓄水槽为常压运行，其制冷及供冷回路应考虑防止虹吸、倒空而引起运行工况破坏，故应在两个回路的设计中，采用相应的必要措施。

3）制冷及供冷回路中，至蓄水槽的回水管均处于泄压状态，无法利用静压，致使水泵扬程提高，能耗相对要高。

5.6.4 冰蓄冷空调系统

1. 冰蓄冷原理

冰蓄冷是利用冰的相变（潜）热进行冷量储存。由于4℃冰的蓄冷密度达334kJ/kg，使得冰蓄冷槽的体积比水蓄冷槽大为减小。综合考虑各种因素的影响，冰蓄冷槽的跑冷量为其蓄冷量的1%～3%，而水蓄冷槽为5%～10%，这与冰蓄冷槽容积小而使其表面积减小有关。

2. 冰蓄冷空调的蓄冷模式

一般可把冰蓄冷空调系统划分为全量蓄冰和部分蓄冰两种蓄冰模式。

（1）全量蓄冰　蓄冰制冷主机只负责在夜间电网低谷期制冰蓄冷，空调所需的所有负荷全部由冰的融化来提供。图5-48所示为全量蓄冰模式空调负荷时段分布示意图。

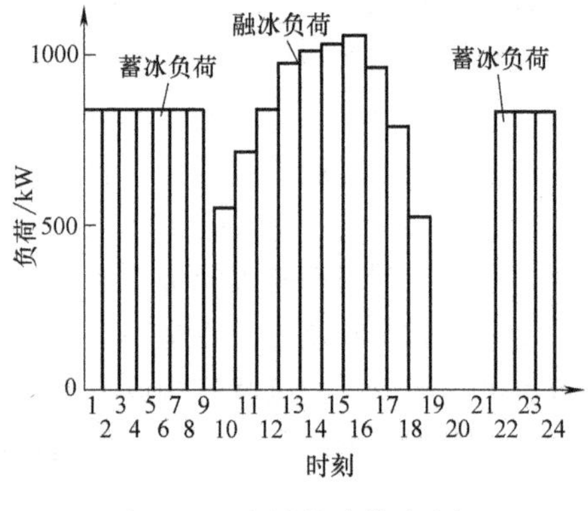

图5-48　全量蓄冰模式空调负荷时段分布示意图

该方案由于所有冷负荷都在低谷电价时段制取，所以其运行电费最省，但由于主机在高峰期不运行，所需的主机和蓄冰器的容量较大，与主机配套的冷却水塔和电力设备也大，一次投资费用最多。因此，全量蓄冰空调系统只适用于负荷集中、使用时间短的建筑，在一般工程中较少采用。

全量蓄冰设备容量计算方法如下：

1）主机容量：

$$q_c = \frac{\Sigma q_i}{n_1 C_f} \tag{5-22}$$

式中　q_c——制冷主机容量（kW）；

q_i——建筑物逐时冷负荷（kW），$i=1, 2, 3, \cdots, 24$；

n_1——夜间制冷主机在制冰工况下运行的小时数（h）；

C_f——制冷机制冰时制冷能力的变化率，即制冰工况时的制冷量与空调工况制冷量之比，对螺杆式制冷机 $C_f=0.64\sim0.70$，活塞式制冷机 $C_f=0.60\sim0.65$，中压离心式制冷机 $C_f=0.62\sim0.66$，三级离心式制冷机 $C_f=0.72\sim0.80$。

2）蓄冰装置的容量：

$$Q_{so} = \varepsilon Q_s = q_c n_1 C_f \quad (5\text{-}23)$$

式中　Q_s——蓄冰装置有效容量；

Q_{so}——蓄冰装置名义容量；

ε——蓄冰装置实际放大系数（量纲一的量）。

（2）分量蓄冰　制冷机在夜间低谷段制取部分冷量，以冰的形式储存。在日间电力高峰期，由储冰器和制冷机联合供冷，以满足空调负荷的需要。蓄冰负荷占总负荷的比例，可由技术经济分析的评估结果来决定，一般为30%～50%。由于制冷机日间和夜间都在运行，设备的使用效率高，相对于全量蓄冰模式，制冷机和蓄冰器的容量最多可减少至近一半。由此可以实现最少的初期投资和最短的投资回收期，其运行电费比全量蓄冰高。在空调负荷需求量锐减的季节（过渡季节），为减少运行电费，可把分量蓄冰转化为全量蓄冰运行模式。分量蓄冰分制冷机优先和融冰优先两种运行策略。图5-49和图5-50所示分别是两种运行策略下制冷负荷的时段分布图。

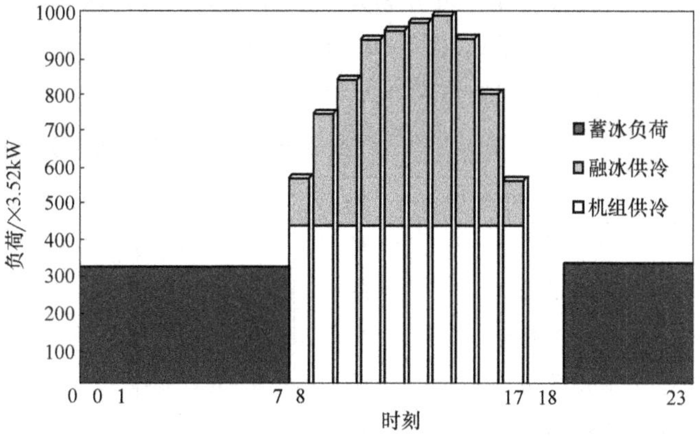

图5-49　制冷机优先运行模式空调负荷图

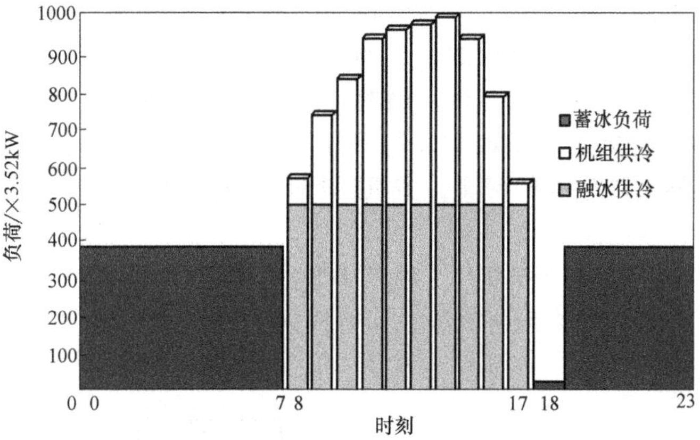

图5-50　融冰优先运行模式空调负荷图

采用制冷机优先的运行策略所需制冷机及蓄冰槽容量最小。采用融冰优先的运行策略更能充分利用低谷电力，运行费用最节省。在通常情况下，系统按制冷机优先设计，实际运行过程中，由于多数时间内建筑物冷负荷都小于设计冷负荷，因此可根据建筑物实际所需冷负荷，逐步向融冰优先，直至全量融冰运行策略转化。若当地电力部门有其他限电政策时，所选蓄冰量的最大小时取冷量，应满足限电时段的最大小时冷负荷的要求。

按制冷机优先设计时，设备容量的确定方法：

1）制冷机容量：

$$q_c = \frac{\Sigma q_i}{n_2 + n_1 C_f} \tag{5-24}$$

式中　n_2——白天制冷机在空调工况下的运行小时数（h）。

其余符号同前。

2）蓄冰装置的容量。蓄冰装置容量的计算同全量蓄冰设备容量。

（3）冰蓄冷空调系统流程及运行模式　根据各种运行策略设计的冰蓄冷空调系统种类繁多。按制冷机和蓄冰设备连接的情况，可分为并联流程和串联流程两大类：

1）并联流程。图5-51所示为制冷机与蓄水设备并联流程，其可能的运行模式见表5-26。

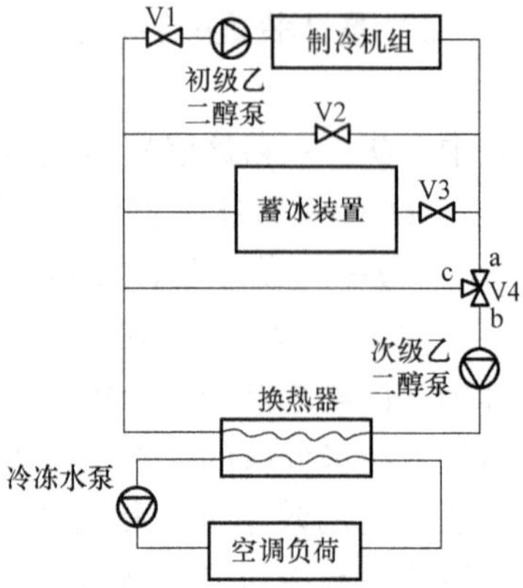

图5-51　制冷机与蓄冰设备并联流程

表5-26　并联流程的运行及设备、阀门状态

运行方式	制冷机	初级乙二醇泵	次级乙二醇泵	V1	V2	V3	V4
制冰	开	开	关	b—a	a—c	开	关
融冰供冷	关	开	开	调节	a—b	关	开
制冰同时供冷	开	开	开	b—a	调节	开	关
制冷机供冷	开	开	开	b—c	a—b	开	关
制冷机和融冰同时供冷	开	开	开	调节	a—b	开	关

2）串联流程。相对于并联系统，串联配置的冰蓄冷系统制冷机无论是满负荷或部分负荷运行，都比较稳定，制冷机出口温度较高，从而运行效率也高，且较易实现对系统运行的自动控制。此外，串联流程的供、回液温差大，其溶液泵的电功率可相应减小，可较经济地运行大温差低温送风空调。因此，实际工程中更多使用的是串联流程。串联又分制冷机置于上游与置于下游两类。与置于下游比较，制冷机置于上游的串联流程，由于首先接受换热器温度较高的回流，主机运行时的蒸发温度较高，从而提高了制冷量和制冷系统的COP。

图5-52和图5-53都是制冷机置于上游的串联流程图。图5-52所示是单泵流程，其运行模式见表5-27；图5-53所示是双泵流程，运行模式见表5-28。它们是目前工程上较为常用的冰蓄冷系统形式。

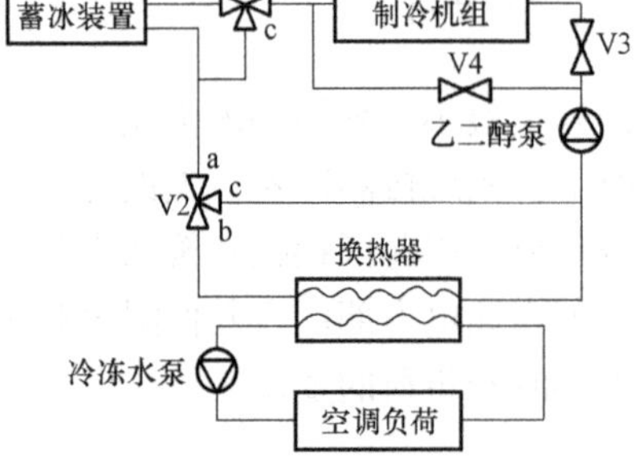

图5-52　制冷机上有串联单泵流程

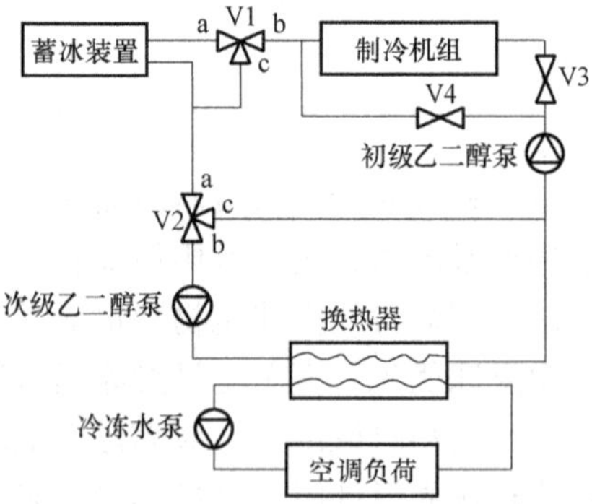

图5-53　制冷机上有串联双泵流程

表5-27 串联单泵循环回路的运行方式及设备、阀门状态

运行方式	制冷机	乙二醇泵	V1	V2	V3	V4
制冰	开	关	b—a	a—c	开	关
融冰供冷	关	开	调节	a—b	关	开
制冷机供冷	开	开	b—c	开	开	关
制冷机和融冰同时供冷	开	开	调节	a—b	开	关

表5-28 串联双泵循环回路的运行方式及设备、阀门状态

运行模式	制冷机	初级乙二醇泵	次级乙二醇泵	V1	V2	V3	V4
制冰	开	开	关	b—a	a—c	开	关
融冰供冷	关	开	开	调节	a—b	关	开
制冰同时供冷	开	开	开	b—a	调节	开	关
制冷机供冷	开	开	开	b—c	a—b	开	关
制冷机和融冰同时供冷	开	开	开	调节	a—b	开	关

每个冰蓄冷空调系统都可以有多种供冷运行模式。实际运行中主要采用何种模式较为经济，如何根据负荷和外部条件的变化来改变和调配运行方式，设计人员在具体的工程设计中，都应有详细的经济分析和比较方案，并根据分析结果编制运行模式控制程序。

(4) 冰蓄冷空调制冷机 大多数组合式制冷机可以提供一个较宽的乙二醇的流出温度范围，并适合蓄冷应用。适合蓄冷应用的制冷机类型包括活塞式、螺杆式及离心式。制冷机类型的采用取决于其容量、乙二醇流出温度、效率、冷凝器类型和制冷剂。设计蓄冷系统时，必须估算制冷机容量（制冷能力）和乙二醇流出温度，制冷量随蒸发温度的降低而降低。若蓄冰时间较长，则可以提供温度较高的乙二醇，反之，则需提供温度更低的乙二醇。

在小型系统中，要求的制冷机制冷量将限制某种特殊类型制冷机的使用。空调蓄冰系统用冷水机组，需要适应空调工况和蓄冰工况，故常称之为双工况冷机，不同制冷机的额定制冷量范围和制冷系数见表5-29。

表5-29 制冷机的额定制冷范围和制冷系数

制冷机类型	额定制冷量/3.52kW	制冷系数（制冷量/功耗）	
		空调工况（6.7℃）	蓄冰工况（-5.6℃）
往复式	10~240	3.2~4.1	2.7~3.2
螺杆式	120~1200	4.5~5.9	3.2~4
离心式	160~2000+	4.5~5.9	3.2~4

离心式和螺杆式有较高的效率。在评价制冷性能时，应考虑到冷凝温度的变化。较低的夜间周围干球和湿球温度可降低冷凝温度，从而提高制冷机的制冷量和制冷效率。乙二醇出口温度不同时，制冷机额定制冷量百分比见表5-30。制冷机的额定制冷量以将水冷却至6~7℃为基础。

表5-30 乙二醇出口温度不同时制冷机额定制冷量百分比

乙二醇出口温度/℃	6.7	2.2	-5.6
额定制冷量百分比（%）	97	85	66

额定制冷量依据以下内容来评定：用于供冷工况的29.4℃冷凝水或46.1℃冷凝温度；用于制冰工作的26.7℃冷凝水或40.6℃冷凝温度。

（5）冰蓄冷空调的系统控制　由于冰蓄冷空调系统中存在运行工况间的转换，因而比一般空调系统复杂。为使系统给用户带来较大的经济性，又能保证更灵活的供冷需求，以及更高的可靠性，应配置较完善的参数检测与控制系统，增设必要的自动控制。

冰蓄冷空调的电控系统由电气控制柜、受控设备及系统信息采集用检测仪表三部分组成。根据需要还可配置上位机系统，实现对系统的自动控制、对运行方式的优化控制、无人值守和节假日设定功能。

1）自动控制功能控制系统按每天预先编排的时间顺序，来控制所有设备的启停及监视各设备的工作状况。主要功能（含选择功能）如下：①控制制冷机启停、制冷机故障报警；②控制乙二醇泵、冷却水泵和冷冻水泵启停，乙二醇泵、冷却水泵和冷冻水泵故障报警；③控制冷却塔风机启停、冷却塔风机故障报警；④冷却水和冷冻水泵供水温度监测；乙二醇供/回水温度监测；蓄冰槽进出口温度监测；⑤末端乙二醇流量；⑥室外温、湿度监测；⑦空调冷负荷；⑧各时段用电量及峰谷电量；⑨各种数据统计表格、曲线，存冰量记录显示，各时段用电量及电费自动记录；⑩可实现无人值守运行。系统可在监控计算机上操作，系统状态由计算机显示，各统计数据可用打印机打印保存。在监控计算机脱机情况下，系统可由控制柜触摸屏手动或自动控制。

2）优化控制功能根据室外温度、天气走势、历史记录，自动选择制冷机优先或融冰优先运行方式。自控系统能根据以往的空调负荷曲线和预报的环境温度，选择当天应采用的运行模式，即选择①制冷机优先运行；②融冰优先运行；③全量融冰运行模式。

5.6.5 共晶盐蓄冷

共晶盐是由水、无机盐及添加剂调配而成的混合物，它无毒、不燃烧。共晶盐蓄冷系统的基本组成与水蓄冷相同，采用常规空调冷水机组作为制冷主机，但蓄冷槽内采用共晶盐作为蓄冷材料，利用封闭在塑料容器内的共晶盐相变潜热进行蓄冷（共晶盐可以在较高的温度下进行相变）。蓄冷时，从制冷机出来的冷冻水流过蓄冷槽内的共晶盐塑料容器，使塑料容器内的糊状共晶盐冻结进行蓄冷。空调启用时，再将从空调负荷端流回的冷冻水送入蓄冷槽，塑料容器内的共晶盐融化，将水温降低，送入空调负荷端继续使用。

1. 共晶盐蓄冷系统布置形式

共晶盐蓄冷空调系统可以按全部蓄冷和部分蓄冷策略运行。根据共晶盐蓄冷槽和冷水机组在蓄冷系统中的相对位置关系，可以分为冷水机组位于上游的布置形式和冷水机组位于下游的布置形式。

图5-54、图5-55所示分别为冷水机组位于上游的共晶盐蓄冷系统和冷水机组位于下游的共晶盐蓄冷系统。由于冷冻水系统一般为开式系统，水泵的扬程必须考虑位差，在蓄冷槽的入口和出口要分别加装稳压阀和止回阀。蓄冷槽出口增压泵采用变流量可调节方式，采用稳压阀作为系统静压控制，在泵出口设止回阀，防止系统内的水倒流入蓄冷槽。

2. 共晶盐蓄冷系统流程

使用时将蓄冷容器以水平方向整齐排列置于蓄冷槽内，蓄冷容器采用可自行堆叠的方式，每个容器中间预留一定的间隙以利水流均匀通过，与容器表面进行热交换。在蓄冷槽两端分别设置水流出口分布管和回流集水分布管，分布管上等距离地开有小孔，使水流能均匀分布和回收。

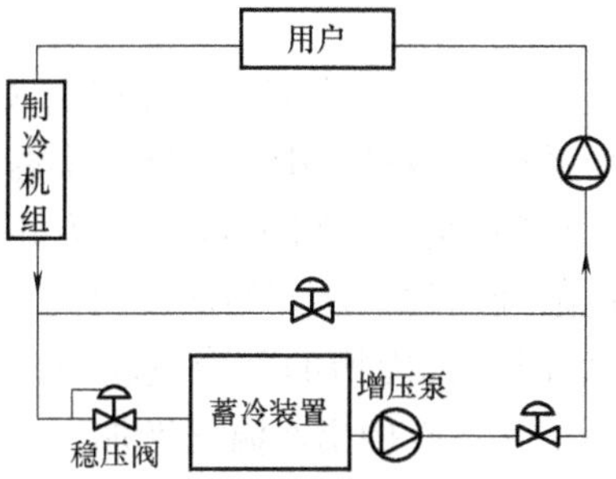

图5-54　冷水机组位于上游的共晶盐蓄冷系统

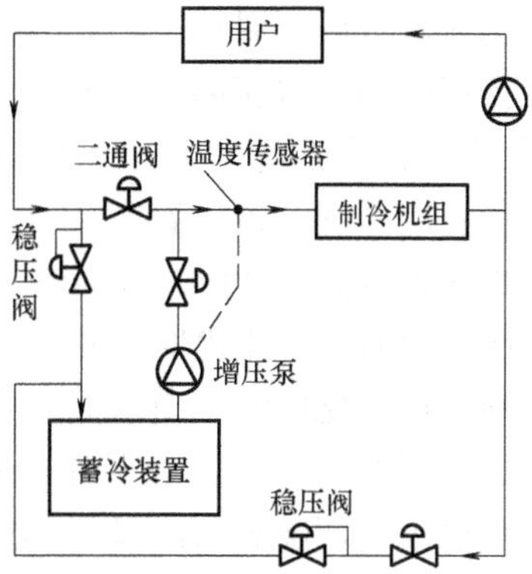

图5-55　冷水机组位于下游的共晶盐蓄冷系统

图5-56所示为共晶盐蓄冷空调系统流程图。蓄冷时，冷冻水由蓄冷泵P1送到冷水机组降温至4℃左右，然后从阀V1进入蓄冷槽冷冻水分布主管，冷冻水由分布管开孔均匀流入，通过蓄冷容器的间隙流动，并与容器内的蓄冷介质进行热交换，使容器内的共晶盐温度下降至相变点温度（如8.3℃）以下产生共晶盐固体，热交换后的冷冻水则升温至略低于相变温度的温度（如8℃），在蓄冷槽末端集水管处汇流离开蓄冷槽，再由泵P1送到冷水机组降温。蓄冷槽内的蓄冷容器根据冷冻水流入的先后顺序依次发生相变凝固，直至槽的末端。在蓄冷过程中，冷冻水温度基本保持平稳，直到蓄冷后期，蓄冷容器内大部分蓄冷介质已凝固完，冷冻水离开蓄冷槽的温度才开始下降。当降到6℃左右时，表明蓄冷过程已完成。

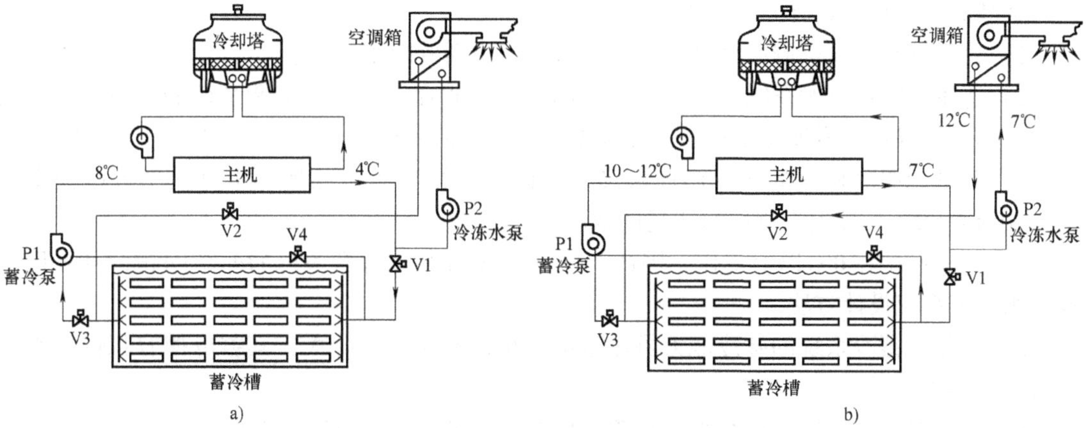

图5-56　共晶盐蓄冷空调系统流程图
a）蓄冷过程　b）放冷过程

由于目前共晶盐的相变温度在8℃左右，释冷运行时，冷冻水离开蓄冷槽的温度在9～10℃范围，高于一般空调系统所要求的7℃冷冻水温度，所以，共晶盐蓄冷系统大部分都不采用全部蓄冷模式，而采用部分蓄冷模式，冷水机组与蓄冷槽既可并联使用，也可串联使用。串联使用时，阀门V1、V3关闭，V2、V4打开，12℃的冷冻水回水先进入蓄冷槽降温至9～10℃，再由泵P1送到主机降温至7℃，由冷冻水泵P2供应给空调处理设备。并联使用时，阀门 V1、V2、V3 打开，V4 关闭，12℃的冷冻水回水分两路分别进入蓄冷槽和制冷主机进行降温。进入蓄冷槽的水降温至 9 ~ 10℃范围，进入制冷主机的水降温至 4 ~ 5℃范围，两股水流混合后水温约 7℃左右，由冷冻水泵 P2 送至空调处理设备。并联系统的关键问题是要控制好两股水流的流量分配，这可以通过控制阀门来调节。

3. 共晶盐蓄冷系统的蓄冷和放冷特性

共晶盐蓄冷系统的蓄冷温度一般为 4 ~ 6℃，离开蓄冷槽的水温在蓄冷开始时为 8℃，蓄冷过程结束时温度降为 7℃。图 5-57 所示为共晶盐蓄冷系统充冷过程中蓄冷槽进水温度变化曲线，由图中可看出，蓄冷时冷水进口温度由 7℃降到 4.5℃左右。图 5-58 所示为共晶盐蓄冷系统放冷温度变化曲线。出水温度是随着放冷过程逐渐升高的，从开始放冷时的约 7℃增加到蓄冷量耗尽时约 10℃。这是由于在放冷过程刚开始时，蓄冷槽的蓄冷量较高，能提供较低的出口温度，而随着蓄冷量的逐渐释放，蓄冷量不足，蓄冷槽出水温度增加。

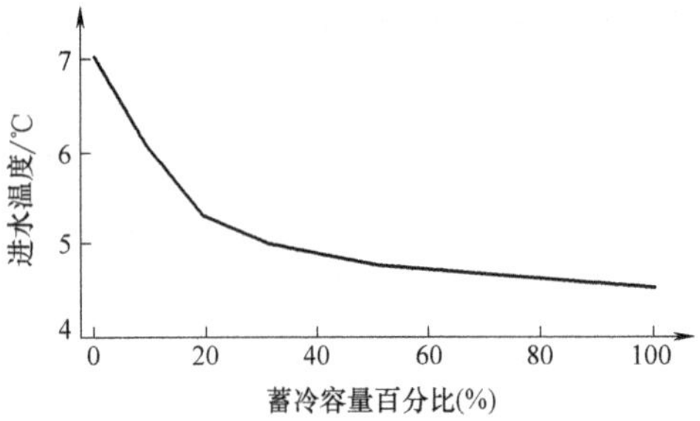

图 5-57 共晶盐蓄冷系统进水温度变化曲线

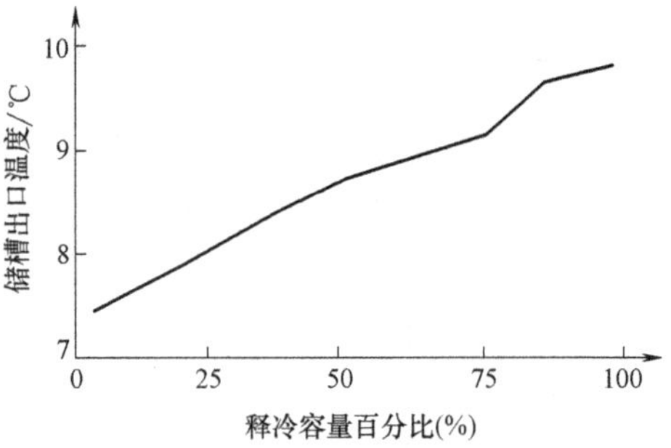

图 5-58 共晶盐蓄冷系统放冷温度变化曲线

4. 共晶盐蓄冷系统的特点

共晶盐蓄冷系统具有如下特点[33]：

1）该系统与常规空调系统基本相同，可以采用高效冷水机组。

2）适用于常规空调系统改建为蓄冷空调系统，适合于旧楼房空调系统的改造。空调负荷增加部分可以在不增加冷水机组的情况下，由蓄冷部分提供。

3）共晶盐蓄冷材料的相变温度较高，因此与冰蓄冷系统相比，主机效率可以提高很多，大约为 30%，接近常规冷水机组的效率。

4）蓄冷系统在 0℃以上工作，因此，设计时无需考虑管道系统的冻结问题，可采用常规冷水机组系统设计方法。

5）共晶盐蓄冷系统的蓄冷能力虽比冰蓄冷小，但比水蓄冷大，其蓄冷槽容积仅为水蓄冷系统的 1/3。

6）蓄冷温度高于冰蓄冷系统，故蓄冷槽的保温可减少，散热损失也减少。

7）蓄冷槽可做在建筑物基础内，或埋在室外，不占用有效空间。

8）由于蓄冷材料的相变温度高（如 8℃左右），在放冷过程中蓄冷槽的冷冻水供应温度为 9 ~ 10℃，不能为空调系统直接使用，所以不能采用全部蓄冷模式，而必须采用部分蓄冷模式，由制冷主机进一步降温后才能供应空调系统使用。

9）共晶盐蓄冷材料在蓄冷和放冷过程中存在组分离析现象，虽然加入稠化剂等材料可以得到改善，但效果并不十分理想，还有待于进一步去解决。

10）蓄冷材料密度大，在相同蓄冷容量下其质量约为冰蓄冷系统的 2 ~ 3 倍。

5.7　温湿度独立控制空调系统

5.7.1　温湿度独立控制空调策略

1. 温湿度独立控制的概念和组成

温湿度独立控制系统，英文为Temperature and Humidity Independent Control，简称THIC。在温湿度独立控制系统中，采用温度与湿度两套独立的空调系统，分别控制、调节室内温度与湿度，从而避免了常规空调系统中温湿度联合处理所带来的损失。由于温度、湿度采用独立的控制调节系统，可以满足房间温湿度比不断变化的要求，克服了常规空调系统中难以同时满足温、湿度参数的要求，避免了室内温、湿度过高（或过低）的现象。

温湿度独立控制系统的基本组成为：处理显热的系统与处理湿度的系统，两个系统独立调节，分别控制室内的温度与湿度，如图5-59所示。处理显热的系统包括：高温冷源、余热消除末端装置，采用水作为输送媒介，由于除湿的任务由独立的除湿系统承担，因此，处理显热系统的冷水供水温度可以从7℃提高到18℃左右，从而为天然冷源的使用提供了条件。余热消除末端装置可以采用辐射板、干式风机盘管等多种形式，由于供水温度高于室内空气的露点温度，因而不存在结露的危险[41]。

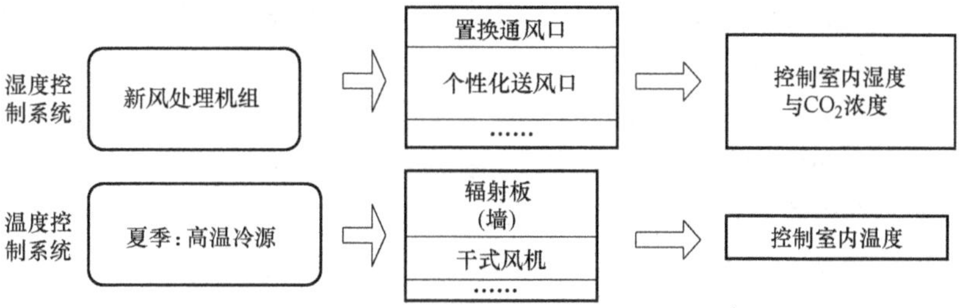

图5-59　温湿度独立控制系统的基本组成

处理余湿的系统，同时承担去除室内CO_2，以保证室内空气质量的任务。此系统由新风处理机组、送风末端装置组成。采用新风作为能量输送的媒介，并通过改变送风量来实现对湿度和CO_2的调节。

温湿度独立控制系统有以下特点：

（1）节能　THIC空调系统避免了再热，节省了冷量，从而也节约了冷水等媒介的输送损耗；另一方面由于高温冷水温度的提高，使得冷水机组的COP值增加，能耗较大程度地降低，节能效果显著。

（2）温湿度参数可实现性强　THIC通过处理显热的系统降温，保证达到温度参数，并满足其精度要求；通过干燥的新风消除室内余湿，确保湿度参数的可控性。由于两个系统独立处理空气，参数不存在耦合性，因而对于要求恒温恒湿的场所尤其适合使用温湿度独立控制系统。

（3）室内空气品质好　THIC的余热消除末端装置以干工况运行，室内不存在冷凝水及湿表面，虽然该新风机组也存在湿表面，但由于新风机组处理风量小，而且室外新风微生物含量小，对于新风机组换热器湿表面除菌处理措施也更灵活和可靠。并且有关研究得出

“去除余湿与 CO_2 要求新风量的一致性” 结论，所以只要新风量满足除湿要求，即可保证 CO_2 浓度得到控制。

另外，THIC 系统设置灵活，不要求集中回风，能有效保障特殊时期建筑物环境安全性。同时该系统还能够结合冷凝热回收、低品位热能再利用、冰蓄冷、冷辐射板换热、太阳能利用等多项先进技术手段，缓解能源紧缺，提高能源的利用率。

2. 温湿度独立控制系统的设计方法

温度控制系统，也就是处理显热的系统。建筑的显热负荷由围护结构传热，太阳辐射，室内人员、设备发热量等组成。这些热源产生的热量以不同的气流组织形式存在于室内环境，产生余热的热源温度越低，将其排出室外所需的冷源温度越低。因此必须研究各种热源通过何种途径影响建筑室内环境，再决定怎样将其余热排出室外。可将产生室内余热的各种热源根据其温度高低与特点分为三类，分别以不同方式排到室外，避免其通过混合而降低热源温度。这样，以排除室内余热为主要任务的温度独立控制系统基本任务可分解为：

1）对于高于室外环境温度的热源，通过围护结构和空调系统集成，用室外环境温度水平的免费冷源就地直接将其排出室外。

2）对于受太阳辐射和外温传热影响而高于室内环境控制温度的各围护结构内表面，用处于室内环境温度水平的高温冷源，维持各表面温度接近室内环境控制要求的空气干球温度。

3）由人员新陈代谢产生余热的特点，用低于人体表面温度水平的高温冷源，就地直接将人员产生的余热排出室外。

湿度控制系统，也就是处理潜热的系统。潜热负荷由室内人员散湿、敞开水面散湿、从围护结构渗入的水分和植物蒸发散湿等构成。排除余湿的方法为：送入干燥的空气，风量与人数成正比关系。理想除湿过程是指在室内外空气状态恒定的情况下，将室内产湿源搬到室外的过程中所需能量投入最小的过程，类似于制冷系统实现卡诺循环的过程。用溶液除湿方法，即采用具有吸湿能力的盐溶液作为吸湿介质与空气直接接触的方法可以得到近似于理想的可逆过程的除湿途径。

另外，新风量的确定还和室内污染物有密切的关系。室内污染物主要来源于人员和室内气体污染源（包括建筑中装潢材料、家具、用品、通风空调系统本身等）。新风需求量分为人员部分和建筑部分，前者和室内人数成正比，稀释室内人员本身及其活动产生的污染源，可根据人数变化进行调节；后者与建筑面积成正比，稀释由建筑材料、家具、室内与人数不成正比的活动及空调系统散发的污染物，这部分风量相对稳定，一般为设计新风量的 15% ~30%。

3. 温湿度独立控制的处理设备

温度控制系统的处理设备装置包括余热去除末端装置和高温冷源装置。余热去除末端装置有以下几种类型：

（1）辐射末端装置——辐射板　冷媒水通过辐射板，将能量传递到其表面，其表面再通过对流和辐射，并以辐射为主的方式直接与室内环境进行换热，从而极大地简化了能量从冷源到终端用户室内环境之间的传递过程，减少不可逆损失。这种装置大致可以划分为两类：一类是将塑料板直接埋在水泥楼板中，形成冷辐射地板或楼板；另一类是以金属或塑料为材料，制成模块化的辐射板产品，安装在室内形成冷辐射吊顶或墙壁。其中辐射毛细管属于第二类情况，其主要优势为热效率高，调节速度快，占用空间小，可灵活配合各种装修方式，更适合于冷负荷较大、调节要求高的场所。

（2）干式风机盘管　温湿度独立控制技术采用较高温度的冷冻水来处理室内冷负荷，冷冻水温度一般均高于室内空气的露点温度，空调末端设备的盘管换热器没有凝结水产生，因此被称为干盘管换热器。干盘管换热器仅承担显热负荷，湿负荷由其他设备负担。以下介绍三种典型的干式风机盘管。

1）仿吊扇式干式风机盘管。这种盘管像吊扇一样直接悬吊在房顶上，只需在空气通路上布置换热盘管，这样可使风机盘管成本和安装费大幅度降低，并且不再占用吊顶空间。

2）贯流型干式风机盘管。这种盘管目前在欧洲已经应用。它的特点是模块化设计，长度可灵活改变，与建筑物的尺寸容易配合。普通风机盘管风机和水路均需要调节，贯流式干式风机盘管水路不需调节，贯流风机根据室内温度状态无级变速调节。

3）自然对流式空气冷却器。将辐射板的PP管，置入塔式或柜式的空气冷却器（德国CLINA公司），高温的室内空气从塔式或柜式冷却器的上部进入，通过与PP管表面的换热降温后，由于自然对流的作用，冷空气从下部送入室内。图5-60所示为这种空气冷却器设计原理图。

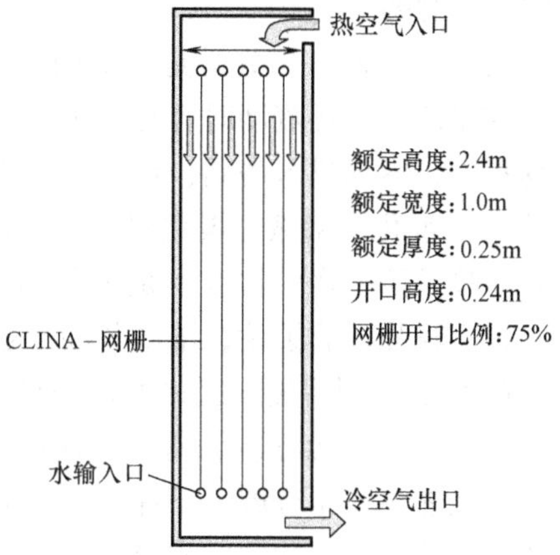

图5-60　自然对流柜式空气冷却器设计原理图

常用的高温冷源装置主要有螺杆式高温冷水机组和离心式高温冷水机组两种类型。由于冷冻水出水温度比传统温度要高很多，因此机组的能效比得到了大幅度提高。如珠海格力电器股份有限公司推出了采用R134a制冷剂、名义制冷量4000kW的大型离心式高温冷水机组。在冷冻水出水温度16℃时，机组满负荷COP达8.58，IPLV达9.47；在冷冻水出水温度18℃时，机组满负荷COP达9.18，IPLV达9.77。

湿度控制系统的处理设备装置主要有：基于盐溶液除湿系统的新风处理装置和基于其他类型除湿系统的新风处理装置。其中基于盐溶液调湿新风机组又可分为热泵式溶液调湿新风机组和热水式溶液调湿新风机组两种类型：

（1）热泵式溶液调湿新风机组　热泵驱动的新风机由两级溶液全热回收装置和热泵系统组成。室外新风先经过溶液全热回收装置，而后经过由蒸发器冷却的溶液喷淋单元，送入室内。室内回风也是首先经过溶液全热回收装置，再经过由冷凝器加热的溶液喷淋单元，最后经过辅助冷凝器排向室外。设置热泵系统的主要原因是仅靠全热回收装置无法达到送风温度和湿度的要求，因此加入蒸发器来对最后一级的溶液进行降温以增强其除湿能力，从而得到适宜的送风参数。

（2）热水式溶液调湿新风机组　热水驱动的新风机组由溶液全热回收装置和可调温的单元喷淋模块组成。新风首先经过溶液全热回收装置，回收室内排风能量后，再经过单元喷淋模块进一步处理后，送入室内。该过程热回收效率高，使得新风处理能耗大大降低，可采用热水等低品位热能作为驱动能源。夏季，回收室内回风的能量，利用溶液循环实现新风的除湿效果，将干燥、低温的新风送入室内。冬季，新风回收排风的能量后，再在单元喷淋模块中进一步加热加湿，达到送风参数的要求。

5.7.2 基于盐溶液除湿系统的新风处理方式

1. 盐溶液处理空气的基本原理

除湿溶液除湿性能的好坏用其表面蒸汽压的大小来衡量。利用被处理空气的水蒸气分压力与除湿溶液的表面蒸汽压之间存在的压差，水分会从压力高的一方向压力低的一方传递，因而初始溶液表面蒸汽压越低，在相同的处理条件下，溶液的除湿能力越强，与所接触的湿空气达到平衡时，湿空气具有更低的相对湿度。溶液表面蒸汽压是溶液温度与浓度的函数，随着溶液温度的降低、溶液浓度的升高而降低。当被处理空气与除湿溶液接触达到平衡时，二者的温度与水蒸气分压力分别相等。由此可以定义与溶液状态平衡的等效湿空气状态，即湿空气的温度与水蒸气分压力分别与溶液相同。

在空气调节过程中，常使用的溶液除湿剂有溴化锂溶液、氯化锂溶液、氯化钙溶液、乙二醇、三甘醇等。

（1）三甘醇　三甘醇是最早用于溶液除湿系统的除湿剂，但由于它是有机溶剂，黏度大，在系统中循环流动时容易发生停滞，黏附于空调系统的表面，影响系统的稳定工作，并且易挥发，容易进入房间，对人体造成危害，因而已经被金属卤化物盐溶液所取代。

（2）溴化锂溶液　溴化锂（LiBr）是一种稳定的物质，在大气中不变质、不挥发、不分解、极易溶于水，常温下是无色晶体，无毒、无嗅、有咸苦味，并且具有较强的吸水能力。具有较强的腐蚀性，浓度范围一般不超过70%。

（3）氯化锂溶液　氯化锂是一种白色、立方晶体的盐，在水中溶解度很大。氯化锂水溶液无色透明，无毒、无臭，黏性小，传热性能好，容易再生，化学稳定性好。通常条件下，氯化锂溶质不分解、不挥发，溶液表面蒸汽压低，吸湿能力大，是一种良好的吸湿剂，氯化锂水溶液中氯化锂的质量分数小于40%。

（4）氯化钙溶液　氯化钙是一种无机盐，具有很强的吸湿性，吸收空气中的水蒸气后与之结合为水化合物。无水氯化钙白色，多孔，呈菱形结晶块，略带苦咸味，吸收水分时放出溶解热、稀释热和凝结热，但不产生氯化氢等有害气体，只有在700~800℃高温时才稍有分解。腐蚀性强，但价格低廉，来源丰富。

2. 溶液除湿空调系统的主要传热传质部件

溶液和湿空气直接接触，由于溶液的表面蒸汽压小于湿空气的水蒸气分压力，水蒸气就从空气向溶液转移，同时水蒸气的凝结潜热大部分也被溶液吸收，这时溶液浓度变小。为了抑制溶液温升，保持除湿剂的吸湿能力，一般采用冷却的方式带走释放的潜热或者采用较大的溶液流量；下一步溶液被热水等低品位热能加热，当溶液表面蒸汽压大于空气的水蒸气分压力时，溶液中的水分蒸发到空气中，溶液再被浓缩。溶液除湿空调系统中，最重要的传热传质部件是除湿器和再生器。

（1）溶液除湿器　常用的溶液除湿器分为绝热型、内冷型和分级除湿型。绝热型和内冷型与分级除湿型相比较除湿效率较低。分级除湿型结合了前两种形式的优点，采用分级除湿的方法，即每一级内为绝热除湿过程，可采用较大的溶液流量，使得空气含湿量和溶液浓度均变化较大；级间增加冷却装置，除湿后温度较高的溶液在流入下一级之前被冷却水冷却，重新恢复吸湿能力。级间的溶液流量比级内的溶液循环流量大约小一个数量级，较小的级间流量使得各级之间保持一定的浓度差，经过多级除湿后溶液的浓度变化也较大，充分利用了溶液的化学能。溶液除湿过程可以采用冷却塔的冷却水来冷却，也可以采用室内排风蒸发冷却的冷量来冷却除湿。其中采用冷却水作为冷源对除湿过程进行冷却的溶液除湿新风机组的工作原理如图 5-61 所示。

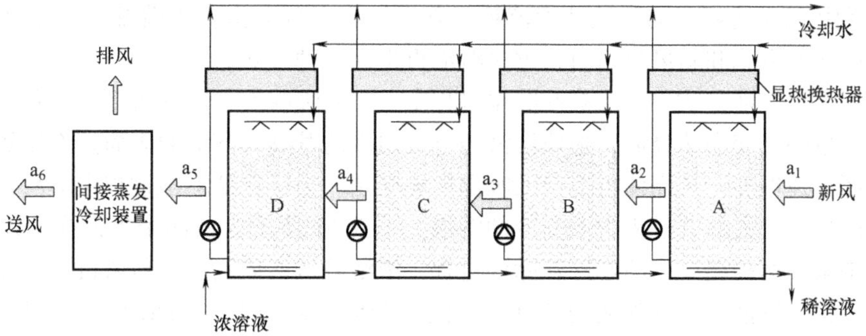

图 5-61　采用冷却水冷却的溶液除湿新风机组

该除湿新风机组共有四级除湿装置（喷淋模块 A ~ D），温度逐渐降低，最后干燥的新风进入间接蒸发冷却装置被降温后送入室内。在新风机中，级间溶液与新风呈逆流方向布置：进入模块 D 的溶液浓度最高，流出模块 A 的溶液浓度最低，因而模块 A 的溶液除湿能力最差、模块 D 中溶液的除湿能力最强。新风在进口处模块 A 含湿量最高，沿程湿度逐渐降低，在模块 D 含湿量最低。因而级间溶液与新风流向为逆流布置方式，可以使得在各级除湿装置中传质驱动力较为均匀，从而获得更好的除湿效果。在冬季，该机组显热换热器中通入约 40℃的热水，即可实现对新风的加热加湿处理。

（2）溶液再生器　再生器的结构与除湿器大致相同，仅是二者的传热传质方向不同。图 5-62 给出了多级溶液再生装置的工作原理，同时采用了空气-空气显热回收器以预热新风，降低系统能耗。由于期望再生出的溶液浓度较高，因而热水采用并联方式进入各级再生装置的显热换热器。室外新风首先经过显热回收器被预热后，依次进入单元喷淋模块 A、B、C、D，与被热水加热后的溶液直接接触进行热量与质量的交换，空气沿程逐渐被加热加湿，最后高温的空气经过显热回收器预热新风后直接排出。级间溶液与空气按照图 5-62 所示的逆流布置形式时，进入模块 D 的溶液浓度最低、加热后的溶液表面蒸汽压最高，进入模块 A 的溶液浓度最高、加热后的溶液表面蒸汽压最低，而空气在模块 D 处含湿量最高、在模块 A 处含湿量最低，因而级间溶液与空气的逆流布置形式可以使得在模块 A ~ D 中的传热传质驱动力较为均匀，能够获得更好的传热传质效果。

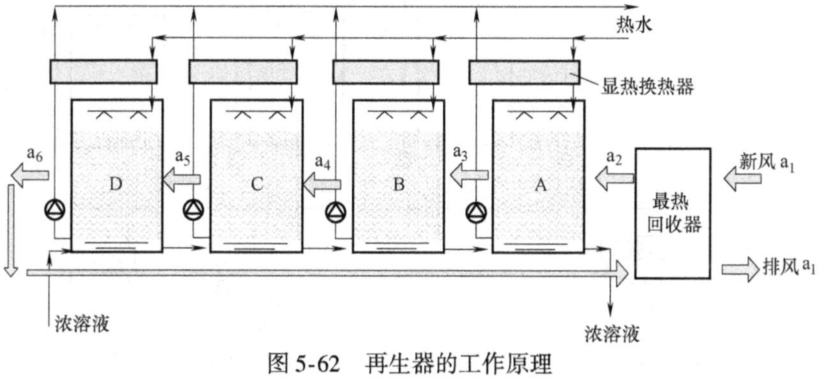

图 5-62　再生器的工作原理

3. 基于盐溶液除湿系统的新风处理方式

在可调温的单元喷淋模块、溶液全热回收装置的基础上，可以构建各种全新的空气处理流程。

（1）利用溶液为媒介的新风处理流程　新风机组可分为由再生器统一制备并向各新风机组提供溶液的方式和新风机组自行解决溶液再生这两种方式。

统一提供浓溶液方式中，溶液在除湿过程中，不断吸收空气中的水蒸气，吸收水蒸气的过程中有大量的相变潜热释放，造成溶液与空气温度的升高。溶液的表面蒸汽压随着溶液温度的升高而迅速增加，从而使得溶液的吸湿性能变差。为了保证除湿过程中溶液具有较低的表面蒸汽压，需要在除湿过程中不断冷却溶液。图 5-63 所示为由四个单元模块组成的新风机组，图中采用两种温度的冷水冷却除湿过程。浓溶液从送风侧进入新风机组，稀溶液从新风进风处排出，溶液与空气为逆向流动。左侧两个单元采用 18 ~ 21℃冷水冷却，以获得更好的除湿效果，并实现较低的送风温度。右侧两个单元采用 26 ~ 30℃冷却水冷却，以带走除湿产生的潜热。冷却水可由冷却塔获得。

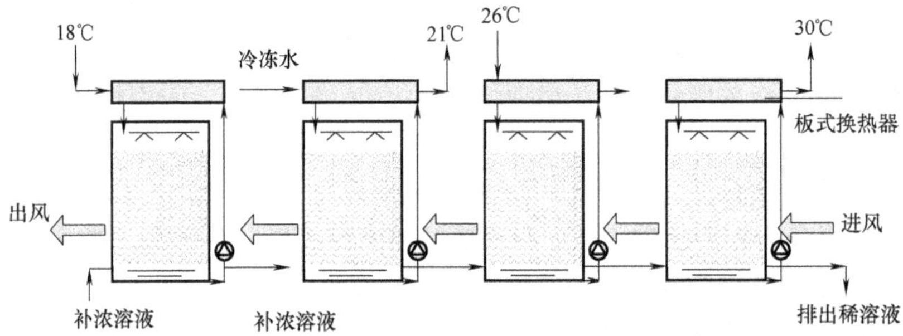

图 5-63　四级串联的空气处理单元

独立的带有热泵的新风机组可以独立地利用排风对溶液进行再生。采用小型热泵，用其制冷端对送风进一步冷却，制热端则提供溶液再生的热源。由六个基本单元组成这样的系统。其中四个单元构成两级热回收，每级通过换热器耦合，稀溶液在排风侧蒸发降温，溶液通过换热器吸收浓溶液在送风侧吸湿时放出的热量。图 5-64 所示是这种机组的原理图。

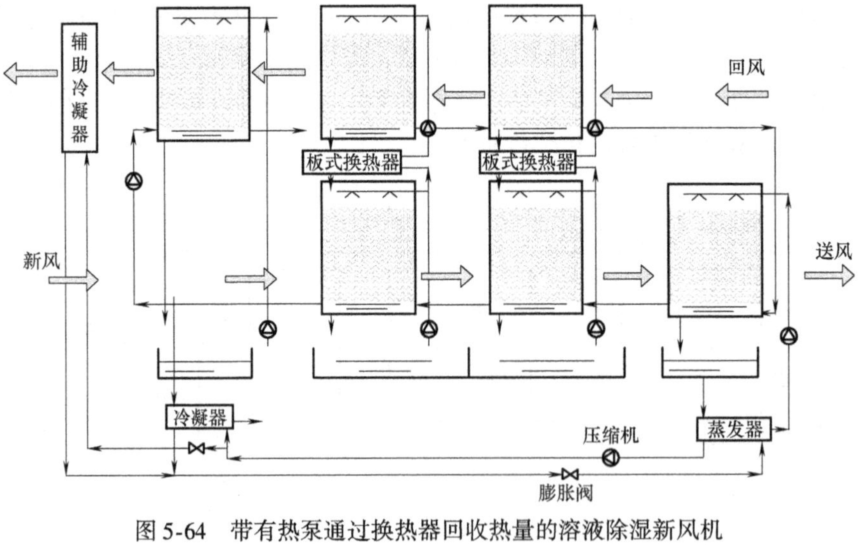

图 5-64　带有热泵通过换热器回收热量的溶液除湿新风机

（2）热泵驱动的溶液热回收型新风机组　热泵驱动新风机组由两级溶液全热回收装置（编号为Ⅰ和Ⅱ的喷淋单元）和热泵系统组成，如图5-65所示。图中实线表示吸湿溶液，虚线表示制冷工质。新风机的上层通道是回风处理通道，下层是新风处理通道。室外新风先经过溶液全热回收装置，而后经过由蒸发器冷却的溶液喷淋单元Ⅲ后，送入室内。室内回风也是首先经过溶液全热回收装置，再经过由冷凝器加热的溶液喷淋单元Ⅳ，最后经过辅助冷凝器排向室外。设置热泵系统的主要原因是仅靠全热回收装置无法达到送风温度和湿度的要求，因此加入蒸发器来对最后一级的溶液进行降温以增强其除湿能力，从而得到适宜的送风参数。由于溶液侧的负荷与制冷剂侧的负荷不能很好地匹配，系统中加入了一个辅助冷凝器进行调节，由图中的电磁阀控制辅助冷凝器的启停。

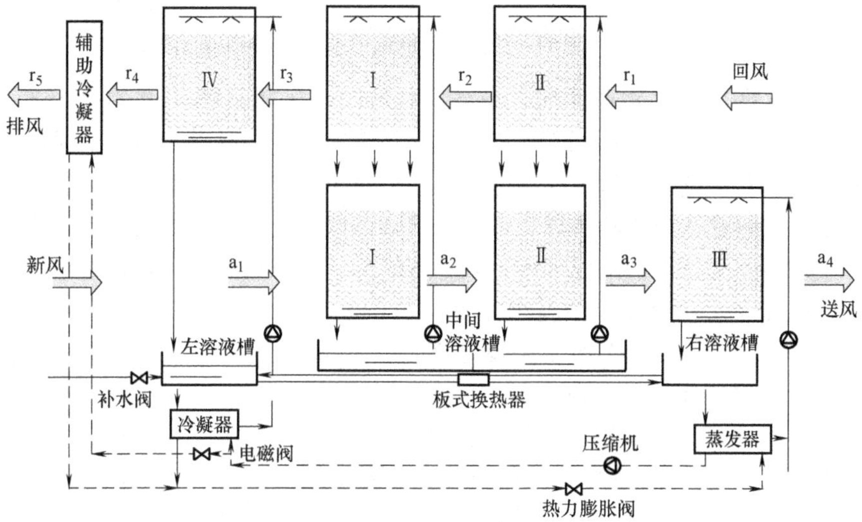

图5-65　热泵驱动的全热回收型新风机组

新风机中溶液分为两部分：一部分是作为全热回收器（图中喷淋单元Ⅰ和Ⅱ）的工作介质，此部分溶液积存在中间溶液槽内，溶液的平衡状态由新风和室内排风的参数确定；另一部分是分别与冷凝器和蒸发器换热的溶液，分别积存在左溶液槽和右溶液槽内。左溶液槽和右溶液槽存在质量交换，但左、右溶液槽内的溶液与中间溶液槽的溶液不存在质量交换。夏季时，右溶液槽内的液被蒸发器冷却后，在喷淋单元Ⅲ内与被处理新风进行热湿交换，溶液被稀释且温度升高。左溶液槽内的溶液被冷凝器加热后，在喷淋单元Ⅳ内完成溶液的浓缩再生过程。被稀释和被浓缩的溶液通过溶液管相连，通过溶液管中溶液的流动完成蒸发器侧和冷凝器侧溶液的循环，以维持两端的浓度差。

（3）热水驱动的溶液热回收型新风机组　新风机组由溶液全热回收装置和可调温的单元喷淋模块组成。新风首先经过溶液全热回收装置，回收室内排风能量后，再经过单元喷淋模块进一步处理后，送入室内。该过程热回收效率高，使得新风处理能耗大大降低，可采用热水等低品位热能作为驱动能源。夏季，回收室内回风的能量，利用溶液循环实现新风的除湿效果，将干燥、低温的新风送入室内。冬季，新风回收排风的能量后，再在单元喷淋模块中进一步加热加湿，达到送风参数的要求。热水驱动的溶液热回收型新风机组工作原理如图5-66所示。

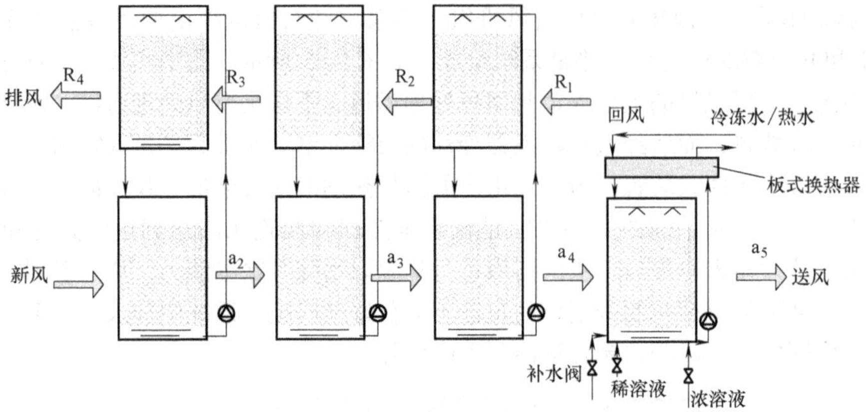

图 5-66 热水驱动的溶液热回收型新风机组工作原理

夏季运行时，图中的补水阀关闭、溶液阀打开，进入板式换热器的是 18℃ 的冷冻水。冷冻水的作用不再是将空气冷却到露点以下从而完成对新风的除湿要求，而是冷却进入单级喷淋模块的溶液，从而增强溶液的除湿能力。室外新风首先经过溶液全热回收装置，回收室内排风的能量后，再进入单级喷淋模块进一步被降温除湿后送入空调房间。由于采用了全热回收装置和利用冷水降低溶液的温度增强其除湿能力，所以进入新风机的浓溶液浓度可以比较低，使用太阳能、工业余热等低温热源即可实现溶液的浓缩再生，图 5-67 所示是使用热水作为热源的再生器工作原理。再生器中设有溶液回热器和空气回热器，分别预热进入再生器的稀溶液和再生气流，以减少系统的能耗。在有多台新风机的空调系统中，可以采用集中再生的方式。冬季运行时，图 5-66 中的补水阀打开、溶液阀关闭，进入板式换热器的是 40℃ 的热水。再生器停止运行，溶液仅在各自的新风机中循环流动。热水用于加热进入单级喷淋模块的溶液，从而提高溶液的表面蒸汽压，实现对新风的进一步加热加湿处理过程。新风机中设有补水装置，以维持单级喷淋模块中溶液的浓度。

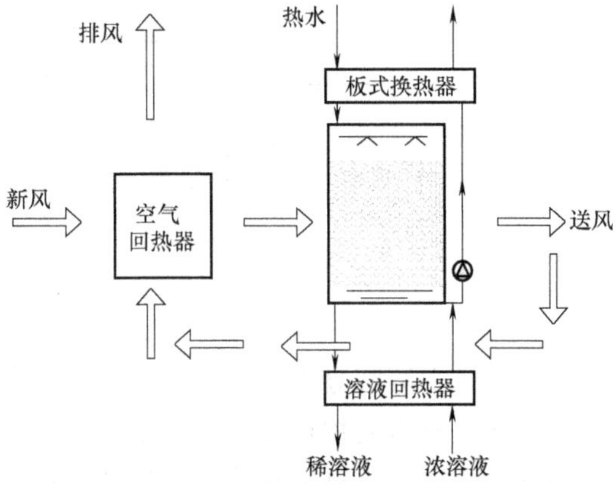

图 5-67 使用热水作为热源的再生器工作原理

在夏季与冬季，室外新风和室内排风在新风机中的状态变化情况分别参见图 5-68 和图 5-69（图中的状态编号如图 5-68 所示）。其中 a_1 是新风状态，a_5 是送风状态，R_1 是室内状态，R_4 是排风状态。$a_1 \sim a_2 \sim a_3 \sim a_4$ 是新风在溶液全热回收器中的状态变化过程，$a_4 \sim a_5$ 是经过可调温的单级喷淋模块的状态变化；$R_1 \sim R_4$ 是排风在溶液全热回收器的状态变化过程。

4. 盐溶液除湿系统具有的优点

1）通过高效的全热回收方式，有效地降低新风处理能耗。

2）取消潮湿表面，杜绝了滋生真菌等不利于人体健康的隐患出现的可能性，解决了空气过滤器造成的可吸入颗粒物二次污染问题；通过溶液喷洒可除去空气中的尘埃、细菌、真菌等有害物质，保证送风健康清洁，提高室内空气品质。

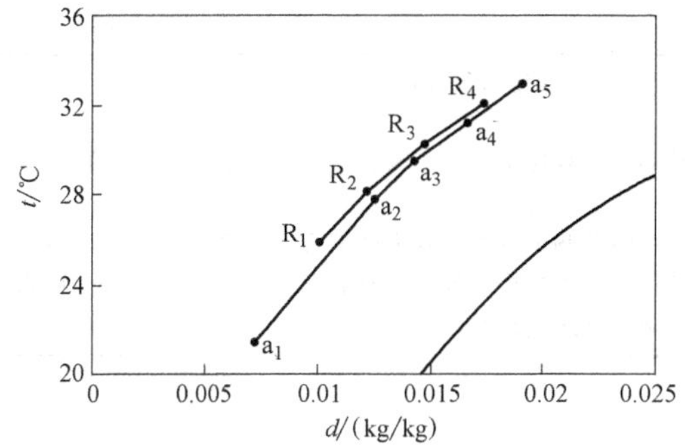

图5-68 空气在夏季的状态变化过程

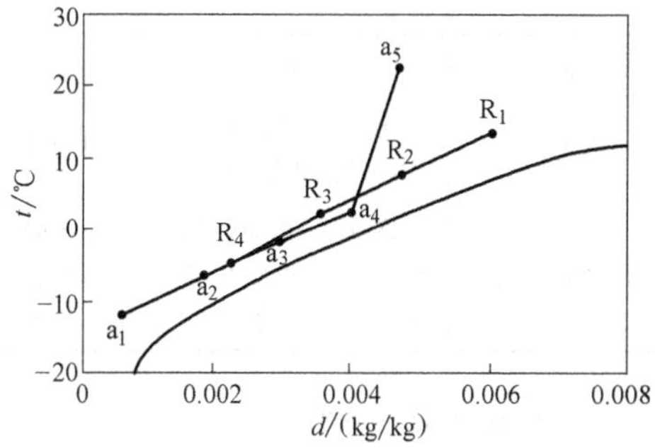

图5-69 空气在冬季的状态变化过程

3）无需再热即可达到需要的送风参数，不会出现冷却后再热造成的能源浪费。

4）能够实现各种空气处理工况的顺利转换，不会出现传统空调在部分负荷下牺牲湿度控制的情况。

5）可使用18℃的高温冷冻水消除室内显热负荷，使系统能源效率大幅度提高，系统运行能耗下降。

6）新风与回风采用独立风道，避免了新风与排风之间的交叉污染。

5.7.3 其他除湿方式

在空调系统中，除湿方式大致可分为：低温露点除湿、膜除湿、加压冷却除湿和吸湿剂除湿，其中吸湿剂除湿可分为固体吸附除湿和液体除湿两种。下面介绍各种除湿方式的原理。

1. 低温露点除湿

利用冷却方法使空气温度降低到露点以下，水蒸气凝结析出，从而降低了空气的含湿量。因为其技术比较成熟、可靠，低温露点除湿是目前空调系统中应用最为广泛的一种。其除湿原理不再赘述。

2. 膜除湿

利用某些特殊材料制成的膜，可以使空气中的水蒸气从分压大处向分压小处转移，从而达到除湿的目的。膜除湿可以分成压缩法、真空法、加热再生法等。图5-70是加热再生法的膜除湿工作原理图。表5-31所列是各种膜除湿方式的原理及应用情况，可以看出就目前而言，膜除湿方式离实际应用尚有一定距离。

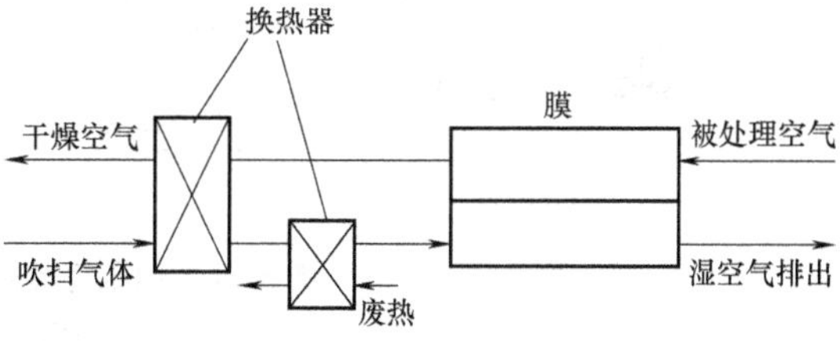

图5-70 加热再生法的膜除湿工作原理图

表5-31 各种膜除湿方式

膜除湿方式	除湿原理	应用情况分析
压缩法	靠压缩输入气流，形成传质势差	当含湿量较高时，增大压力易使水蒸气在膜的表面凝结，影响水蒸气向膜内的溶解扩散作用，降低膜的除湿效果。而且提高气体的压力，必然导致对膜强度以及组件设备耐压性能的要求相应提高，从而对实际应用造成某些局限

（续）

膜除湿方式	除 湿 原 理	应用情况分析
真空法	靠降低渗透侧压力，产生传湿动力	对膜的强度要求非常高，而且耗功很大，因而在实际应用中受到限制
加热再生法	膜另一侧加热再生，靠膜两侧化学势差作为推动力	由于膜本身很薄，使得膜两侧不可能有较大的温差，温差是产生化学势差的原因，所以膜两侧的传湿动力很小。该方法存在成本高、不易操作、除湿量小且速度慢等不足，离实际应用尚有一定的距离

3. 加压冷却除湿

加压冷却除湿方法的基本系统图如图 5-71 所示。首先将空气的压力提高，这样在绝热条件下其干球温度也随着提高，然后再进行冷却，直至干球温度低于增加后的露点温度，这时空气中的水蒸气凝结，从而达到除湿的目的。此过程还可以用图 5-71b 的等温线说明，从减压状态③移到加压状态①，此时减压状态下的平衡吸附量③和加压状态下的平衡吸附量①的差即是有效吸附量。减压后就成为状态②，此时空气中的水分凝结出来。③—④—⑤是相应的升压过程。

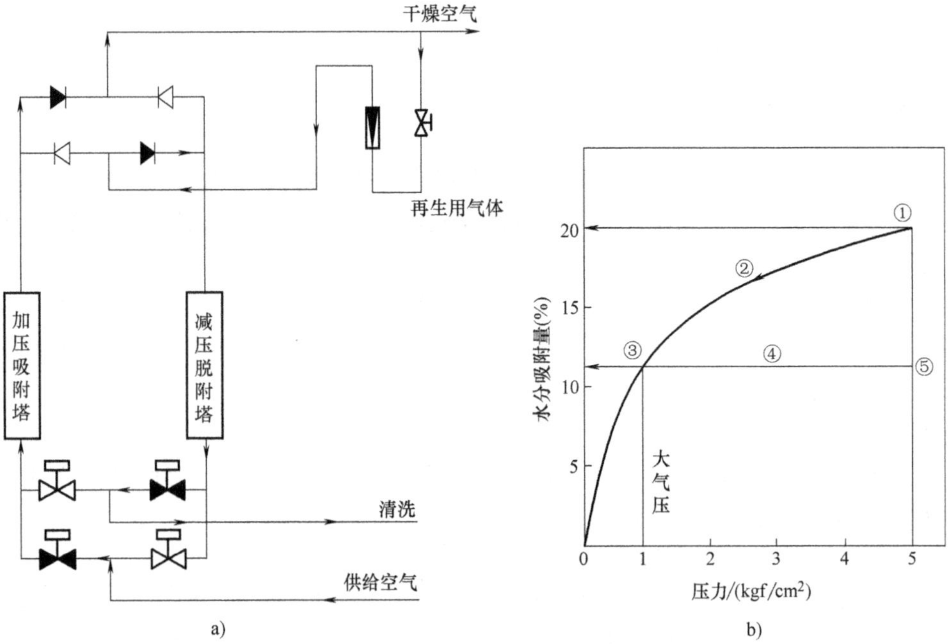

图 5-71 加压冷却除湿方法的基本系统图

a）系统图 b）原理图

注：$1kgf/cm^2 = 0.0980665MPa$。

4. 固体吸附除湿

所有固体吸附剂本身都具有大量孔隙，因此孔隙内表面面积非常大，各孔隙内表面呈凹面，曲率半径小的凹面上水蒸气分压力比平液面上水蒸气分压力低，当被处理空气通过吸附材料时，空气的水蒸气分压力比凹面上水蒸气分压力高，因此空气中的水蒸气向凹面迁移，由气态变为液态并释放出汽化（潜）热。固体吸附除湿设备有固定式和轮转式两种，固定式采用周期性切换的方法，实现间歇式的吸湿再生；轮转式除湿可实现连续的除湿和再生，应用较为广泛。常用的固体吸附剂有硅胶、活性炭、分子筛、氧化铝凝胶等。其吸附性如图5-72所示。

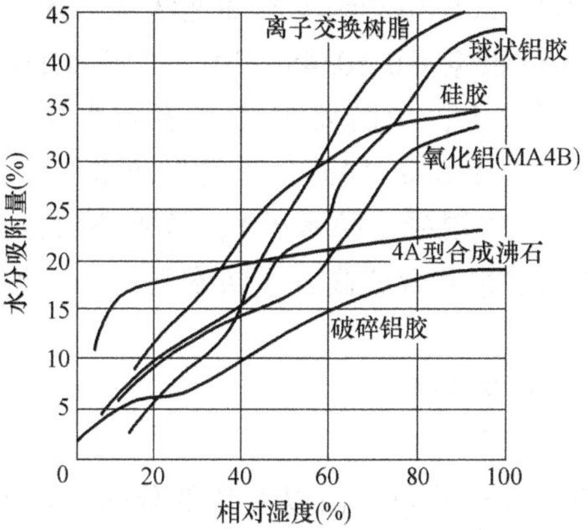

图5-72 常用固体吸附剂的性能

5.7.4 温湿度独立控制系统工程案例

1. 项目概况[42]

该项目为某高校食堂空调系统，项目位于西安市，总建筑面积为15527.55m^2（其中地下建筑面积：4155.15m^2，地上建筑面积：11372.40m^2），建筑高度为13.95m（3层）。各功能区包括：操作间、厨房、库房区域，就餐区域，公共管理用房配套区域，配套设备用房，地下停车库。各楼层的建筑面积见表5-32。

表5-32 某食堂各楼层功能分区

楼 层	主 要 用 途	层高/m	建筑面积/m^2	合计/m^2
地下一层	库房、设备用房、各类粗加工用房、米饭加工用房和车库	3.90 5.10	4155.15	15527.55
一层	库房、风味小吃操作间、餐厅、便利超市、设备用房和后勤办公用房	4.50	3844.15	
二层	厨房、餐厅、设备用房和后勤办公用房	4.50	3492.52	
三层	清真厨房、清真餐厅、教工厨房、教工餐厅、教工餐厅包间和设备用房	4.50	3763.66	
机房层	电梯机房、水箱间	3.60	272.07	

建筑围护结构的设置如下：

1）外装修。

① 室外出入口台阶、踏步、坡道：毛面花岗岩。

② 外墙：干挂花岗岩石材、外墙面砖。

2）墙体材料。

① 地下室设备用房、楼梯间、电梯隔墙、建筑外墙均为200mm厚非承重多孔砖墙，防火墙为200mm厚的非承重多孔砖墙，耐火极限不小于3h。

② 其余分隔墙为200mm厚加气混凝土砌块墙。

③ 有特殊要求的用房墙体材料另行考虑。

3）屋面保温材料采用100mm厚挤塑聚苯乙烯泡沫塑料板。

4）屋面防水材料防水等级根据GB 50345—2012《屋面工程技术规范》规定为II类建筑，防水层耐久年限为15年以上，设防要求为二道防水层。该工程屋面防水层用一道1.5mm厚高分子防水涂膜，一道1.5mm厚高分子卷材防水层。

5）地下室采用外防水（防水混凝土防水外），基础垫层以上、底板以下设合成高分子防水卷材。地下室外墙设防水砂浆和合成高分子防水卷材，外加40mm厚挤塑型聚苯乙烯板保温兼保护层。

6）外窗采用塑钢门窗，中空玻璃。

2. 空调系统供暖、供冷负荷

（1）建筑供暖负荷计算　建筑热负荷由以下几部分确定：围护结构的传热，人员散热，室内设备发热，新风热负荷。其中围护结构的传热利用清华大学的建筑能耗模拟软件DeST确定。房间内扰的设置如下：

1）卫生间、门厅（洗碗间也当作门厅处理）、走廊（楼梯间和三楼的绿化中庭都当作走廊处理）、办公室、超市（用DeST中自带的商场的内扰数据）都用DeST-c中自带的数据。

2）粗加工、烹调、售餐区、凉菜区、点心区、面食区、蛋糕房用DeST-h中的厨房数据。

3）库房、设备用房的内扰数据：照明功率密度11W/m^2，电器设备功率5W/m^2。

4）学生餐厅和教工餐厅以及三层包间：参考DeST中自带的“中餐厅”人员内扰数据。最多人数0.6人/m^2，最少人数为0，考虑到学校的餐厅里面一般比较拥挤，而且还要留出一些地方当作走道，所以改为0.8人/m^2，同时人员作息的设置如下：8点、12点、18点是0.9（0.9代表在这一时段内人员所占的百分比），7点、11点、17点是0.7，13点、19点是0.4。按照DeST手册的计算方法可知：当为0.9的时候，最少人数+0.9×(最多人数-最少人数)=0+0.9×(0.8-0)人/m^2=0.72人/m^2，由于一层的学生餐厅面积是1800m^2，所以高峰时刻一层的就餐人数为0.72×1800人=1296人。灯光和设备的作息与人员作息的设置一样。考虑到包间人一般比较少，而DeST中自带的西餐厅最多人数是0.3人/m^2，所以选用了0.5人/m^2，其他设置与学生餐厅和教工餐厅一样。

通过计算确定建筑热负荷相关情况见表5-33。

表5-33　建筑热负荷统计

房间编号	房间功能	房间面积	室内显热负荷	渗风显热负荷	新风显热负荷	加湿量	建筑热负荷
		m^2	kW	kW	kW	kg/h	kW
R1-9543	中餐厅	1838.9	7.9	23.3	224.0	143.6	354.8
R1-9561	办公室	69.5	-0.9	0.0	0.9	0.6	0.5
R1-9582	办公室	22.1	-0.3	0.0	0.5	0.3	0.4
R1-9600	门厅	36.8	-0.5	0.0	0.5	0.3	0.2
R1-9549	办公室	74.1	3.6	0.9	1.9	1.2	7.3

（续）

房间编号	房间功能	房间面积	室内显热负荷	渗风显热负荷	新风显热负荷	加湿量	建筑热负荷
		m^2	kW	kW	kW	kg/h	kW
R1-9552	卫生间	73.6	12.0	0.9	2.3	1.5	16.3
R1-9555	卫生间	38.4	4.0	0.5	1.2	0.8	6.2
R1-9558	办公室	13.0	1.9	0.2	0.5	0.3	2.7
R1-9564	走廊	127.0	1.8	1.6	2.8	1.8	7.4
R1-9567	办公室	76.8	3.2	1.0	2.3	1.5	7.5
R1-9570	走廊	38.1	5.7	0.5	0.7	0.5	7.3
R1-9573	商场	87.1	11.8	1.1	13.4	8.6	32.4
R1-9576	走廊	25.6	1.1	0.3	0.6	0.4	2.3
R1-9579	走廊	75.0	2.0	0.9	1.6	1.0	5.3
R1-9585	办公室	88.7	2.0	1.1	2.3	1.5	6.5
R1-9588	门厅	23.5	2.5	0.3	0.7	0.5	3.8
R1-9591	办公室	24.8	1.4	0.3	0.7	0.5	2.8
R1-9597	走廊	36.8	6.0	0.5	0.7	0.5	7.5
R1-9603	门厅	27.9	4.5	0.3	0.7	0.5	5.9
R1-49486	走廊	76.8	9.0	1.0	1.7	1.1	12.4
R1-49489	办公室	38.4	2.4	0.5	1.1	0.7	4.5
R2-67583	中餐厅	1696.7	-9.2	21.5	224.0	143.6	336.0
R2-59481	办公室	35.5	-0.5	0.0	0.9	0.6	0.9
R2-59487	办公室	68.7	-0.9	0.0	1.4	0.9	1.1
R2-50725	走廊	23.5	3.4	0.3	0.8	0.5	5.0
R2-50731	办公室	22.1	0.5	0.3	0.7	0.5	1.8
R2-50734	卫生间	38.4	3.6	0.5	1.4	0.9	6.1
R2-50737	走廊	51.0	1.3	0.6	1.2	0.8	3.7
R2-50740	走廊	107.7	0.1	1.4	2.5	1.6	5.1
R2-59463	办公室	38.4	1.8	0.5	1.4	0.9	4.3
R2-59466	卫生间	73.6	11.0	0.9	2.8	1.8	15.9
R2-59469	走廊	38.4	3.7	0.5	0.9	0.6	5.6
R2-59475	办公室	30.4	3.0	0.4	1.1	0.7	5.0
R2-59478	走廊	38.1	5.1	0.5	0.9	0.6	7.0
R2-59484	门厅	30.1	3.8	0.4	1.0	0.7	5.6
R2-59490	办公室	11.6	1.5	0.1	0.5	0.3	2.3
R2-77843	走廊	38.4	7.7	0.5	0.9	0.6	9.5
R3-128462	中餐厅	1624.2	51.2	20.6	205.3	131.6	368.5
R3-128468	包间	180.0	21.9	2.3	18.7	12.0	51.2
R3-128498	走廊	46.2	4.4	0.0	0.7	0.5	5.5
R3-128504	走廊	38.4	1.5	0.0	0.5	0.3	2.1
R3-128513	走廊	35.2	1.6	0.0	0.5	0.3	2.3
R3-128525	办公室	152.0	-2.0	0.0	2.3	1.5	1.4
R3-128528	走廊	228.0	8.2	0.0	1.9	1.2	10.9

（续）

房间编号	房间功能	房间面积	室内显热负荷	渗风显热负荷	新风显热负荷	加湿量	建筑热负荷
		m^2	kW	kW	kW	kg/h	kW
R3-128531	走廊	38.4	1.4	0.0	0.5	0.3	2.1
R3-252189	办公室	26.0	-0.4	0.0	0.7	0.4	0.6
R3-128465	卫生间	38.4	4.3	0.5	1.4	0.9	6.8
R3-128471	走廊	38.4	4.0	0.5	0.9	0.6	5.8
R3-128474	办公室	38.4	2.3	0.5	1.1	0.7	4.4
R3-128477	走廊	26.5	4.2	0.3	0.7	0.5	5.6
R3-128480	卫生间	33.6	3.9	0.4	1.2	0.8	6.1
R3-128489	走廊	107.2	2.6	1.4	2.5	1.6	7.6
R3-128495	走廊	50.8	1.8	0.6	1.4	0.9	4.4
R3-128501	办公室	38.4	5.3	0.5	1.1	0.7	7.4
R3-128507	卫生间	38.4	7.4	0.5	1.4	0.9	9.9
R3-128510	办公室	38.4	5.0	0.5	1.1	0.7	7.1
R3-128516	卫生间	73.6	8.9	0.9	2.6	1.7	13.6
R3-128519	门厅	73.6	6.5	0.9	2.3	1.5	10.8
R3-142606	办公室	36.0	1.0	0.5	1.1	0.7	3.1
R3-142609	办公室	32.6	0.2	0.4	1.1	0.7	2.2
R3-142615	走廊	27.3	1.7	0.3	0.8	0.5	3.2

（2）建筑供冷负荷计算　建筑冷负荷主要包括：围护结构的传热冷负荷，人员冷负荷，室内设备冷负荷，新风显热冷负荷和新风潜热冷负荷。厨房的烹饪区考虑岗位送风，其负荷按照新风量和送风参数来考虑。各空调房间的夏季冷负荷计算见表5-34。

表5-34　除厨房外各空调房间夏季冷负荷结果

房间编号	房间功能	房间面积	人均新风量	人员密度	室内显热负荷	室内潜热负荷	渗风湿负荷	渗风显热负荷	新风负荷	总冷负荷
		m^2	$m^3/(h \cdot 人)$	人/m^2	kW	kW	kW	kW	kW	kW
R1-9543	中餐厅	1838.9	20	0.70	104.3	85.0	11.8	8.5	200.9	410.5
R1-9561	办公室	69.5	20	0.10	1.1	0.4	0.0	0.0	0.8	2.3
R1-9582	办公室	22.1	20	0.10	0.8	0.2	0.0	0.0	0.4	1.4
R1-9600	门厅	36.8	20	0.10	1.3	0.2	0.0	0.0	0.4	1.9
R1-9549	办公室	74.1	20	0.10	4.9	0.5	0.5	0.3	1.7	7.9
R1-9552	卫生间	73.6	30	0.10	10.7	0.6	0.5	0.3	2.1	14.2
R1-9555	卫生间	38.4	30	0.10	3.2	0.3	0.2	0.2	1.1	5.0
R1-9558	办公室	13.0	20	0.10	2.8	0.1	0.1	0.1	0.4	3.4
R1-9564	走廊	127.0	20	0.05	3.1	0.4	0.8	0.6	2.5	7.4
R1-9567	办公室	76.8	20	0.10	6.2	0.5	0.5	0.4	2.1	9.6
R1-9570	走廊	38.1	20	0.05	3.3	0.1	0.2	0.2	0.7	4.5
R1-9573	商场	87.2	20	0.90	6.3	5.5	0.6	0.4	12.1	24.8
R1-9576	走廊	25.6	20	0.05	1.0	0.1	0.2	0.1	0.5	1.9

（续）

房间编号	房间功能	房间面积	人均新风量	人员密度	室内显热负荷	室内潜热负荷	渗风湿负荷	渗风显热负荷	新风负荷	总冷负荷
		m^2	$m^3/(h·人)$	人/m^2	kW	kW	kW	kW	kW	kW
R1-9579	走廊	75.0	20	0.05	4.1	0.2	0.5	0.3	1.4	6.5
R1-9585	办公室	88.7	20	0.10	11.4	0.5	0.6	0.4	2.1	15.0
R1-9588	门厅	23.5	20	0.10	2.9	0.2	0.1	0.1	0.7	4.0
R1-9591	办公室	24.8	20	0.10	1.3	0.2	0.2	0.1	0.7	2.4
R1-9597	走廊	36.8	20	0.05	4.1	0.1	0.2	0.2	0.7	5.3
R1-9603	门厅	27.9	20	0.10	5.0	0.2	0.2	0.1	0.7	6.1
R1-69486	走廊	76.8	20	0.05	3.0	0.2	0.5	0.4	1.5	5.6
R1-49489	办公室	38.4	20	0.10	2.2	0.2	0.2	0.2	1.0	3.8
R2-67583	中餐厅	1696.7	20	0.70	139.8	78.4	10.9	7.8	200.9	437.8
R2-59481	办公室	35.5	20	0.10	1.2	0.2	0.0	0.0	0.8	2.3
R2-59487	办公室	68.7	20	0.10	2.4	0.4	0.0	0.0	1.3	4.1
R2-50725	走廊	23.5	20	0.05	4.9	0.1	0.1	0.1	0.8	6.1
R2-50731	办公室	22.1	20	0.10	2.3	0.2	0.1	0.1	0.7	3.4
R2-50734	卫生间	38.4	30	0.10	4.1	0.3	0.2	0.2	1.3	6.1
R2-50737	走廊	51.0	20	0.05	2.6	0.2	0.3	0.2	1.1	4.4
R2-50740	走廊	107.7	20	0.05	9.1	0.4	0.7	0.5	2.3	12.9
R2-59463	办公室	38.4	20	0.10	3.2	0.2	0.2	0.2	1.3	5.1
R2-59466	卫生间	73.6	30	0.10	10.9	0.6	0.5	0.3	2.5	14.8
R2-59469	走廊	38.4	20	0.05	2.1	0.1	0.2	0.2	0.8	3.5
R2-59475	办公室	30.4	20	0.10	5.4	0.2	0.2	0.1	1.0	7.0
R2-59478	走廊	38.1	20	0.05	4.2	0.1	0.2	0.2	0.8	5.5
R2-59484	门厅	30.1	20	0.10	5.0	0.2	0.2	0.1	0.9	6.5
R2-59490	办公室	11.6	20	0.10	2.8	0.1	0.1	0.1	0.4	3.4
R2-77843	走廊	38.4	20	0.05	5.7	0.1	0.2	0.2	0.8	7.0
R3-128462	中餐厅	1624.2	20	0.70	153.7	75.0	10.4	7.5	184.2	430.8
R3-128468	包间	180.0	20	0.50	22.1	6.0	1.2	0.8	16.7	46.8
R3-128498	走廊	46.2	20	0.05	2.5	0.2	0.0	0.0	0.7	3.3
R3-128504	走廊	38.4	20	0.05	1.7	0.1	0.0	0.0	0.4	2.3
R3-128513	走廊	35.2	20	0.05	1.6	0.1	0.0	0.0	0.4	2.2
R3-128525	办公室	152.0	20	0.10	6.6	0.9	0.0	0.0	2.1	9.6
R3-128528	走廊	228.0	20	0.05	7.3	0.7	0.0	0.0	1.7	9.7
R3-128531	走廊	38.4	20	0.05	1.8	0.1	0.0	0.0	0.4	2.3
R3-252189	办公室	26.0	20	0.10	1.5	0.2	0.0	0.0	0.6	2.3
R3-128465	卫生间	38.4	30	0.10	3.1	0.3	0.2	0.2	1.3	5.1
R3-128471	走廊	38.4	20	0.05	1.9	0.1	0.2	0.2	0.8	3.3
R3-128474	办公室	38.4	20	0.10	2.9	0.2	0.2	0.2	1.0	4.5
R3-128477	走廊	26.5	20	0.05	4.6	0.1	0.2	0.1	0.7	5.6
R3-128480	卫生间	33.6	30	0.10	2.7	0.3	0.2	0.2	1.1	4.4
R3-128489	走廊	107.2	20	0.05	7.9	0.4	0.7	0.5	2.3	11.6

（续）

房间编号	房间功能	房间面积	人均新风量	人员密度	室内显热负荷	室内潜热负荷	渗风湿负荷	渗风显热负荷	新风负荷	总冷负荷
		m^2	$m^3/(h \cdot 人)$	人/m^2	kW	kW	kW	kW	kW	kW
R3-128495	走廊	50.8	20	0.05	3.0	0.2	0.3	0.2	1.3	5.0
R3-128501	办公室	38.4	20	0.10	5.2	0.2	0.2	0.2	1.0	6.9
R3-128507	卫生间	38.4	30	0.10	4.7	0.3	0.2	0.2	1.3	6.7
R3-128510	办公室	38.4	20	0.10	5.2	0.2	0.2	0.2	1.0	6.8
R3-128516	卫生间	73.6	30	0.10	5.2	0.6	0.5	0.3	2.3	8.9
R3-128519	门厅	73.6	20	0.10	5.7	0.5	0.5	0.3	2.1	9.1
R3-142606	办公室	36.0	20	0.10	4.5	0.2	0.2	0.2	1.0	6.2
R3-142609	办公室	32.6	20	0.10	2.7	0.2	0.2	0.2	1.0	4.3
R3-142615	走廊	27.3	20	0.05	2.8	0.1	0.2	0.1	0.8	4.0
一层	烹调区1	98.7	—	—	—	—	—	—	—	36.5
	烹调区2	28.2	—	—	—	—	—	—	—	10.4
	烹调区3	14.1	—	—	—	—	—	—	—	5.2
	烹调区4	14.1	—	—	—	—	—	—	—	5.2
二层	烹调区1	68.9	—	—	—	—	—	—	—	25.5
	烹调区2	64.8	—	—	—	—	—	—	—	24.0
三层	烹调区1	124.0	—	—	—	—	—	—	—	45.8
	烹调区2	124.0	—	—	—	—	—	—	—	45.8

注：1. 室内显热负荷包括围护结构得热、灯光设备散热以及人员产热。
2. 渗风量按0.3次换气次数计算。

从表5-34中可以看出用餐区域由于学生人数多，导致新风量巨大，从而引起新风负荷较大（占餐厅总冷负荷45.5%），另外室内由于人员散湿而引起的负荷也不可小觑（占餐厅总冷负荷18.4%）。

从表5-33和表5-34中得出总的热负荷为1451.5kW，总的建筑冷负荷为1873.5kW，其中用餐区冷负荷为1325.9kW，其他周边区域冷负荷为349.2kW，烹饪区域形成的冷负荷为198.4kW。

3. 冷热源选择

根据调研的信息，可供选择的冷源及其特点见表5-35。

表5-35 可供选择的冷源方案

对比项	空冷热泵	地源热泵	常规水冷机组
动力源	电	电	电
冷却塔	需要	不需	需要
初投资	较小	较大	较小
运行费用	较大	较小	较小
供冷效率	低	较高	较低
供暖效率	较低	较高	不能
冷源适用性	较差	较好	较差
可调节性	较差	较好	较差

由此可见，这几种方案作为冷源各有优缺点，从节能的角度来说，地源热泵COP较高，运行费用较低，是一种较好的冷源方式，但其需要大面积的埋管面积，打井的地质条件需要勘探，初投资较大。

热源的备选方案见表5-36。

表5-36　可选择的热源方案比较

对比项	燃煤锅炉	燃气锅炉	地源热泵	地热/水源热泵	空气源热泵	城市热网
一次能源	原煤AII	天然气	电力	电、燃气	电力	煤炭
初（或改建）投资	较大	小	大	大	小	大
运行费用	小	较大	小	小	较大	较大
使用年限	较长	短	不定	不定	不定	长
热媒参数	超过90℃	超过90℃	不超过45℃	不超过45℃	不超过45℃	超过90℃
热源适用性	可供暖和空调	可供暖和空调	只能用于空调	只能用于空调	只能用于空调	可供暖和空调
实施条件	煤源稳定、锅炉房位置被限定	气源稳定	大面积的埋管面积，水井可靠	水源充足，热水井稳定	几乎不受限制	市政热网支持
主要优点	运行费用低	初投资少，环境影响小，易于负荷调节，运行管理简便	可同时供暖供冷	可同时供冷供暖，因地制宜	适用性好，初投资也较低	热源稳定可靠，适用性好，学校管理压力小
主要缺点	占地面积大，环境污染问题解决代价大，和市政政策冲突	运行费用较高，气量不一定能保证	政策不鼓励；埋管受地方限制，水温适应性差	地热井不确定因素大，初投资较大	运行效率低，特别是冬天最冷的时候	受市政管网供暖能力的限制，运行缺乏灵活性
建议	不推荐	不推荐	可选择	不推荐	可选择	不推荐

综合考虑，该项目推荐采用地源热泵作为冷热源。

4. 空调方案确定

（1）空调分区　根据整个食堂的作息时间，可以将整个食堂分为三个空调分区：

1）学生用餐区：一般开放时间为早上7：00～9：00，中午11：00～13：00，下午17：00～19：00，这部分空调系统需要集中控制，在学生用餐期间开启空调系统，其他时间关闭。

2）周边区域：包括包间、超市、办公室等。这部分的时间较为灵活，超市一般为8：00～22：00开放；办公室开放时间为8：00～18：00，包间时间一般较学生用餐时间更长。因此这部分要求能够每个区域单独控制。

3）厨房部分：厨房开始工作时间较学生用餐时间更长，一般从早上6：00开始，到晚上8：00左右可以结束。而且这部分需要特别做好通风换气的工作，因此需要单独划分一个空调区域。

（2）空调方案[43]　餐厅类型的功能房间，空调负荷变化范围较大，在不使用时，负荷很小，但当房间启用时，由于人员密度大，导致新风负荷较大，加上食物的散热、散湿，使得夏季的瞬时冷负荷很大，因此要求空调系统应具有良好的调节性能。另外，由于室内人员、饭菜大量散湿，室内负荷中湿负荷占较大的比例，要求空调系统具有较强的除湿能力。从前面的负荷计算来看，食堂由于人员密集，负荷主要是新风和人员的潜热负荷，由于太阳辐射，围护结构传热和灯光、设备所带来的显热负荷（即纯显热负荷）非常小，因此热湿比很小，采用常规空调方式，会导致两种结果：要么室内湿度合适但温度很低、很冷，要么室内温度合适但湿度较大，感觉“憋闷”。可供选择的空调方案有以下三种：

1）常规空调系统方案1。该方案采用地源热泵机组+全空气机组+新风机组+风机盘管。地源热泵系统提供整个空调系统所需的冷源和热源。全空气机组处理用餐区的空调。新风机组+风机盘管作为周边区域的空调系统。厨房岗位送风采用常规新风机组。由于采用常规空调系统，此处不再赘述其特点。

2）常规空调系统方案2。该方案采用风冷热泵机组+全空气机组+新风机组+风机盘管。与常规空调系统方案1类似，只不过冷热源用风冷热泵机组来代替。

3）温湿度独立控制方案（推荐方案）。该方案采用地源热泵+温湿度独立控制空调系统+常规新风机组+风机盘管。温湿度独立控制空调系统处理处理用餐区的负荷；新风机组+风机盘管作为周边区域的空调系统；厨房岗位送风采用常规新风机组。

① 系统形式。基于溶液调湿技术的温湿度独立控制的空调系统，其应用形式如图5-73所示。

② 冷源。餐厅区域采用高温地源热泵机组作为系统冷源，产生14/19℃高温冷冻水；其他区域采用常规地源热泵机组作为系统冷源，产生7/12℃冷冻水。

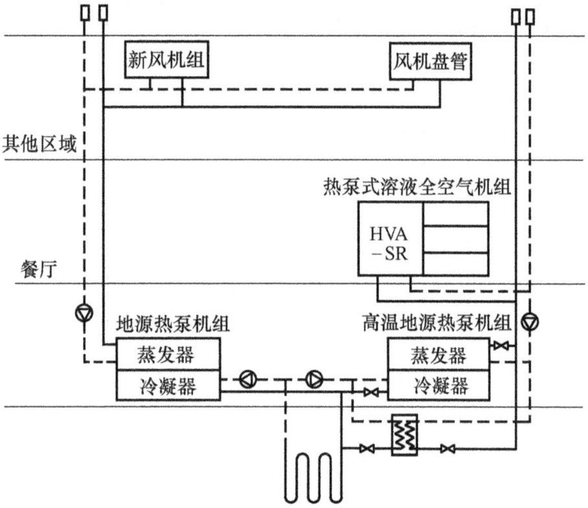

图5-73 温湿度独立控制空调系统应用形式

③ 末端形式。由于餐厅新风量较大，新风负荷较大，为减小新风处理能耗，考虑采用带有热回收装置的热泵式溶液全空气机组（HVA-SR）构成一次回风全空气系统，如图5-74所示。室外高温潮湿的新风在全热回收单元中以溶液为媒介和回风进行全热回收，被初步降温除湿，然后进入溶液除湿单元进一步独立除湿。低湿状态的新风与回风混合，利用14/19℃冷冻水冷却降温，达到送风状态点后送入室内，承担室内全部负荷。其空气处理过程如图5-75所示。

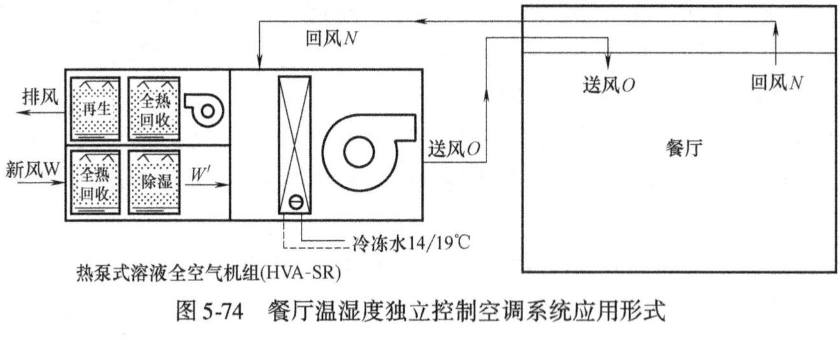

图5-74 餐厅温湿度独立控制空调系统应用形式

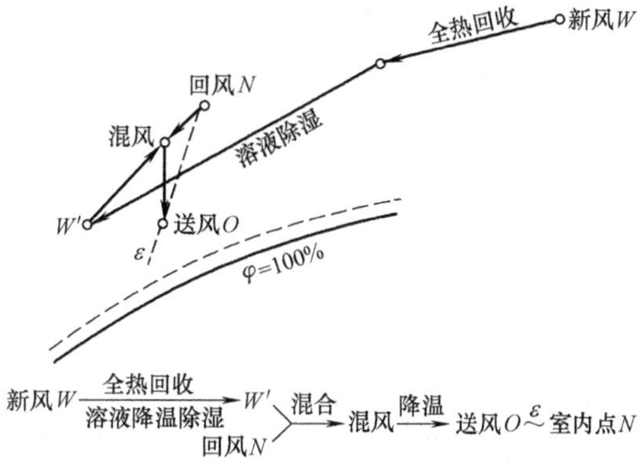

图5-75　温湿度独立控制方案空气处理过程

其他区域（如办公、超市、走廊等）采用常规新风+风机盘管的系统形式，在此不再赘述。

5. 经济技术分析

（1）初投资　根据前述负荷计算，可以对三种方案设备进行选型，从而获得三种方案的初投资如下所示：

常规空调方案1：766万元。

常规空调方案2：574万元。

温湿度独立控制空调系统投资为778万元。

（2）运行费用估算　在比较空调系统能耗和运行费用时，首先要确定空调系统运行时间和负荷情况，根据西安市气候条件及建筑使用功能，设定比较前提如下：

1）供冷季按150天计；其中，温湿度独立控制空调系统直供时间为30天。

2）供暖季按99天计。

3）空调运行时间取为：餐饮区6h/天，其他区域8h/天。

4）空调季平均负荷按设计负荷的80%计。

5）西安市电价按0.7902元/（kW·h）计。

三种空调系统夏季运行费用比较结果见表5-37。

表5-37　夏季运行费用比较

比较项目	单　位	常规空调系统1	常规空调系统2	温湿度独立控制空调系统		
设备	—	地源热泵	风冷热泵	地源热泵	高温地源热泵	HVA-SR
设计冷负荷	kW	1873	1873	548	276	1050
设计制冷电耗	kW	416	815	122	46	191
直供电耗	MW·h	—	—	—	1	27
非直供电耗	MW·h	370	725	117	26	110
夏季总电耗量	MW·h	370	725	282		
夏季运行费用	万元	29	57	22		
运行费用增加	万元	7	35	—		

注：1. 常规空调系统中，地源热泵COP（含输配系统）按4.5计算，风冷热泵COP（含输配系统）按2.3计算。

2. 温湿度独立控制空调系统中，高温地源热泵COP（含输配系统）按6.0计算。

3. 热泵式溶液全空气机组（HVA-SR）溶液调湿单元COP=5.5。

三种空调系统冬季运行费用比较结果见表5-38。

表5-38 冬季运行费用比较

比较项目	单位	常规空调系统1	常规空调系统2	温湿度独立控制空调系统	
承担负荷的设备		地源热泵	风冷热泵	地源热泵	HVA-SR
设计热负荷	kW	1451	1451	480	971
设计制热电耗	kW	322	631	107	177
冬季总电耗量	MW·h	165	323	63	84
冬季运行费用	万元	13	26	12	
运行费用增加	万元	1	14	—	

注：1. 地源热泵COP（含输配系统）按4.5计算，风冷热泵COP（含输配系统）按2.3计算。
2. 热泵式溶液全空气机组（HVA-SR）溶液调湿单元COP=5.5。

三种空调系统年运行费用比较结果见表5-39。

表5-39 年运行费用比较

项目	单位	常规空调系统1	常规空调系统2	温湿度独立控制空调系统
夏季运行费用	万元	29	57	22
冬季运行费用	万元	13	26	12
年运行费用	万元	42	83	34
年运行费用增加	万元	8	49	—

空调系统经济性综合比较如表5-40、表5-41和图5-76所示。与常规空调系统1相比，温湿度独立控制空调系统节能率达20%，每年可节约运行费用8万元，考虑初投资增加约12万元，1.4年收回初投资。与常规空调系统2相比，温湿度独立控制空调系统节能率达59%，每年可节约运行费用49万元，考虑初投资增加约204万元，4.2年收回初投资。

表5-40 常规空调系统1与温湿度独立控制空调系统经济性综合比较

项目	常规空调系统1	温湿度独立控制空调系统
初投资/万元	766	778
初投资增加/万元	—	12
夏季运行费用/万元	29	22
冬季运行费用/万元	13	12
年运行费用/万元	42	34
运行费用减少/万元	—	8
投资回收期/年	—	1.4

表5-41 常规空调系统2与温湿度独立控制空调系统经济性综合比较

项目	常规空调系统2	温湿度独立控制空调系统
初投资/万元	574	778
初投资增加/万元	—	204
夏季运行费用/万元	57	22
冬季运行费用/万元	26	12
年运行费用/万元	83	34
运行费用减少/万元	—	49
投资回收期/年	—	4.2

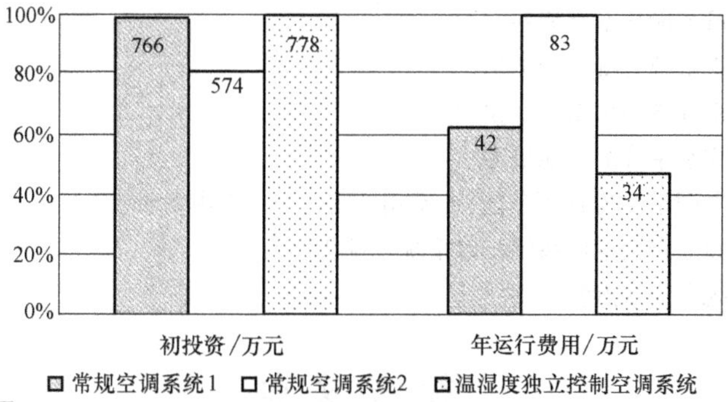

图5-76　空调系统经济性综合比较

6. 结论

基于负荷计算的结果，对备选空调方案进行了经济技术分析，结果表明：

1）该建筑与普通民用建筑相比，其冷热负荷特点为：新风负荷及湿负荷较大，烹饪区排烟热量多。

2）整个建筑需要分为三个空调分区，学生用餐区、周边办公及超市等区域、厨房烹饪区。

3）该项目推荐的空调方案为温湿度独立控制空调方案，即：地源热泵+溶液除湿机组+常规新风机组+风机盘管方案。这种方案技术先进、运行费用低，其中学生用餐区用溶液除湿机组+全空气空气处理单元作为其空调方式；周边办公及超市等区域采用常规的新风机组+风机盘管系统；厨房则采用全面排风+岗位送风，冬天可利用热管式换热器将厨房排烟热进行回收。

4）整个建筑的冷热源采用地源热泵系统，其中高温地源热泵系统（夏季进出口水温14/19℃）为全空气温湿度独立控制系统提供显热处理冷源和热源；而低温地源热泵系统（夏季进出口水温7/12℃）则为其他区域空调系统提供冷热源。

5）整个空调方案与常规空调方案相比，总的节电率约为59%，减少二氧化碳排放3886t。

6）整个空调方案的初投资约766万元，每年的运行费用仅34万元。

思　考　题

1. 分析低温送风系统的特点、节能性及适用场所。
2. 低温送风系统与常规中央空调系统的设计有何不同？
3. 变风量空调系统的组成和类别是什么？常用的末端装置有哪几种？
4. 分析变风量空调系统的适用范围。
5. 变风量空调系统如何设计？
6. 多联式空调系统的室内机与室外机容量如何匹配？
7. 一般情况下，多联式空调系统的能效比传统离心式冷水机组的能效低，为什么说其应用在办公楼等建筑中有明显的节能效果？
8. 中央空调系统中新风量是如何规定的？
9. 中央空调系统的新风有哪几种供给方式？

10. 目前采用的新风节能技术有哪些？
11. 常用中央空调水系统有哪几种类型？
12. 如何进行空调系统冷却水泵的变频调节控制？
13. 论述动力分散式水系统的节能机理？
14. 为什么说蓄冷空调是“省钱不节能”？常用的蓄冷介质有哪几种？
15. 什么是温湿度独立控制空调系统？该系统有哪些特点？
16. 变风量空调系统有何特点？

参考文献

[1] 李镭，万建武．低温送风空调系统应用研究进展与展望［J］．节能，2008（11）：17-20.
[2] 胡平放，等．建筑通风空调技术及其应用［M］．北京：中国电力出版社，2010.
[3] 张登春．低温送风空调方式的节能分析［J］．建筑热能通风空调，2000（4）：65-66.
[4] 黄翔．空调工程［M］．北京：机械工业出版社，2008.
[5] 刘伟，张岩，冯圣红．低温送风系统设计与节能分析［J］．建筑节能，2010，39（239）：21-24.
[6] 徐玉党，代焱．中央空调低温送风的系统设计方法［J］．制冷与空调，2003，3（6）：50-53.
[7] DORGANCE，ELLESONJS. Cold air distribution［J］. ASHRAE Trans，1988，12（3）：2008-2024.
[8] 王健敏，邱梅兰，陈凤娟．非冰蓄冷低温送风空调系统的设计与经济性分析［J］．暖通空调，2007，37（4）：84-87.
[9] ALLANTK，ELLESONJS. Selection of cold air diffusers［J］. ASHRAE Trans，1998，22（1）：77-83.
[10] 王环中，李斌．浅谈低温送风系统空调设计［J］．低温与特气，2001，9（3）：15-16.
[11] 石俊龙，张宝刚，郭阳，等．冰蓄冷低温送风空调系统风管及保温研究［J］．制冷，2012，31（3）：8-12.
[12] Allan T Kirkpatrick，James S Elleson. 低温送风系统设计指南［M］．汪训昌，译．北京：中国建筑工业出版社，1999.
[13] 赵建成，徐昭炜，李娟，等．低温送风空调设计实例研究与经济性分析［J］．北京工业大学学报，2007，33（3）：306-310.
[14] 叶大法，杨国荣．变风量空调系统设计［M］．北京：中国建筑工业出版社，2007.
[15] 刘燕华，闫珺，刘鹏．变风量空调系统末端计算与选型［J］．暖通空调，2009，39（11）：96-103.
[16] 曾毅，龙惟定．风量空调系统的新风［J］．通风空调，2001，31（6）：35-38.
[17] Ye Yao，Li Wang. Energy analysis on VAV system with different air-side economizers in China［J］. Energy and Buildings，2010，42（8）：1220-1230.
[18] S Ginestet，D Marchio. Control tuning of a simplified VAV system：Methodology and impact on energy consumption and IAQ［J］. Energy and Buildings，2010，42（8）：1205-1214.
[19] 中国建筑科学研究院，中国建筑业协会建筑节能专业委员会．GB 50189—2005 公共建筑节能设计标准［S］．北京：中国建筑工业出版社，2005.
[20] 赵宝珠，孟召军．变风量（VAV）空调系统及其经济分析［J］．节能技术，2004，22（126）：42-43.
[21] 中国标准化研究院，合肥通用机械研究院，珠海格力电器股份有限公司，等．GB 21454—2008 多联式空调（热泵）机组能效限定值及能源效率等级［S］．北京：中国标准出版社，2008.
[22] 马一太，王洪利．多联机空调系统及其能效标准进展［J］．机械工业，2008（2）：21-23.
[23] 秦琼，蒋立军．变制冷剂流量多联分体式空调系统设计方法［J］．制冷与空调，2005，5（4）：83-85.

[24] 向宏. 多联机空调系统的设计与应用 [J]. 暖通与空调, 2011, 39 (245): 19-21.
[25] 谢庭雅. 某大厦 VRV 变频空调与中央空调方案比较 [J]. 海南矿冶, 2001, 11 (1): 23-25.
[26] 中国建筑科学研究院. GB 50736—2012 民用建筑供暖通风与空气调节设计规范 [S]. 北京: 中国建筑工业出版社, 2012.
[27] 耿世彬, 李永, 韩旭. 室内空气品质与新风节能研究进展 [J]. 建筑热能通风空调, 2009, 28 (5): 32-38.
[28] 李鹣, 沈晋明. 新风预处理概念、系统与应用 [J]. 暖通空调, 2002, 32 (6): 104-107.
[29] 刘健君. 一种新颖的中央空调系统方案——独立新风系统 [J]. 制冷与空调, 2003, 3 (6): 39-42.
[30] 张建一, 李莉, 制冷空调装置节能原理与技术 [M]. 北京: 机械工业出版社, 2007.
[31] 李红旗, 马国远, 刘忠宝. 制冷空调与能源动力系统新技术 [M]. 北京: 北京航空航天大学出版社, 2006.
[32] 袁秀玲, 现代制冷空调理论与应用新技术 [M]. 西安: 西安交通大学出版社, 2009.
[33] 俞炳丰, 制冷与空调应用新技术 [M]. 西安: 西安交通大学出版社, 2002.
[34] 清华大学建筑节能研究中心. 中国建筑节能年度发展研究报告 2008 [M]. 北京: 中国建筑工业出版社, 2008.
[35] 汪训昌. 空调冷冻水系统的沿革与一次泵变流量水系统的实践 [J]. 暖通空调, 2006, 36 (7): 32-40.
[36] 王民. 一次泵变流量空调水系统节能特性研究 [D]. 上海: 同济大学机械工程学院, 2006.
[37] 李彬, 肖勇全, 马秀力. 变流量空调水系统稳定性的分析及试验研究 [J]. 制冷与空调, 2005, 19 (1): 7-11.
[38] 付祥钊. 流体输配管网 [M]. 北京: 中国建筑工业出版社, 2001.
[39] 李远斌, 动力分散式水系统运行特性研究 [D]. 西安: 西安交通大学, 2011.
[40] 贾晶, 袁从杰, 刘坤. 空调水系统优化方案与离心式冷水机组节能技术 [J]. 流体机械, 2006, 34 (6): 82-86.
[41] 冯琛琛, 张鑫, 郝吉波, 等. 某食堂空调设计及其经济技术分析 [J]. 建筑能源, 2012 (1): 17-21.
[42] 郝吉波, 王志华, 姜宇光, 等. 空气源热泵热水器系统性能分析 [J]. 制冷与空调, 2013, 13 (1): 59-62.
[43] 王沣浩, 王志华, 等. 低温环境下空气源热泵的研究现状及展望 [J]. 制冷学报, 2013, 34 (5): 47-54.

第 6 章 冷源节能技术

6

6.1 空调用冷源及其节能

6.1.1 空调系统冷源的分类及简介

冷源作为为空调系统提供冷量的设备，在整个空调系统节能中起到重要作用。目前制冷方法有相变制冷、热电制冷、声制冷、磁制冷、气体涡流制冷、气体膨胀制冷、绝热放气制冷几大类[1]，通常空调用冷源的制冷方式按照原理主要有压缩式制冷、吸收式制冷、蒸发冷却三类。

1. 压缩式制冷

压缩式制冷是应用最为广泛的一种制冷方式，其基本原理图如图 6-1 所示。基本部件包括蒸发器、压缩机、冷凝器和节流元件。各部件之间用密闭良好的管道相连，管道充注制冷剂，构成一个封闭的系统。制冷剂在蒸发器中时，由低温、低压液态，经吸收周围环境温度的热量逐渐蒸发，变成低温、低压的饱和或过热蒸气，此过程即为压缩式制冷系统的制冷过程。为了实现持续不断的制冷，该低温、低压蒸气被不断地吸进压缩机中，压缩为高温、高压的制冷剂蒸气。然后进入冷凝器中，向环境放热并凝结成高压的饱和或过冷液体；再通过节流元件重新变为低温、低压的制冷剂液体，实现一个循环。在此过程中，压缩机耗费电能或其他能源，通常用制冷性能系数 COP 来衡量压缩制冷系统的节能性能，COP 等于系统获得的制冷量或制热量/系统消耗的电能。

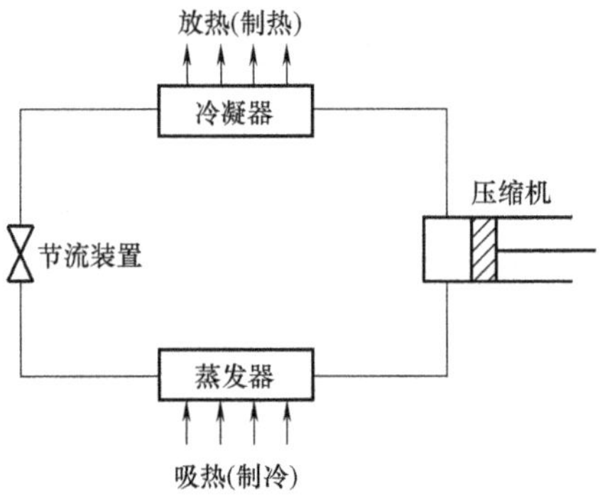

图 6-1 单级蒸气压缩式制冷系统示意图

2. 吸收式制冷

吸收式制冷和压缩式制冷都是利用制冷剂的汽化（潜）热制取冷量，不过与压缩式制冷不同，吸收式制冷主要利用溶液在一定条件下能析出低沸点组分的蒸气，在另一种条件下又能吸收低沸点组分的蒸气这一特性来实现制冷的压缩过程。图 6-2 所示是吸收式制冷的工作原理图，在吸收式制冷中，高压制冷剂蒸气在冷凝器中冷凝后，经节流装置节流，温度和压力降低，制冷剂液体在蒸发器内汽化，实现制冷。

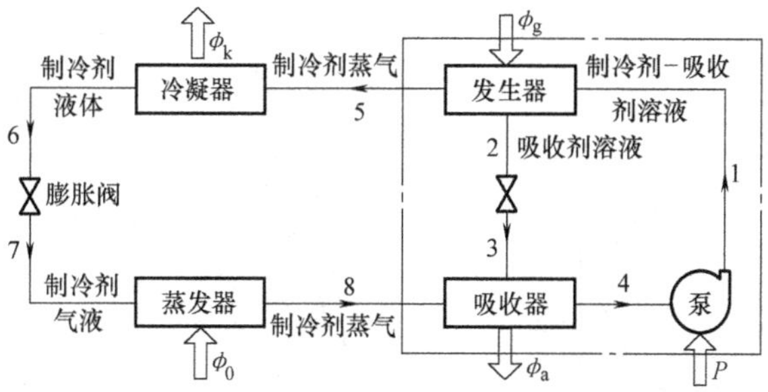

图 6-2 吸收式制冷的工作原理图

吸收式制冷与压缩式制冷的不同主要在于：

1）消耗的能量不同。蒸气压缩式制冷机消耗机械功，吸收式制冷机消耗热能。

2）将低压制冷剂蒸气变为高压制冷剂蒸气的方式不同。压缩式制冷机通过压缩机完成，吸收式制冷机则是通过吸收器、溶液泵、发生器和节流阀完成。

3）吸取制冷剂蒸气的方式不同。利用液体蒸发连续不断地制冷时，需不断地在蒸发器内产生蒸气。蒸气压缩式制冷机用压缩机吸取蒸气，吸收式制冷机利用吸收剂在吸收器中吸取蒸气。

目前常用制冷剂工质对中，低沸点组分为制冷剂，高沸点组分为吸收剂。常用的吸收式制冷工质对见表 6-1。

表 6-1 常用的吸收式制冷工质对

名 称	制 冷 剂	吸 收 剂
氨水溶液	氨	水
溴化锂水溶液	水	溴化锂
溴化锂甲醇溶液	甲醇	溴化锂
氯化钙-氨溶液	氨	氯化钙

吸收式制冷在有废热可用时，较一般压缩式制冷节能。通常，外部条件和内部条件均会影响吸收式制冷机的性能[2]，外部条件包括冷水的出水温度、热源温度、冷却水进口温度、冷却水与冷水流量以及传热管的结垢等情况。内部条件主要指溶液循环量的变化、不凝气体的存在、冷剂水的污染以及表面活性剂的添加等。

3. *蒸发冷却*

水分蒸发会吸收热量，因此当环境空气中的干球温度与露点温度不同时，即可利用水与空气之间的热湿交换来获取冷量，这是一种环保高效而且经济的冷却方式。蒸发冷却通常分为直接蒸发冷却和间接蒸发冷却技术。其系统图和空气状态处理过程可简要表示为图 6-3 ~ 6-5[3]。有关三种技术的详细介绍参见 6. 5 节。蒸发冷却技术冷却设备成本初投资较低，约为常规空调设备的 1/2，相同制冷量下能大幅度降低用电量，减少用电高峰期用电负荷，运行能耗约为常规空调设备的 1/5，节能达 70% 以上[4]；采用水作为制冷剂，能减少温室气体和 CFCs 的排放量。但是，从其原理图上来看，这种技术的制冷情况与环境空气的热湿状态很有关系，空气干球温度与露点温度相差越大，节能效果越好。

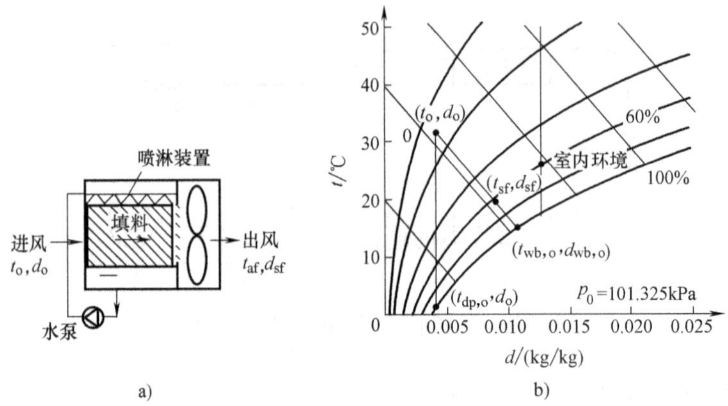

图 6-3　直接蒸发冷却[3]

a）直接蒸发冷却模块　b）焓湿图

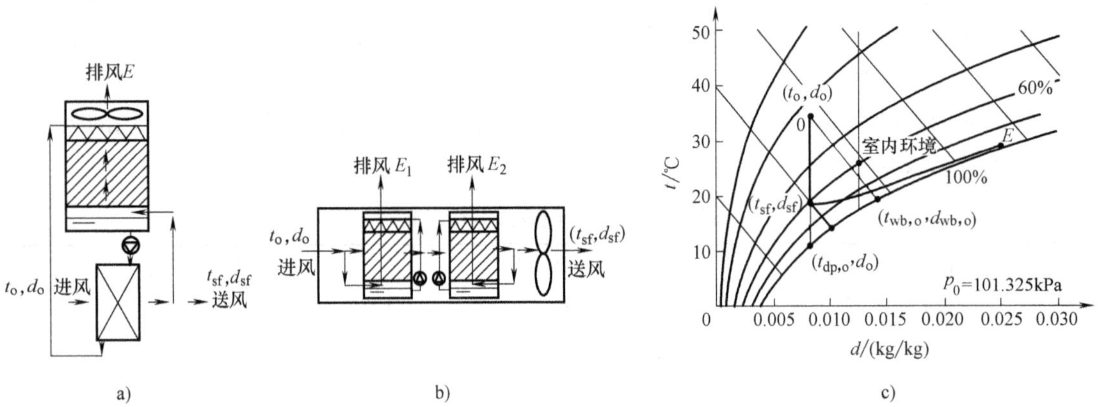

图 6-4　间接蒸发冷却[3]

a）外冷式间接蒸发冷却模块　b）两级内冷式间接蒸发冷却模块　c）焓湿图

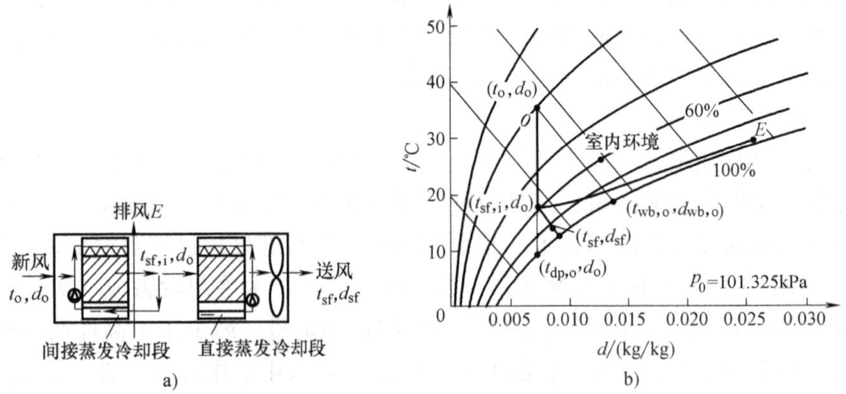

图 6-5　直接、间接相结合的蒸发冷却[3]

a）间接、直接蒸发冷却结合的空气处理模块　b）焓湿图

6.1.2 冷源节能的发展方向

一般空调系统包括冷热源系统、冷媒输送系统以及空气分布系统。其中较为常见的冷源系统包括冷水机组、冷水泵、冷却水泵和冷却塔等设备，它既是空调系统的心脏，也是耗能大户，其能耗占整个空调系统能耗50%以上，因此冷源节能是集中空调节能的重点，以下几个方向是目前冷源节能的重要发展方向。

1. 寻求新制冷剂提高设备性能指标

图6-4表明制冷剂会对制冷循环的性能产生重要影响。以R410A和R22两种制冷剂为例，有研究表明[4]，R410A的传热系数比R22高，热传递和流动性能良好，有利于提高空调的运行效率。通过测试4台空调样机表明，整机尺寸大小相同的R410A空调比R22空调的能效比高出约3%，高效的R410A空调比R22空调的能效比可高出约12%。当室外环境温度降低时，R410A空调节能效果更显著。如何考虑环保的同时开发出能够有效提高制冷性能的制冷剂是目前制冷剂研究中的热点问题。

2. 提高制冷热交换设备换热性能

在制冷设备中，热交换设备是重要部件。在广泛应用的压缩式制冷系统中，除了压缩机和节流装置外，主要就是一些换热设备如蒸发器、冷凝器、回热器、中间冷却器、过冷器等。又如正在空调领域推广使用的溴化锂吸收式制冷机中，主要设备几乎全部是换热设备，如蒸发器、冷凝器、加热器、吸收器、回热器等。与制冷压缩机相比，换热设备的金属消耗量很大，如氟利昂水冷机组，冷凝器和蒸发器占总质量的50%～70%，而在装有直接蒸发设备的氨制冷装置中，换热设备质量约占总质量的90%。随着压缩机转速提高和加工工艺的不断改进，这种差别将显得越来越大。因此，如何提高制冷换热设备的经济性、强化传热过程、改进加工工艺、设计新型结构乃是当前制冷技术领域面临的一个重要课题。其中，冷凝器、蒸发器在制冷系统中起着比较重要的作用，它们的性能对制冷机特性有着重大影响。

制冷换热设备与其他换热设备相比，具有以下特点：

1）制冷换热设备的工作压力、温度范围较小。在制冷系统中，蒸发温度由使用要求来确定，冷凝温度受环境介质（空气、水）温度的限制。因此其工作温度（压力）范围比较小。

2）介质间的传热温差较小。在水冷冷凝器中，立式壳管式的平均温差为5～7℃，其他形式冷凝器端部温差7～14℃，空冷冷凝器中，最大传热温差为10～15℃，这是由制冷机工作条件和环境条件所决定了的。小的传热温差导致了换热设备热流密度较小，传热系数较低，从而使得传热面积和体积增大，金属耗量增加，这也是强化传热的关键所在。

3）制冷换热设备要与压缩机相匹配。制冷换热设备换热能力的变化将引起制冷机工作温度的变化，导致制冷压缩机耗功的变化。因此制冷换热设备性能的好坏，不能仅仅以传热系数、热流密度、流动阻力、单位材料耗量、单位外形体积等指标加以评价，而必须首先考虑换热器对整个制冷机性能的影响。

根据制冷换热设备的特点，提出合适的强化换热措施以提升设备性能是重中之重。由传热的方程式 $Q=kF\Delta t$ 可知，强化传热的途径有三条：增大传热面积、提高传热系数、提高传热温差。在制冷换热设备中，在使用要求和环境条件的限制下，要想提高传热温差，只能提高工质的冷凝温度和降低蒸发温度的值。由循环的经济性分析可知，随着冷凝温度的升高和蒸发温度的降低，制冷系数将显著减小，经济性降低，这显然是不合算的。可见在制冷换热设备中，强化传热主要从以下两方面着手：扩大传热面积、减小传热热阻。

1）扩大传热面积，采用高效节能传热面。传热面积的增加将使设备变得庞大和笨重，金属耗量增加，也给制造安装操作等带来一定的困难，显然不是努力的方向。采用高效节能传热面，不仅包含了传热面积的扩大，而且还使传热面上流体的流动特性得到了改善。常见的方法有采用紧凑式换热器、异形管、小直径管，采用多孔表面涂层等来达到扩大传热面积、强化传热的目的。这一点在目前的空冷式冷凝器和直接蒸发式空气冷却器中用得较多，这是因为在这种类型的换热器中，换热表面的一侧为空气的对流换热，表面传热系数较低，另一侧则为制冷的蒸发或冷凝，属相变换热，传热系数较高。为了强化传热效果，常在空气换热侧加装肋片或翅片，使传热面积扩展为原来的几倍甚至十几倍，同时也能使传热系数增大到1.2～1.4倍，从而达到强化传热的目的。

2）减小传热热阻。管壳式换热器总的传热热阻是由热流体与管壁的对流换热热阻、管壁和污垢的导热热阻以及管壁与冷流体的对流传热热阻串联构成：

$$R=\frac{1}{\alpha_i}+R_{is}+\frac{\delta}{\lambda}+R_{os}+\frac{1}{\alpha_o} \tag{6-1}$$

式中　R——总传热热阻($m^2\cdot K/W$)；

α_i、α_o——分别为管壁内、外流体的表面传热系数［$W/(m^2\cdot K)$］；

R_{is}、R_{os}——分别为管壁内、外的污垢热阻($m^2\cdot K/W$)；

δ——管壁厚度(m)；

λ——管的金属材料热导率［$W/(m\cdot K)$］。

在传热热阻的表达式中，金属壁厚受强度、工艺等的限制，不可随意减薄。加之金属材料的热导率又较大，使得金属壁面热阻较小，对传热的影响不大，不是强化传热的主要问题。但在满足强度要求的前提下，尽可能减小壁厚即采用薄壁管。

传热面上的水垢、污垢、积灰、结晶等，热导率很小，传热热阻很大，在强化传热中不可忽视。为此，在制冷换热设备中应从设计和运行两方面着手考虑。在设计中应考虑清扫、清洗方便，如设计成可拆结构、选择合理的流速、利用流体的自洁作用、选用清洁水源、对空气进行过滤来减少水垢、灰垢、污垢等的形成。在运行中，应定期地清洗水冷冷凝器的传热管，除去生成的水污或污垢、铁锈等。对空冷冷凝器，应经常清扫肋片表面，除去灰污等。在直接蒸发式空气冷却器中，应定期或经常对传热面进行清扫，以达到传热效果。

至于增强传热壁面两侧的表面传热系数问题，由于冷却水或冷冻水的表面传热系数较大，一般不需考虑强化，所以为了增大传热系数值，主要问题可归纳为两个方面：增加空气侧的表面传热系数、增加制冷剂侧的表面传热系数和实现珠状凝结。

增大空气侧表面传热系数的措施前已述及，主要是采用翅片管，同时让空气以一定的速度（2～3m/s）流过换热器表面。增加制冷剂侧的表面传热系数的问题归结为对凝结换热或沸腾换热过程的强化。它们都属于特殊的对流换热过程，具体措施是不断排出不凝性气体，提高蒸气流速。由于检修、调试等原因会使空气进入制冷系统。加之制冷剂在高温下会分解产生不凝性气体，使得传热减弱甚至恶化，因此必须排出。为此可在冷凝器的上方设放气口，在吸收式制冷机等负压工作下的系统中应设置抽气装置。

关于珠状凝结，目前国内外比较一致的观点认为液珠只在一定的过冷温度下生成于壁面的某些核化位置，如凹坑、划痕等处。由珠状凝结理论可知，珠状凝结换热系数较膜状凝结大大提高，比膜状凝结大10~20倍。因此目前强化凝结换热主要通过人工珠化的办法来实现，相应的措施有：选择易珠化的表面材料，如铜实现珠状凝结；采用贵重金属粗盖层，如金、铂、银等使冷凝表面能够长期地保持珠状凝结，这是珠状凝结应用的瓶颈；在传热面上涂不润湿膜，如聚四氟乙烯等憎水性材料，从而实现珠状冷凝，提高传热效果；在制冷剂蒸气中加入珠化剂，从而在冷凝表面得到不润湿膜，实现珠状凝结；在冷凝表面加工细小的凹槽，从而增加核化数目，促进珠状凝结；其他方法，如在氨制冷系统中应控制润滑油含量，采用高效油分离器等，减少或消除油膜热阻的影响；采用在传热管上绕金属丝的翅化管、扁椭圆管或在管内装入各种形式的插入物等。

3. 提高制冷设备的自动化水平

制冷设备在建筑运行过程中，通常所处的工况时刻在发生变化，设备如果能够随着外界冷负荷的变化发生相应的调整，可使制冷设备始终处于比较高效的工作状态。目前多数大型公共建筑安装有建筑自动化系统（Building Automation System，BAS），对各种用能对象进行检测和控制。对于制冷设备，主要从以下几个方面进行自动控制：①制冷机的供水温度设定值。在满足除湿要求的前提下应尽可能提高出水温度，以提高制冷机COP；同时出水温度高有可能要求循环水量大，从而又增加泵耗，正确协调这三者需求，才能得到最佳的出水温度设定值。②制冷机开启台数和搭配。使开启的制冷机都工作在高效区，同时还能恰好满足建筑对冷量的需求。③冷水泵的开启台数与转速控制。调节冷水泵应使其既可向末端提供足够的循环水量（并不一定需要提供额定的压差），又能使各台水泵工作在高效工作区。在不使制冷机COP下降的前提下尽可能减少水泵功耗。

4. 天然冷源的利用

太阳能、风能等可再生能源用之不尽、取之不竭。目前已有利用太阳能作为驱动力的吸附/吸收式制冷装置。除此之外，一些天然冷源也可供直接供冷使用，在古代人们贮存天然冰用于夏季防暑降温，该项技术至今在我国个别地方还在应用，如冬季在河岸边以草为保冷材料，将大块的冰覆盖起来，夏季分块取出，用于在街头卖冰镇饮料，节省制冰费用。在北方农村，人们挖很深的“井”，用于贮存蔬菜，可以在不消耗任何能源的条件下实现冬夏恒温。这些用冷实例都可以认为是天然冷源利用技术的具体应用。但应该看到，这种方法已经很少见，几乎完全被现代化的制冷技术所取代。主要原因是电力的普及使得制冷技术几乎随处可用，方便灵活，而天然冷源利用技术，易受季节、地理条件的限制，又难以形成规模。如天然冰贮存技术，必须在冬季气温很低，能结成大块冰的地方才能应用，而且，所能实现的供冷温度不会太低。在贮存上需要良好的保冷条件，实现起来具有一定的难度。但这并不说明天然冷源无法应用。事实上，天然冷源存在范围很广，除了天然冰外，常年存在的就是地冷。众所周知，距离地表一定深度的地方，常年恒温，一般温度可以比夏季环境温度低10℃以上，显然这一温度水平，在满足空调、工艺冷却等方面具有应用价值。

（1）地源热泵空调系统　由于土壤的蓄热量巨大，通常在地表一定距离以下，土壤温度波动较小，这也就意味着土壤温度夏季比环境温度低，冬天比环境温度高，这部分能量可以用作空调的冷热源，地源热泵正是利用地温冷能的典型代表。

地源热泵空调系统主要分三部分：室外地能换热系统、地源热泵机组和室内空调末端系统。其中地源热泵机主要有两种形式：水-水式或水-空气式。三个系统之间靠水或空气换热介质进行热量的传递，地源热泵与地能之间换热介质为水，与建筑物空调末端换热介质可以是水或空气。目前所说的地源热泵系统通常是指地埋管地源热泵系统。

冬季供暖工况时，热泵系统以14℃左右的地层水为热源，提取其中的热能，提供55～60℃的热水，此部分内容可详细参见本书相关章节。夏季空调工况时，以14℃左右的地层水为冷源，与普通空气源热泵相比，冷凝温度可以降低10℃以上，使热泵系统的性能系数大幅度提高，达到节约能耗的目的。

（2）贮冰技术应用方法　天然冰贮存原理非常简单，在冬季气温较低的北方，可以建一座贮冰罐，罐内利用现浇冷冻的办法贮满天然冰，然后，对贮冰罐进行保冷，需要冷量时，将贮冰罐中的冷量引出。一般工艺系统的冷却水都是利用环境冷却的，夏季最高可达到30℃以上，而利用贮存的天然冰提供冷却水，可以得到20℃以下的低温冷却水。

原理上天然贮冰贮存利用技术比较简单，但实际上涉及的问题很多，重点是贮冰罐的长时间保温，包括保冷结构设计与保冷效果的计算、贮冰罐内部换冷器设计与换冷过程的计算、贮冰罐的运行与监控系统设计、贮冰罐保冷基础的设计等。随着以上问题的解决，大规模贮冰技术将为自然冷能利用做出贡献。

（3）地道风降温系统　此方法也是利用土壤夏季贮藏的冷能的冷源方式，与地源热泵系统不同，地道风系统直接让空气经过地道，与土壤充分换热降温后送入建筑物。我国有很多建于20世纪60～70年代可利用的人防工程，包括山洞、防空洞、隧道、暗河等，均可作为地道通风的换热地道使用。在无现成的地道可利用时，也可以建造非常简单的地道用于通风降温，其造价比防空或其他用途的地道低廉。

另外，也有基于地道风的空气源热泵系统，这类系统不仅初投资低，而且不用钻井打孔，施工周期短，安装方便，控制灵活，省去了冷却水系统。虽然工程的总投资与人工制冷系统的造价接近，但是它能降低电力和维修费用，是一种比较节能的自然能源系统。

目前地道风降温系统主要应用于影剧院、礼堂和工业产房等公共建筑物，主要以间歇运行方式为优。有研究表明，夏季间歇运行方式比连续运行多提供40%的冷量[5]。

6.2　压缩式制冷技术节能

影响压缩式制冷系统节能性的主要因素有以下几个方面：

1. 冷凝温度和蒸发温度

根据热力学理论，蒸发温度和冷凝温度的高低直接决定了整个制冷系统的性能系数（COP）的高低。理想的卡诺循环的性能系数 $COP = T_L/(T_H - T_L)$，其中 T_H 和 T_L 分别为冷凝温度和蒸发温度。由此可见，在其他条件相同的情况下，蒸发温度越高，与冷凝温度的差值越小，系统的 COP 越高。

2. 高压液体的过冷

当冷凝器出口、膨胀阀之前的制冷剂温度低于冷凝压力下的饱和温度时，形成过冷液体。液体过冷时，其在 $p-h$ 图上表示为图6-6，状态由点3移到点3′。由于存在过冷，单位容积制冷量由 $h_1 - h_4$ 增加为 $h_1 - h_4'$，但

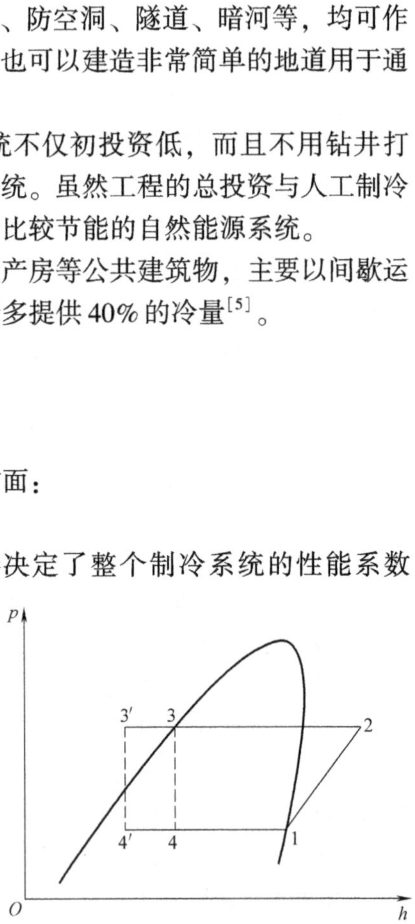

图6-6　高压液体过冷的影响分析图

压缩机的比功不变，因此循环的性能系数COP增大。可见，高压液体过冷对循环总是有利的，过冷度越大越好。通常在冷凝器与膨胀阀之间增设过冷器，在过冷器中通过温度低于冷凝器的冷却介质温度的流体，从而实现制冷剂的过冷。若想获得更大的过冷度，可在冷凝器和膨胀阀之间增加一台气液换热器，使来自冷凝器的高压液体与来自蒸发器的低温制冷剂蒸气发生热交换。

3. 吸气过热度

当蒸发器出口、压缩机吸气口的制冷剂温度高于蒸发压力下的饱和温度时，形成过热气体，其在$p-h$图上表示为图6-7。其中，1—2—3—4—1为理论循环；1′—2′—3—4—1′为有吸气过热的循环。蒸发器出口状态点由1移到1′，吸气过热度定义为$\Delta T_r = T_{1'} - T_1$。

压缩机吸气过热会使排气温度升高，并对其他循环特性造成影响，具体影响情况要看吸气过热所造成的制冷剂比焓增是否产生有用的制冷作用。不产生制冷作用的过热为无用过热，此时低压制冷剂蒸气从被冷却对象吸热的过程为4—1，此过程产生制冷效果，而过程1—1′则是低压蒸气在被压缩之前经吸气管道和压缩机因受到加热而产生的过热过程。若制冷剂在蒸发器出口处就达到过热状态，则它在蒸发器内的过热是因为吸收了被冷却对象的热量而具有的，即产生了制冷作用，为有用过热。表6-2所示是吸气口过热时过热循环与理论循环的制冷性能各参数计算的对比分析。

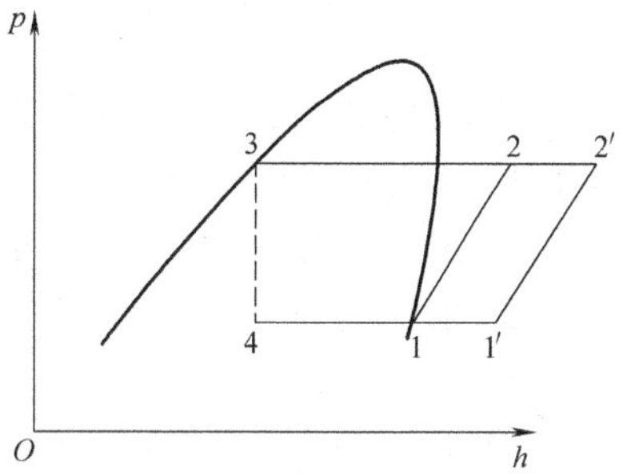

图6-7　吸气过热度的影响

可见，无用吸气过热情况下，循环的单位制冷量未变，但比功增大了，因而性能系数下降。它对循环是不利的，会造成能源的浪费，也被称为有害过热。实际中为尽量减少有害过热，在吸气管道外敷隔热层，防止环境对吸气管中的制冷剂加热。

表6-2　过热循环与理论循环制冷性能对比

循环特性指标	理论循环	无用过热循环	无用过热的影响	有用过热循环	有用过热的影响
单位质量制冷量q_0	h_1-h_4	h_1-h_4	不变	$h_{1'}-h_4$	增大
单位容积制冷量q_{zv}	$(h_1-h_4)/v_1$	$(h_1-h_4)/v_{1'}$	减小	$(h_{1'}-h_4)/v_{1'}$	不一定
比功w	h_2-h_1	$h_{2'}-h_{1'}$	增大	$h_{2'}-h_{1'}$	增大
性能系数COP	$(h_1-h_4)/(h_2-h_1)$	$(h_1-h_4)/(h_{2'}-h_{1'})$	减小	$(h_1-h_4)/(h_{2'}-h_{1'})$	不一定

而对于有用过热，从循环特性指标的表达式上不能直接判断出其对单位制冷剂制冷量q_{zv}的影响，也不能直接判断出它对性能系数COP的影响，其与制冷剂的特性有关。图6-8给出了对典型制冷剂的计算结果，其工况取冷凝温度40℃，蒸发温度0℃。可见，某些制冷剂有用过热会对制冷效率产生正影响，某些制冷剂产生负影响。

多数情况下，由于受蒸发器传热温差的制约，在蒸发器内能够得到的有用过热很有限，压缩机吸气过热的大部分是无用过热。避免大量无用过热的方法是采用气-液交换器，或称回热器。采用回热器的单级蒸气压缩制冷系统如图6-9所示，该循环被称为有回热的循环。该系统中，在冷凝器与膨胀阀之间增加了回热器，其中高压液体与蒸发器回气发生热交换，结果高压液体被冷却变成过冷状态；而低压回气则因回收了高压液体的热量而变成过热状态。

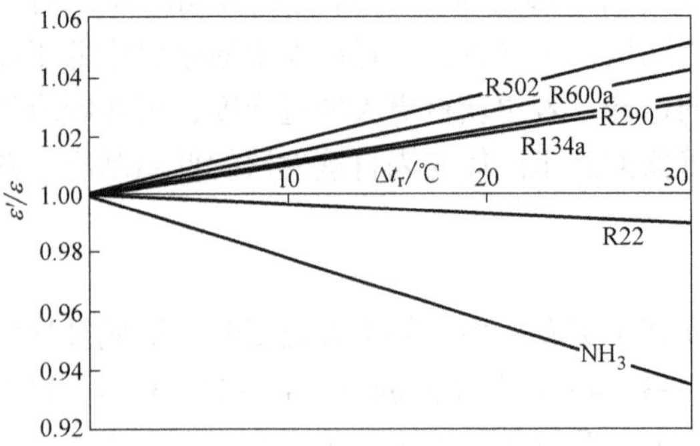

图 6-8　不同制冷剂有用过热的影响[6]

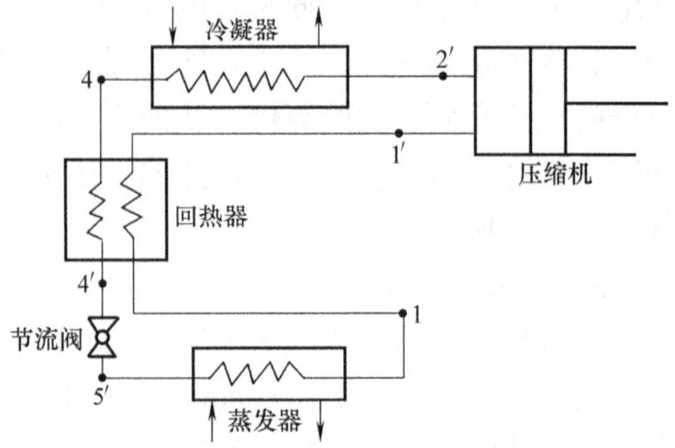

图 6-9　单级蒸气压缩制冷回热循环流程图[6]

在有回热的循环中，尽管过热部分的比焓增并未用于制冷，但它使液体过冷，过冷部分的比焓差与过热部分的比焓差相等，产生了制冷作用。所以，回热循环等价于没有过冷的有用过热循环，因此回热循环能否节能应该具体问题具体分析。但采取回热措施后，会减少节流过程的汽化，使得节流装置工作较为稳定。

4. 管道压损和热交换

制冷系统的管道有设备之间的连接管道和热交换设备的内部管道。此处主要讨论设备间连接管道。制冷剂在这些管道内流动时，因流动阻力产生压力损失；因管内制冷剂与管外环境之间存在温差会产生热交换。两者都会对循环特性产生影响。下面分别讨论吸气管、排气管、高压液管和低压液管的压损和热交换对循环特性的影响。

（1）吸气管　吸气管是连接蒸发器与压缩机吸入侧的管道。制冷剂在吸气管内处于低温低压状态。吸气管发生热交换时，环境热量加热制冷剂气体，产生之前讨论的无用过热，造成性能系数下降，排气温度升高，容积制冷量减小。

吸气管内的流动压力损失，会使压缩机的吸气压力降低，吸气比体积增大，容积制冷量下降。此外，压力降低会使压缩机的工作压力比增大，引起压缩比功增大和排气温度升高，同时使循环的性能系数降低。

（2）排气管　由于压缩机的排气温度总是高于环境温度，所以排气管中制冷剂将向环境散热，因而减少了冷凝器负荷，是有利无害的。在保护工作人员安全的前提下，排气管可裸露处理。考虑到排气压力必须高于冷凝压力才能保证制冷剂顺利流入冷凝器，因此排气管中克服压损会造成压缩机工作压力比增大，使比功增大，排气温度升高。

（3）高压液管　高压液管连接冷凝器与膨胀阀，发生热交换有两种可能：一种是制冷剂向环境散热，可达到过冷作用，有利于循环；一种是被环境加热，易造成制冷剂汽化，大大降低膨胀阀的流通能力，造成蒸发器供液不足，降低制冷能力，甚至危及压缩机安全。高压液管中的压损使膨胀阀前的制冷剂压力降低，造成流通能力减小。

（4）低压液管　低压液管连接膨胀阀与蒸发器，其中制冷剂温度低于环境温度，被环境加热，损失一部分制冷量，对循环不利。低压液管中的压损会造成膨胀阀前后压力差变小，使膨胀阀能力有所削弱。实际上，低压液管一般很短，将膨胀阀紧靠蒸发器安装便可忽略其影响。

由以上分析可知，吸气管和高压液管必须特别处理，以避免对循环的不利影响。

5. 循环中不可逆因素

在制冷循环中，压缩过程和相变传热过程都存在不可逆的影响。压缩机存在功率损失和容积损失。功率损失是压缩机实际功耗增大，容积损失是压缩机输气量减小，两者的结果是制冷能力减小和性能系数下降。不可逆因素包括以下几个方面：

（1）压缩过程的工质的不可逆损失　压缩机中气体的压缩过程并非理论循环所假定的等熵过程，压缩机包括气腔和气阀结构，气体经过它们时要产生压降，所以压缩过程的起始压力低于吸气管压力，压缩过程的终了压力高于排气管压力，这要多消耗压缩功。另外，压缩过程是不可逆的，也要多消耗功。

（2）机械摩擦损失　压缩机存在机械摩擦损失，使得输入到压缩机主轴上的比功增加。

（3）电动机功损　对于全封闭式压缩机，电动机属于压缩机的一部分，其电能在转化为机械能过程中也会产生一部分损耗，因此压缩制冷循环的电耗要考虑电动机的损失。提高电动机效率，也有助于系统节能。

（4）容积损失　压缩机不可能达到按气缸行程容积计算的理论输气量，实际输气量小于理论输气量。这也使得压缩机能耗高于理论能耗。

（5）相变传热不可逆损失　理论循环中假定相变传热为无温差的可逆过程，因而制冷循环的工作温差 $T_k - T_o$ 等于低温热源与高温热汇之间的温差 $T_H - T_L$。实际制冷循环相变传热有传热温差，冷凝温度必须高于热汇的温度，蒸发温度必须低于热源的温度，使循环的工作温差增大。这使得循环的压力差和压力比增大，比功增大，单位质量制冷量和单位容积制冷量均减小，性能系数降低。同时压缩机容积效率随之下降，制冷量进一步减小。

（6）制冷剂纯度　理论上认为制冷系统内是纯制冷剂，实际上，润滑油的存在会使制冷剂热力性质有所偏移。如果渗入水分，会对系统材料造成腐蚀。不凝性气体的渗入则会使系统内压力升高，排气温度升高，造成系统不稳定。

从影响压缩机能耗性能的因素来看，压缩式制冷循环系统自身的节能可从以下几个方面进行改进：①设计合理，工作温度选择合适，工质选择合适；②循环的优化，恰当设计高压液体的过冷和吸气温度的过热；③做好制冷剂管道的保冷措施，降低制冷剂管道的阻力损失；④减少系统运行过程中的不可逆损失。

6.3 吸收式制冷技术与节能

6.3.1 吸收式制冷技术

吸收式制冷机是一种以热能为主要动力的制冷机，是有效“以热制冷”的应用方式，目前已成为较为常见的一种制冷方式，在有廉价热源的情况下，是一种经济节能的制冷技术。这种制冷装置以吸收器与发生器机组为手段完成制冷循环，系统构成可参见图6-2。与压缩式制冷用压缩机吸收蒸气不同，吸收式制冷中利用某种对制冷剂有较强吸收能力的二元溶液来吸收蒸气，在吸收式制冷中通过吸收器、溶液泵、发生器完成将蒸气吸收后变为高压蒸气的过程[7]。

图6-10所示为吸收式制冷基本循环示意图。二元溶液在发生器中被加热，产生的制冷剂蒸气进入冷凝器，冷凝成液体，经节流阀降压后送入蒸发器中蒸发制冷，使冷媒水（载

冷剂）温度降低，即可供给用户以冷量。在发生器中制冷剂含量减少后的溶液（吸收液），流经溶液换热器被冷却并经溶液节流阀降压后进入吸收器，与从蒸发器来的制冷剂蒸气相混合，并吸收这些蒸气而形成制冷剂含量较多的溶液，再由溶液泵升压后流经溶液换热器与吸收液进行热交换，然后进入发生器继续使用。常用的吸收式制冷机有氨水吸收式制冷机和溴化锂吸收式制冷机两种，其中溴化锂-水由于 COP 较高、对热源温度要求低、无毒性、对环境友好，占据了当今研究与应用的主流地位。从吸收式制冷循环角度看，目前有单效、双效、两级、三效，以及单效/两级等复合式循环。

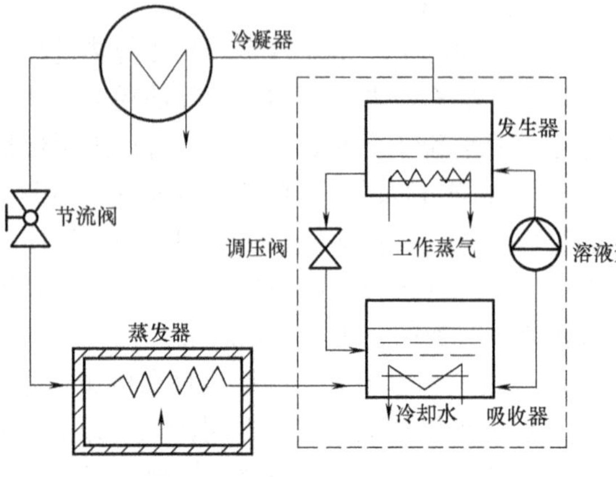

图 6-10　吸收式制冷基本循环示意图[7]

6.3.2　典型吸收式制冷机组

1. 溴化锂水溶液吸收式制冷机

用溴化锂水溶液为工质，其中水为制冷剂，溴化锂为吸收剂。溴化锂属盐类，常温常压下为白色结晶，易溶于水和醇，无毒，化学性质稳定，不会变质。溴化锂吸收式制冷机因用水为制冷剂，蒸发温度在 0℃以上，仅可用于空气调节设备和制备生产过程用的冷水。这种制冷机可用低压水蒸气或 75℃以上的热水作为热源，因而对废气、废热、太阳能和低温位热能的利用具有重要的作用。需要注意如果溴化锂水溶液中有空气存在时对金属有较强的腐蚀性。

溴化锂吸收式制冷机的发生器、冷凝器、蒸发器和吸收器可布置在一个筒体内（称单筒式），也可布置在两个筒体内（称双筒式）。图 6-11 所示为双筒式溴化锂吸收式制冷机的系统，该机组将工作压力较高的发生器-冷凝器组布置在上筒体内，工作压力较低的蒸发器-吸收器组布置在下筒体内，具有结构简单、热应力和热损失小、制冷容量大、机组可分开运输并现场组装等优点。其中蒸发器泵和吸收器泵作用是使制冷剂水和吸收液分别在蒸发器和吸收器中循环流动，以强化与冷媒水和冷却水的换热；在冷凝器至蒸发器的冷剂水管路和发生器至吸收器的吸收液管路上均无节流阀，这是因为溴化锂吸收式制冷机高压部分与低压部分的压差很小，利用 U 形管

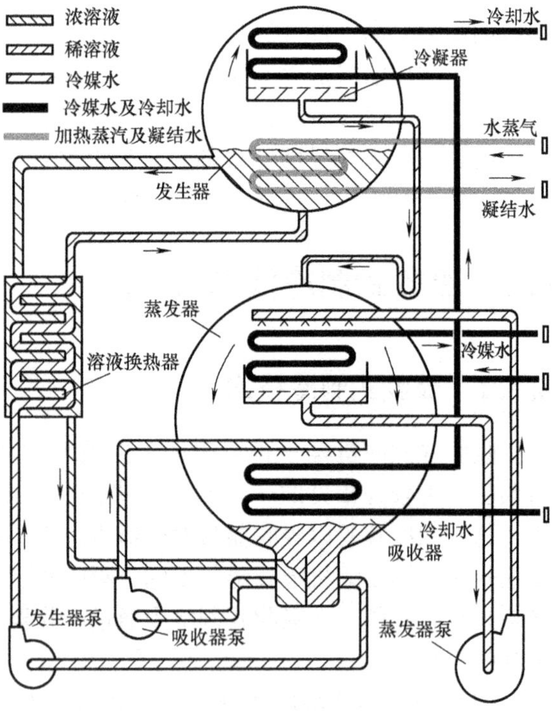

图 6-11　双筒蒸气型单效溴冷机组[8]

中的水封和吸收液管路中的流动阻力即可将高低压力分开。在单筒式制冷机中，冷凝器与蒸发器之间甚至可以不用U形管，而用一个短管或几个喷嘴代替。

溴化锂吸收式制冷机可以利用低温位热能，又有较高的热力系数（单级的热力系数在0.7左右），故发展较快，在一些国家中已被普遍用于空气调节等方面。除了上述的机组，溴化锂吸收式制冷机还有多种类型，如两级发生的溴化锂吸收式制冷机，它可有效地利用高压加热蒸气；两级吸收的溴化锂吸收式制冷机，它可有效地利用低温位热能；直燃式溴化锂吸收式制冷机，可利用油或煤气的燃烧直接加热等。溴化锂吸收式制冷机还可与背压式汽轮机组成联合装置，利用汽轮机的排汽作为溴化锂吸收式制冷机的加热蒸汽，这样不但可提高水蒸气的利用率，且同时可以满足几种要求，例如制冷和发电。根据这一想法已经设计出溴化锂吸收式制冷机与离心式氟利昂制冷机联合工作的制冷机组。它用背压式汽轮机直接驱动离心压缩机，并利用其排汽向溴化锂吸收式制冷机加热。这种机组可生产较大的冷量，也可在不同的蒸发温度下生产冷量。这种机组不但经济性好，而且低负荷特性好，即在部分负荷时仍能保持较高的经济性。

单效、两级制冷剂，热力系数较低，三效乃至四效等更复杂的制冷循环机组仍处于试验研究阶段，目前市场上应用最广泛的是双效型机组。但是由于双效制冷机的能源利用率仍然不及传统的蒸气压缩式制冷机，而三效制冷机由于COP较高，能源利用率已经可以超过传统的蒸气压缩式制冷机，因此三效以及多效机组将是以后发展的一个重要方向。各种循环类型的溴化锂-水吸收式制冷机的COP见表6-3。

表6-3 各种溴化锂－水吸收式制冷机的COP范围

机　　组	单效（约90℃热源）	双效（约150℃热源）	两级（约70℃热源）	三效（约200℃热源）
COP	0.6～0.7	1.0～1.2	0.3～0.4	1.65～1.75

2. 氨水吸收式制冷机

用氨水溶液作为工质，其中氨用作制冷剂，水用作吸收剂。单级（只有一个吸收器）氨水吸收式制冷机的工作原理如图6-12所示，根据氨水溶液的特性在发生器的上部装有精

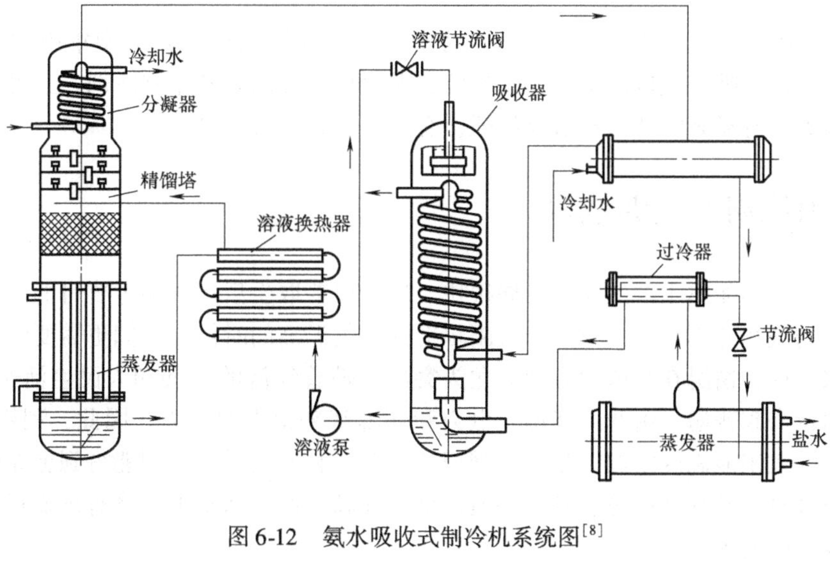

图6-12 氨水吸收式制冷机系统图[8]

馏塔和分凝器，用来提高氨蒸气的纯度。单级氨水吸收式制冷机的蒸发温度一般可达-30℃左右；两级吸收（两个吸收器）的蒸发温度则更低，可达-60℃。

氨水吸收式制冷机由于蒸发温度较低，可用于冷藏和工业生产过程，在化学工业中曾被广泛应用。但这种制冷机设备较笨重，金属消耗量大，需要使用较高压力的加热蒸气；且氨有毒性，对有色金属起腐蚀作用，故应用日渐减少。在家用冰箱中还使用一种吸收-扩散式制冷机，它也用氨水溶液作为工质，并充有氢气起平衡压力的作用。这种制冷机可用电或煤油加热，无运动部件，使用方便，且无噪声。

6.3.3 吸收制冷的节能效益

溴化锂吸收式制冷机以热能为动力，与利用电能为动力的制冷机相比，除功率较小的屏蔽泵以外，没有别的运动部件，大大节约了电能。溴化锂吸收式制冷机的应用可以缓解电力的紧缺，平衡冬夏电力负荷，具有现实意义，节约的电能可用于其他生产，创造更可观的价值。

当作为动力的热能源为余热、废热、排热等低势能时，溴化锂吸收式制冷机可以节约能耗，提高能源的一次利用率。例如，以热电站供暖机组排出的蒸汽作为热源集中供冷，或利用工业生产中产生的废烟气和化学反应产生的废热中的热量制冷等，都可以达到降低能耗，节约一次能源的目的。

从总体考虑，在有合适热源特别是热能作为副产品或有废热、余热等低势能热源的场所或电力缺乏的场所选用吸收式制冷机制冷，实现能量的梯级利用，其节能效果优于电制冷机。

由此可见，溴化锂吸收式制冷机是否节能是相对于相同制冷量的电制冷机而言的，在电站供变电效率一定的条件下，制冷机的制冷量一定，电制冷机的制冷系数也一定时，溴化锂吸收式制冷机的一次能源利用率的高低取决于其热源的供暖效率，这意味着供暖效率越高，其一次能源利用率就越高；同样，当其供暖效率一定时，其制冷系数越高，一次能源利用率也就越高。那么它与电制冷机相比是否节能取决于相同制冷量的两种冷机的一次能源利用率的大小。

对溴化锂吸收式制冷机来说，在一些特定场合（如高温环境）大型集中式中央空调设计中，选用溴化锂吸收式机组是利大于弊的；溴冷机不使用氟利昂制冷剂，且可以利用余热和废热，因此具有显著的环保和节能特征，有着广阔的发展前景。

6.4 太阳能制冷空调技术

近年来，太阳能热水器的应用发展很快。这种以获取生活热水为主要目的的应用方式其实与大自然的规律并不完全一致。当太阳辐射强、气温高的时候，人们更需要的是空调降温而不是热水，这种情况在我国南方地区尤为突出。随着经济的发展和人民生活水平的提高，空调的使用越来越普遍，由此给能源、电力和环境带来很大的压力。因此，利用取之不尽、清洁无污染的太阳能制冷空调，是一个理想的方案，它不仅可使太阳能得到更充分、更合理的利用，而且对节省常规能源、减少环境污染、提高人们生活水平等具有重要意义，符合可持续发展战略的要求。

实现太阳能空调有两条途径：太阳能光电转换，利用电力制冷；太阳能光热转换，以热能制冷。详情可参见图 6-13。前一种方法成本高，以目前太阳电池的价格来计算，在相同的制冷功率情况下，造价约为后者的 4～5 倍。国际上太阳能空调的应用主要是后一种方法。以热能制冷也有多种方式，其中以吸收式制冷较为成熟[9]。国际上一般都采用溴化锂吸收式制冷机，目前的热水型单级吸收式制冷机对太阳能集热器的要求比较高。在高温下运行太阳能集热器的有效时间很短，一天当中只有太阳辐射很强的时候才能达到温度要求，同时太阳能集热器的热效率也会降低。因此，虽然在较高的热源温度下运行，制冷机的 COP 会高一些，但系统总的热效率并不高。不同制冷方式的制冷特性见表 6-4[10]。

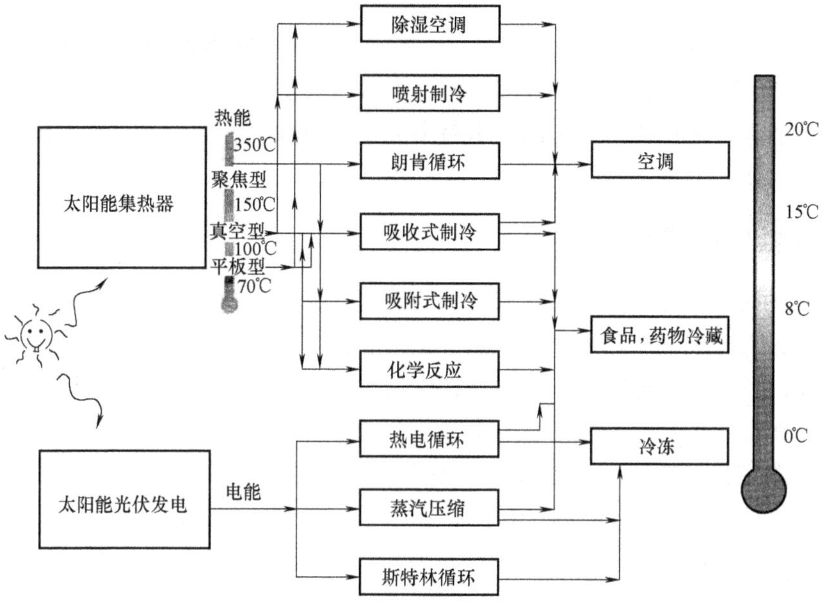

图 6-13　太阳能制冷技术途径[9]

表 6-4　不同太阳能制冷方式特性参数比较[10]

制冷方式	太阳能技术类型		制冷循环 COP（不考虑太阳能）	常用工作介质	目前应用领域
	太阳能集热器（工作温度/℃）	太阳电池（每瓦制冷量所需功率/W）			
太阳能光电驱动制冷					
蒸气压缩制冷	—	16～40	3～5	R134a，R290 等	制冷空调
半导体热电制冷	—	少量	0.5	—	冷藏
斯特林循环制冷	—	8～50	3	He，H_2，N_2	冷藏，低温制冷
太阳能光热驱动制冷					
吸收式制冷	80～190	—	0.6～0.8（单效） ≤1.3（双效）	NH_3/H_2O， $H_2O/LiCl$， $H_2O/LiBr$	空调，制冰
吸附式制冷	80～300	—	0.3～0.8	H_2O-沸石，甲醇-活性炭，水-硅胶	空调，冷藏，制冰
化学反应制冷	80～300	10～40	0.1～0.2	$NH_3/SrCl_2$	制冰，冷藏

（续）

制冷方式	太阳能技术类型		制冷循环 COP（不考虑太阳能）	常用工作介质	目前应用领域
	太阳能集热器（工作温度/℃）	太阳电池（每瓦制冷量所需功率/W）			
太阳能光热驱动制冷					
双朗肯循环制冷	>120	—	0.3～0.5	水，R114，甲苯，有机流体	空调
去湿冷却空调	40～100	—	0.5～1.5	水	空调
蒸气喷射制冷	80～150	—	0.3～0.8	水、丁烷、R141b等	空调

由于现有制冷机的限制，太阳能空调系统普遍采用高温运行方式。有的甚至在120～130℃下运行，需要采用聚光式太阳能集热器，是以特别设计的太阳能集热器去适应和配合制冷机，与市场上普遍使用的太阳能热水器不能很好地接轨。造价高以及太阳能集热器的非通用性影响了太阳能空调的推广应用。

6.4.1 太阳能吸收式制冷技术

目前世界各国都在进行太阳能空调技术的研究。据调查，已经或正在建立太阳能空调系统的国家和地区有意大利、西班牙、德国、美国、日本、韩国、新加坡、中国香港等。由于发达国家和地区的空调能耗在全年民用能耗中占有相当大的比重，利用太阳能驱动空调系统对节约常规能源、保护自然环境都具有十分重要的意义[11]。

所谓太阳能吸收式制冷，就是利用太阳能集热器为吸收式制冷机提供其发生器所需要的热媒水。热媒水的温度越高，则制冷机的性能系数（COP）越高，空调系统的制冷效率也越高。常规的吸收式空调系统由吸收式制冷机、空调箱（或风机盘管）、锅炉等几部分构成，而太阳能吸收式空调系统是在此基础上再增加太阳能集热器、储水箱和自动控制系统。太阳能吸收式空调系统可以实现夏季制冷、冬季供暖、全年提供生活热水等多项功能，其工作原理如图6-14所示。

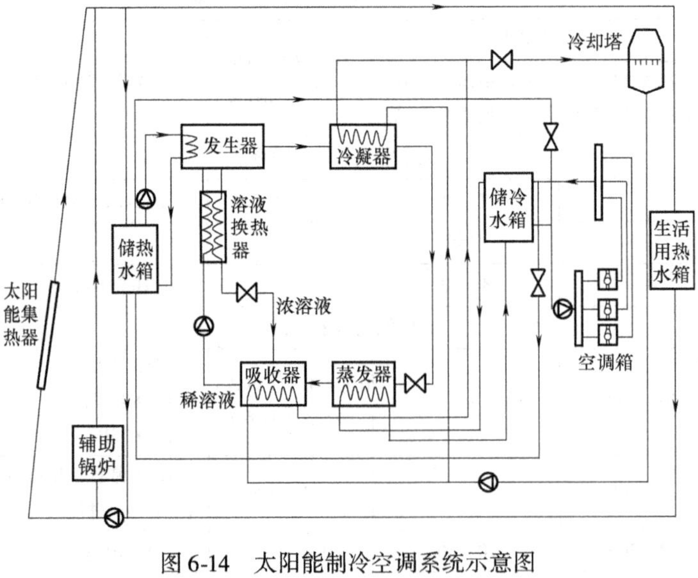

图6-14 太阳能制冷空调系统示意图

1. 太阳能溴化锂-水吸收式空调系统

太阳能驱动的溴化锂-水吸收式制冷系统，最核心部分是溴化锂-水吸收式制冷机。根据实际系统需要，选择合适的制冷剂，然后根据制冷剂的驱动热源选择与之相匹配的太阳能集热器。但另一方面，太阳能集热器的技术对于太阳能吸收式制冷的发展也有限制。目前平板集热器在超过90℃的高温下效率过低，真空管集热器与聚焦集热器，在国际上普遍成本较高，因此目前比较成熟且应用广泛的仍然是单效溴化锂-水吸收式制冷机。

太阳能单效吸收式制冷机的最佳工作温度是在80～100℃，它的极限COP值在0.7左右。在冷却水温度为30℃，制备9℃冷冻水的情况下，制冷机在热源温度为80℃时，COP值即可达到0.7，在85℃后即使再增加热源温度，制冷机的COP值也不会有显著的变化了。在相同冷却水和冷冻水温度的条件下，单效式制冷机在热源温度低于65℃后COP值会急剧地下降，到了50℃时，单效式制冷机的COP值降为0，无法产生冷量。由以上的分析可知单效式吸收制冷机的COP值相对来说不高，同时它对热源温度的要求也不高。

太阳能集热器是影响太阳能制冷系统造价的一个重要因素。适用于这一系统的太阳能集热器类型有平板集热器、CPC聚焦集热器以及真空管集热器。其中，真空管集热器高温集热效率较高，但价格略显昂贵。平板集热器不具备聚焦阳光的功能，其工作温度一般限于100℃以下，根据单效吸收式制冷机对热源要求不高的特点通常采用平板集热器作为单效吸收式制冷机的热源。在价格方面平板集热器比真空管集热器或热管式集热器要低许多，这样既可以满足制冷机对热源温度的需要，又可以降低系统造价。

2. 氨-水吸收式制冷系统

同样是利用太阳能作为驱动制冷机运行的热源，太阳能驱动氨-水吸收式制冷系统也能达到制冷的目的。从COP的角度看，氨-水吸收式制冷系统远低于蒸气压缩式制冷系统，显然在一般情况下是不经济不节能的。但事实上在某些特殊场合，例如有丰富的太阳能资源的地区，以及远离供电设施的偏远地区，利用太阳能氨-水吸收式制冷系统的运行费用可大大降低。可以说，该技术的问世为制冷系统提供了一个可供选择的余地，是很有价值的。与相似的溴化锂-水吸收式制冷相比，虽然氨-水吸收式制冷系统的COP低，热源温度要求高，但氨作为制冷剂可以使蒸发温度降至0℃以下，在制冰和冷藏方面有无可比拟的优越性。

6.4.2 太阳能吸附式制冷技术

太阳能吸附式制冷实际上是利用物质的物态变化来达到制冷的目的的，利用太阳能吸收器代替蒸气压缩制冷系统中的压缩机。用于吸附式制冷系统的吸附剂-制冷剂组合可以有不同的选择，例如：沸石-水，活性炭-甲醇等。这些物质均无毒、无害，也不会破坏大气臭氧层。太阳能吸附式制冷系统主要由太阳能吸附集热器、冷凝器、蒸发储液器、风机盘管、冷媒水泵等部分组成，如图6-15所示。

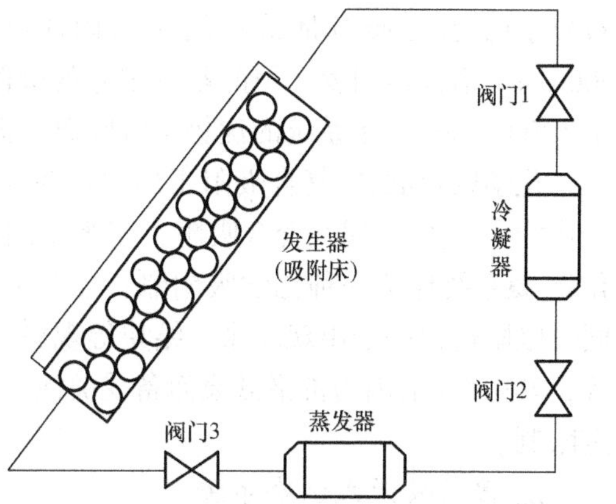

图6-15 太阳能吸附式制冷空调工作原理示意图[12]

太阳能吸附式制冷技术的原理包括吸附

和脱附两个过程[12]。

吸附过程：冷却系统对吸附床进行冷却，温度下降，吸附剂开始吸附制冷剂，管道内压力降低。蒸发器中的制冷剂因压力瞬间降低而蒸发吸热，达到制冷效果，制冷剂到达吸附床，吸附过程结束。在此过程中，蒸发器吸收冷媒水的热量，吸附床放热。

脱附过程：吸附床内充满了吸附剂，吸附有制冷剂，冷凝器与冷却系统相连，一般冷却介质为水。工作时，太阳能集热器对吸附床加热，制冷剂获得能量克服吸附剂的吸引力从吸附剂表面脱附，进入右边管道，系统压力增加。当压力与冷凝器中对应温度下的饱和压力相等时，制冷剂开始液化冷凝，最终制冷剂凝结在蒸发器中，脱附过程结束。在这个过程中，太阳能集热器供能，冷凝器放热。

对于太阳能吸附集热器，既可采用平板型集热器，也可采用真空管集热器。通过对太阳能吸附集热器内进行埋管的设计，可利用辅助能源加热吸附床，以使制冷系统在合理的工况下工作；另外，若在太阳能吸附集热器的埋管内通冷却水，回收吸附床的显热和吸附热，以此改善吸附效果，还可为家庭或用户提供生活用热水。当然，由于吸附床内一般为真空系统或压力系统（这要根据吸附剂/制冷剂的材料而定），因而要求有良好的密封性。

蒸发储液器除了要求满足一般蒸发器的蒸发功能以外，还要求具有一定的储液功能，可以通过采用常规的管壳蒸发器并采取增加壳容积的方法来达到此目的。

1. 太阳能吸附式制冷系统的特点及其分类

研究、设计、制造吸附式制冷机的关键之一是确定“吸附剂-制冷剂”工质对，通过选择适宜的工质对，可以增大单位质量工质的制冷量，提高制冷系数，使整机性能有较大提高，还可以配合不同热源、制冷工况、设备结构等特殊要求。因此，工质对的选择成为研究的特点。一般认为，用于吸附式制冷的工质对应满足以下要求：吸附容量大、制冷剂相变（潜）热大而工质对的吸附热小、吸附容量对温度变化比较敏感、吸附等温线较为敏感、具有良好的导热性和扩散性、能使系统处于正压操作、化学稳定和热稳定、无毒、无腐蚀、无污染、廉价易得等。

但是在实际应用中，很难找到完全满足以上所有要求的工质对，只能在综合权衡之后做出选择。常用的工质对可以分为物理吸附工质对、化学吸附工质对以及混合/复合吸附工质对。

物理吸附工质对：主要包括沸石分子筛-水、活性炭-甲醇、活性炭-氨、硅胶-水等。沸石分子筛-水工质对是最早用于太阳能吸附制冷的工质对，特点是解吸温度高（250～300℃）。活性炭对氨、甲醇都有很好的吸附能力，活性炭-甲醇工质对的最高解吸温度要低于120℃。硅胶-水系统的优势是解吸温度低，可以采用70～80℃的低温热源来驱动。

化学以及混合/复合吸附工质对：应用较多的是金属氢化物-氢及金属氯化物-氨。金属氢化物-氢利用金属及合金吸附、解吸氢的过程来制冷，其特点是吸附、解吸热大。金属氯化物-氨系统作为一种化学吸附制冷工质对，主要缺点就是传热性能差，气体渗透性能差，同时吸附过程中会出现膨胀、结块等现象。典型的金属氯化物吸附剂有 $CaCl_2$、$SrCl_2$、$LiCl_2$ 等，其中 $CaCl_2$ 因为价格低廉而备受关注，但是其吸附性能衰减问题使得它的应用受到了一定限制。

2. 常用吸附式制冷系统

仅仅考虑系统中单个部件的性能是不够的，要构成一个性能良好的系统，必须将单个部件的研究放到整个系统中进行，实现各个部件之间的最优匹配。这就需要对整个系统进行最优化设计。一个性能好的系统要考虑以下几个方面：吸附剂-制冷剂工质对的选择、集热器的选择、系统设计以及各子系统的布置。在考虑吸附式系统的实用化方面，须以实际运行经济性为目标函数，考虑日制冷量、循环时间、设备耗材与吸附剂耗量、一次性初投资、区域日照特点、用户经济承受能力等因素，运用技术经济的观点，进行吸附式制冷系统的技术经济分析。

目前，太阳能吸附式制冷呈现出多元化的趋势[10]。一些研究者将太阳能吸附式制冷与其他制冷方式结合起来，组成了新型混合式系统，例如：吸附-除湿式、吸附-喷射式混合系统。文献对吸附-喷射式混合系统的数值模拟表明，该混合系统的COP比单纯吸附式系统的COP高出10%。此外，还出现了无阀结构的吸附式制冰机、太阳能制冷管以及太阳能吸附式制冷与供暖复合系统等一系列新颖系统。这些研究为太阳能吸附式制冷技术的商业化应用做了有益的探索。

受世界性的太阳能利用一体化设计潮流的影响，我国建筑与太阳能利用的一体化设计也逐渐引起了业内人士高度重视。太阳能吸附式制冷也应迎合这一要求，要考虑到将系统设计纳入到建筑规划设计中去，使其作为建筑设计的一个有机部分。

6.4.3 太阳能制冷技术发展现状及存在的问题[9]

目前太阳能制冷技术多处于试验阶段，各方面技术尚未完全成熟，且需要投入的资金量很大，国内尚无完全市场化的太阳能制冷工程出现，公开报道的太阳能制冷空调应用示范工程约有20余个，比较有代表性的见表6-5。我国2012年已经制定了GB 50787—2012《民用建筑太阳能空调工程技术规范》，对太阳能制冷技术做了部分规范，将有助于推动我国太阳能制冷技术的发展。

表6-5 我国部分太阳能制冷建筑应用项目列表[8]

项目名称	集热器类型	面积/m^2	制冷机	制冷量	COP
京棉三厂计量室	跟踪平板型	40	氨/水	8.14	0.12～2
山东乳山太阳能吸收式空调及供暖综合系统	热管式	540	单效溴化锂/水	100	0.7
香港大学太阳能空调系统	平板型	38	单效溴化锂/水	4.7	0.59
广东江门市太阳能制冷空调系统	平板型	500	两级溴化锂/水	100	0.4
远大空调的太阳能空调	槽式	40～9218	双效溴化锂/水	16～3578	1～1.3
江阴两级太阳能除湿空调	平板型	—	两级转轮除湿空调	10	—
江苏扬州低温储粮系统	真空管	77.6	硅胶/水吸附式	4.7	0.096～0.133（太阳能COP）
上海市生态建筑	真空管	150	硅胶/水吸附式	20	0.35

从表6-5中可以看出，目前我国太阳能制冷在建筑中的应用面积都较小，制冷量普遍偏小。主要有以下几个方面的因素制约着太阳能制冷技术的推广和应用。

1. 太阳能集热系统与建筑结合较为困难

在我国大部分区域，单位建筑面积设计耗冷量均较大，因此太阳能制冷系统所需的单位建筑面积太阳能集热面积大大增加，相应需要的安装空间也有所增加。同时，由于太阳能制冷系统主要在夏季使用，太阳高度角较高，建筑立面等位置无法安装集热器，只能安装在建筑屋顶。而在城市中，可供安装太阳能集热器的空间非常少，因此建筑中缺乏足够的空间来安装系统所需的太阳能集热器。

2. 适用于太阳能制冷的中高温集热器产品较少

目前，市场上常见的固定式集热器产品主要用于太阳能热水器，这些产品用于太阳能制冷时效率较低。而能生成高温的聚焦型集热器或跟踪型集热器由于价格较高，需要的安装空间太大限制了其实用性。目前太阳能制冷系统中的太阳能集热器主要是能产生 80~100℃ 高温的真空管集热器，其一方面导致系统造价较高，安装空间较大。另一方面也限制了温度要求较高的高效率制冷设备的应用。

3. 适用于太阳能制冷的制冷设备需要开发和推广

目前，除了溴化锂吸收式制冷机外，其他与太阳能系统匹配的制冷设备尚无大规模商业应用。而国内市场上的溴化锂机组制冷量一般都在 100kW 以上，缺少适合太阳能制冷系统的小型化的溴化锂机组。其他的吸附式制冷机则只有样机且制冷量较少，长期运行性能尚需检验。

除上述因素外，国家对太阳能制冷技术推广缺乏足够的经济激励和配套政策也是制约太阳能制冷技术推广和应用的重要因素。

6.5 蒸发冷却制冷技术

水在空气中蒸发可以带走热量，具有冷却的功能。蒸发冷却技术就是利用这一简单的物理现象解决了生产生活中许多复杂的问题。如 6.1 节所述，蒸发冷却技术主要分为直接蒸发冷却技术和间接蒸发冷却技术。

6.5.1 直接蒸发冷却技术

直接式蒸发冷却基本原理如图 6-16 所示，空气与循环水在填料中直接接触，由于填料中水膜表面的水蒸气分压力高于空气中的水蒸气分压力，这种自然的压力差成为水蒸发的动力。水的蒸发使得空气的温度降低，含湿量增加，是一个等焓加湿降温过程（图 6-17）。

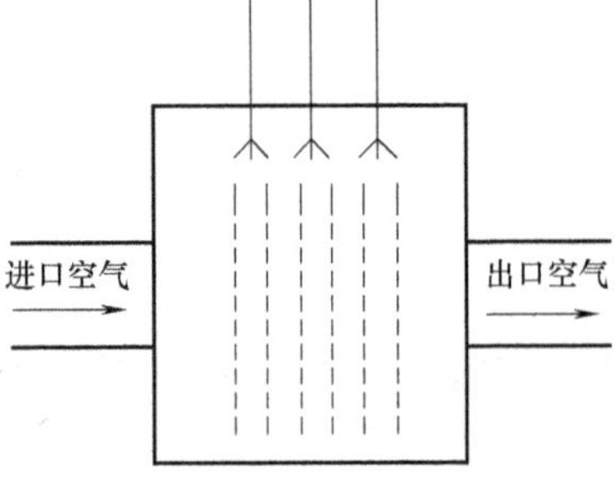

图 6-16　直接式蒸发冷却原理图

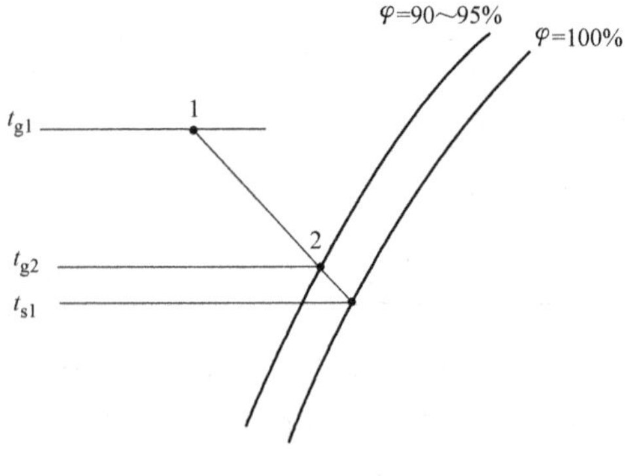

图 6-17　直接式蒸发冷却水温变化

直接蒸发冷却的优点如下：

1）增加湿度：在非常干燥或需要增加湿度的地区，可用此方法进行空气调节。

2）节能：初投资和运行费用低，耗电量小。

3）环保：以水作为制冷剂，无热污染。

4）健康：全新风运作，通风、防尘、换气、降温、除味集于一身。

1. 直接蒸发冷却系统夏季空气处理过程

夏季直接（一级）蒸发冷却系统空气处理过程如图6-18所示。室内状态点 W_x 经等焓加湿与 $\varphi=90\%\sim95\%$ 线相交于点 L_x，机器露点即送风状态点，经空调房间热湿比线 $\varepsilon_x=\frac{\Sigma Q_x}{\Sigma W_x}$ 送至室内设计温度 t_{N_x} 所对应的点 N_x，此为室内空气状态点。

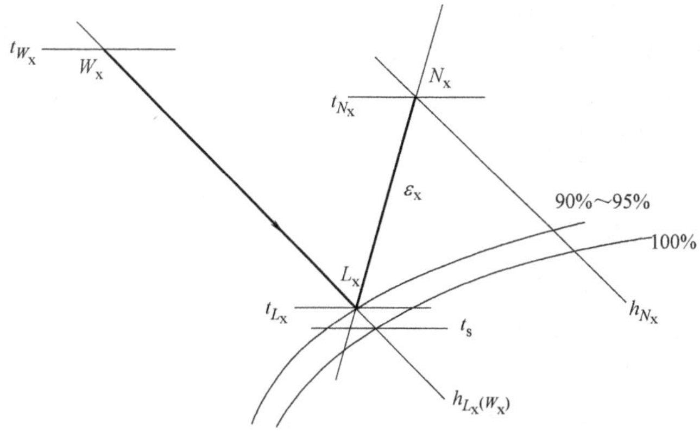

图6-18 直接蒸发冷却系统夏季空气处理过程

空气处理过程为

$$W_x \xrightarrow[\text{直接蒸发冷却器}]{\text{绝热加湿}} L_x \xrightarrow{\varepsilon_x} N_x \to \text{排至室外}$$

空调房间的送风量 q_m（kg/s）为

$$q_m=\frac{\Sigma Q_x}{h_{N_x}-h_{L_x}} \tag{6-2}$$

直接蒸发冷却器处理空气所需显热冷量 Q_0（kW）为

$$Q_0=q_m c_p(t_{W_{xg}}-t_{L_x}) \tag{6-3}$$

式中 c_p——比定压热容，取1.01kJ/（kg·K）；

$t_{W_{xg}}$、t_{L_x}——夏季室外干球温度、夏季机器露点温度（℃）。

直接蒸发冷却器的加湿量 W（kg/s）为

$$W=q_m(d_{L_x}-d_{W_x}) \tag{6-4}$$

式中 d_{L_x}——夏季机器露点状态含湿量［kg/kg（干空气）］；

d_{W_x}——夏季室外空气含湿量［kg/kg（干空气）］。

2. 直接蒸发冷却系统冬季空气处理过程

冬季直接（一级）蒸发冷却系统空气处理过程如图6-19所示。常用的空气处理过程有以下三种方式：

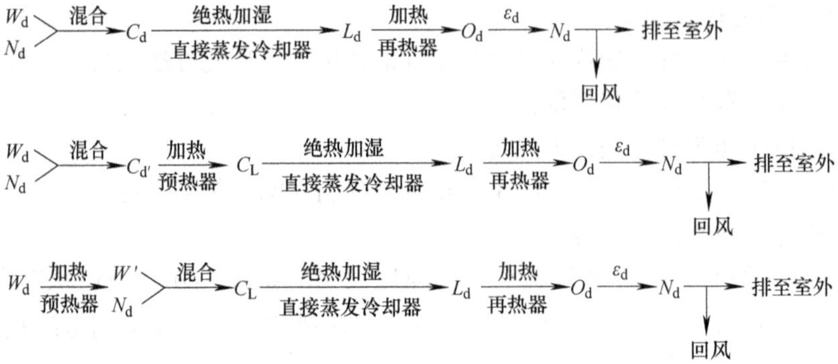

直接蒸发冷却器的加湿量 W（kg/s）为

$$W = q_m(d_{L_d} - d_{C_L}) \quad (6\text{-}5)$$

式中 d_{L_d}、d_{C_L}——冬季机器露点状态、混合状态点的含湿量［kg/kg（干空气）］。

预热器、再热器的加热量分别为

$$Q_1 = q_m(h_{C_L} - h_{C'_d}) = q_{m,W}(h_{W'} - h_{W_d}) \quad (6\text{-}6)$$

式中 $q_{m,W}$——冬季空调新风量（kg/s）。

$$Q_2 = q_m(h_{O_d} - h_{L_d}) \quad (6\text{-}7)$$

式中 h_{L_d}、h_{C_L}——冬季机器露点状态、混合状态点的比焓（kJ/kg）；

$h_{C'_d}$、h_{O_d}——冬季混合状态点、送风状态点的比焓（kJ/kg）；

$h_{W'}$、h_{W_d}——冬季经预热后状态点、室外空气状态的比焓（kJ/kg）。

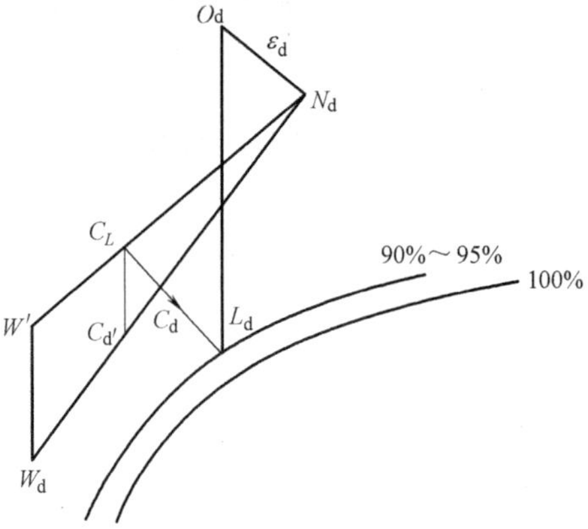

图 6-19 直接蒸发冷却系统冬季空气处理过程

3. 直接蒸发冷却工程应用案例

以下是武汉市某纺织厂使用直接蒸发冷却空调方式进行车间降温加湿的实例：

车间需要空调的面积约为 5600 ㎡，最大瞬时冷负荷为 1130kW。根据纺织车间工艺对温度、湿度的要求（一般温度在 24～28℃，相对湿度在 72% 左右为宜），结合直接蒸发冷却空调系统的运行特点来看基本满足要求。

从表 6-6 对两种空调运行效果的对比可以看出，直接蒸发冷却空调通风换气次数是传统机械空调的 2～3 倍。换气次数大，室内温湿度波动小，有利于温湿度控制。另外直接蒸发冷却空调采用全新风，用较大风速把冷风送到作业地点，直接将新鲜空气送到工人的呼吸区域，明显改善了室内空气品质，提高了工人的劳动效率。

表 6-6 两种空调运行效果对比

空调种类	送风温差/℃	室内温度波动/℃	换气次数/(次/h)
传统机械空调	3～6	±0.5	≥8
蒸发冷却空调	<3	<0.5	18

6.5.2 间接蒸发冷却技术

间接蒸发冷却是指通过非直接接触式换热器将直接蒸发冷却得到的湿空气（二次空气）

的冷量传递给待处理空气（一次空气）实现空气等湿降温的过程。

间接蒸发冷却基本原理如图6-20所示，空气处理过程如图6-21所示。水直接喷淋在间壁式换热器的二次空气侧吸热蒸发，需要处理的一次空气流经换热器的另一侧实现等湿降温。

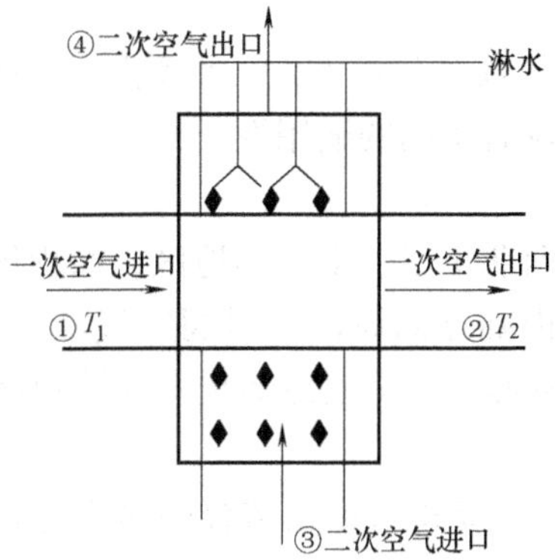

图6-20 间接蒸发冷却基本原理

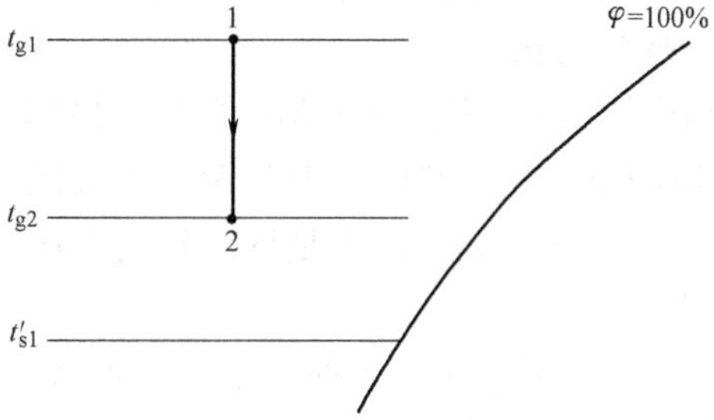

图6-21 间接蒸发冷却水温变化

与直接蒸发冷却相比，经间接蒸发冷却后，空气的湿度保持不变，送风温度可以更低（出风的极限温度为进风的露点温度）。于是提出了将间接蒸发冷却与直接蒸发冷却复合的二级（间接+直接）或是三级（二级间接+直接）的蒸发冷却系统，这样大大扩大了蒸发冷却技术的推广应用范围。其中二级蒸发冷却系统的夏季处理过程如图6-22所示。

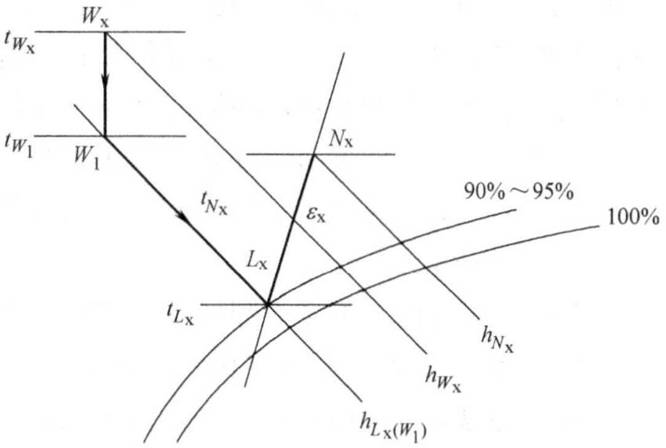

图6-22 二级蒸发冷却系统的夏季处理过程

在h-d图上首先确定夏季室外空气计算状态点W_x和室内空气状态点N_x，过N_x点作空调房间的热湿比线$\varepsilon_x=\dfrac{\Sigma Q_x}{\Sigma W_x}$与$\varphi=90\%\sim95\%$线交于$L_x$，即送风状态点（机器露点）。从该点作等焓线并与$W_x$的等含湿量线相交于$W_1$点，该点即为室外新风经间接蒸发冷却处理后的状态点，同时也是进入直接蒸发冷却的初状态点。

空气处理过程为

$$W_x \xrightarrow[\text{间接蒸发冷却器}]{\text{等湿冷却}} W_1 \xrightarrow[\text{直接蒸发冷却器}]{\text{绝热加湿}} L_x \xrightarrow{\varepsilon_x} N_x \rightarrow \text{排至室外}$$

空调房间的送风量q_m（kg/s）为

$$q_m=\frac{\Sigma Q_x}{h_{N_x}-h_{L_x}} \tag{6-8}$$

间接蒸发冷却器处理空气所需显热冷量Q_{01}（kW）为

$$Q_{01}=q_m(h_{W_x}-h_{L_x}) \tag{6-9}$$

直接蒸发冷却器处理空气所需显热冷量Q_{02}（kW）为

$$Q_{02}=q_m c_p(t_{W_1}-t_{L_x}) \tag{6-10}$$

式中，c_p 为比定压热容，取1.01kJ/(kg·K)。

蒸发冷却空调系统，冬季一般只开启直接蒸发冷却段，不使用间接蒸发冷却段。

6.5.3 蒸发冷却的地理范围

蒸发冷却技术自身的独特特性使得其应用范围受到气候条件的制约。而我国地域辽阔，气候多种多样，这就造成蒸发冷却技术在不同的地理区域有不同的适用性。

1. 西北地区

我国哈尔滨—太原—宝鸡—西昌—昆明一线以西的西北干旱、半干旱地区，面积约占国土面积的2/3。这一地区属于温带大陆气候，由于深居内陆远离海洋，湿润空气难以到达，降水量极少，$d_w<d_n$。西北地区宝贵的干燥空气可再生资源使得蒸发冷却技术在该地区得到广泛应用。

当 $h_w>h_n$ 时，理论上西北半干旱地区可采用间接、直接和间接相结合的多级蒸发冷却形式来实现空气调节的目的。

当 $h_w<h_n$ 时，我国海拉尔—锡林浩特—呼和浩特—西宁—兰州—甘孜一线以西地区（如甘肃、新疆、内蒙古、宁夏等省和自治区），面积约占国土面积的2/5。直接蒸发冷却在降低温度的同时又能使空气的含湿量和相对湿度有所增加，实现了加湿，这正好迎合了西北干旱地区需要空调调节室内环境的特点，仅用直接蒸发冷却就可达到空气调节要求。

上述 h_w、h_n——室外、室内空气的焓值（kJ/kg）；

d_w、d_n——室外、室内空气的含湿量（kg/kg）。

2. 非干燥地区

在非干燥地区，蒸发冷却可以应用在以下几个方面：

1）用间接蒸发冷却对空调新风预冷。

2）在炎热季节利用间接蒸发冷却降温，同时提高空气流速，改善人的热环境。

3）利用直接蒸发冷却扩大传热温差，提高某些空调和制冷设备的性能。

4）用除湿装置对空气除湿，再借助蒸发冷却降温，实现除湿冷却。

由于非干燥地区夏季室外空气的含湿量过大，单靠蒸发冷却无法达到满意的送风状态。但如果将室外空气经除湿装置处理成干燥空气，这样使蒸发冷却技术在非干燥地区应用变成了可能。

除湿冷却空调送风装置及空气处理过程如图6-23、图6-24所示。室外空气1经转轮除湿机除湿后，含湿量降低，温度升高。高温低湿的空气2作为一次空气进入间接蒸发冷却器被二次空气冷却，含湿量不变，温度降低到达3状态点。再经过直接蒸发冷却器进行等焓加湿降温过程，状态点变为4，实现空调送风。从空气处理焓湿图可以看出，空气被处理得越干燥，那么最后得到的送风温度也就越低。

上述中，只介绍了转轮除湿法，还可用其他除湿设备。如可在除湿装置中应用废热和太阳能等可再生能源，从而大大提高空调的节能意义。

需要说明的是，上述只是大概介绍了蒸发冷却的应用范围，而蒸发冷却技术在我国各地区的具体适用性还应当结合建筑用途、水资源状况和气候条件，并经过技术经济分析后才能确定。

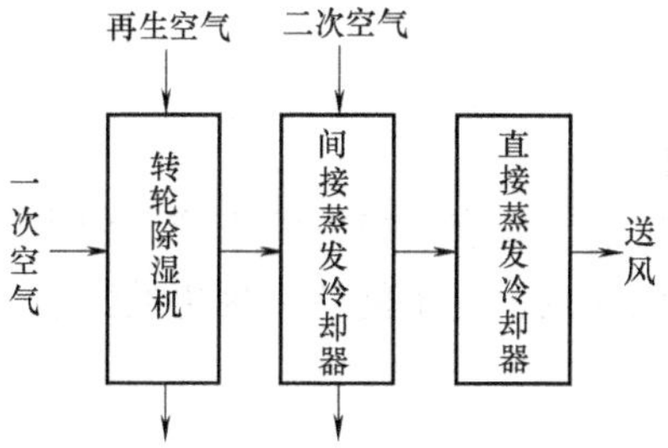

图6-23　除湿冷却空调送风装置

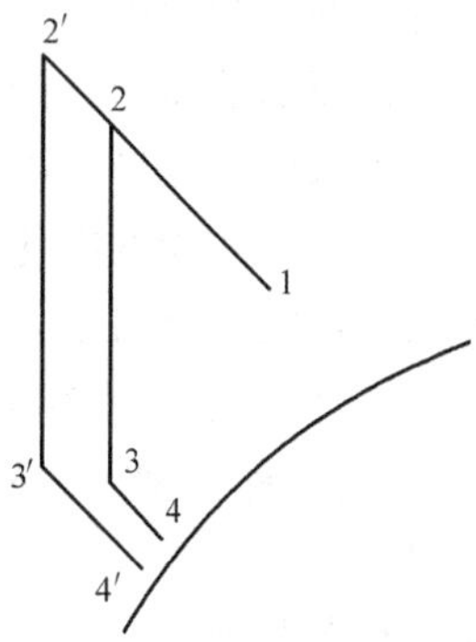

图6-24　除湿冷却的空气处理过程

6.5.4　常用蒸发冷却设备

空气蒸发冷却器主要有三种形式：直接蒸发冷却器、间接蒸发冷却器以及由直接蒸发冷却器与间接蒸发冷却器组合的复合式蒸发冷却器。

1. 直接蒸发冷却器

直接蒸发冷却器可以分为两种类型：①单元式空气蒸发冷却器，即将直接蒸发冷却装置与风机组合在一起；②将直接蒸发冷却装置设在组合式空气处理机组内作为直接蒸发冷却段。

如图6-25所示，单元式空气蒸发冷却器一般由离心或轴流风机、水泵、集水箱、喷水管路、喷嘴、水位控制器以及箱体组成。其中水由水泵从底部集水箱送到顶部的布水系统，将水均匀洒到填料上，在重力的作用下水回到集水盘；室外热空气通过填料并在蒸发冷却的作用下冷却，再由送风系统输送到所需的房间。其填料层可以布置在箱体的多个面上，出风口的位置可以为上出风、下出风以及侧出风。

图6-26所示为组合式空气处理机组的蒸发冷却段，它由水泵、水泵吸入管、喷水管、溢流管、自动补水管、快速充水管、排水管、填料层、挡水板和集水箱等组成。其蒸发冷却段较喷淋段而言有以下优势：

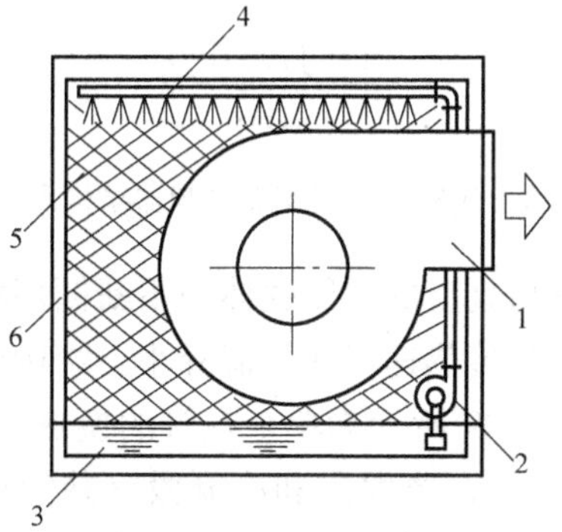

图6-25　单元式空气蒸发冷却器
1—离心风机　2—水泵　3—集水箱
4—喷水管路　5—填料层　6—箱体

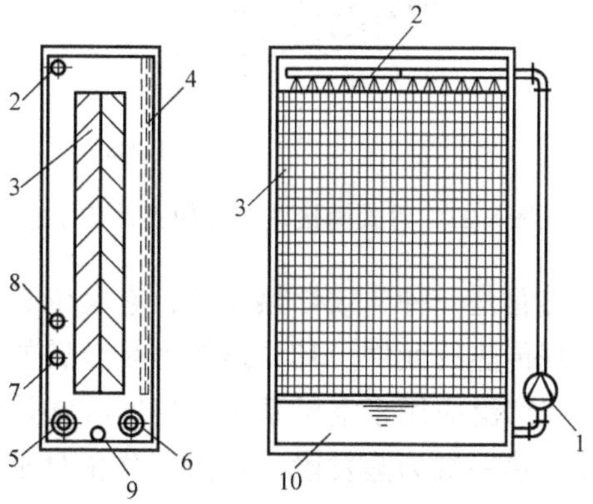

图6-26　组合式空气处理机组的蒸发冷却段
1—水泵　2—喷水管　3—填料层　4—挡水板
5—水泵吸入管　6—溢流管　7—自动补水管
8—快速充水管　9—排水管　10—集水箱

1）具有更高的冷却效率。

2）无需消耗喷嘴前压力，因此所需水压低、用水量少，更加节能。

3）不会因为水质不好导致喷嘴发生堵塞现象。

4）体积较小，对灰尘的净化效果好。

5）兼有加湿功能，能对空气起到加湿处理作用。

填料或介质是直接蒸发冷却器的核心部件，目前主要有白杨树纤维或其他木丝填料、刚性填料和合成填料三种类型。每种填料都有各自优缺点，均不能达到理想的性能，应结合自身需求择优选取。

2. 间接蒸发冷却器

之所以称为间接蒸发冷却器，主要原因是它在降温的同时不增加空气的湿度，通过其核心部件空气-空气换热器将空气冷却。它主要有管式、板翅式和热管式三种。

图6-27所示为管式间接蒸发冷却器结构示意图，传热管为水平布置，一次空气通过管内，管束上方的布水器将循环水淋在管束表面，二次空气从换热器底部进入，与淋水方向逆流换热，水蒸发吸热使管内一次空气冷却。管子断面形状有圆形和椭圆形两种，采用聚氨乙烯等高分子材料和铝箔等金属材料。管外包覆的吸水性纤维材料可以使管外侧保持一定的水分以增强蒸发冷却的效果，这层吸水材料对管式间接蒸发冷却器的冷却效率影响很大。

板翅式间接蒸发冷却器是目前应用较多的间接蒸发冷却器形式，主要是因为其核心部件板翅式换热器（图6-28）结构紧凑，换热效率高。但因为换热器的流道窄，如果水质较硬，易结垢而且难以清洗，将导致阻力变大，能耗较高。所采用的材料为金属薄片和高分子材料。其一二次空气侧均需要设置风机且一二次空气的比例对板翅式间接蒸发冷却器的冷却效率影响较大。

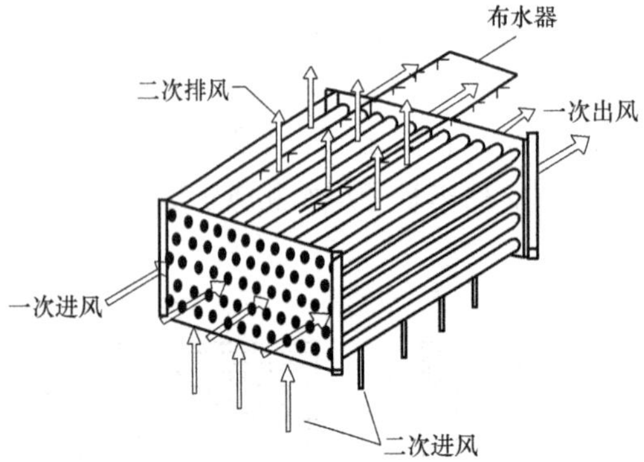

图6-27 管式间接蒸发冷却器结构示意图

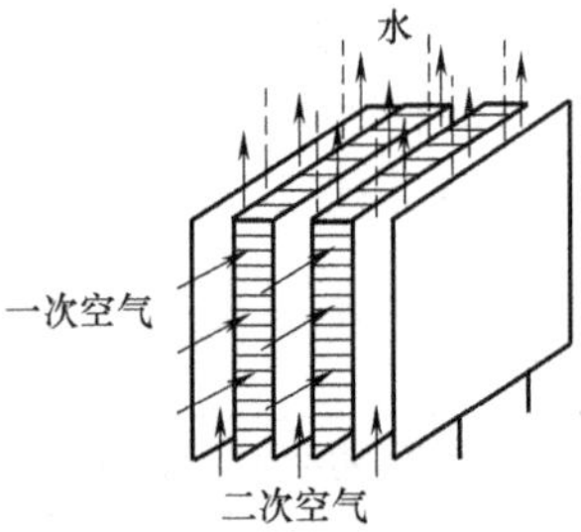

图6-28 板翅式间接蒸发冷却器结构示意图

热管是一种高效导热元件，它是依靠传热工质在自身高真空的封闭壳体内不断循环相变来实现传热的元件。其导热能力是金属的几百倍，而且因为传热速度快、温降小、结构简单等优点广泛应用于空调系统的热回收和热控制装置中。图6-29所示为单个热管的换热原理：热流吸热一端为蒸发段，管内工作液体吸收热量后蒸发，并在蒸发段和冷凝段（热管的另一端）之间的饱和压力差驱动下不断流到冷凝端。蒸气在冷凝段放出热量变成液体又在热管内吸液芯的作用下流回蒸发段，再次蒸发，如此不断循环。

热管既是蒸发器又是冷凝器。热管换热器就是由这些单根管集装在一起，中间用隔板将蒸发段和冷凝段分开布置如图6-30所示。热管式间接蒸发冷却器按热管的冷凝段与蒸发冷却的结合方式的不同可分为：填料层直接蒸发冷却与热管冷凝段结合；喷水室直接蒸发冷却与热管冷凝段结合；冷凝段盘管直接喷淋，排气与直接喷淋到冷凝段盘管上的雾化水直接接触得到处理。

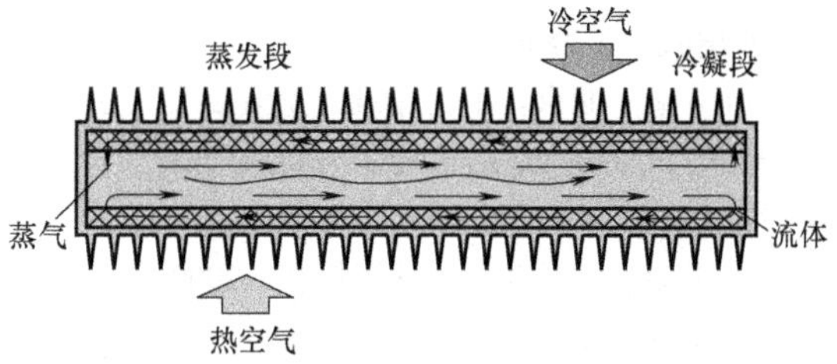

图6-29 热管的换热原理

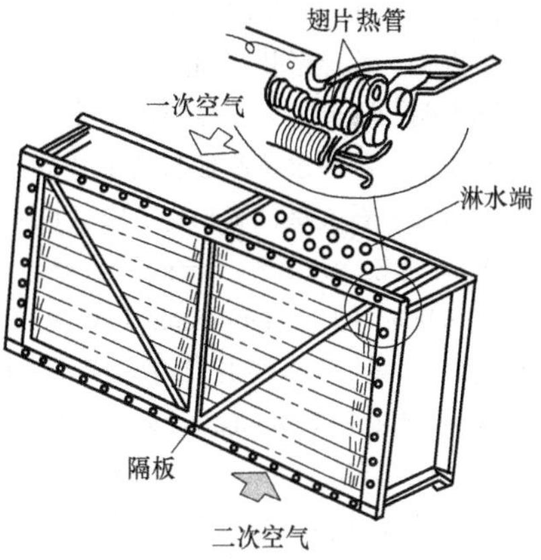

图6-30 热管式间接蒸发冷却器结构示意图

近年来国内外间接蒸发冷却器也有了一些新的发展，如露点式间接蒸发冷却器和半间接式蒸发冷却器。

3. 复合式蒸发冷却器

不论是直接蒸发冷却器还是间接蒸发冷却器都各有利弊，两者单独使用时，处理空气的温降有限，若将两者结合使用，构成多级蒸发冷却器，可以提高温降，扩大蒸发冷却应用的地理范围。

复合式蒸发冷却器常见的复合形式有：冷却塔供冷型间接蒸发冷却器 + 其他形式间接蒸发冷却器 + 直接蒸发冷却器，间接蒸发冷却器 + 机械制冷空气冷却器 + 直接蒸发冷却器，间接蒸发冷却器 + 直接蒸发冷却器。

思 考 题

1. 学习过本章内容并阅读相关文献，冷源节能技术大致可依靠于几种方法？除了文中所述的方法外，还有其他的方法吗？
2. 回顾热力学相关知识，讨论制冷剂的哪些性能与设备性能有关？
3. 回顾传热学和热力学相关知识，讨论提高制冷热交换设备换热性能为何能改善设备制冷性能？
4. 除了文中所述天然冷源，您还能想出哪些利用天然冷源的方案？
5. 从热力学原理上分析影响压缩式制冷系统节能性的主要因素有哪些？
6. 从热力学原理上分析影响吸收式制冷系统节能性的主要因素有哪些？
7. 检索并阅读相关文献，从热力学原理上分析影响太阳能吸附式制冷系统节能性的主要因素有哪些？
8. 检索并阅读相关文献，太阳能制冷技术有哪些种类？各自有何特点及限制？您认为目前太阳能制冷技术并未大规模推广的主要原因是什么？
9. 试在 h-d 图中画出间接蒸发冷却与直接蒸发冷却复合的二级蒸发冷却系统的典型夏季空调处理过程。

参 考 文 献

[1] 刘忠宝，董素君，王志远．空调制冷装置与系统仿真［M］．北京：机械工业出版社，2010.
[2] 戴永庆．溴化锂吸收式制冷技术及应用［M］．北京：机械工业出版社，2001.

[3] 谢晓娜，江亿．对蒸发冷却式空调的设计与热工计算方法的一些看法［J］．暖通空调，2010，40（11）：1-12.
[4] 陈武，Mark W. R410A 与 R22 在家用空调中的应用比较（1）［J］．建筑科学，2007，23（2）：66-70.
[5] 王克涛．地道形状与通风时间对地道风降温的影响研究［D］．长沙：湖南大学，2011.
[6] 陈光明，陈国邦．制冷与低温原理［M］．北京：机械工业出版社，2000.
[7] 赵明富．制冷设备原理与应用［M］．北京：化学工业出版社，2006.
[8] 彦启森，石文星，田长青．空气调节用制冷技术［M］．3 版．北京：中国建筑工业出版社，2010.
[9] Wang R Z，Ge T S，Chen C J，et al. Solar sorption cooling systems for residential applications：Options and guidelines［J］. International Journal of Refrigeration，2009，32（4）：638-660.
[10] 徐伟，等．中国太阳能建筑应用发展研究报告［M］．北京：中国建筑工业出版社，2009.
[11] Hans-Martin Henning. Solar-Assisted Air-Conditioning in Buildings A Handbook for Planners［M］. 2nd ed. Springer Wien New York，2007.
[12] 王如竹，代彦军．太阳能制冷［M］．北京：化学工业出版社，2007.
[13] 黄翔．蒸发冷却空调理论与应用［M］．北京：中国建筑工业出版社，2010.
[14] 黄翔．空调工程［M］．北京：机械工业出版社，2006.
[15] 陆亚俊．暖通空调［M］．北京：中国建筑工业出版社，2002.
[16] John R Watt P E，Will K Brown P E. 蒸发冷却空调技术手册［M］．黄翔，武俊梅，等译．北京：机械工业出版社，2009.
[17] 陈沛霖．间接蒸发冷却在我国使用性的分析［J］．暖通空调，1994（5）：3-4.
[18] 陈沛霖．蒸发冷却技术在非干燥地区的应用［J］．暖通空调，1995（4）：3-4.
[19] 江亿，谢晓云，于向阳．间接蒸发冷却技术——中国西北地区可再生干空气资源的高效应用［J］．暖通空调，2009，39（9）：1-4.
[20] 宋应乾，龙惟定，黄翔．低碳经济下的蒸发冷却节能空调技术［J］．暖通空调，2010，40（7）：55-57.
[21] 颜苏芊，黄翔，文力，等．蒸发冷却技术在我国各区域适用性分析［J］．制冷空调与电力机械，2004，25（97）：25-28.
[22] 黄翔，刘鸣，于向阳．蒸发冷却技术在新疆地区纺织行业应用现状分析［J］．棉纺织技术，2002，30（4）：206-210.
[23] 狄育慧，刘加平，黄翔．蒸发冷却空调应用的气候适应区域划分［J］．暖通空调，2010，40（2）：108-111.
[24] 王倩，孙晓秋．蒸发冷却技术在我国非干燥地区的应用研究［J］．节能，2004（7）：8-10.
[25] 段满清，邹声华，李刚．蒸发冷却技术的应用现状与展望［J］．建筑热能通风空调，2007，26（4）：21-25.
[26] 黄翔．国内外蒸发冷却空调技术研究进展（1）［J］．暖通空调，2007，37（2）：24-30.
[27] 黄翔．国内外蒸发冷却空调技术研究进展（2）［J］．暖通空调，2007，37（3）：32-37.
[28] 黄翔．国内外蒸发冷却空调技术研究进展（3）［J］．暖通空调，2007，37（4）：24-29.
[29] 彭美君，任承钦．间接蒸发冷却技术的应用研究与现状［J］．制冷与空调，2005，5（2）：1-5.
[30] 黄翔．面向环保、节能、经济及室内空气品质联合挑战的蒸发冷却技术［J］．建筑热能通风空调，2003（4）：1-3.
[31] 郭丽娜．直接蒸发冷却技术节能环保的新型空调方式应用探讨［C］．中国环境科学学会学术年会优秀论文集，2008：224-225.
[32] 汤文华．直接蒸发冷却空调设计与应用案例［J］．制冷空调与电力机械，2009，30（129）：32-34.
[33] 陈焕新，张登春．蒸发冷却技术在我国中南地区应用的可行性研究［J］．制冷，2001，20（77）：40-43.
[34] 张登春，陈焕新．蒸发冷却技术在我国干燥地区的应用研究［J］．建筑热能通风空调，2001（3）：12-14.
[35] 王晓杰．热管式间接蒸发冷却器的理论分析与实验研究［D］．西安：西安工程大学，2006.

第 7 章 暖通空调系统与设备控制节能技术

7.1 供暖系统与热源设备的控制节能

随着我国城镇建设的飞速发展，节能减排意识的增强，通信与计算机集成技术的发展，以往采用的分散供热的方式已被联网集中供热取代。集中供暖系统有时是一个十分复杂的多变量控制系统，供暖面积大，影响因素多，内部关联性强，滞后时间长，非线性严重。因此，如何及时了解各换热站的工作状况及有关信息，并根据这些信息和室外温度对各换热站进行及时调节，使整个集中供暖系统处于一个良好的、高效的运行状态，从而获得良好的经济效益和社会效益，成为供暖控制系统必须解决的问题。

集中供暖是将热源所产生的蒸汽或热水，通过管网向用户供应生产和生活用热的供暖方式，又称区域供暖，它是有效利用能源、防治大气污染的重要途径。发展集中供暖既可以大大减少采暖锅炉的数量，又有利于加强锅炉排污控制，既可以节约能源，又有利于综合防治燃煤污染和方便生活。

集中供暖系统包括热源、热网和热用户 3 部分。热源主要是热电站和区域锅炉房（工业区域锅炉房一般采用蒸汽锅炉，民用区域锅炉房一般采用热水锅炉），以煤、重油或天然气为燃料，工业余热和地热也可作热源。热网分为热水管网和蒸汽管网，由输热干线、配热干线和支线组成，其布局主要根据城市热负荷分布情况、街区状况、发展规划及地形地质等条件确定，一般布置成枝状，敷设在地下，主要用于工业和民用建筑的采暖、通风、空调和热水供应。

美国、日本、俄罗斯、丹麦、瑞典、德国、挪威等发达国家集中供暖发展都很快，从设备、技术、管理等诸方面都居世界领先水平。其中日本、丹麦、挪威将天然气、油、垃圾、生物能、热泵等作为集中供暖的主要热源，社会效益、节能效益、经济效益明显。

从高效、可靠和降低运行成本的目标出发，国外发达国家采用中央监测和控制。美国、日本、俄罗斯、德国等国集中供暖系统都已实现了系统的自动监测和控制。监测和控制的内容包括热源厂、热网控制点、热力站的流量、温度、压力、热量和报警等。从北欧 Wroctaw MPEC 的监控系统可以看出，监测和控制系统的主要特点是：在采暖用户散热器入口安装温控阀，自主调节室内温度；热力站根据室外温度调节供水温度；中央控制室监测热网和热力站运行参数，通过不利点用户压差控制和调节变速泵，实施变流量运行。

由于国外一直是市场经济体制，热网的设计和调节都是以单户计量为目的的，所以他们对于用户自调节的控制理论已经非常成熟。计算机管理水平普遍较高，软件功能齐全，具有热用户及热源厂结算的计量管理、故障分析与报警、热网的控制与调度、热力站无人值守、热源的控制与调度等功能，计算机控制系统广泛采用集散式控制系统，主要特点是分散控制为主，集中控制为辅，在灵活性、可靠性、可扩展性上有很强的优势。供暖系统大都采用新技术、新设备和新材料，硬件质量好，基本上不存在漏水现象，计量设备准确，执行机构动作可靠，为计算机管理和调节提供可靠的信息来源，普遍采用自力式流量控制器等来解决水力失调问题，效果很好。用户的暖气设备进出口都安装温控阀，用户可以自行调节，基本上可以做到按需供暖。

我国集中供暖发展到今天，经历了从无到有，从小到大，从弱到强的历程。不同于国外的控制模式，国内的控制模式分热源和热网两部分：对于热源，控制总供水温度和总循环流量，保证按需供热并合理分配总供热量至各热力站，使供热效果达到一致，但它不涉及具体的供热指标，而热网总需热量是通过对热负荷的动态预测，并对热源部分直接调节而实现的；对于热网，各热力站之间的热量分配是通过各站自己独立的控制单元实现的，即通过室外温度来确定二次侧供回水温度值，通过改变一次侧流量来保证二次侧供回水平均温度为设定值。在热源供热充足的情况下，每个热力站都可通过自身的自动调节满足热负荷的要求变化；热源供热不足时，各站的自力式差压流量限制阀就会起到限制各站的最大流量的作用，从而限制各站的用热量，实现均匀分摊热量不足的作用。

节能控制正是以节能为目标的控制行为。把自动控制技术与节能控制原则相结合，运用新型的计算机控制策略是实现节能控制目标的积极有效方法之一。由于在建筑能耗中供暖系统的消耗占据了绝大部分，而且传统的控制方式中存在着很大的能源浪费，所以对供暖系统进行节能控制是实现建筑节能的有效途径，同时也具有实现的可能性和实用性。采取先进的控制方法是提高控制效率和控制精度的主要手段之一。下面分别从集中供暖系统、热源的节能控制功能和实现方法两方面介绍建筑供暖的节能控制策略。

7.1.1 集中供暖系统的节能控制策略

1. 集中供暖系统的节能控制功能描述

目前的供暖系统一般都存在以下几个方面的问题：系统水力工况、热力工况失调现象难以消除，造成用户冷热不均；供暖参数没能在最佳参数下运行，供热量与需热量不匹配；故障发生时，不能及时地诊断报警，影响供暖系统的可靠运行；各换热站数据不全，难以实现量化管理。

热网监控系统的使用正好可以解决上述问题。概括起来，热网监控系统具有以下几个功能：及时检测热网运行参数，了解系统运行工况；合理调节流量，消除冷热不均；合理匹配工况，保证按需供暖；及时诊断系统故障，确保安全运行；健全运行档案，实现量化管理。因此，在集中供暖系统中使用热网监控系统具有重大的工程意义。

热网监控系统的主要组成部分就是现场控制器。它具有以下功能：

（1）参数测量　主要完成管网现场过程的模拟量（如温度、压力、热量等）、状态量（如泵的状态等）及脉冲量的测量，并完成相应物理量的上下限比较等功能。

（2）数据存储　现场控制器能按一定的时间间隔采集被测参数。一般情况下这些参数通过通信线路定期传输到监控中心的服务器中。为防止监控中心的故障或停电，现场控制器拥有一定的数据存储能力，能存储一个供暖期的数据，以便监控中心恢复正常后将故障期间数据上传给监控中心，从而保证数据不丢失。

（3）通信功能 现场控制器能在主动或被动方式下与监控中心通过通信线路进行数据通信。系统与现场控制机支持有线或无线通信线路。诸如：电话拨号、ADSL宽带通信、GPRS等通信方式。

（4）自诊断自恢复功能 现场控制器上电后可自动对关键部位进行自检。在运行过程中，当受到干扰，程序出现异常后，可自行恢复到异常前的状态，继续运行，不会出现死机现象。

根据热力站分布位置不同的特点，在研究集中供暖系统时将系统主要分为热力站和中心管控站两部分。二者的节能控制功能如下：

1）热力站的功能。热力站具有采集数据、发送数据、接收数据的功能，能够响应中心管控站的命令，其数据采集模块需对系统所需的参数进行采集和存储，并将各数据通过通信技术准确传送到中心站，当有命令返回时，能根据命令对热力站的各项设备进行控制和调整。因此，在上述功能的基础上，热力站还要有对设备的控制功能。

2）中心管控站的功能。中心管控站应能对供暖站的运行参数进行遥测，对换热站系数数据进行分析，从而对换热站进行控制，发出准确的命令。系统设计的容量较大，中心站应该具备数据存储的功能，能对各分站的实时数据进行分析，从而判断其是否运行正常。另外，中心站应具有管理的功能，了解各分站设备的类型、使用情况、数量。中心管控站主要有三个方向的研究：数据库，需要存储实时数据信息以及系统的报警信息，用以分析数据，来判断系统运行是否正常；中心站与热力站的通信，实现遥测、遥控功能；数据显示，包括实时数据及历史数据的显示、查询统计报表等。

2. 集中供暖系统的节能控制功能实现方法

（1）集中供暖网络控制实现方法 集中供暖网络控制方案是通过具体的控制方法来实现的。目前，国内外的热网控制方案，主要是通过智能控制方法和解耦控制方法来实现的。

1）智能控制的控制方法。在集中供暖网络系统中，由于集中供暖系统的整个供暖过程大多是强耦合的多输入多输出（MIMO）非线性系统，随着系统运行工况的变化其动态特性也会随之大幅度变化，而且各环节的动态特性差异很大，许多环节还具有时滞、非线性及不确定性等特点，难以建立有效的过程数学模型和用常规的控制理论去进行定量计算分析，而必须采用定量方法与定性方法相结合的控制方式，所以，选择不需建立数学模型，同时又能随着热网工况的改变而模拟人类学习和自适应能力的智能控制。智能控制是以控制理论、计算机科学、人工智能与运筹学为基础，同时进行了扩展，在未知热网下，仿效人的学习和自适应能力，实现对受控系统进行控制。模糊技术、神经网络、遗传算法等理论和自适应控制、自组织控制、自学习控制等技术应用较多。基于智能控制的特性，针对集中供热系统中热网分布不均匀、随机性强等特点，在进一步提高供热效益的前提下，人们提出了专家控制系统设计方案。随后，针对于供暖系统中的大时滞现象，提出了一种新的模糊控制器方法，这种模糊控制器通过在线辨识广义时滞，将时滞辨识的结果模糊化，决策出模糊规则组，填充主模糊规则表，达到自适应的目的，作为应用，给出基于集中供暖网温度控制的模糊控制器的设计，以解决控制对象中由大时滞和时变引起的不易控制和参数调整的困难问题。各种智能控制方法由于各自拥有不同的特点，在应用领域中受到限制，因此，人们将多种智能控制方法进行有机的结合，以综合其优点、互补不足，构造出接近于人类大脑高级智能活动的计算智能的新科学，并得到了迅速的发展，在具体的应用中体现了强大的生命力，随着自动化技术的研究发展，集成智能系统的思想逐步引入热力系统的控制中，其中应用较为广泛的是一种将传统常规控制和智能控制并存的混合智能控制系统，自适应混合智能控制的另一种就是将模糊技术、神经网络和遗传算法三种主要的智能控制方法相结合，互相交叉，将三者协调地使用于同一个系统中，三者结合组成了一种新型的智能控制系统。总之，集成智能系统结构统一简洁，系统便于维护，符合模块化的设计思想，易于实现系统集成，具有良好的通用性和扩展性，并且可以在实现复杂功能的同时，提高系统的可靠性与实时性。在此基础上，对综合智能系统在热力系统中应用的研究开始逐渐深入，并归纳出多种集成智能系统构架方式，并给出了相应的应用实例。综上所述，将综合智能控制策略与传统控制方法有机结合，应用到热力系统的控制中，可以解决传统常规控制难以奏效的一些控制难题，在热工领域中有着广泛的应用前景。

2）解耦控制的控制方法。集中供暖网络为闭式水力网络，其中任意一个子站的支路流量变化或是阀门开合度的调整必然会引起全网的压力分布变化，从而对其他子站的压力流量产生影响，进而影响各支路的温度。这种耦合问题的解决，首先应设法衡量系统耦合的程度，即通过热网管网中各支路之间的增益矩阵来判断用户间的水力耦合程度和耦合性质，从而确定被控参数与控制装置的合理配对，指导设计控制系统。供暖系统的水力工况耦合程度和耦合性质可用稳态相对增益矩阵来描述，所谓的增益矩阵，就是在互相耦合的所有控制回路中，选择任一回路，通过一定的方法确定各种输入和输出变量配对的耦合程度和耦合性质，然后根据输入和输出量之间的相对增益组成相对增益矩阵，用此相对增益矩阵可以方便地确定系统的耦合特性，根据此耦合特性，进一步选择合适的控制方法，若各回路之间虽然有耦合，但在单回路调节下都能稳定，那么选择单回路调节算法即可，但是由于供暖网络的复杂性，在确定各回路的耦合性质之后，大多数回路还不能用简单的控制方法完成控制，所以还需要对系统进行解耦控制，进而实现合理有效的控制，因为实际的工业过程大多数都包含了较多的过程变量，而且各个过程变量间存在着不同程度的耦合，即任何一个变量的变化，都可能引起其他变量发生变化，这就使解耦控制越来越得到研究人员的重视。

（2）热力站基本参数控制的实现　热力站的现场控制设备能够灵活地完成室外温度补偿、自动补水、温度调节、流量调节等自动控制环节。

1）温度控制。二次网供水温度控制有直接设定控制、室外温度补偿控制等多种控制模式。直接设定控制指在现场控制设备操作界面上运行人员根据经验直接设定合适的二次网供水温度，然后控制设备通过调节一次网的电动阀保证二次网供水温度达到设定值。室外温度补偿控制则根据室外温度的变化，随时调整二次网供水温度，它既可以通过对照查表，也可以通过设定曲线的方式实现。

2）压力（流量）控制。根据二次网的供水压力或供回水压差来控制二次网循环水泵的运行台数或频率，取压点的位置可以在二次网的供回水管上，有条件的场合可以将测压点放在系统最不利用户的供回水干管上。该控制模式下也可以称为变流量运行控制。

逻辑控制程序：一次网电动调节阀在系统发生故障和断电时都应自动关闭；来电时起动顺序为控制器上电—补水泵（如果需要）—二次网循环水泵——次网电动调节阀缓慢开启；当系统发生故障时的顺序为一次网电动调节阀关闭—二次网循环水泵关闭—补水泵关闭。远程关闭阀门：直接关闭即可。远程开关二次网循环水泵：关泵先关一次网电动调节阀，开泵后开启一次网电动调节阀。以任何方式，只要二次网停止水流，一次网电动调节阀都会自动关闭。对一次网高温水系统或蒸汽系统，当系统停电时，一次网的电动调节阀应关闭，二次网回水管上应设置安全阀，防止超压汽化，安全阀的超压压力设定应考虑系统散热器的承压能力。

3）补水控制。自动补水主要可以分为膨胀水箱定压补水、变频定压补水、旁通定压补水等三种方式。

7.1.2 热源设备的控制策略

集中供暖热源设备控制的主要原则是在保证建筑内部环境舒适的前提下控制热源系统的最佳起动、关闭和运行时间，实现对热源系统能耗的最佳配置，达到节约能源的目的。

1. 热源设备的控制功能描述

区域锅炉房的控制以监测为主，其控制功能包括：

1）整体控制可提供对锅炉运行工况的监测、控制和诊断，可按每天预先编制的程序时间启停锅炉，可给出单个锅炉机组或整个系统即时和以往累积运行报告。

2）机组起动后通过彩色图形显示，显示不同的状态和报警，显示每个参数的值，通过鼠标可修改设定值，以达到最佳的状态。

3）机组的每一点都有列表汇报、趋势显示图、报警显示。

4）设备发生故障时，自动切换。

5）检测锅炉运行参数，当故障发生时立即停止锅炉机组及相关设备。

6）程序控制锅炉系统，目的是达到最低的能耗、最低的主机折旧以保障设备安全。

7）根据程序或建筑的使用情况自动启停锅炉系统。

8）根据要求自动切换机组的运行备用关系，累积每台机组的运行时间，使每台机组的运行时间基本相等，目的是延长机组使用寿命。

9）检测旁通管路水流开关状态，确定水流方向。

10）检测旁通管路水流量。

11）根据盈亏流量，确定锅炉运行台数。

12）根据油箱油位信号控制油泵启停，并监视其工作状态，实现故障切换。

13）根据油箱油位极低信号停锅炉并报警。

14）根据油箱油位极高信号停油泵并报警。

15）软件根据运行时间设定油泵工作备用关系，保证运行时间基本相等。

2. 热源设备的控制功能实现方法

（1）锅炉的节能控制方式

1）回水温度法。锅炉输出的热水（蒸汽）温度是一定的，热水经过终端负载进行能量交换后，水温下降，回水温度的高低，基本上反映了系统的热负荷，回水温度高，说明系统热负荷小；回水温度低，说明系统热负荷大，因此可以用回水温度来调节锅炉机组的启停和热水泵运行台数，达到节能的目的。

2）热负荷控制法。根据分水器、集水器的供、回水温度及回水干管的流量测量值，实时计算房间所需的热负荷，按照实际热负荷自动调节锅炉的启停及热水给水泵的台数。

(2) 供暖锅炉运行控制策略

1) 室外温度 T_0 修整。锅炉本体热容量大、热惯性大。而作为热量的载体——水的流速却有一定的限制，水流速不能过高，因此热量运输上也存在较大的滞后。产热与送热两者的惰性加在一起就构成了锅炉供暖系统总的热惰性。而自控系统的主要原则是按需供暖，就是由室外温度直接控制一次及二次实际供水的温度。通过实践表明，在冬季供暖时，早晨和晚间室外温度变化最剧烈。由于锅炉供暖系统存在着较大的热惰性，就出现了以快控慢的状况，就会出现一、二次供水实际温度与室外温度 T_0 控制下的理论一、二次供水温度出现较大的偏差。为此在傍晚及凌晨时间段应对自控系统采取修正设置，用修正后的室外温度 T_0' 指导当时的供暖生产，使锅炉提前升温或降温，从而减弱滞后，保证一、二次实际供水温度能与室外温度 T_0 控制下的理论一、二次供水温度基本相符。

2) 气候补偿系统。建筑物的耗热量因受室外气温、太阳辐射、空气湿度、风向和风速等因素的影响，时刻都在变化。要保证在上述因素变化的条件下，维持室内温度恒定（如18℃ ±2℃）或满足用户要求，供暖系统的供回水温度就应在整个供暖期间根据室外气象条件的变化进行调节，以使锅炉供热量、散热设备的放热量和建筑物的需热量相一致，防止用户室内发生室温过低或过高的现象。通过及时而有效的运行调节可以做到在保证供暖质量的前提下，达到最大限度的节能。室外温度的变化决定了建筑物需热量的大小也就决定了能耗的高低，运行参数必须随室外温度的变化每时每刻进行调整，始终保证锅炉房的供热量与建筑物的需热量相一致，只有这样才能实现最大限度的节能。每个锅炉房都应该按自己的运行曲线去运行，这条曲线才是该锅炉房的最佳运行曲线。气候补偿系统即是给锅炉房提供最佳运行曲线的系统。通过加装气候补偿装置可使系统节能5%以上。

3) 平稳策略。锅炉供暖系统热滞后较大、蓄热能力强、升降温速度比较慢，为保证整个系统在整个控制系统时间内能平滑进行，自控系统还对采集到的数据信号采用递推平均滤波和中位置法滤波，消除低频干扰，从而能有效地避免流量、压力等脉动信号的频繁振动引起的控制算式输出紊乱、执行器频繁动作，防止了大的随机干扰引起的输入信号大幅度跳动及脉动干扰引起的控制系统误操作。

4) 人工智能。锅炉供暖系统比较复杂，影响因素比较多，各因素之间相互影响、相互制约。而且锅炉系统热容量大、惰性强、安全性能要求高。因而就目前而言锅炉控制完全依赖于自动化控制难度非常大，也是不现实的，为此在自控的基础上加了人工智能部分。在自动控制状态下，利用人工智能解决自控系统不能很好地判断和处理的问题。用人工的知识经验与自控系统相互配合共同搞好锅炉控制。例如：煤在锅炉中的燃烧在自控系统中占有非常重要的地位。不同的煤种、不同发热量的煤、不同挥发成分含量的煤、不同颗粒大小的煤可直接导致不同的锅炉燃烧状况。煤样经过人工分析后，操作人员就可以在自动控制燃烧的状况下，通过微机人工适当地调整炉排和鼓引风机转速，而且还可以随着锅炉内的负压值和含氧量的不断变化，必要时修正鼓引风机转速。

5) 送引风机控制系统。锅炉的风机包括送风机和引风机两种。传统的风机控制方式是风机采用工频恒速运行，通过直接节流来控制入口或出口流量。同样，这种控制方式也存在缩短电动机寿命、浪费能源、污染环境和加大相应控制系统（燃烧控制系统和炉膛负压控制系统）的不稳定因素等缺点，影响控制质量。可以采用变频调速器与控制阀并存的控制方式，这样做主要是为了提高整个系统的可靠性。

7.2　空调系统与设备的控制节能

7.2.1　变风量空调系统的节能控制

变风量（Variable Air Volume）空调系统是一种通过改变送风量来调节室内温湿度的空调系统。变风量空调系统20世纪60年代起源于美国，自80年代始在欧美、日本等国得到迅速发展。

经过几十年的普及和发展，目前变风量空调系统已占据了欧美、日本集中空调系统较大的市场份额，并在世界上越来越多的国家得到应用。自20世纪90年代以来，采用变风量空调系统技术的多层建筑与高层建筑的比例越来越高。

变风量空调系统由空气处理机组、新风/排风/送风/回风管道、变风量空调箱、房间温控器等组成，其中变风量空调箱是该系统的最重要组成部分。

1. 变风量空调系统（VAV）的优势

变风量空调系统区别于其他空调形式的优势主要在以下几个方面：

1）节能。由于空调系统在全年大部分时间里是在部分负荷下运行，而变风量空调系统是通过改变送风量来调节室温的，因此可以大幅度减少送风风机的动力能耗。

2）新风作冷源。因为变风量空调系统是全空气系统，在过渡季节可大量采用新风作为天然冷源，相对于风机盘管系统，能大幅度减少制冷机的能耗，也可改善室内空气质量。

3）无冷凝水烦恼。变风量空调系统是全空气系统，冷水管路不经过吊顶空间，避免了风机盘管系统中令人烦恼的冷凝水滴漏和污染吊顶问题。

4）系统灵活性好。建筑工程中常需进行二次装修，若采用带VAV空调箱装置的变风量空调系统，送风管与风口以软管连接，送风口位置可以根据房间分隔的变化而灵活改变，也可根据需要适当增加风口。而采用定风量系统或风机盘管系统时，任何小的局部改变都较为困难。

5）系统噪声低。风机盘管系统存在现场噪声，而变风量空调系统噪声主要集中在机房，用户端噪声较小。

6）不会发生过冷或过热。带VAV空调箱的变风量空调系统与一般定风量系统相比，能更有效地调节局部区域的温度，实现温度的独立控制，避免在局部区域产生过冷或过热现象。

7）提高楼宇智能化程度。采用数字直接控制器进行控制的变风量空调系统，可以实现计算机联网运行，接入楼宇自控系统中，从而提高楼宇智能化程度。

8）减少综合性初投资。变风量空调系统由于增加了系统静压控制以及VAV空调箱等环节，自动控制方面的投资会有所提高。但由于变风量空调系统可以使系统的设计总送风量减少，因此可以减小空调系统的设备容量，系统综合性初投资不一定会增加，甚至可以降低。

9）变风量空调系统结构简单，维修工作量小，使用寿命长。

2. 变风量空调系统自动控制原理

变风量控制器和房间温控器一起构成室内串级控制，采用室内温度为被控制量，空气流量为控制量。

变风量控制器按房间温度传感器检测到的实际温度与设定温度比较的差值，输出所需风量的调整信号，调节变风量末端的风阀，改变送风量，使室内温度保持在设定范围。

同时，风道压力传感器检测风道内的压力变化，采用相应的控制算法进行调节，通过变频器控制变风量空调机中送风机的转速，消除压力波动的影响，维持送风量。

3. 变风量空调系统常用控制方式

（1）定静压控制　该方式是在保证系统风道内某一点（或几点平均）静压一定的前提下，室内所需风量由变风量箱的风阀进行调节；系统送风量是由风道内静压与该点所设定值的差值控制变频器工作，调节风机转速来确定的。同时，可以改变送风温度来满足室内舒适性要求。

（2）变静压控制　该方式是保证变风量箱的风阀尽可能地处于全开位置（85%～100%），系统送风量由风道内所需静压来控制变频器工作，调节风机转速进行确定。同时，可以改变送风温度来满足室内舒适性要求。

（3）总风量控制　该方式是通过改变送风量调节室内温度，并使送风量与回风量的差值保持恒定，以满足建筑物排风的需求。

4. 变风量系统的基本构成

1）室内变风量温控器。

2）变风量箱（VAV BOX）——带有控制器、传感器、风阀、箱体及其他辅助设施。

3）风道静压测量装置。

4）变风量空调机（带有变频器）。

5. 变风量空调系统发展趋势

国外高档写字楼一般都把变风量空调系统作为必备系统，国内高档写字楼的发展趋势也将是变风量空调系统，因为变风量空调系统在技术、经济、灵活性、维护几个方面都具有无可比拟的优越性。

6. 变风量空调系统的串级控制

（1）串级控制概述　串级控制是过程控制领域中一种较为常见的控制方法，它是在定值控制中，由主、副两个控制对象，主、副两个控制器，主、副两个反馈控制环路，主、副两个控制变量，分别按照内环从控制环路、外环主控制环路的形式构建的控制系统，主、副两个控制器是串接工作的，所以叫串级控制系统。其系统框图如图7-1所示。

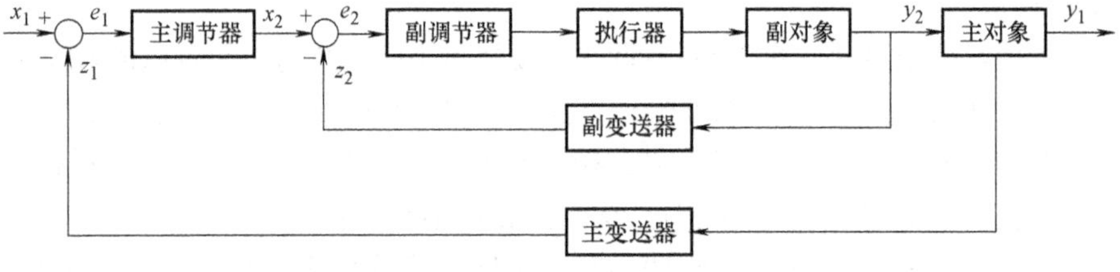

图7-1　串级控制的系统框图

串级控制系统的给定值与主变量反馈信号比较后输入主控制器（或主调节器）。主副控制器在串级控制系统中一般也是常见的PID型控制器，经过主控制器的PID控制输出给副回路，作为内控制环（副回路）的给定，副回路同样有副控制变量反馈，与主控制器输出进行比较后输入给副控制器，经过副控制器的PID运算控制后给出控制信号到执行器，执行器的执行控制作用于副对象，副控制变量发生变化产生相应的对主控制对象的控制作用，使得主控制变量（即整个定值系统的被控变量）保持恒定。

串级控制的副回路作用通道短、时间常数小，可以获得比单回路控制系统超前的控制作用，所以副回路响应较快，能够针对进入副回路的干扰较为迅速地形成抑制作用，改变副控制的输出，进而作用到主控制对象，使得被控变量保持恒定。基于同样原因，干扰进入主回路或同时进入主副回路时，都可以较好地保持被控变量的稳定。

主副回路变量要求有一定的内在关联，或者有关联的中间变量做副变量，或者是直接就选定为主回路操作变量，这都是为了使得副变量在较大程度上能够影响主变量的变化；同时，系统的主要干扰要包括在副回路中，并使次要干扰也尽可能包含在内而纯滞后环节尽量不包含在内，这样对主要干扰能够迅速抑制。从某种意义上看，引入了副回路后整个控制系统具有了自适应性，这种主副回路相互配合、相互补充，充分发挥了控制作用，提高了控制系统的鲁棒性，对控制器参数的整定也降低了难度。

（2）串级控制的特点

1）在系统结构上，它是由两个串接工作的控制器构成的双闭环控制系统。

2）系统的目的在于通过设置副变量来提高对主变量的控制质量。

3）由于副回路的存在，对进入副回路的干扰有超前控制的作用，因而减少了干扰对主变量的影响。

4）系统在负荷改变时有一定的自适应能力。

5）串级控制系统主要应用于对象的滞后和时间常数很大、干扰作用强且频繁、负荷变化大、对控制质量要求较高的场合。

（3）变风量空调箱闭环图及描述　图7-2所示为变风量空调箱的串级控制系统示意图。该串级控制系统有内环和外环两个控制回路。内环为变风量空调箱送风量控制回路，外环为变风量空调箱室内温度控制回路。

室内温度传感器检测到的室内实际温度（通过A/D转换模块将模拟量转换为数字量）与室内温度设定值进行比较，温度控制器根据该偏差计算出所需要的送风量，该送风量作为送风量控制回路的设定值，风量传感器检测到的实际送风量（通过A/D转换模块将模拟量转换为数字量）与该送风量设定值进行比较，根据其偏差由送风量控制器计算出风阀的开度大小，输出的控制信号经过D/A转换模块由数字量转换为模拟量，通过调节风阀的开度使送风量动态跟随送风量设定值，以使室内温度保持在设定值。

图7-2中的A/D和D/A模块分别表示Analog/Digital（模/数）转换模块和Digital/Analog（数/模）转换模块。

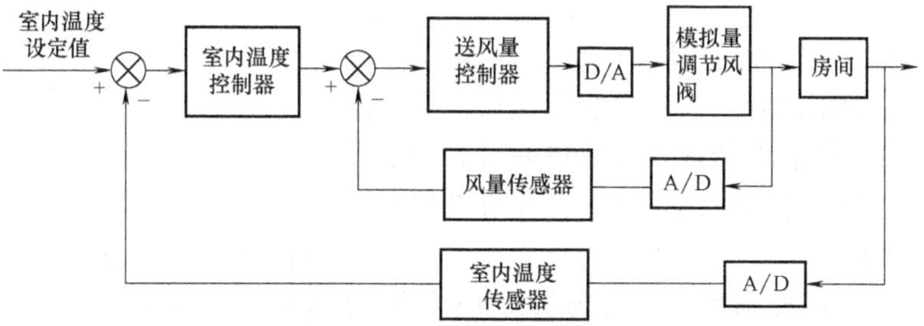

图7-2　变风量空调箱的串级控制系统示意图

7. 变风量空调系统的分布式网络控制

变风量空调系统的分布式控制网络常见的有集散控制系统（DCS）和现场总线控制系

统。集散控制系统比较典型的有 JOHNSON 公司的 METASYS 系统，现场总线控制系统常见的有 LonWorks 系统。

METASYS 是由 JOHNSON 公司开发的建筑设备自动化管理系统，它利用先进的网络控制技术将建筑物内的变风量空调等设备进行集中监视及管理，是典型的集散控制系统（DCS），其特点是分散控制、集中管理。但这种分散控制只是相对的，并未实现真正意义上的“分散控制”。另外，具有集散控制系统（DCS）特点的 METASYS 系统是封闭系统，也就是说，其网络协议是不对外公开的，这将在很多情况下导致其他公司的产品不能与该系统进行集成，也就是说用户一旦用了 METASYS 系统，在日后的系统升级、产品更换和维护中都要采用其产品，这在一定程度上形成了垄断，导致用户的使用、维护费用较高。

现场总线控制系统由于采用了智能现场设备，能把原先集散控制系统（DCS）中处于控制室的控制模块、各输入和输出模块等置入现场设备，实现了彻底的分散控制。同时，现场总线控制系统具有相关标准的一致性、公开性，可以与世界上任何地方遵守相同标准的其他设备或系统连接。用户也可按自己的需要和要求，把来自不同供应商的产品组成大小随意的各种系统。

对现场总线控制系统来说，只要遵守相同的标准，就可以实现不同生产厂家同类设备的相互替换。这与集散控制系统（DCS）的各个生产厂家的产品不能相互替换相比，具有相当大的优越性。因此，在工程实践中，目前变风量空调系统的升级、改造通常采用现场总线技术中的 LonWorks 系统。

METASYS 属于集散控制系统（DCS），但 LonWorks 系统属于现场总线的范畴，这是两个完全不同的系统。也就是说，在变风量空调系统中，其监控系统有可能存在 METASYS 与 LonWorks 系统共存的局面。然而监控中心却希望能够将两个系统的数据集成在一起以便协调整个空调系统的运行。因此，下面提出一种能够使两者的数据有效地集成在一起的方法，该方法采用 DDE（动态数据交换）技术将这两个系统的数据有机地集成在一起。

（1）变风量空调系统中的 METASYS 系统　在变风量空调控制系统中，各个变风量空调箱由 METASYS 系统组成具有集散控制系统（DCS）特点的网络。METASYS 系统的硬件主要包括：网络控制器、操作站、网络接口、VAV 末端装置等，其系统结构示意图如图 7-3 所示。

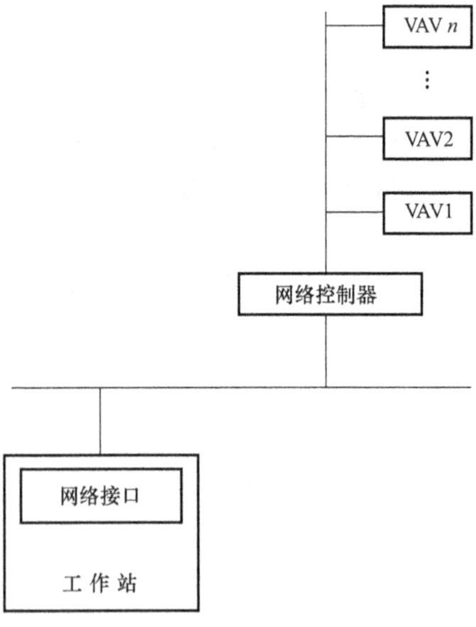

图 7-3　变风量空调系统中的 METASYS 系统结构示意图

网络控制器是高性能的现场控制盘，是 METASYS 网络的心脏。它利用设置于其中的多个接口，与其他网络控制器、现场控制器相连，将用户编写的特定程序与其本身固有的用途特点结合起来，并可以和大楼管理人员进行通信。

变风量空调解耦控制系统中的 METASYS 系统的软件界面如图 7-4 所示。

METASYS 系统软件的主要功能如下：

1）密码功能：为变风量空调系统的控制系统提供安全保护，禁止非操作人员对控制系统进行非法操作。

2）操控点摘要："摘要"储存着系统内指定部分的详细资料。

3）报警信息：若出现报警状态，则将报警信息自动显示出来。

4）运行时间累计记录：将个别事件的发生数目或消耗量累加并记录起来。

5）趋势动态记录：它将需要的数据收集起来，显示实时趋势动态。

（2）变风量空调控制系统中的 LonWorks 技术

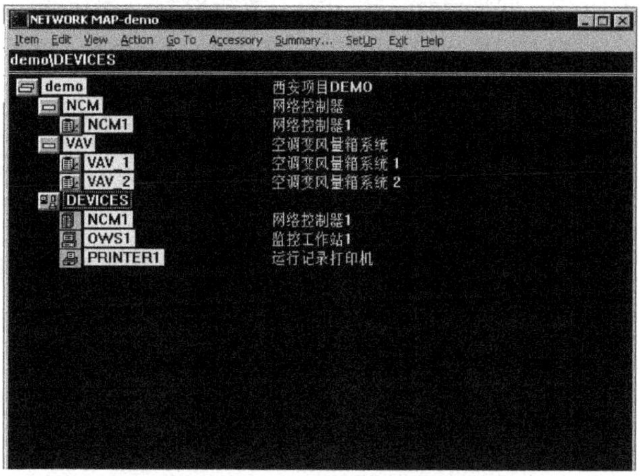

图 7-4　METASYS 系统的软件界面

1）LonWorks 技术概述。LonWorks 技术是现场总线技术中最具典型性的一种。它是由美国 Echelon 公司推出并与摩托罗拉、东芝公司共同倡导而形成的。它采用了 ISO/OSI 模型的全部七层通信协议，采用了面向对象的设计方法，通过网络变量把网络通信设计简化为参数设置，其通信速率从 300bit/s 至 1.5Mbit/s 不等，直接通信距离可达 2700m；支持双绞线、同轴电缆、光纤、射频、红外线、电力线等多种通信介质，并开发了相应的本质安全产品。

LonWorks 技术所采用的 LonTalk 协议被封装在称之为 Neuron 的神经元芯片中。集成芯片中有 3 个 8 位 CPU，一个用于完成开放互连模型中第 1 和第 2 层的功能，称为媒体访问控制处理器，实现介质访问的控制与处理；第二个用于完成第 3 至第 6 层的功能，称为网络处理器，进行网络变量的寻址、处理、背景诊断、路径选择、软件计时、网络管理，并负责网络通信控制、收发数据包等；第三个是应用处理器，执行操作系统服务与用户代码。芯片中还具有存储信息缓冲区，以实现 CPU 之间的信息传递，并作为网络缓冲区和应用缓冲区。

Echelon 公司的技术策略是鼓励各 OEM 开发商运用 LonWorks 技术和神经元芯片，开发自己的应用产品，目前已有 1000 多家公司推出了 LonWorks 产品，并进一步组织起 LonMARK 互操作协会，开发 LonWorks 技术与产品。它已被广泛应用在楼宇自动化、家庭自动化、保安系统、办公设备、交通运输、工业过程控制等领域。另外，在开发智能通信接口、智能传感器方面，LonWorks 神经元芯片也具有独特的优势。LonWorks 技术目前已成为我国网络控制技术中的主流。

2）LonWorks 技术的主要产品。

① Neuron 芯片。Neuron 芯片是 LON 网络节点的核心部分，它包括一套完整的通信协议，即 LonTalk 协议，从而确保节点间使用可靠的通信标准进行互操作。因为 Neuron 芯片可直接与它所监视的传感器和控制设备连接，所以一个 Neuron 芯片可以传输传感器或控制设备的状态，执行控制算法，与其他 Neuron 芯片进行数据交换等。使用 Neuron 芯片，开发人员可集中精力设计并开发出更好的应用对象而无需花费太多的时间去设计通信协议、通信软件硬件和操作系统，因此可减少开发的工作量，节省大量的开发时间。

② LonWorks 收发器。LonWorks 收发器在 Neuron 芯片和 LON 网络间提供了一个物理量交换的接口，它适用于各种通信媒介和拓扑结构。LonWorks 支持不同类型的通信媒介，如

双绞线、同轴电缆、电力线、无线射频、光纤等，不同的通信媒介之间用路由器相连。

③ LonWorks 路由器。路由器是一个特殊的节点，由两个 Neuron 芯片组成，用来连接不同通信媒介的 LON 网络，它还能控制网络交通，增加信息通量和提高网络速度。

④ 电力线通信分析器。电力线通信分析器是一种易于使用的成本-效果分析仪器，用于分析应用设备中电力通信的可靠性。用它测试电力线任意两点间的通信，可以测试电路是否对 Echelon 电力线收发器适用。

⑤ LonWorks 控制模块。LonWorks 控制模块是标准的成品，在模块中有一个 Neuron 芯片、通信收发器、存储器和时钟振荡器，只需加一个电源、传感器/执行器和写在 Neuron 芯片中的应用程序就可以构成一个完整的节点。

⑥ LonWorks 网络接口和网间接口。LON 网的网络接口允许 LonWorks 应用程序在非 Neuron 芯片的主机上运行，从而实现任意微控制器、PC、工作站或计算机与 LON 网络的其他节点的通信。此外网络接口也可以作为与其他控制网络联系的网间接口，把不同的现场总线的网络连在一起。

⑦ LON 网服务工具。LON 网服务工具用于安装、配置、诊断、维护以及监控 LON 网络。LON 节点的寻址、构造、连接的建立可以归纳于安装。这是靠固化在 Neuron 芯片里的网络管理服务的集合来支持的。LonManager 工具可满足系统安装和维护的需要，它使用的波形系数使它既可用于实验室，又可用于现场。

⑧ LonBuilder 和 NodeBuilder 开发工具。LonBuilder 和 NodeBuilder 用于开发基于 Neuron 芯片的应用。NodeBuilder 开发工具可使设计和测试 LON 控制网络中的单独节点变得简单。它包括 LonWorks Wizard 软件和一套操作 LonWorks 设备的软件模型。

LonBuilder 开发员工具平台集中了一整套开发 LON 控制网络的工具，这些工具包括以下三个方面：

a. 开发多节点、调试应用程序的环境。

b. 安装、构造节点的网络服务工具。

c. 检查网络交通以确定适当容量和调试改正错误的协议分析器。

3）LonWorks 技术的通信。表 7-1 列出的是对应七层 OSI 参考模型的 LonTalk 协议为每层提供的服务。

表 7-1 LonTalk 协议层

OSI 层	目　的	提供的服务	CPU
7 应用层	应用兼容性	LONMARKS 对象，配置特性，标准网络变量类型（SNVTs），文件传输	应用 CPU
6 表示层	数据翻译	网络变量，应用消息，外来帧传送，网络接口	网络 CPU
5 会晤层	远程操作	请求/响应，鉴别，网络服务	网络 CPU
4 传输层	端对端通信的可靠性	应答消息，非应答消息，双重检查，通用排序	网络 CPU
3 网络层	寻址	点对点寻址，多点之间广播式寻址，路由信息	网络 CPU
2 链路层	介质访问以及组帧	组帧，数据，编码，CRC 错误检查，可预测 CSMA，冲突避免，优先级，冲突检测	MAC CPU
1 物理层	物理连接	特定传输媒介的接口，调制方案	MAC CPU，XCVR

Neuron 芯片上的 3 个 CPU 共同执行一个完整的七层网络协议，该协议遵循国际标准化组织（ISO）的 OSI（Open System Interconnection）标准，支持灵活编址，单个网络可存在多种类型的通信媒体构成的多种通道，网上任一节点使用 LonTalk 协议可与同一网上的其他节点互相通信。

LonTalk 寻址体系由三级构成。最高一级是域，只有在同一个域中的节点才能相互通信。第二级是子网，每个域可以有多达 255 个子网。第三级是节点，每个子网可有多达 127 个节点。节点还可以编成组，构成组的节点可以是不同子网中的节点，一个域内可指定 256 个组。

4）变风量空调控制系统中 LonWorks 技术中的 LonPoint 系统。

① LonPoint 系统概述。LonPoint 是一系列产品，用于把新的和传统的传感器、执行器以及 LonMark 装置集成为一个经济、可互操作的控制系统以供楼宇和工业应用。

LonPoint 不仅提供了非等级体系结构，还提供了 LNS 网络操作系统的多用户能力、神经元芯片和 LonTalk 协议的分布式操作、自由拓扑的接线灵活性。LonPoint 系统由以 LNS 为基础的 LonMaker for Windows 集成工具、LonPoint Plug-In 软件、LonPoint 应用程序、LonPoint 接口模块、路由器和调度模块构成。

② LonMaker for Windows 集成工具。LonMaker for Windows 集成工具用于设计、安装和维护 LonWorks 控制网络。以 Echelon 公司的 LNS 网络操作系统为基础，LonMaker 工具把客户-服务器体系结构和易于使用的 Visio 用户接口综合起来。LonMaker 工具向 LonMark 装置提供综合性支持。用 LonMaker 工具进行网络设计，既可以在现场做，也可以离开现场做。

LonMaker 工具向用户提供用于设计控制系统的熟悉的环境。Visio 灵巧的图形描绘特点提供了建立装置的简单直观方法。装置的识别可以用 Server Pin、条形码扫描、闪烁（Wink）、手动输入 ID 或自动恢复等方式。对于含有嵌入网络的系统，可使用“自动发现”来查找和调试系统中的装置。

③ LNS DDE 服务器。LNS DDE 服务器是一个软件包，它使任何与 DDE 兼容的 Microsoft Windows 应用程序都能监控 LonWorks 控制网络而无需编程。LNS DDE 服务器典型的应用包括为 HMI 应用程序、数据记录和趋势分析应用程序、图像处理显示提供接口。

LNS 是 LonWorks 网络上开放的标准操作系统。通过连接 LNS 和 Microsoft DDE 规约，与 DDE 兼容的 Windows 应用程序可以与 LonWorks 装置相互作用。

LNS DDE 服务器把 LonWorks 网络连接到楼宇、工厂处理装置、半导体制造和其他工商业应用的控制系统的操作界面。

④ PCLTA-20 PCI LonTalk 适配器。PCLTA-20 PCI LonTalk 适配器是高性能的 LonWorks 接口卡，用于装有 32 位 PCI 接口和兼容操作系统的个人计算机。该卡可使 PC 对 LonWorks 控制网络进行监视、管理或诊断，可用于工业控制、楼宇自动化或过程控制等。

PCLTA-20 适配器不仅为 LNS 工具提供了 LNS 网络接口功能，而且对使用 LonManager API 工具提供了与微处理器接口程序（MIP）相兼容的网络接口功能。

与主机结合的 PCLTA-20 适配器可以和应用程序结合在一起，提供单个 Neuron 芯片所不能提供的处理功率、存储器、输入/输出的能力或者网络变量的连接能力。

⑤ AI-10 模拟量输入接口模块。AI-10 模块能进行 0 ~ 24mA 电流、0 ~ 10V 电压的 16 位模拟量输入，模块内装一个强大的可配置的应用程序。用户可使用 LonMaker 工具把 AI-10

功能块、其他 LonPoint 模块和第三方的 LonWorks 装置连接起来，建立一个可互操作的分布式控制系统。

⑥ AO-10 模拟量输出接口模块。AO-10 模块能输出 0 ~ 20mA 电流或 0 ~ 10V 电压控制信号，该控制信号可以驱动执行器。该模块的电源为 AC 或 DC16 ~ 30V，可以与执行器使用同一电源供电。模块内装一个强大的可配置的应用程序。用户可使用 LonMaker 工具把 AO-10 功能块、其他 LonPoint 模块和第三方 LonWorks 装置连接起来，建立一个可互操作的分布式控制系统。

5）LON 网络连接。变风量空调控制系统 LON 网络的连接示意图如图 7-5 所示。

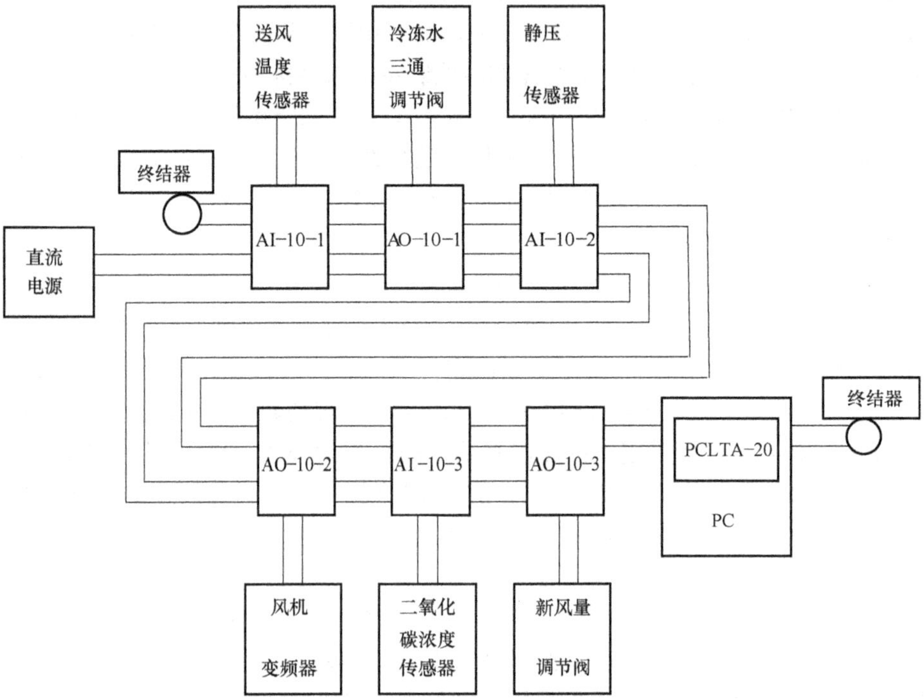

图 7-5 变风量空调控制系统 LON 网络的连接示意图

AI-10 的第一个模块与送风温度传感器相连，送风温度传感器的输出信号为 4 ~ 20mA。

AI-10 的第二个模块与静压传感器相连，静压传感器的输出信号为 0 ~ 10V。

AI-10 的第三个模块与二氧化碳传感器相连，二氧化碳传感器输出信号为 0 ~ 10V。

AO-10 的第一个模块与冷冻水三通调节阀相连，其输出信号为 0 ~ 10V。

AO-10 的第二个模块与风机的变频器相连，其输出信号为 0 ~ 10V。

AO-10 的第三个模块与新风量调节阀相连，其输出信号为 0 ~ 10V。

图 7-5 中，直流电源采用 24V 直流稳压电源。

6）用 LonMaker for Windows 集成工具进行网络设计。图 7-6 所示为 LonMaker for Windows 集成工具启动时的界面。

用 Visio 设计的 LON 网络如图 7-7 所示。

图 7-7 中设备的功能块可用 LNS Plug-in 进行配置。

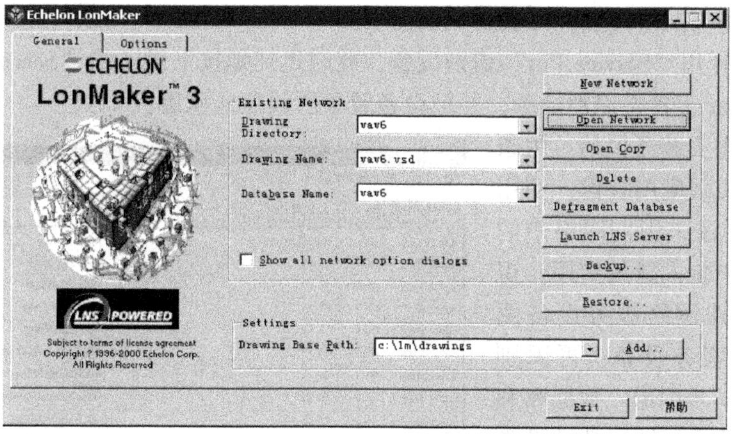

图7-6　LonMaker for Windows集成工具启动时的界面

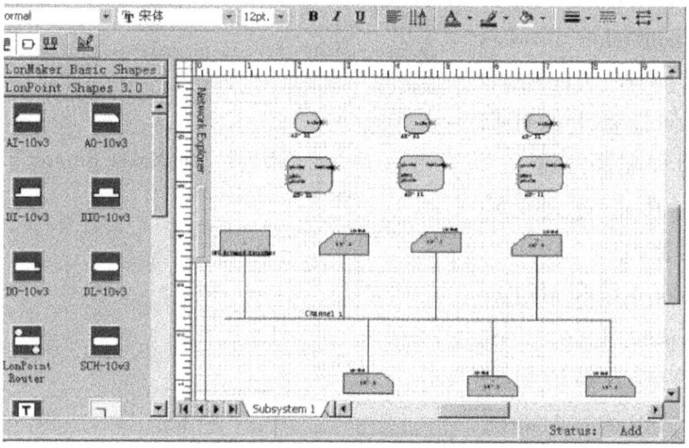

图7-7　用Visio设计的LON网络

7）用LonMaker for Windows集成工具进行LON网络安装。可采用以下步骤对选定的设备进行识别：

① 选定设备图标并右击，从菜单中选“Commission”，将出现图7-8所示的窗口。

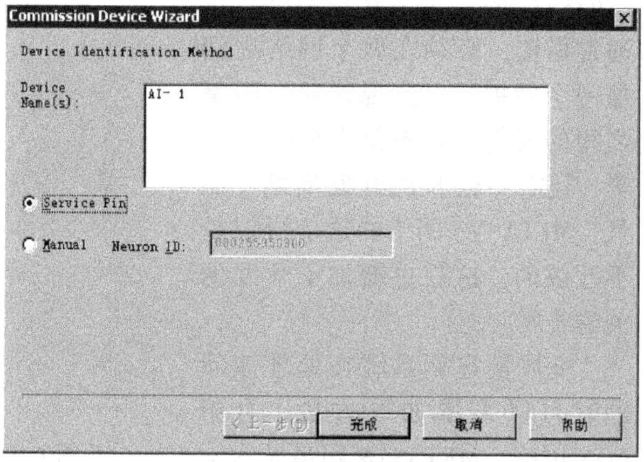

图7-8　LON网络设备识别

② 在图7-8所示窗口中选择输入“Neuron ID”的方法。“Service Pin”方法可通过迅捷地按下设备的“Service Pin”来识别设备。手动方法可以直接输入设备的“Neuron ID”，当网络中的设备分布很广或设备所在的位置很难到达时，该方法具有一定优点。

③ 选择是否将应用映像装入设备。

④ 设置设备的状态。如果处于离线

状态，一旦设备与网络接触，将重新识别设备。

⑤ 如果选择用“Service Pin”识别设备，此时迅捷地按下设备的“Service Pin”。

⑥ LonMaker 工具将识别设备，并把设备置于所设定的状态。

LON 网络的安装还包括：用条码识别设备；装载应用映像；使用“发现设备”方法来识别网络中的设备；在设备中装入新的应用；识别路由器；创建网络服务设备图标；显示网络服务设备；再识别 LON 网络；再同步图形、数据库和网络；再同步配置属性；替换设备和路由器。

8）用 LonMaker Browser 进行 LON 网络监视。LonMaker Browser 的窗口如图 7-9 所示。LonMaker Browser 可读写任何设备上的任何功能块的网络变量和配置参数。

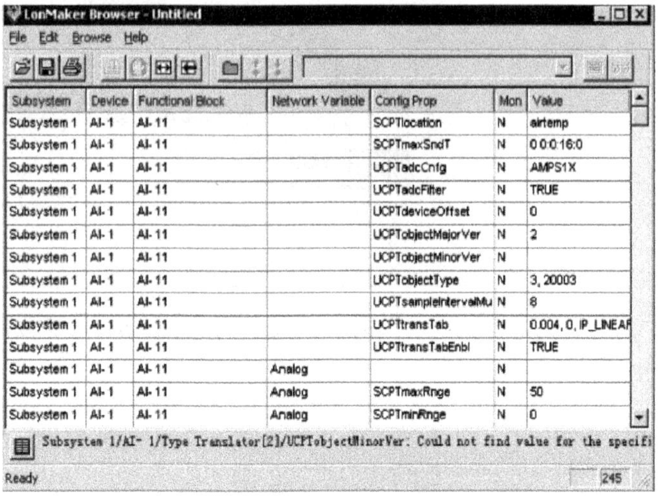

Subsystem	Device	Functional Block	Network Variable	Config Prop	Mon	Value
Subsystem 1	AI-1	AI-11		SCPTlocation	N	airtemp
Subsystem 1	AI-1	AI-11		SCPTmaxSndT	N	0 0 0 16:0
Subsystem 1	AI-1	AI-11		UCPTadcCnfg	N	AMPS1X
Subsystem 1	AI-1	AI-11		UCPTadcFilter	N	TRUE
Subsystem 1	AI-1	AI-11		UCPTdeviceOffset	N	0
Subsystem 1	AI-1	AI-11		UCPTobjectMajorVer	N	2
Subsystem 1	AI-1	AI-11		UCPTobjectMinorVer	N	
Subsystem 1	AI-1	AI-11		UCPTobjectType	N	3, 20003
Subsystem 1	AI-1	AI-11		UCPTsampleIntervalMu	N	8
Subsystem 1	AI-1	AI-11		UCPTtransTab	N	0.004, 0, IP_LINEAR
Subsystem 1	AI-1	AI-11		UCPTtransTabEnbl	N	TRUE
Subsystem 1	AI-1	AI-11	Analog		N	
Subsystem 1	AI-1	AI-11	Analog	SCPTmaxRnge	N	50
Subsystem 1	AI-1	AI-11	Analog	SCPTminRnge	N	0

图 7-9 LonMaker Browser 的窗口

(3）用 Visual Basic 建立变风量空调的网络监控系统

1）将 LonWorks 系统和 METASYS 系统集成到 Visual Basic。LonWorks 系统和 METASYS 系统集成到 Visual Basic 的结构示意图如图 7-10 所示。变风量空调控制系统需要 LON 网络和 METASYS 网络进行数据交换，而这两个网络由两个不同的公司开发，网络通信协议遵守不同的标准，属于异构网络，按通常做法，必须在两个网络之间加一个网关，以实现这两个网络之间的通信。这不仅需要硬件投资，还需要较长的开发周期，而且，METASYS 网络的通信协议是不开放的，这就更增加了开发网关的难度。

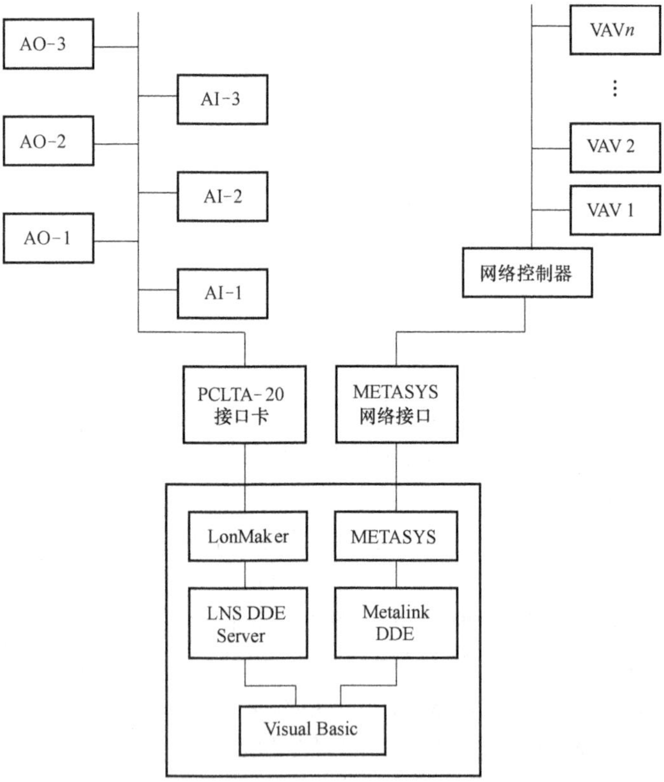

图 7-10 LonWorks 系统和 METASYS 系统集成到 Visual Basic 的结构示意图

变风量空调系统在处理该问题时可以采取如下方法。由于 LON 网络、METASYS 网络及 Visual Basic 都支持动态数据交换

(DDE) 协议，因此，可以将 LON 网络的数据通过该系统中的 LNS DDE Server 送到 Visual Basic 上；同时将 METASYS 网络的数据通过 Metalink DDE 送到同一个 Visual Basic 上，经过 Visual Basic 进行处理后，分别送给 LON 网络和 METASYS 网络，从而实现这两个网络的数据交换。该方法简单实用，不仅节省了硬件投资，还节省了开发网关所需的时间。

2）LNS DDE Server 的设置与运行。LNS DDE Server 用于在 LonWorks 网络和 Windows 应用之间交换网络变量和显示消息。通过该 LNS DDE Server，所有支持 Windows DDE 协议的应用可以监视和控制 LonWorks 网络。也就是说，Windows 应用能够观察到网络变量值和显示消息的变化，并且能够改变网络变量的值并发送显示消息来影响网络变量的操作。

LNS DDE Server 的主题名（Topic）配置如图 7-11 所示。

图 7-11　LNS DDE Server 的 Topic 配置

LNS DDE Server 的运行界面如图 7-12 所示。

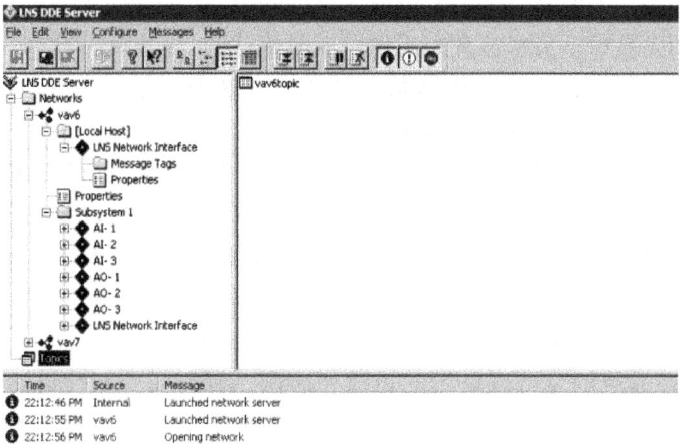

图 7-12　LNS DDE Server 的运行界面

3）Metalink 的设置与运行。Metalink 是 METASYS 系统的一个标准特性，它使 METASYS 系统与 Windows 应用之间可以进行动态数据交换（DDE）。

Metalink 的 DDE 主题名（Topic）的关键词有 8 个，它们是 Command、History、Read、Report、Schedule、Totalization、Trend、Write。

Metalink 的运行只要启动执行图标即可。

4）用 Visual Basic 建立变风量空调的网络监控系统。用 Visual Basic 建立变风量空调控制系统的网络监控系统。Visual Basic 是一套完全独立的 Windows 系统开发工具，在 Visual Basic 中，文字框（Text）、图片框（PictureBox）和标签（Label）控制项（VBX）可以扮演 DDE 客户的角色，而 DDE 服务器为 LNS DDE Server 和 Metalink DDE。Visual Basic 与 DDE 有关的属性为 LinkTopic 、LinkItem 和 LinkMode。控制项的 LinkTopic 属性的内容决定 DDE 会话的服务名和主题名；LinkItem 属性用来指定会话的项目名；LinkMode 属性决定连接模式。除了控制项的上述三种属性外，还有许多函数和方法（Method）可用来操作DDE，如Shell函数，LinkPoke、LinkRequest、LinkExecute和LinkSend方法。

7.2.2 中央空调水系统的节能控制

1. 中央空调冷冻水系统的节能控制

1）当需要起动冷冻水泵时，控制器或监控计算机向水泵发送DO（数字量输出）起动信号，以起动冷冻水泵的运行，并将水泵电动机主电路上交流接触器的辅助触点作为DI（数字量输入）信号送入控制器或监控计算机，并在监测显示屏幕上进行显示，以便监视冷冻水泵的运行状态；同样，当需要水泵停止运行时，控制器或监控计算机向水泵发送DO（数字量输出）信号，以停止冷冻水泵的运行，并将水泵电动机主电路上交流接触器的辅助触点作为DI（数字量输入）信号送入控制器或监控计算机，并在监测显示屏幕上进行显示，以便监视冷冻水泵是否停止运行。

2）流过蒸发器的冷冻水的水流状态对空调水系统的控制至关重要，因此常常通过水流开关或流量计监测冷冻水的水流状态。一般来讲，水流开关的价格便宜，但其只能产生高、低信号，而无法获知当前流量的具体数值；流量计可以获得具体的流量数值，但流量计的价格相对较高。将水流开关的高、低信号值或流量计的当前流量数值送给相关控制器或传送给监控计算机进行相应显示。当水流开关的信号或流量计的当前流量数值显示流量过小时，此时系统的运行可能出现异常，自动控制系统则会产生报警信号，并自动停止制冷系统的运行，待异常现象排除后，再恢复冷冻水系统的运行。

3）冷冻水泵在运行过程中，有可能出现过载的情况，当出现冷冻水泵电动机过载时，应及时报警，否则可能造成更为严重的后果。当冷冻水泵的电动机出现过载情况时，将电动机主电路上热继电器的辅助触点信号作为DI（数字量输入）报警信号，送给控制器或监控计算机，以提醒相关工作人员。相关工作人员应迅速采取有效措施，排除故障后，再使冷冻水泵系统投入正常运行。

4）为了与制冷系统的运行或系统的负荷相协调，有时需要对冷冻水泵进行变频控制。当冷冻水泵电动机需要进行变频调速以改变冷冻水流量时，通过流量计检测到当前流量值，该值与冷冻水流量的设定值进行比较，设定值与当前流量值的偏差送入控制器，经过控制器相关控制规律的运算后，输出控制信号给变频器，通过变频器控制水泵电动机的转速，水泵电动机的转速变化又可以控制冷冻水流量的变化，从而使流量达到设定值。通过闭环负反馈控制系统可以有效控制冷冻水的流量。

5）在蒸发器的冷冻水进口和出口设置温度传感器进行温度的检测。将温度传感器的信号进行模数转换后，送给控制器或监控计算机，并对冷冻水进口和出口的温度进行显示，以使工作人员及时了解冷冻水进口和出口的温度。通过蒸发器进口温度的情况可以有效了解系统负荷的变化情况，当蒸发器进口水温偏高时，说明负荷较大；当蒸发器进口水温偏低时，说明负荷较小。另外，通过控制制冷机的运行，可以有效控制蒸发器出口水温。

6）制冷空调系统在运行的过程中，负荷处于不断的变化之中。不同的负荷需要的冷冻水温度设定值不同。为了更好地节能，需要根据负荷变化的情况对冷冻水的温度进行重新设定，以满足不同负荷情况下的需要。例如，夏季室外环境温度较高时，可以适当降低冷冻水温度的设定值；夏季室外环境温度偏低时，可以适当升高冷冻水温度的设定值，这样，可以在满足用户需求的前提下，有效节约能源。

7）为了保持供、回水管路的压差恒定，需要控制供、回水管路的压差。这就要采用闭环负反馈控制系统。传感器采用压差传感器，该压差值与设定值进行比较后，其偏差送入控制器，经过控制器的相关计算后，输出相应控制信号给旁通管上的电动调节阀，通过调节电动调节阀的开度，实现供水回路与回水回路之间的旁通，以保持供、回水压差恒定。

2. 中央空调冷却水系统的节能控制

1）当需要起动冷却塔风机时，控制器或监控计算机向冷却塔风机发送DO（数字量输出）起动信号，以起动冷却塔风机的运行；同样，当需要冷却塔风机停止运行时，控制器或监控计算机向冷却塔风机发送DO（数字量输出）信号，以停止冷却塔风机的运行。

2）当需要起动冷却水泵时，控制器或监控计算机向冷却水泵发送DO（数字量输出）起动信号，以起动冷却水泵的运行；同样，当需要冷却水泵停止运行时，控制器或监控计算机向冷却水泵发送DO（数字量输出）信号，以停止冷却水泵的运行。将冷却水泵电动机主电路上交流接触器的辅助触点信号作为DI（数字量输入）信号送入控制器或监控计算机，并在监测显示屏上进行显示，以便监视冷却水泵是运行状态还是停止状态。

3）将冷却水系统的水流开关的高、低信号值或流量计的当前流量数值送给相关控制器或监控计算机进行相应显示；当水流开关的信号或流量计的当前流量数值显示流量过小时，此时冷却水系统的运行可能出现了异常，自动控制系统则会产生报警信号，待相关工作人员将异常现象排除后，再恢复系统的运行。

4）冷却塔风机在运行的过程中，有可能出现过载的情况，当出现冷却塔风机过载时，应及时报警。当冷却塔风机的电动机出现过载情况时，将主电路上热继电器的辅助触点信号作为DI（数字量输入）报警信号，送给控制器或监控计算机，以提醒相关工作人员尽早排除故障。

另外，有时为了节约能源，需要对冷却塔风机进行变频控制。通过变频器控制冷却塔风机电动机的转速，以控制冷却塔的出水温度。

5）冷却水泵在运行的过程中，也有可能出现过载的情况，当冷却水泵的电动机出现过载情况时，相关工作人员应迅速采取有效措施排除故障后，再使冷却水泵系统投入正常运行。

有时还需要对冷却水泵进行变频控制。通过流量计检测到当前冷却水流量值，该值与冷却水流量的设定值进行比较，其偏差送入控制器，经过控制器的运算后，输出控制信号给变频器，通过变频器控制冷却水泵电动机的转速，冷却水泵电动机的转速变化又可以控制冷却水流量的变化，以使冷却水流量达到设定值。

6）当室外大气温度偏低时，有时会出现冷却塔的冷却水出水温度低于冷凝器所需要的最低温度的情况，此时为了节约冷却塔的能耗，可以让冷凝器出来的一部分冷却水与冷却塔出来的冷却水进行混合，这样可以在满足要求的情况下，使得进入冷凝器的温度刚好合适，同时使得进入冷却塔的冷却水流量降低一些。这样可在满足要求的情况下，尽量节约能耗。

7）在冷凝器的冷却水进口和出口设置温度传感器进行温度的检测，将温度传感器的信号进行模数转换后，送给控制器或监控计算机，并对冷却水进口和出口的温度进行显示，以使得工作人员及时了解冷却水进口和出口的温度。

冷凝器的入口水温很重要，它从侧面反映了当前冷却塔风机和冷却水泵的工作状况，根据该入口水温，可以调整冷却水泵和冷却塔风机的运行台数或电动机转速。

在冷却水泵流量一定的情况下，当冷凝器入口水温相同时，冷凝器的出口水温反映了当前制冷机冷凝器侧需要带走的热量，该温度值越高，说明冷凝器侧需要带走的热量越大。

8）冷却水回路的在线匹配调节。冷却水泵在运行过程中并不是孤立的个体，而是和整个管网以及末端形成了一个有机整体，因此，如果能从整个系统层面上掌握冷却水泵运行的状态，就等于抓住了冷却水泵的关键，控制起来就相对容易了。为此，采用冷却水泵在线匹配仪进行调节与控制。水泵在线匹配仪是一台用于空调冷却水泵系统控制的节能产品。其主结构如图 7-13 所示。

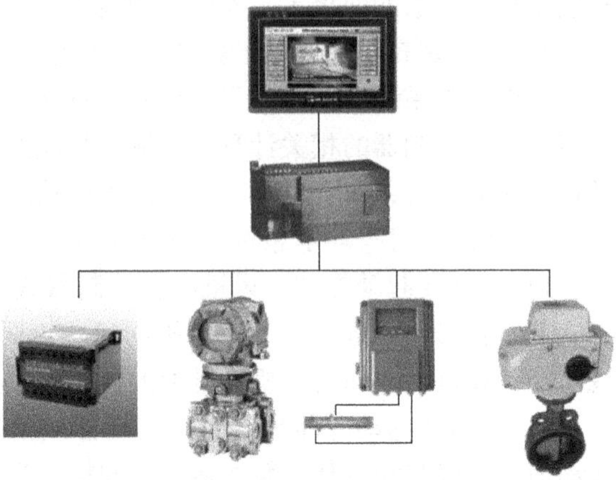

图 7-13 水泵在线匹配仪主结构

该仪器的主要用途是对冷却水泵运行的整个系统进行监测与控制，使用户能够随时清晰地掌握水泵当前的运行状态以及水泵与管网的匹配情况，从而进行调节，使得水泵运行效率达到最高。水泵在线匹配仪的具体功能包括水泵运行参数采集，水泵与管网匹配校核和自动匹配调节等功能。水泵运行参数采集就是将水泵运行的参数及时地反映给用户，让用户能够了解整个系统的运行状态。水泵与管网匹配校核则是仪器能根据水泵的运行点描绘出水泵的运行特性曲线和管网特性曲线，从而校核水泵与管网的匹配情况。

水泵在线匹配仪主要用于空调冷却水泵系统的改造和运行监控，通过调查得知很多冷却水循环系统中，水泵的运行效率在设计之初就无法达到最高，这往往是系统设计时水泵的选型造成的，在设计过程中水泵选型往往要求留有大量的安全余地，这使得水泵的装机容量大大超出了实际需要，且与管网设计不匹配，而在运行过程中这些问题又难以发现，这就造成了能源的大量浪费。水泵在线匹配仪的出现恰好解决了上述问题，通过校核水泵与管网的匹配情况，从而重新确定水泵的设计容量，便于选型、提高水泵的运行效率。

水泵在线匹配仪属于全数字在线控制系统，可提供水泵各运行参数（流量、扬程、功率、效率）的在线实时监测与控制。其运行原理如图 7-14 所示。

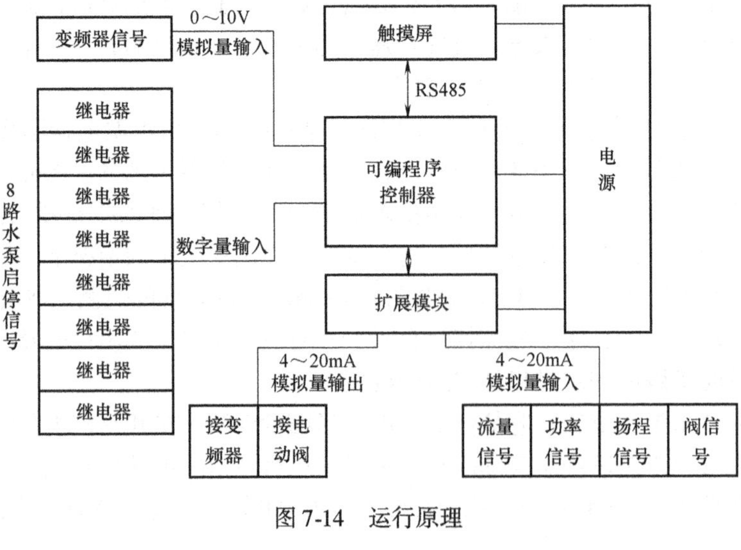

图 7-14 运行原理

水泵在线匹配仪要实现其功能，需加设外部设备。在冷却水循环系统上需加装流量传感器，测量水泵的总流量，水泵两侧加装压力传感器，测量水泵扬程，还应加装功率变送器，测量水泵的输入功率，如遇水泵并联运行的情况，需要将水泵的起停信号引入，这样可以检测到当前运行的水泵台数，便于监测单台水泵运行的情况。通过这几个传感器的检测，将当前数据转化为电流或电压信号传输给可编程序控制器，也就是系统的主控制模块，可编程序控制器再将传感器信号经过模/数转换器转化为数字信号，即可采集到水泵运行的流量、功率、扬程数据。

水泵的匹配校核过程是对水泵和管网系统的特性进行监测，通过调节管路上的阀门开度，可以改变水泵的流量，系统便可以采集水泵在不同流量下的扬程、功率和效率值，根据这些参数与流量之间的关系，系统便可计算并绘制出水泵的运行特性曲线，这样就可以确定水泵的性能是否和管网相匹配，也可以确定出满足管网和末端负荷需要多大容量的泵，从而可以帮助用户重新进行水泵选型。

水泵在线匹配仪所采集的水泵性能曲线如图7-15所示，系统将会采集流量-扬程曲线 H-Q、流量-效率曲线 η-Q、流量-功率曲线 P-Q，从而确定可以与水泵最佳匹配的管网阻力特性曲线 S-Q。

一旦得到了水泵的性能曲线，便可以观察出水泵和管网是否完全匹配，水泵选型偏大的情况会使得管网阻力偏大，实际运行点偏左，偏离了最高效率点，要改变这种情况，便可依据所采集的特性曲线，根据最高效率点的水泵运行值，重新选取合适的水泵，使水泵在正常运行过程中能保持在最佳效率区。

水泵在运行过程中，系统也会实时地反映当前的水泵运行参数，包括当前的流量、扬程、功率、效率等，也便于用户及时掌握整个系统此时的运行情况，以便及时做出调节。

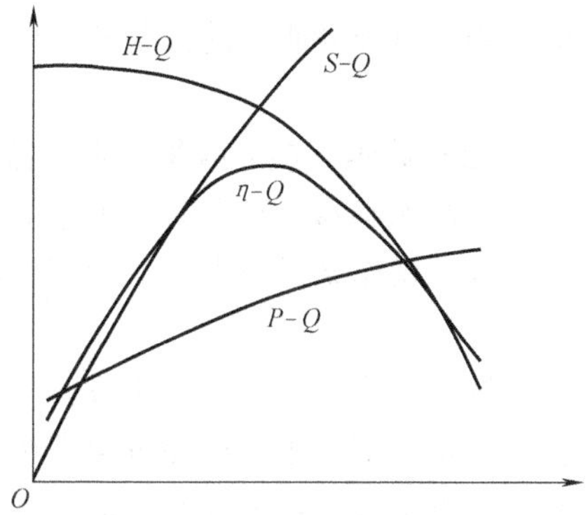

图7-15　水泵性能曲线

7.2.3　多联分体空调的节能控制

1. 多联机概述

多联机是一种一次制冷剂空调系统，它以制冷剂为输送介质，室外主机由室外侧换热器、压缩机和其他制冷附件组成，末端装置是由直接蒸发式换热器和风机组成的室内机。一台室外机通过管路能够向若干个室内机输送制冷剂液体。通过控制压缩机的制冷剂循环量和进入室内各换热器的制冷剂流量，可以适时地满足室内冷、热负荷要求，而且各房间可独立调节，能满足不同房间不同空调负荷的需求。但该系统控制复杂，对管材材质、制造工艺、现场焊接等方面要求非常高，且其初投资比较高。目前多联机系统在中小型建筑和部分公共建筑中得到日益广泛的应用。

多联机空调与传统空调相比，具有显著的优点：运用全新理念，集一拖多技术、智能控制技术、多重健康技术、节能技术和网络控制技术等多种高新技术于一身，满足了消费者对舒适性、方便性等方面的要求。

多联机空调与多台家用空调相比投资较少，安装方便美观，控制灵活方便，实现各室内机的集中管理，并可采用网络控制。既可单独起动一台室内机运行，也可多台室内机同时起动，使得控制更加灵活和节能。

多联机空调占用空间少。仅少数几台室外机可放置于楼顶，其结构紧凑、美观、节省空间。

多联机中央空调的另一个最大的特点是能成为智能网络中央空调，它可以一台室外机带动多台室内机，并且可以通过它的网络终端接口与计算机的网络相连，由计算机实行对空调运行的远程控制，满足了现代信息社会对网络家电的追求。

2. 多联机技术

多联机为了达到节能的目的，通过对制冷工质流量的有效控制实现压缩机和系统的变容量运行。目前，比较成熟的技术有两种：第一类是变频多联机技术；第二类则是数码涡旋多联机技术。

(1) 变频多联机技术　变频多联机技术是指单管路一拖多空间热泵系统，室外主机调节输出能力方式有：①室外主机根据室内的空调负荷的变化来调节压缩机的运行台数，使得电动机功率和负荷变化相对应。②通过变频装置改变变频压缩机输入频率来改变压缩机的转速，两者配合，从而实现冷量和能量的调节。另外，室内温度的变化是由电子膨胀阀调节的。由于电子膨胀阀的控制精度比较高，所以能很好地控制室内温度场的波动，房间舒适性较高。

(2) 数码涡旋多联机技术　数码涡旋技术有一独特的性能称为“轴向柔性”。这一性能使固定的涡旋盘沿轴向有很少量的移动，确保用最佳力使固定涡旋盘和动涡旋盘始终共同加载。在各操作条件下将这两个涡旋盘集合在一起的这一最佳力确保了数码涡旋技术的高效率。

数码涡旋操作分两个阶段：“负载状态”，此时电磁阀常闭；“卸载状态”，此时电磁阀打开。负载状态中，压缩机像常规涡旋压缩机一样工作，传递全部容量和制冷剂流量。然而卸载状态中，无容量和制冷剂流量通过压缩机。通过压缩机周期性的负载-卸载来实现变容量冷媒控制。

3. 多联分体空调的节能控制功能描述

多联机可以实现智能化多级能量调节，高效节能。由于采用了先进的变频控制技术，系统可实现很多级的能量调节，对其制冷能力自动进行有效调节，并根据室内空间不同情况的负荷需求，进行“按需供给”冷（热）量。从而克服了传统中央空调只能进行全开或者半开的单一调节的缺点，大量减少能量的损耗和浪费。

多联机可以实现智能化自动调节和精确控制。由于多联机系统采用了先进的温度控制技术、冷媒分配技术和智能化控制技术，系统能够根据用户的需求，精确感应室内环境的冷热负荷变化，迅速准确地做出温度调节，充分体现空调智能化的特点。

多联机是设计灵活的“一拖多”系统，多联机系统的1台室外机可连接多台室内机，并组成独立的系统；同时多联机也是一种模块组合型机组，多个系统组合在一起就构成了一个整体的系统。所以，系统具有很强的扩展性和灵活性。室外机可以任意搭配各个室内机，达到即插即用的效果，使室内机在组合使用时更方便和灵活。

多联机的控制方式多样、灵活、方便，使每个系统的室内机可以实现独立控制，成组控制和单个、多个系统的集中控制等多种模式的控制；系统还具有多种扩展功能接口，如结合计算机的应用，可实现楼宇智能化的控制与管理；而运用计算机网络技术，可实现系统的网络远程监控，所以多联机也是一种计算机化、网络化的空调系统。

多联机的室内室外机可灵活布置，并可美化环境，室内机款式多样，外形美观，在保证为用户提供最佳制冷（热）效果的同时，还能满足不同室内装修格局的需要，并对室内环境起到美化和装饰的作用。

多联机系统室内可以实现恒定温度，送风舒适。数字化控制技术的采用，使系统能够对室温进行精确的数字化调节，克服了一般空调系统由于温度波动大而给人体造成不适的缺点，而使送风倍感舒适。

多联机系统的制冷（热）速度快。由于多联机采用了一次冷媒系统，其终端依靠冷媒的相变传热进行热量交换，其能量传递效率远高于传统中央空调的二次冷媒系统。采用冷媒流量的智能化控制技术，使系统能根据用户的负荷需求，快速调节输出量实现快速制冷（热）。

系统运行稳定，可靠性高，维护简便的多联机系统，即使某个室内机出现故障，也不会影响到整个系统的正常工作，而单个系统出现故障，也不会影响到其他系统的正常运行。因此，系统无需备用设备。室外机采用了由变频涡旋压缩机与定速涡旋压缩机二合一的压缩机，有效解决了系统回油和分油不均问题，极大地提高了系统的可靠性。另外，多联机系统无需专人维护，更具有先进的故障自诊断功能，能把故障情况和部位准确地在控制器上显示出来，使维修保养变得更轻松、简便。

4. *多联分体空调的节能控制实现方法*

（1）室内机风扇电动机控制　包括直流电动机控制、抽头电动机控制和室外机发出的风量控制。控制上可设定风量为高风、中风、低风、较低风、微风五种。特别要注意的是，对风扇电动机要进行过电流保护和过热保护。

（2）室内机制冷控制　机组运行时，送风机均按照设定风量运行。

制冷运行时，设定温度为遥控器的设定温度。

根据室温控制要求，计算出相应的室外机变频器的输出频率数，并送到室外机，以控制压缩机的运行。

室外机发出冻结防止无效信号后，执行以下控制：正在执行防止冻结控制的室内机中止防止冻结控制；未执行防止冻结控制的室内机将不进入防止冻结控制；收到室外机发出冻结防止无效信号后，室内机关于防止冻结控制的计时器全部复位。

（3）室内机除湿控制　除湿运行有室温控制和湿度控制两种。在无湿度传感器时，则根据吸入温度执行室温控制。当有湿度传感器时，根据吸入的湿度执行湿度控制，湿度控制的计算每60s进行一次。

（4）室内机制热控制　制热时，根据室温控制要求，计算出相应的室外机变频器的输出频率数，并送到室外机，以控制压缩机的运行。

通常，制热运行时的设定温度为遥控器的设定温度加4℃。修正后的设定温度上限值为34℃。

制热时，送风机在除霜时以微风运行，但是当室外机发送强制风机停止信号时风机停止。

排除余热的控制：运行停止时，若吹出温度在50℃以上，风机微风运行直至吹出温度在40℃以下。

(5) 室内机摆叶控制　摆叶使用步进电动机控制，用“摆动”键控制，摆叶摆动只有在室内风机运行时有效。

摆叶有摆动、停止两种状态：

1) 停止状态下，按“摆动”键，摆叶左右持续往复摆动。

2) 运行状态下，按“摆动”键，摆叶停在当前位置。

制热期间的摆叶自动处于水平位置：在防冷风和制热温控停机时，无论设定摆叶为摆动或停止，此时摆叶都自动处于水平位置（防止冷风），该控制结束后恢复到原有的控制。

(6) 室外机压缩机频率控制　通常运行中，根据运行室内机的容量比例来设定变频器频率以满足压缩机运行。

起动时，主要采用前馈控制设定变频器的频率。运行时，通常采用前馈和反馈控制相结合来设定变频器频率。

因保护控制要求变更变频器频率时，保护控制优先。

压缩机保护控制：

1) 电流保护控制：为了避免变频器输入电流过大，需要检测变频器的二次电流值、二次电压值。此值根据接收到的变频基板的变频器输出功率换算得出。

2) 为了防止压缩机内置电动机的线圈温度上升，根据压缩机上部排气温度来决定频率的上下限。

3) 压缩比控制：为了确保压缩机供油量对压缩比下限进行控制以及防止压缩机的旋转涡旋盘脱落而要对压缩比的上限进行控制。

4) 为了防止变频器散热翅片温度过高，通过检测变频器翅片的温度进行控制。

5) 回油控制：对于特定的室内换热器、室外换热器，当制冷系统长时间使用运行时，由于油的偏流，发生滞留现象，会造成冷冻油不足，压缩机可能发生故障，为此实施回油运行控制。

(7) 室外膨胀阀控制　室外膨胀阀的保护控制：

防止吸气压力过低而进行室外膨胀阀的保护控制。

电子膨胀阀的开度有可能发生偏移，所以在制冷循环中发生故障之前会修正开度偏移，进行复位控制。

(8) 室内电子膨胀阀控制　制冷运行中，用室内机膨胀阀进行排气温度控制。而且，如果存在液旁通阀则计算液旁通阀的变化量，根据计算结果分配到室内膨胀阀上。所以，室内膨胀阀不仅进行室内机的能力控制，而且还进行排气温度控制。

室内电子膨胀阀的保护控制：防止吸气压力过低而进行室内电子膨胀阀的保护控制。

长时间使用特定的室内换热器、室外换热器的循环运行时，由于油的偏流等发生油滞留，造成冷冻机油不足可能发生压缩机故障。为了防止此类故障发生而实施回油控制。

电子膨胀阀的开度有可能发生偏移，所以在制冷循环中发生故障之前会修正开度偏移，进行复位控制。

(9) 室外风机控制　制冷运行的室外风机在以一定的转速，开始运行一定时间（如10s）后，根据室外环境温度的情况转入相应的控制，也就是转入相应的运行档级。

除霜运行中室外风机停止，但是除霜结束条件满足时，室外风机以100%风量起动。

（10）异常控制　异常控制包括：高压保护装置动作控制、室内机间通信异常控制、变频基板间通信异常控制、电源相序异常控制、变频器电压异常控制、压缩机温度过高异常控制、高压压力传感器异常控制、环境温度传感器异常控制、压缩机上温度传感器异常控制、低压压力传感器异常控制、与其他室内机通信异常控制、室内机地址设定错误异常控制、压比过低异常控制、低压压力上升异常控制、高压压力上升异常控制、高压压力过低异常控制、低压压力过低异常控制、变频器电流传感器异常控制、变频器过电流异常控制、变频器模块保护动作控制、变频器模块温度异常控制、变频器其他异常控制、室外风扇电动机异常控制、防止膨胀阀开度偏移控制、瞬时停电控制、短时间停电控制、压缩机保护警报控制。

7.3　暖通空调节能控制的优化技术

目前，在暖通空调系统的实际运行中，普遍采取的自动控制技术水平较低，远没有达到集约化、高能效运行控制的程度。所以，依靠自动控制的先进技术进行暖通空调系统的全局性、最优化节能控制，使暖通空调系统高能效运行，对目前所提倡的节约能源来说，具有非常重大的现实意义。

现状是：一方面，人们往往只是把目光集中在局部耗能设备的节能上，这样往往会造成"盲人摸象"的情况出现。即可能在某些局部耗能设备上（如制冷机组）节约了能源，但同时引起其他耗能设备（如水泵或风机）的能耗增加，使系统的总能耗不仅没有减少，反而增加。这种情况在目前的暖通空调系统中大量存在。所以，不应该只把目光盯在局部个别设备（如压缩机、水泵或风机）的节能上，而应从全局性、系统化的角度出发，对整个系统进行节能。只有整个系统节能了，才是真正意义上的节能。另一方面，有时人们提到的"全局性""优化控制"往往针对局部耗能设备或"非全变频"系统（即系统中并非所有的耗能设备都能进行变频控制，例如水泵控制靠改变水泵运行台数实现），而"全局性"优化控制的前提是所有耗能设备的"全变频"控制（即耗能设备采用连续量、模拟量控制，而不是低层次的开关量控制）。从自动控制的角度看，如果做不到制冷机组、水泵、风机等所有耗能设备的"全变频"，就根本无法实现真正意义上的"全局性"优化控制。针对"非全变频"系统的所谓"全局性""优化控制"，往往不符合甚至违背了采用"全局性"最优化控制的前提条件，因此缺乏实际应用价值。

而目前更为普遍的情况是，人们往往只是把目光集中在局部耗能设备的节能上，而很少从全局性、系统化的角度进行地源热泵空调系统的最优化节能控制。有时虽然在某些局部设备上节省了能源，但引起其他耗能设备的能耗增加，结果导致总能耗不仅没有减少，反而增加。

例如，在对热泵机组压缩机、水泵、风机都可进行变频控制的情况下，在冬季，当地源热泵机组为用户提供空调系统的热水时，假设空调系统的热负荷不变，并且流过蒸发器的地下循环水流量不变（即地下水变频循环泵的能耗不变），此时若变频热泵机组的冷凝温度偏高，则热泵机组压缩机的能耗增加。如果采用恒定出水温度控制，此时为了保持冷凝器出口的热水温度不变，用户热水输送水泵的流量会增大，则热水输送水泵的能耗增加，继而当热水通过空气/热水换热器交换热量时，由于热水温度不变、热水流量增大而空调系统热负荷不变，那么，空气侧的变频风机的转速将下降，意味着风机的能耗将会相应下降。在这一过程中，变频热泵机组压缩机的能耗增加，地下水变频循环泵的能耗不变，用户热水变频输送水泵的能耗增加，变频风机的能耗减少。而地源热泵空调系统中的热泵机组、地下水循环泵、用户热水输送水泵、风机的功率不一样，这些耗能设备的数量也不一样。那么，系统中所有热泵机组、地下水循环泵、用户热水输送水泵、风机等耗能设备的总能耗究竟是降低了，还是增加了，就需要进行进一步的判断和分析。不能仅仅因为热泵机组的能耗或某些水泵的能耗增加了，就认为总能耗增加了；也不能仅仅因为风机的能耗减小了，就认为总能耗减小了。

相反，在对热泵机组压缩机、水泵以及风机都可进行变频控制的情况下，在冬季，当地源热泵机组为用户提供空调系统的热水时，假设系统的热负荷不变，并且流过蒸发器的地下循环水流量不变（即地下水变频循环泵的能耗不变），此时若变频热泵机组的冷凝温度偏低，则热泵机组压缩机的能耗减少。如果采用恒定出水温度控制，此时为了保持冷凝器出口的热水温度不变，用户热水输送水泵的流量会减少，则该水泵的能耗减小。继而当热水通过空气/热水换热器交换热量时，由于热水的温度不变、热水流量减少而空调热负荷不变，那么，空气侧的变频风机的转速将增大，意味着风机的能耗将会相应增加。在这一过程中，变频热泵机组压缩机的能耗减少，地下水变频循环泵的能耗不变，用户热水输送水泵的能耗减少，变频风机的能耗增加。而热泵机组、地下水循环泵、用户热水输送泵、风机的功率不一样，这些耗能设备的数量也不一样。那么，系统中热泵机组、地下水循环泵、用户热水输送泵、风机等所有耗能设备的总能耗究竟是降低了，还是增加了，就需要进行进一步的判断和分析。不能仅仅因为热泵机组的能耗或某些水泵的能耗减少了，就认为总能耗减少了；也不能仅仅因为风机的能耗增加了，就认为总能耗增加了。

即在负荷不变的情况下，如何将能耗合理地分配在热泵机组压缩机、地下水循环泵、用户热水输送水泵、风机等耗能设备上，使系统的总能耗最低，是非常值得研究的问题。

所以，要对热泵机组、地下水循环泵、用户热水输送水泵、风机等所有耗能设备的运行进行全局性最优化节能控制，即在满足用户需求的前提下，使热泵机组、地下水循环泵、用户热水输送水泵、风机等所有耗能设备的总能耗最低，这种全局性最优化控制对“全变频”地源热泵空调系统的节能来说，具有非常重要的现实意义。

当然，系统的热负荷是动态变化的，即对任一时刻的负荷，都存在如何将能耗合理地分配在热泵机组压缩机、地下水循环泵、用户热水输送水泵、风机等耗能设备上，使系统的总能耗最低的问题。也就是说，由于负荷是变化的，对热泵机组、地下水循环泵、用户热水输送水泵、风机的全局性最优化节能控制是动态进行的，随着负荷的变化处于动态进行的过程中。目的是在满足用户需求的前提下，使热泵机组、地下水循环泵、用户热水输送水泵、风机等所有耗能设备运行的总能耗最低。

对于夏季制冷运行时也可以得到类似的结论。

从以上分析可以看出，热泵机组、地下水循环泵、用户侧循环水泵、风机等所有耗能设备之间存在全局性最优化节能控制的问题，即在满足需求的前提下，使能耗合理地分配在热泵机组、地下水循环泵、用户侧循环水泵、风机等所有耗能设备上，使其总能耗最低。另外，地源热泵空调系统在实际运行中，由于负荷是动态变化的，对任一负荷，都要对热泵机组、地下水循环泵、用户侧循环水泵、风机等所有耗能设备进行全局性最优化节能控制，即在该负荷状态下，使热泵机组、地下水循环泵、用户侧循环水泵、风机等所有耗能设备的总能耗最低。也就是说，对热泵机组、地下水循环泵、用户侧循环水泵、风机等所有耗能设备的全局性最优化控制随着负荷的变化是动态进行的，处于不断变化的过程当中。

7.3.1 全局性优化技术的基本原理

1. 被控系统的数学模型

下面以暖通空调系统为例，说明“全局性”优化技术的基本原理。

暖通空调系统中多个耗能设备的数学模型的建立：

暖通空调系统的模型反映了暖通空调系统的操作性能与约束条件，是实现最优化控制的关键依据。要对暖通空调系统实现计算机最优化控制，必须首先了解暖通空调系统的运行规律。这种运行规律的数学描述就是数学模型。根据对象的不同特点，数学模型可以有不同的形式。一般而言，暖通空调系统中一些参数是分散且不均匀的（如空调房间的室温），数学描述这种对象中参数变化的规律有很大困难。所以为了简化问题总是把调节对象看成具有集中参数的理想对象。数学模型是从分析暖通空调系统运行过程的内在机理出发，借助于基本物理定律、数学工具和现场实验数据而建立的，用这种方法建立的数学模型比较符合客观实际又便于工程实践，所以经常被采用。

由于暖通空调系统是运行过程错综复杂的控制对象，往往不能用单纯的理论方法建立数学模型，在善于总结操作人员现场经验的基础上，分析实验数据，归纳出经验公式，作为初步建立的数学模型，然后再通过多次试验修正完善，这是建立数学模型的有效途径。

暖通空调系统中数量众多的耗能设备分别有自己的数学模型，且在暖通空调系统中热泵机组、水泵、风机的功率和数量各不相同。这些数学模型分别与相关流体（如制冷剂、水、空气等）的温度、压力、流量、湿度等参数相关，准确地建立数量众多的耗能设备运行（热泵机组、水泵、风机等）的数学模型是非常关键的，这直接决定着全局性最优化节能控制系统的性能。所以，这些数学模型的准确建立是十分重要的。

2. 系统变量受到的约束

最优化控制模型在最优化控制中占有举足轻重的地位。仅仅建立暖通空调系统中各个耗能设备的数学模型是不够的，还需要在暖通空调系统运行过程的约束条件下，建立最优化控制模型，然后求解得到优化工况下的一组关键操作变量，作为下层多个控制回路的控制参数，进行多回路闭环优化控制。

1）目标函数。目标函数是衡量暖通空调系统运行过程优劣的一种性能指标，对暖通空调系统来说，就是所有耗能设备的总能耗。目标是使总能耗最低。目标函数通常以 J 表示，它是 n 维操作变量向量 $\boldsymbol{x}$ 的函数，其一般形式为：$J=F(\boldsymbol{x})$，式中，$\boldsymbol{x}=(x_1, x_2, \cdots, x_n)^{\mathrm{T}}$。

目标函数的形式要视暖通空调系统的具体情况而定，它可以是线性函数，也可以是非线性函数。优化问题的实质是求出在满足约束条件下使目标函数 J 成为最大值或最小值的操作变量 $\boldsymbol{x}$ 值。对于暖通空调系统来说，J 就是暖通空调系统中所有耗能设备的总能耗。最优化控制的目标是在满足用户需求的前提下，使 J 最小。

2）在求解目标函数的最优解时，变量 $\boldsymbol{x}$ 的取值范围一般都要受到客观条件和主观能力的限制，这种限制称为约束条件。

最优控制方法可分为有约束和无约束两大类。在暖通空调系统的实际运行过程中，几乎所有的优化目标都受到各种约束条件的限制，超出了这些限制，不但不能得到最好的效益，甚至会破坏暖通空调系统的安全运行，造成极大的损失。实际运行过程中的设备负荷、运行能力、控制品质等，构成了最优化控制问题的约束条件。

约束条件既可用一组数据表示，也可用一组函数式表示。约束条件有等式约束和不等式约束两种类型。

① 不等式约束条件。运行过程操作优化的不等式约束条件，主要为过程变量 $\boldsymbol{x}$ 的不等式约束，一般表示为：$g(x_1, x_2, \cdots, x_n) \leqslant 0$（或$\geqslant 0$）。

② 等式约束条件。运行过程操作优化的等式约束条件，一般包括由各种平衡方程组成的数学模型等，表示为：$h(x_1, x_2, \cdots, x_n)=0$。

满足约束条件的方案集合，构成了优化问题的可行域。可行域中的方案为可行方案。因此，最优化控制问题是在可行域中寻求使目标函数达到最大值或最小值的工况操作点，这样的点称为最优化控制的最优解。

3. 系统的性能指标

最优化控制模型一般可表示为下列一般数学形式：

目标函数：$\min J=F(\boldsymbol{x})$ 或 $\max J=F(\boldsymbol{x})$，式中，$\boldsymbol{x}=(x_1, x_2, \cdots, x_n)^{\mathrm{T}}$。

约束条件：

$$h(x_1, x_2, \cdots, x_n)=0$$
$$c(x_1, x_2, \cdots, x_n)=0$$
$$g(x_1, x_2, \cdots, x_n)\geqslant 0$$

要进行最优化控制，首先将需要优化的目标函数和应满足的约束条件汇总，构成条件极值问题，再应用线性规划、非线性规划或其他优化方法，求取目标函数的最优解，以求取最优控制决策，实施对暖通空调系统运行过程的优化操作或最优化控制。

从以上分析可以看出，仅仅建立数量众多的热泵机组、水泵、风机等耗能设备各自的数学模型是不够的，还需要建立全局性、最优化控制模型，该模型将地源热泵空调系统的多个操作变量与系统的所有耗能设备的总能耗联系起来，把各个耗能设备的数学模型寓于整个暖通空调系统的经济模型（总能耗）之中，这是实现暖通空调系统全局性最优化控制的核心和关键。

7.3.2 遗传算法在暖通空调节能优化控制中的应用

建立了暖通空调系统的最优化控制模型后，就需要选择优化算法，以求取最优解。对于最优化控制问题，最终可以转化为求解满足约束条件下的目标函数的极值问题，即条件极值问题。对于暖通空调系统来说，就是求取最优解，使系统中所有耗能设备的总能耗最低。

一般来说，暖通空调系统最优化控制问题是一个非线性规划问题，求解非线性数学规划问题的方法很多，典型的有广义下降梯度法、逐次二次规划法以及不可行路径法等。但是，多数传统方法都是基于目标函数和约束条件的梯度信息来产生一个优化解序列，而且，当函数条件发生变化时，此类优化算法易于使解序列陷入局部极值点或不可行。有约束的非线性规划问题，虽然其目标函数简单，但是作为约束条件的控制对象，其严格机理模型却是一组高维非线性迭代方程，其约束变量与决策变量之间往往存在着隐式的强非线性关系。

由于所需的梯度信息很难用规则的、显式的数学形式给出，而采用差分法求取则将使计算量迅速增加，因此，传统优化算法在求解复杂系统优化问题时有时会遇到很大困难。目前，根据某些最优化控制问题的操作特点（如寻优范围较窄、寻优方向明确），优化算法以非线性规划中的变量轮换法为基础，构造了一种直接搜索算法来逐次逼近优化问题的最优解，并得到了成功的应用。此外，遗传算法的发展为求解大规模复杂非线性优化问题提供了新的方法和工具。

总之，求解全局性最优化控制问题的优化算法有多种，对于所建立的全局性、最优化控制模型，选择可靠性高、实用性好的优化算法是非常重要的。该优化算法通过寻求最优解，在满足用户对空调系统需求的前提下，使地源热泵空调系统中的热泵机组、水泵、风机等所有耗能设备的总能耗最低，实现真正意义上的全局性最优化控制。

1. 遗传算法的基本原理

遗传算法和遗传规划是一种新兴的搜索寻优技术。它仿效生物的进化和遗传，根据“优胜劣汰”原则，使所要求解决的问题从初始解逐步地逼近最优解。在许多情况下，遗传算法明显优于传统的优化方法。该算法允许所求解的问题是非线性的和不连续的，并能从整个可行解空间寻找全局最优解和次优解。同时其搜索最优解的过程是有指导性的，避免了一般优化算法的维数灾难问题。遗传算法的这些优点随着计算机技术的发展，在控制领域中将发挥越来越大的作用。

研究表明，遗传算法是一种具有很大潜力的结构优化方法。它用于解决非线性结构优化、动力结构优化、形状优化、拓扑优化等复杂优化问题，具有较大的优势。

（1）遗传算法特点　遗传算法（Genetic Algorithm）是模拟达尔文的遗传选择和自然淘汰的生物进化过程的计算模型，是一种通过模拟自然进化过程搜索最优解的方法，遗传算法与传统的优化算法相比，主要有以下特点：遗传算法以决策变量的编码作为运算对象；遗传算法直接以适应度作为搜索信息，无需导数等其他辅助信息；遗传算法使用多个点的搜索信息，具有隐含并行性；遗传算法使用概率搜索技术，而非确定性规则。

（2）遗传算法的应用　由于遗传算法的整体搜索策略和优化搜索方法不依赖于梯度信息或其他辅助知识，而只需要影响搜索方向的目标函数和相应的适应度函数，所以遗传算法提供了一种求解复杂系统问题的通用框架，它不依赖于问题的具体领域，对问题的种类有很强的鲁棒性，所以广泛应用于许多科学领域，主要应用领域有函数优化、组合优化、生产调度问题、自动控制、机器人学、图像处理、人工生命、遗传编码和机器学习等方面。所以，在最优化控制技术中选择遗传算法作为优化算法是一种较为可行的途径。

2. 遗传算法的实现步骤

（1）编码　遗传算法在进行搜索之前先将解空间的解数据表示成遗传空间的基因型串结构数据，这些串结构数据的不同组合便构成了不同的点。

（2）初始群体的生成　随机产生 N 个初始串结构数据，每个串结构数据称为一个个体，N 个个体构成了一个群体。遗传算法以这 N 个串结构数据作为初始点开始迭代。

（3）适应性值评估检测　适应性函数表明个体或解的优劣性。不同的问题，适应性函数的定义方式也不同。

（4）选择　选择的目的是从当前群体中选出优良的个体，使它们有机会作为父代来繁衍下一代。遗传算法通过选择过程体现这一思想，进行选择的原则是适应性强的个体为下一代贡献一个或多个后代的概率大。选择实现了达尔文的适者生存原则。

（5）交换　交换操作是遗传算法中最主要的遗传操作。通过交换操作可以得到新一代个体，新个体组合了其父辈个体的特性。交换体现了信息交换的思想。

（6）变异 变异首先在群体中随机选择一个个体，对于选中的个体以一定的概率随机地改变串结构数据中某个串的值。同生物界一样，遗传算法中变异发生的概率很低，通常取值在0.001～0.01之间。变异为新个体的产生提供了机会。

7.4 公共建筑计算机网络能耗统计与管理技术

7.4.1 公共建筑计算机网络能耗统计技术

1. 公共建筑计算机网络能耗统计的背景

为了提高建筑能源管理水平，进一步节约能源、降低能源和水资源消耗、合理利用资源，以政府办公建筑和大型公共建筑的运行节能管理为突破口，建立既有政府办公建筑和大型公共建筑运行节能监管体系，提高政府办公建筑和大型公共建筑整体运行节能管理水平，我国正在积极推行政府办公建筑和大型公共建筑能耗统计和审计工作。

政府办公建筑和大型公共建筑能耗数据采集是一种建筑节能的管理方法，其主要内容是采集政府办公建筑和大型公共建筑的能耗数据，并根据采集的能耗数据确定重点用能单位，制定每类重点用能单位的用能定额，并作为用能管理的依据，同时对政府办公建筑和大型公共建筑的能耗分项计量和对节能改造给予指导和协助。

政府办公建筑和大型公共建筑能耗统计、审计工作中的一个重要环节就是对大型公共建筑能耗状况进行计量监控，包括对各个耗能子系统计量的合理划分等，并对其数据通过网络进行传输。

2. 公共建筑能耗统计中的计算机网络技术介绍

公共建筑能耗统计中的数据传输网络的功能就是对数据的传输和处理。现代电子技术和通信技术的日新月异的发展，给数据的传输和处理提供了多种传输模式，有线的、无线的或者是这些方式的综合运用。

从终端计量仪表（如电表、燃气表等）到数据管理中心，大致可以分为两级：

第一级，把一栋或几栋楼的终端计量仪表数据收集到一个地方，起这种作用的设备称之为“集中器”。

第二级，从“集中器”到数据管理中心。

（1）第一级：集中器 第一级的集中器包括微处理器、存储器、收发信机、电源和对外数据接口。

集中器负责传输数据中心的数据、指令信息，收集网络终端计量仪表的数据并及时上传。从终端计量仪表到集中器数据的传送可用无线方式或有线方式。

1）电力线载波作为传输信道。电力线载波（Power Line Carrier，PLC）通信是利用高压电力线（通常指35kV及以上电压等级）、中压电力线（指10kV电压等级）或低压配电线（380/220V用户线）作为信息传输媒介进行数据传输的一种特殊通信方式。近年来，高压电力线载波技术突破了仅单片机应用的限制，已经进入了数字化时代。并且，随着电力线载波技术的不断发展和社会的需要，中/低压电力线载波通信的技术开发及应用出现了方兴未艾的局面。

电力线载波（PLC）是电力系统特有的通信方式，电力线载波通信是指利用现有电力线，通过载波方式将模拟或数字信号进行高速传输的技术。最大特点是不需要重新架设网络，只要有电线，就能进行数据传递。

然而，电力线是给用电设备传送电能的，而不是专门用来传送数据的，所以电力线对数据传输有如下限制：

① 配电变压器对电力载波信号有阻隔作用，所以电力载波信号只能在一个配电变压器区域范围内传送。

② 三相电力线间有很大信号损失（10 ~ 30dB）。通信距离很近时，不同的各相之间可能会收到信号。一般电力载波信号只能在单相电力线上传输。

③ 电力线存在本身固有的脉冲干扰。

④ 电力线对载波信号造成高削减。

⑤ 电力线上存在高噪声。电力线上接有各种各样的用电设备，阻性的、感性的、容性的，有大功率的、小功率的。各种用电设备经常频繁开闭，就会给电力线带来各种噪声干扰，而且幅度比较大。

⑥ 电力线引起数据信号变形。

2）RS-485 总线。RS-485 标准是美国 EIA（电子工业联合会）公布的串行通信协议。它传输距离长、速度快、抗干扰性能好，广泛应用于各种工业、楼宇、能源等领域。在实际应用中，许多电能计量仪表都带有 RS-485 接口。

随着数字技术的发展和计算机日益广泛的应用，在要求通信距离为几十米到上千米时，广泛采用 RS-485 收发器。RS-485 收发器采用平衡发送和差分接收，因此具有抑制共模干扰的能力，加上接收器具有高的灵敏度，能检测低达 200mV 的电压，故传输信号能在千米以外得到恢复。

RS-485 支持半双工或全双工模式。网络拓扑一般采用终端匹配的总线型结构，不支持环形或星形网络，最好采用一条总线将各个节点串接起来。从总线到每个节点的引出线长度应尽量短，以便使引出线中的反射信号对总线信号的影响最低。

RS-485 总线很适合几十米到上千米短中程距离的通信，一对双绞线就能实现多站联网构成分布式网络，它具有硬件简单、控制方便、成本低廉、接收灵敏度高、抗共模干扰能力强、总线负载能力强（128 ~ 400 个设备）的优点。但其在抗干扰、自适应通信效率方面仍存在一些缺陷。特别是在开通初期，因具体环境条件的不同，会遇到种种问题，维护人员需要较高的技术水平特别是实践经验。

3）M-BUS 总线。Meter-BUS 总线简称 M-BUS 总线。M-BUS 是专门为计量仪器仪表设计的，在建筑物和工业能源消耗数据采集具有多方面的应用。在欧洲，户用仪表的通信方式以 M-BUS 为主，它可以解决多节点、长距离的通信问题。目前国内诸多大型水、电、气、热表企业已采用或拟采用 M-BUS 总线通信技术。

M-BUS 是一种低成本的一点对多点的总线通信系统，具有通信设备容量大（250 个从站）、通信速率高、成本低、设计简单、布线简便（无极性可任意分支，普通双绞线）、抗干扰能力强的特点。M-BUS 总线通信系统可广泛应用于三表集抄、智能家庭控制网络、消防报警及联动网络、小区智能化控制网络、中央空调控制系统等。

M-BUS 是欧洲标准的总线，主要用于消耗性测量仪器的数据传输。M-BUS 在建筑物和工业能源消耗数据采集有多方面的应用，其最大的特点是无极性、两线工作、能极大地节省现场工作量。

M-BUS 是专门为消耗测量仪器和计数器传送信息的数据总线设计的。它的信息传送量是专门为满足其应用而限定好的，它具有使用价格低廉的电缆而能够长距离传送的特点。M-BUS 不会被其他数据总线取代，相反它用于传送计数器读数是最安全和价廉的。M-BUS 能够适应电网电压起伏不定的波动。

M-BUS 的总线拓扑结构灵活多样，可以是直线形、环形、星形或这几种的混合形，各设备与总线连接无极性，具有防接错功能，连接方便，中心可判断各分设备工作状态。M-BUS 的中心可向总线上各设备提供电源，最适合“无源”表的工作状态。

M-BUS 对中心的总线电源可靠性要求高，因各分设备工作依赖总线电源，总线电源一旦出问题，全系统瘫痪。解决办法：总线电源可做成双备份的。

4）利用已有的通信网络。利用已有的通信网络，例如公用电话线、公用宽带网络。此种方法的通信可靠性很高，不需要铺设专用网络。目前利用公用通信网络的实施较难，但应该是将来发展方向。

5）基于 ZigBee 技术的无线传输方式。ZigBee 是一种无线连接技术的商业化命名，该无线连接技术主要解决低成本、低功耗、低复杂度、低传输速率、近距离的设备联网应用。

ZigBee 技术特点：

① 设备省电。ZigBee 技术采用了多种节电的工作模式，可以确保电池有较长的使用时间。

② 通信可靠。ZigBee 采用了 CSMA-CA 的冲突避免机制，同时为需要固定带宽的通信业务预留了专用时隙，避免了发送数据时的竞争和冲突；MAC 层采用了完全确认的数据传输机制，每个发送的数据包都必须等待接收方的确认信息。

③ 网络的自组织、自愈能力强。ZigBee 的自组织功能：无需人工干预，网络节点能够感知其他节点的存在，并确定连接关系，组成结构化的网络。ZigBee 自愈功能：增加或者删除一个节点，节点位置发生变动，节点发生故障等，网络都能够自我修复，并对网络拓扑结构进行相应的调整，无需人工干预，保证整个系统仍然能正常工作。具备自组织、自愈能力的无线通信网络是自动抄表系统理想的通信方式。

④ 成本低廉。设备的复杂程度低，且 ZigBee 协议是免专利费的，这些可有效降低设备成本；ZigBee 的工作频段灵活，是免执照频段的 2.4GHz，是没有使用费的无线通信。

⑤ 网络容量大。一个 ZigBee 网络可以容纳最多 254 个从设备和一个主设备，一个区域内可以同时存在 200 多个 ZigBee 网络。

⑥ 数据安全。ZigBee 提供了数据完整性检查和鉴权功能，加密算法采用 AES-128，同时各个应用可以灵活确定其安全属性。

（2）第二级：从“集中器”到数据管理中心　这一级一般距离较远，数据的传输可分几种：

1）专用信道。利用专门架设的无线通信网络来传输数据，其结构如图 7-16 所示。

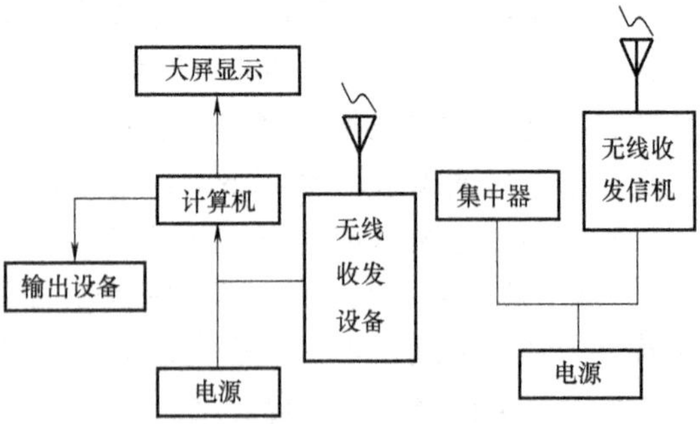

图 7-16　专门架设的无线通信网络示意图

其优点为：建网自主灵活。缺点：设备投资大，维护工作量大，维护成本较高，需申请专用无线信道。

2）通过电话、宽带网络传输数据。各集中器与中心通过电话线及电信局交换机进行联络通信。

此法优点为：电话的普及接线相对方便灵活。

缺点为：①电话要交月租费，而每个月的通信量或时间很少，造成浪费；②当集中器数量到一定量时，拨号时间占用抄表总时间相对长。

3）通过宽带网络传输数据。在某个集中器处建立一个公用网络的通信终端，相当于一个拥有IP地址的计算机，向上与数据中心进行数据通信。

4）利用移动通信网络。目前移动通信提供了多种数据服务，例如GSM、GPRS、CDMA1X等。图7-17所示为基于GPRS网的无线通信网络。

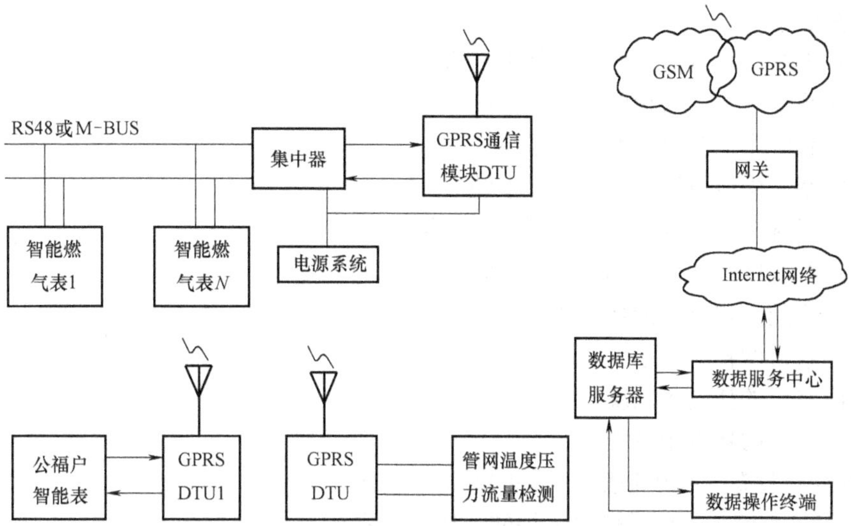

图7-17 基于GPRS网的无线通信网络示意图

（3）数据中心 数据中心分为数据服务中心、操作终端和数据库服务器三部分。

1）数据服务中心。进行操作终端与采集器之间数据传输，并对采集器进行监控，数据服务中心必须与公网相连，最好有一个固定的IP地址，运行时与操作终端和数据库服务器进行连接，转发操作终端发送的指令和采集器返回的信息。当采集器自检到有异常情况时（如基表计数器不计数、剩余量小于零等）自动向数据服务中心报告，数据中心做出相应的处理并进行报警（方式可根据设置，在数据服务中心报警或发到相应的操作终端等）。

2）操作终端。数据操作终端可以是一个也可以是多个，数据库服务器通过网络收集所有小区用户信息并予以保存。数据操作终端通过自己的管理平台对数据进行分析处理输出，还可通过数据服务中心向各个小区集中器甚至某一个具体用户发送用户购买量数据、监控用户表阀门开关的命令、遥测其工作状态等。操作终端通过局域网与数据库服务器和数据服务中心连接，完成开户、传递参数、充值、控制阀门、查询、统计报表等各种操作；远程操作终端通过GPRS模块与数据服务中心进行数据通信，由数据服务中心进行数据库的操作。

3）数据库服务器。数据库服务器主要存储系统数据，如用户资料、购买记录等。

总之，各种数据传输方案各有利弊、应用灵活，应根据具体情况进行设计，才能实现系统稳定、功能强大的建筑能耗统计数据传输系统。

3. 公共建筑能耗子系统的划分

（1）建筑能耗子系统的划分　按照所耗能源种类的不同，建筑能耗系统可以划分为耗电子系统、耗油子系统、燃气子系统和蒸汽子系统。各个子系统的构成如下：

1）耗电子系统：

① 空调系统中制冷机耗电子系统。

② 空调系统中冷冻水泵耗电子系统。

③ 空调系统中冷却水泵耗电子系统。

④ 空调系统中冷却塔风机耗电子系统。

⑤ 空调系统中空调箱风机耗电子系统。

⑥ 空调系统中风机盘管耗电子系统（在很多情况下风机盘管的耗电并入房间用户电量的耗电子系统）。

⑦ 电梯系统中垂直输送电梯的耗电子系统。

⑧ 电梯系统中自动扶梯的耗电子系统。

⑨ 电梯系统中消防电梯的耗电子系统。

⑩ 照明系统中应急照明的耗电子系统。

⑪ 照明系统中公共区域照明的耗电子系统。

⑫ 照明系统中泛光照明的耗电子系统。

⑬ 各个房间用户电量的耗电子系统。

⑭ 消防水泵的耗电子系统。

⑮ 生活水泵的耗电子系统。

⑯ 污水水泵的耗电子系统。

2）耗油子系统：主要是燃油锅炉的耗油子系统。

3）燃气子系统：主要是燃气锅炉的耗燃气子系统。

4）蒸汽子系统：主要是吸收式制冷机的耗蒸汽子系统。

（2）通信节点接口与传感器、电能表的接口相结合

1）电能表的通信接口：针对电能表的通信接口，应采用相应的通信节点与电能表相配套，使来自电能表的通信数据能够进入数据传输网络进行传输。

2）燃油流量传感器的接口：由于该传感器的输出为4～20mA标准信号，所采用的通信节点应具有模/数（A/D）转换功能，首先通过A-D转换功能将4～20mA的模拟信号转换为数字信号，再将该数字信号在数据传输网络中进行传输。

3）燃气流量传感器的接口：所采用的通信节点应具有模/数（A/D）转换功能，首先通过A-D转换功能将4～20mA的模拟信号转换为数字信号，再将该数字信号在数据传输网络中进行传输。

4）蒸汽流量传感器的接口：所采用的通信节点应具有模/数（A/D）转换功能，首先通过A/D转换功能将4～20mA的模拟信号转换为数字信号，再将该数字信号在数据传输网络中进行传输。

4. 公共建筑能耗统计的计算机网络实现方法

1）首先确定电能表、传感器的加装位置和个数。

2）将电能表、传感器与合适的数据传输通信节点相结合，并分布到合适的位置。

3）将各个耗能终端仪表的数据传输到数据集中器。

4）将各个数据集中器的数据传送到数据中心。

5）基于无线通信节点的建筑能耗统计系统结构示意图如图 7-18 所示。

从图 7-18 中可以看出，各个电能表、传感器定时采集到的数据，通过相应的数据接口与通信节点相连接，发送到数据传输网络中。数据集中器接收到各个节点发送来的数据，这些数据定期通过远程网络发送到数据中心。

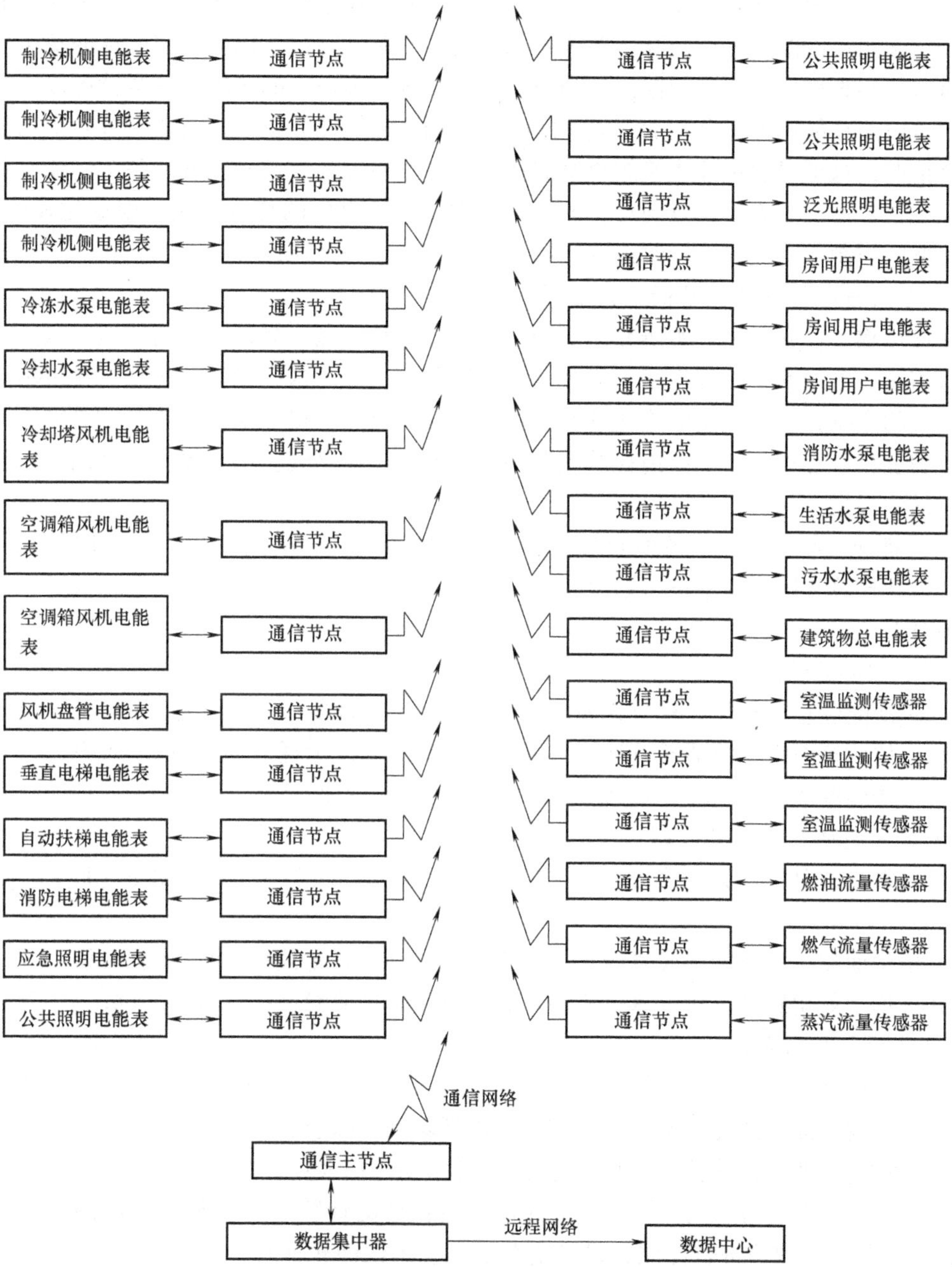

图 7-18　基于无线通信节点的建筑能耗统计系统结构示意图

6）方案的改进、优化：尽可能利用BAS的信号和数据：由于现在很多政府办公建筑和大型公共建筑建立了BAS（Building Automation System），所以有些数据（如燃油、燃气、蒸汽传感器的数据）可直接从BAS中获取，而不必重新加装燃油、燃气、蒸汽传感器等。对于能在BAS获得的数据尽量从BAS中获得，以节省成本。

7.4.2 公共建筑计算机网络能耗管理技术

对公共建筑进行能耗分析，是实现建筑节能及对其进行能耗诊断的重要步骤，该能耗分析应该从全局的角度开始，逐步进入局部分析的方面。在全局的分析中，先要把涉及的所有能源种类按照一次能源进行换算，并按照二氧化碳排量进行换算以及按照能耗的费用进行换算；再以该换算后的数据为依据，与同类型的建筑进行多角度的比较，这样就可以发现所研究的建筑目前在能耗方面存在的问题和缺陷。在局部的能耗分析中，需要了解各个用能设备的能耗情况，这可以通过该建筑的建筑能耗分项计量系统来完成和实现。各个用能设备的能耗情况是否合理，这需要比较同类型的建筑中类似能耗设备的耗能情况，根据比较的结果，采取必要的控制、管理和节能改造方法和技术以实现相关耗能设备的节能。

1. 首先确定相关建筑物的全局性能耗情况

在该步骤，首先要了解所研究建筑物的基本参数和信息，如该建筑物的地理位置、基本功能和用途、占地面积、容积率、建筑面积、使用面积等，这些参数和信息对建筑物的能耗具有很大的影响，因此，搞清这些参数信息是非常重要的。接下来，还要对建筑物所使用的能源种类进行统计和分类，如消耗的能源种类是电，还是燃气？还是煤？还是油？以及各能源种类的消耗量。

（1）把建筑物所消耗的各种能源按照消耗数量转换成一次能源的数量　把各不同种类的能源消耗换算为统一的单位，依次实现一次能源的换算、二氧化碳排放量的换算、能耗花费的换算。

1）一次能源的换算。

① 一次能源总消耗量计算公式为：煤(标煤)＋电(标煤)＋燃油(标煤)＋燃气(标煤)。

② 单位建筑面积能源消耗量计算公式为：一次能源总消耗量/建筑物总面积。

③ 人均能源消耗量计算公式为：一次能源总消耗量/建筑物内总人数。

2）二氧化碳排放量的换算。

① 二氧化碳总排放量公式为：煤排放(kg)＋电排放(kg)＋燃油排放(kg)＋燃气排放(kg)。

② 单位面积二氧化碳排放量计算公式为：总二氧化碳排放量/建筑物总面积。

③ 人均二氧化碳排放量计算公式为：总二氧化碳排放量/建筑物内总人数。

3）能耗花费的换算。

① 建筑能耗总花费公式：煤花费(元)＋电花费(元)＋燃油花费(元)＋燃气花费(元)。

② 单位建筑面积能耗花费计算公式：总能耗花费/建筑物总面积。

③ 人均能耗花费计算公式：总能耗花费/建筑物内总人数。

（2）全局性建筑物能耗分析　把上述步骤所得到的计算结果与相同地区的类似用途和功能建筑物的平均数值进行比照，以确定总能耗、单位面积能耗、人均能耗是否存在问题；二氧化碳总排放量、单位面积二氧化碳排放量、人均二氧化碳排放量是否存在问题；建筑能耗总花费、单位建筑面积能耗花费、人均能耗花费是否存在问题以及是否需要改进。

2. 所研究的建筑物中各个用能设备的能耗情况

根据分项能耗统计结果，获得和了解各个能耗设备的能耗状况；与同类建筑比较，分析各个能耗设备的耗能情况是否存在问题以及是否存在需要改进的地方；针对存在的问题，提出节能控制、管理方案或节能改造方案。

思 考 题

1. 热网监控系统的现场控制器的主要功能有哪些？
2. 热力站基本参数中温度、压力的控制是如何实现的？
3. 区域锅炉房的监控功能包括哪些部分？
4. 供暖锅炉的节能控制方式有哪两种？其具体实现方式是什么？
5. 供暖锅炉运行控制策略有哪些？
6. 变风量空调系统区别于其他空调形式的优势主要体现在哪几个方面？
7. 变风量空调系统的常用控制方式有哪些？
8. 变风量空调系统中为何要采用串级控制系统结构？串级控制系统的特点有哪些？
9. 变风量空调系统的分布式控制网络系统中的集散控制系统（DCS）的特点有哪些？
10. LonWorks 技术的主要特点有哪些？
11. 对应七层 OSI 参考模型，LonTalk 协议为每层提供的服务有哪些？
12. 请尝试一下采用动态数据交换（DDE）协议，使不同的软件之间（如 VB 与 VC）交换变量数据。
13. 中央空调冷冻水系统的节能控制有哪些内容？
14. 中央空调冷却水系统的节能控制有哪些内容？冷却水回路水泵控制中的在线匹配调节的核心思想是什么？
15. 公共建筑能耗统计中的数据中心由哪三部分组成？各部分的功能有哪些？

参考文献

[1] 赵哲身. 智能建筑控制与节能 [M]. 北京：中国电力出版社，2007.
[2] 王再英，韩养社，高虎贤. 智能建筑：楼宇自动化系统原理与应用 [M]. 北京：电子工业出版社，2011.
[3] 商利斌. 建筑设备控制技术 [M]. 徐州：中国矿业大学出版社，2010.
[4] 董维岫，目耀军，史登峰，等. 集中供热系统节能控制技术 [J]. 建筑热能通风空调，2005，24（5）：73-76.
[5] 石英. 小区集中供热系统节能研究 [D]. 北京：北京工业大学，2007.
[6] 李明海. 智能建筑中的热源自适应节能控制 [D]. 西安：西安建筑科技大学，2004.
[7] 逯强. 基于舒适性的节能型民居供热系统控制方法的研究 [D]. 济南：山东建筑大学，2010.
[8] 崔丽娜. 浅谈国内外集中供热控制系统现状及应用 [J]. 民营科技，2011(8)：178.
[9] 曹玉强，沈金安. 节能型智能供热控制系统 [J]. 工业仪表与自动化装置，2002（1）：44-46.
[10] 邵华，刘本波. 智能建筑的能源管理与控制 [J]. 节能，2001（5）：26-28.
[11] 卿晓霞. 建筑设备自动化 [M]. 重庆：重庆大学出版社，2002.
[12] 张勇. 智能建筑设备自动化原理与技术 [M]. 北京：中国电力出版社，2006.
[13] 杨育红. LON 网络控制技术及应用 [M]. 西安：西安电子科技大学出版社，1999.

[14] 杨育红，涂敏，李滨．LON 网络程序设计 [M]．西安：西安电子科技大学出版社，2001.
[15] 王立．浅论综合布线系统 [J]．科技信息，2007 (24).
[16] 无作者．建筑设备监控系统中的计算机控制系统——集散式和现场总线控制系统 [J]．智能建筑电气技术，2007，1 (2)：38-40.
[17] 苏海东．执行器的分类与发展 [J]．机械工程与自动化，2004 (1)：17-18.
[18] 赵乱成．智能建筑设备自动化技术 [M]．西安：西安电子科技大学出版社，2002.
[19] 戴志龙．远传抄表技术方案比较 [J]．上海煤气，2005 (2)：20-24.
[20] 李劲，程绍艳，李佳林，等．基于 ZigBee 技术的无线数据采集网络 [J]．测控技术，2007 (8)：63-65.
[21] 上海顺舟网络科技公司．基于 ZigBee 技术的无线三表远程抄表系统 [Z]．上海：上海顺舟网络科技公司．
[22] 郑中援．变频控制多联机空调系统 [J]．甘肃科技，2006，22 (3)：133-135.
[23] 汤效军．电力线载波通信技术的发展及特点 [J]．电力系统通信，2003，24 (1)：47-51.
[24] 岑秋明．中央空调冷冻水系统节能设计探讨 [J]．广东土木与建筑，2004 (9).
[25] 殷文强，李春生，邹卫明，等．建筑能耗分析思路及节能诊断方法 [J]．节能技术，2011，29 (5)：446-449.
[26] 肖培蕾，曹婷，许敏会，等．空调水泵智能在线匹配仪的应用研究 [J]．建筑能源，2012 (1).
[27] 张子慧．热工测量与自动控制 [M]．北京：中国建筑工业出版社，1996.
[28] 谢莉，邹红利，周龙，等．建筑智能化技术 [M]．北京：中国水利水电出版社，2008.
[29] 邵裕森．过程控制及仪表 [M]．上海：上海交通大学出版社，1999.
[30] 王锦标，方崇智．过程计算机控制 [M]．北京：清华大学出版社，1997.
[31] 吴成东．智能建筑综合布线系统设计与实践 [M]．北京：清华大学出版社，2003.
[32] 邵惠鹤．工业过程高级控制 [M]．上海：上海交通大学出版社，2003.
[33] 王桂增，王诗宓．高等过程控制 [M]．北京：清华大学出版社，2002.

第 8 章

8

建筑围护结构节能技术

建筑围护结构的作用是保护室内环境，以免受到室外气候变化的显著影响。利用各种技术提高暖通空调设备及系统的能源利用效率对于建筑节能意义重大，而建筑围护结构节能技术的积极应用则是降低暖通空调设备负荷、节约能源的根本。

8.1 建筑围护结构及其节能潜力

建筑围护结构，主要包括建筑物的墙体、门窗、屋面等围合建筑物以及分割房间的围挡物。

我国的房屋建筑规模非常巨大，预计到2020 年年底，全国房屋建筑面积将达到686 亿 m^2，这其中城市为 261 亿 m^2。随着我国的国民经济高速发展，加之我国人口众多，城镇化持续进行，致使我国的建筑能耗也十分巨大，建筑能耗所占全社会能源消费总量的比例也在逐年提高。据统计，我国建筑外墙的单位面积能耗是发达国家的 4 ~5 倍，屋顶的单位面积能耗是发达国家的 2.5 ~5.5 倍，外窗的能耗是发达国家的 1.5 ~2.2 倍，门窗空气渗透率为发达国家的 3 ~6 倍[1]。我国目前虽然已发布了居住建筑和公共建筑的节能设计标准，但是由于种种原因，执行情况还不够理想。

我国幅员辽阔，南北跨越寒、温、热多个气候带，各地气候差异很大。与同纬度的其他国家相比，我国冬季更为寒冷，而夏季则更加炎热。如与世界同纬度地区比，我国东北地区最冷月的温度要低 14 ~18℃，而最热月则高出 1.3 ~2.5℃。在建筑节能的各项措施中，提高围护结构的保温隔热性能是最为有效的措施，也是保证室内热舒适性的前提条件。然而我国绝大多数地区，建筑围护结构的保温隔热性能都比气候类型相近的发达国家差许多。我国建筑外墙的传热系数是发达国家的3.5 ~4.5 倍，外窗为 2 ~3 倍，屋面为 3 ~6 倍，门窗的空气渗透率为 3 ~6 倍，表 8-1 给出的是我国北京和武汉建筑围护结构传热系数与国外标准值比较。

表 8-1 我国（北京和武汉）建筑围护结构传热系数与国外标准值的比较[2]

地 区	外 墙	外 窗	屋 顶
北京（节能 65%）	0.45 ~0.6	2.8	0.45 ~0.6
武汉	1.0 ~1.5	2.5 ~4.7	0.80 ~1.00
美国（相当于北京供暖度日数）	0.32 ~0.45	2.04	0.19
瑞典南部	0.17	2.0	0.12
德国	0.20 ~0.30	1.5	0.20
欧盟	0.25	1.3	0.30

我国建筑围护结构的保温隔热性能长期以来提升不明显，南方非供暖地区建筑的外墙普遍采用24cm厚的实心砖墙（一砖墙），北方严寒地区建筑多数采用49cm（二砖墙）和62cm厚的实心砖墙（二砖半墙）作为承重和保温围护结构。而这种单一材料的围护结构保温隔热效果都很差，有些地区东、西山墙和顶层房间的墙角冬季会出现结露的现象，严重影响该地区居住环境的热舒适性。这种墙的传热系数为1.67W/(m^2·K)，而与我国气候类型相近的发达国家的墙体传热系数仅为0.35W/(m^2·K)。与这些发达国家相比，我国建筑围护结构的保温隔热性能差距很大，外墙的传热系数高出4~5倍，导致我国建筑单位面积的供暖能耗是相近气候区的发达国家同类建筑的3倍左右，建筑围护结构保温隔热性能差也是导致我国建筑能耗居高不下的重要原因。

随着我国经济的发展和人民生活水平的提高，现在夏热冬冷的南方地区普遍都有在冬季供暖的需求，而由于历史的原因，上述地区的多数建筑比较重视通风和防热，但是对于围护结构的保温性能关注不够，如果现有建筑围护结构的保温性能不做改进，仅加装供暖设施的话，不但这类建筑的室内热工环境不会有明显的改善，而且会造成该地区建筑能耗大幅度的增长，这会使我国本已紧张的资源和能源现状进一步雪上加霜。所以要切实改善夏热冬冷地区建筑的冬季室内热工环境，提高建筑外围护结构的保温性能是亟须优先解决的问题。

在建筑节能的不同阶段，围护结构各部位的能耗分布是不同的，据统计，我国在建筑能耗降低50%的阶段，建筑围护结构各部位的能耗分布如图8-1所示。

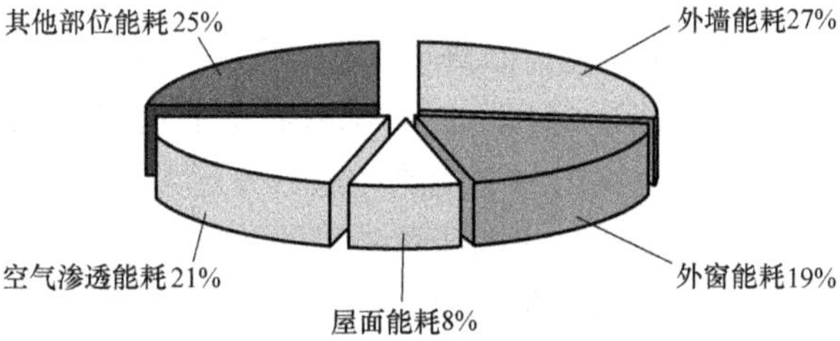

图8-1 建筑围护结构各部位的能耗分布[2]

从图中可见，外墙能耗占建筑总能耗的27%，外窗能耗占19%，屋面能耗占8%，三项合计达到54%。由此可以看出，不论是从降低建筑能耗的角度，还是从提高室内热舒适性的角度，提高建筑围护结构的保温隔热性能，都是非常重要的，也是十分有效的。

发达国家十分重视提高围护结构的热工性能，如加拿大建筑围护结构的节能工作做得比较好，其屋面保温主要采用玻璃棉、岩棉、矿棉、发泡聚苯乙烯等保温材料。坡屋顶一般采用在阁楼铺或喷保温材料的做法；平屋顶一般采用外保温做法，即在屋面防水层上做保温层。墙体一般采用阻燃性发泡聚苯乙烯、玻璃棉或岩棉等保温材料同其他墙体复合而成。门窗一般采用双层窗或三层窗，有些窗的玻璃中间填充氩气，其保温性能较好，在窗与窗框之间，有的还装有双腔的橡胶密封条。门窗绝大部分是木质、塑料以及铝木复合而成的，钢门窗较少使用。欧盟国家对建筑围护结构的热工性能也有比较高的要求，目前德国要求墙体传热系数指标在0.4~0.5W/(m^2·K)，屋面和楼地面的传热系数国家标准分别是0.25~0.3W/(m^2·K)和0.3W/(m^2·K)，德国建筑的窗均为中空双层玻璃窗，窗户传热系数的国家标准是1.8W/(m^2·K)，欧盟已达到1.3W/(m^2·K)的标准，而我国这些相应部位建筑围护结构的传热系数指标是德国的三倍左右。因此目前发达国家单位建筑面积的建筑能耗已大幅降低，比如，与我国北京地区供暖度日数（供暖度日数可近似认为与年供暖天数相关）相近的一些发达国家，其新建建筑每年的单位面积供暖能耗已从20世纪70年代初期能源危机前的300kW·h/m^2左右，降低到100kW·h/m^2左右，预计在今后还将更进一步降低至30~50kW·h/m^2。

因此，首先要在观念上重视改善建筑围护结构热工性能，其次，要在行动上采取切实有效的措施改变当前我国建筑围护结构普遍存在的保温隔热性能低下的现状。

8.2 非透明围护结构

8.2.1 非透明围护结构的传热性能

非透明围护结构主要有墙体、屋面以及楼板等。当房屋的墙、屋顶或地板等围护结构两侧存在温度差时，由于存在固体内部的导热以及其两侧空气的对流换热，热量从空气的高温侧传递到空气的低温侧。传热系数越大，传热量也就越多。

在围护结构中使用热导率为0.058～0.023W/(m·K) 的绝热材料，就可以大幅度地减少通过围护结构的传热量。房屋进行绝热处理后，不仅减少了室内外之间的传热量，而且可以改善室内热环境质量。在冬季，经过绝热处理后，房屋内表面的温度升高，不仅可以防止室内表面结露，对于提高室内人体的热舒适度，效果也非常明显；到了夏季，室外炎热，如果建筑围护结构采用了绝热处理，可以减少由于室外高温和太阳辐射的作用传入室内的热量，并且建筑内表面的温度不会随室外环境温度的升高而显著升高，可以使室内的人们避免因建筑内表面的高温而产生烘烤的感觉。

以下讨论在建筑围护结构热工性能分析与计算时需要注意的几个问题。

1. 热流方向

冬季和夏季，通过建筑围护结构的热流方向是不同的[3]。在冬季，室内温度比室外温度高，热流方向是从高温的室内通过建筑围护结构流向室外的。在夏季，情况比较复杂。夏季白天，室外温度通常比室内温度高，再加上太阳辐射的作用，热流从室外流向室内，此时如果室内供冷的话，进入室内的热流数量还会更多；到了夜间，没有太阳辐射的作用，室外温度降低，而室内由于蓄积了一个白天的热量，有可能使室内的温度高于室外温度，热流的方向就会反过来，由室内流向室外。因为夏季昼夜热流方向不同，所以对围护结构的处理方式也就会有相应的差别。对于冬季供暖的建筑和夏季供冷的建筑，提高建筑围护结构的绝热性能，可以使冬季流出的热量和夏季白天进入室内的热量减少，这既可以使室内环境变得舒适，也可以减少供暖和空调的能耗，即做到建筑节能。然而在夏季的夜晚，需要将白天蓄积在室内的热量尽快地散发出去，这时，如果片面地提高建筑围护结构的绝热性能，反而会使房屋变得更热，这时绝热性能优良的建筑围护结构反而会造成室内不易散热的不好的效果了，这是一个矛盾。所以，对建筑围护结构的绝热处理，必须与当地实际的气候条件相适应，才能取得理想的效果。一般认为只要对建筑围护结构做绝热处理就会得到良好的室内热环境的看法，是不全面的。应该做的是“正确的绝热”。

对夏热冬冷地区的建筑，足够的围护结构的保温能力，能明显减少建筑的供暖能耗甚至可以在多数时间内，仅仅依靠建筑保温就可以维持冬季相对舒适的室内环境。这对将来南方地区的冬季供暖的能源高效利用具有重要的意义。

2. 热桥

建筑物因抗震和构造的需要，外墙若干位置都必须和混凝土或者金属的梁、柱、板等连接穿插。这些构造、构件材料的热导率大，保温隔热性能远低于已做保温隔热部分的性能，因此该部位的热流密度远远大于墙体平均值，造成大量（冷）热量流失，工程上称之为（冷）热桥。

按照国际标准，热桥部位定义为非均匀的建筑围护结构部分，该处的热阻被明显改变。由于建筑围护结构被另一种热导率不同的材料完全或部分穿透，或者结构的厚度改变，或者内外表面积不同，如墙体、地板、顶棚连接处就属于这种情况。根据 GB 50176—1993《民用建筑热工设计规范》，围护结构的热桥部位是指嵌入墙体中的混凝土或金属梁、柱，墙体和屋面板中的混凝土肋或金属件，装配式建筑中的板材接缝及墙角、屋顶檐口、墙体勒脚、楼板与外墙、内隔墙与外墙连接处等部位，如图 8-2 和图 8-3 所示。

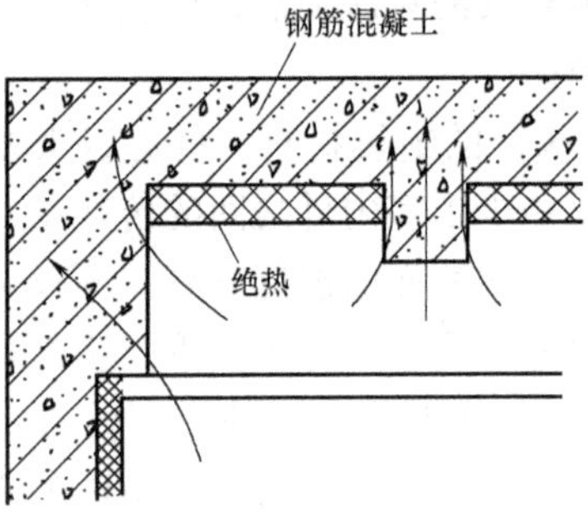

图 8-2 混凝土热桥

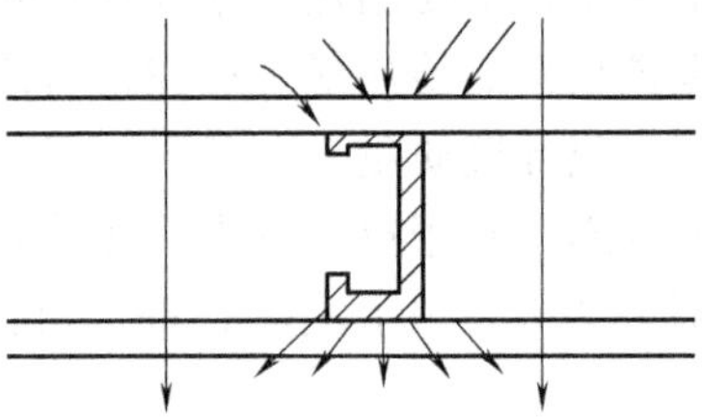

图 8-3 槽钢热桥

建筑围护结构中的热桥会改变建筑结构的温度分布和热流密度。在冬季，热桥处建筑围护结构内表面的温度会低于围护结构主体部分的温度，这常常会导致墙体内表面结露，甚至发霉，对室内的热工环境以及室内卫生状况产生不利影响。所以，热桥处的热流密度显著大于围护结构主体部位处，这会导致该处围护结构冬季耗热量的计算结果偏小而不符合实际情况，使冬季室内实际温度偏低而影响室内的热舒适性。因此，为了更准确地进行建筑围护结构的热工计算和进行可靠的建筑能耗分析，必须考虑围护结构中热桥的影响。

当空气间层内设钢制肋时，由于钢与空气间层、钢与内外装修材料之间的热导率差别很大，钢肋将成为热桥。热桥处热流会比较集中，使钢肋局部产生较大的温差，该温差的影响区域，不仅局限于钢肋的宽度上，还会影响到距钢肋宽度两侧各 5cm 处。在混凝土墙体内埋入的锚固螺栓也会形成圆形热桥，其温度以圆形热桥为中心向外呈同心圆分布。人们往往错误地认为混凝土梁或柱本身的厚度已能完全满足绝热要求，或以施工麻烦为理由未对该梁或柱设置保温，这时这个梁或柱就会成为绝热围护结构处的热桥。热桥处在冬季热损失会相当大，不仅增大了供暖能耗，而且会降低室内局部表面温度，形成冷辐射，甚至产生局部墙面结露的严重后果。

3. 非透明围护结构的热惰性

通过墙体、屋面等非透明围护结构传入室内的热量来源于两个部分的作用：其一是室外空气与围护结构外表面之间的对流换热；其二是以太阳辐射为主的与围护结构外表面之间的辐射换热。两者共同作用下通过墙壁或屋面的导热向室内传递热量。一般情况下，非透明围护结构都具有一定的质量，从而具有一定的蓄热能力，因此，外部环境温度的变化不会立即全部反映在内壁面的温度变化上。所以在室外温度以及太阳辐射等的周期性扰动下，通过围护结构进入室内的热量以及引起的内壁面的温度变化是随时间波动的，但是外部温度扰动与室内响应的波动振幅之间会存在一定的衰减，波动最大值出现的时间也会有所推迟，这种现象称之为温度波动的衰减与延迟。这个衰减和延迟的程度，取决于墙体及屋面的建筑材料以及建筑构造的蓄热能力。围护结构蓄热能力越大，衰减与延迟作用就越明显。这一现象也可以解释为建筑围护结构都具有一定程度的热惰性或者热稳定性。

如图 8-4 所示，太阳辐射在一天中是周期性变化的，由于太阳辐射的影响，室外空气温度也同样呈现周期性的变化，它们的变化周期都是 24h。建筑围护结构的传热是处于太阳辐射和室外空气温度共同作用下的周期性非稳态传热过程。在一个非稳态的传热过程中，不再能简单地以材料的热导率或者材料的传热热阻来描述它的热工性能，因为此时材料的比热容和质量也会不同程度地影响材料的传热过程。比如厚重墙体的蓄热能力强，它抵御室外温度波动的能力也就强。围护结构在环境温度和太阳辐射的周期性共同作用下的传热具有如下几个特点：

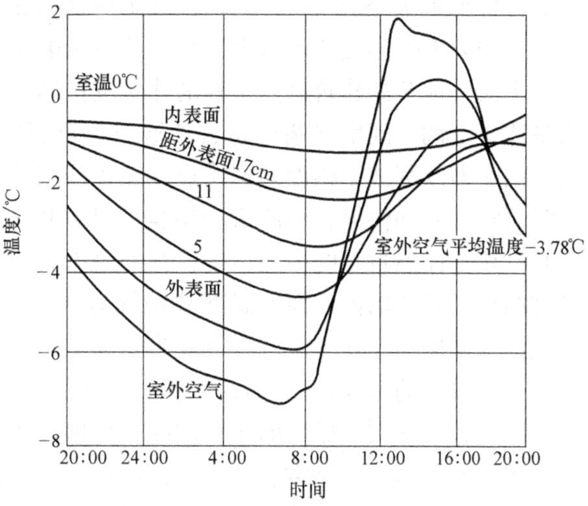

图 8-4 围护结构表面与内部的温度波动[4]

（1）温度波衰减　在围护结构外表面处周期性变化的温度波动，会向围护结构内部传递，而在围护结构内不同深度处的温度波的振幅是不同的。

（2）温度波延迟　因温度波的传递也需要一定的时间，所以在围护结构不同深度处温度达到最大值的时间是不同的，并均落后于围护结构外表面温度达到最大值的时间，这个落后的时间就称为延迟时间。

温度波在围护结构中的衰减与延迟特性与围护结构抵御室外温度波动的能力密切相关。围护结构抵御室外温度波动的能力就是墙体的热惰性，可用墙体的热惰性指标 D 来描述。

$$D = RS \tag{8-1}$$

式中　R——材料层的热阻；

S——材料层的蓄热系数，它们可由相应材料的性质和温度波动的周期计算得出。

实践表明，当围护结构总热阻相同，而组成此围护结构的各层材料的布置顺序不同时，这些围护结构对温度波的衰减倍数和延迟时间也不同。这是因为热阻（或者传热系数）只表示围护结构的传热能力，只能在稳态传热情况下（如严寒和寒冷地区冬季供暖负荷计算时）作为围护结构热工性能的评价指标。在非稳态传热过程中，除了围护结构的热阻外，还需要用围护结构材料层的热惰性指标 D 作为评价围护结构热稳定性的补充指标。热惰性指标 D 反映了围护结构材料层抵御温度波动的能力。热惰性指标 D 越大，温度波在围护结构中传递时的衰减倍数也越大，延迟时间就越长。

在夏季，建筑围护结构会受到明显的室外周期性温度波动的热作用。例如，根据实测，夏季重庆屋面考虑太阳辐射与室外环境温度共同作用的室外空气综合温度可高达 61℃，南京可达到 62℃，武汉可达到 64℃；当地西立面墙体的外表面温度南京可达 51℃，武汉可达

55℃，重庆可达56℃。而夜间围护结构表面的温度可能降到25℃以下。对于这种温度波动幅度很大的非稳态传热过程，仅仅用围护结构的热阻就不能全面客观地评价建筑围护结构的热工性能。

目前建筑工程中越来越多地采用轻质材料作为建筑围护结构，虽然其传热系数满足热工标准，但如果未经恰当设计的话，其围护结构热惰性指标可能达不到规范的要求，会造成围护结构内表面的温度波动过大，从而严重影响室内环境的热舒适性。南京、武汉、成都、重庆、上海等地节能建筑试点工程的建筑围护结构的热工性能实测数据表明：在夏季，无论室内是连续空调、间歇空调还是自然通风，重型围护结构、中型围护结构和轻型围护结构相比，内表面温度波动幅度差别明显。在各种围护结构都满足传热系数规定的前提下，连续空调时，空心砖加保温材料的重型结构，其外墙内表面的温度波振幅为1.0～1.5℃，混凝土空心砌块加保温材料的中型结构，其外墙内表面的温度波振幅为1.5～2.5℃，而对3D板等轻型结构，其外墙内表面的温度波振幅为2.0～3.0℃；室内在间歇空调时，围护结构内表面温度波动振幅比连续空调时还要再增加1℃；室内自然通风时，轻型结构外墙和屋顶的内表面会因过高的温度，使人有明显的烘烤感。

因此，当受到不稳定的热作用时，热惰性指标在评价建筑围护结构对温度波的衰减和延迟作用方面有明确的科学意义。热惰性指标越大，表明建筑围护结构抵御室外温度波动的能力越强，房间的热稳定性就越好，它能有效地减少空调设备的装机容量，减少热脉冲对室内人体热舒适性的不利影响；另外，热稳定性好的建筑围护结构，在间歇空调和供暖设备运行时，对维持室内人体的热舒适性也是有利的。有关这方面的内容，可以参阅相关的教材[5-6]。

8.2.2 非透明围护结构的保温与隔热

虽然围护结构的保温和隔热，都是讨论通过围护结构的传热问题，但围护结构的保温与隔热是两个不同的概念[7]。

围护结构的保温通常是指在冬季的室内外条件下，围护结构阻止热量从室内向室外耗散，以维持相对于室外的比较高的室内温度的能力。保温通常按稳态传热过程考虑，同时兼顾某些不稳定传热因素的影响。围护结构的隔热性能通常是指在夏季的太阳辐射和室外高温的共同作用下，围护结构阻止室外热量向室内传递，以维持一个相对凉爽的室内环境的能力。隔热通常按以一天24h为周期的动态传热过程来处理。如果建筑围护结构的隔热不良，屋顶和外墙内表面的高温会产生大量的辐射热，使室内温度升高，并使人体散热困难，从而感到酷热难耐，体温升高并有烘烤的感觉。

围护结构保温和隔热的主要区别在于[8]：

（1）传热过程不同 保温是指冬季的传热过程，通常按稳态传热过程来考虑，不考虑非稳态传热过程的影响；隔热则是指夏季的传热过程，通常按以1天24h为周期的非稳态传热过程来考虑。

（2）评价指标不同 保温性能通常用围护结构的传热系数或传热热阻来评价，而隔热性能通常用夏季室外计算温度条件（即炎热的室外环境温度以及太阳辐射）下，围护结构内表面的最高温度值来评价。

（3）构造形式不同 以由彩色薄钢板和聚苯乙烯泡沫夹芯或聚氨酯泡沫夹芯构成的屋

面板（或墙板）为例，其传热系数小，因而保温性能好，但是因为该构造的围护结构材料质轻，其热稳定性较差，容易受到夏季太阳辐射和室外空气温度波动的影响，其内表面温度容易升高，故其隔热性能较差。

外墙的保温可分为外墙内保温、外墙自保温、外墙夹芯保温和外墙外保温等四种形式。

（1）外墙内保温　外墙内保温系统即将保温材料置于外墙内侧，一般采用聚合物保温砂浆、石膏保温砂浆等保温材料，施工技术相对比较成熟。外墙内保温的施工工序为“基层处理→保温隔热层→石膏砂浆层”。基层处理方法包括墙面凿毛、湿水、找平或普通水泥砂浆拉毛；保温隔热层由现浇（或预制）板材、膨胀珍珠岩保温材料、胶粉聚苯颗粒灰浆、聚苯板（EPS、XPS等）组成；石膏砂浆层由石膏、分散乳胶粉和外加剂组成，用网格布做加强处理，如图8-5所示。

外墙内保温技术的优点：对保温面层无耐候要求；由于在室内施工，可不考虑大气和雨水的侵蚀；施工不受气候影响，也不需做防护措施；外墙饰面层能自由选择，自由度大；工程成本较低，建设方易于接受，因而应用较普遍。

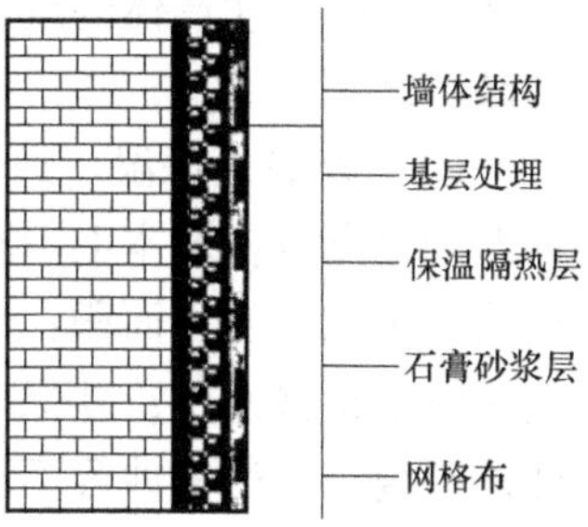

图8-5　外墙内保温结构图

外墙内保温技术虽然能够达到建筑节能指标的要求，但从保温、隔热、提高建筑室内舒适度等诸多方面综合考虑，它属于一种过渡性的保温构造形式，其主要缺点有：

1）围护结构中热桥部位多且不易处理。

2）室内二次装修时容易破坏保温构造。

3）由于保温构造及所使用保温材料的厚度等因素，内保温会造成室内使用面积减少。

4）外墙直接暴露在风雨及温湿度变化剧烈的室外环境下，易造成墙体变形，所引起的热应力易导致砌块墙体和内保温材料开裂，对建筑物的使用寿命不利。

5）内保温构造使蓄热系数较小的保温层置于室内一侧，而使蓄热系数较大的主体建筑结构置于室外，这样使得外围护结构内表面的温度波动幅度增大。

（2）外墙自保温　外墙自保温系统是指墙体自身的材料具有保温隔热的功能，当前使用较多的是加气混凝土砌块，尤其是砂加气混凝土砌块，这些砌块里面有许多封闭的小孔，保温性能良好。建筑自保温将维护和保温要求合二为一，无需另外附加保温隔热材料，在满足建筑结构方面要求的同时，又能满足保温要求。尽管外墙自保温有着一系列的优点，但是推广难度较大。首先是由于自保温材料强度比较低，抗裂性不太理想，时间长容易产生墙体开裂现象。即使用在一般框架结构建筑上，由于框架的变形性能大，而填充墙的变形性能差，两者的变形控制难以一致，若增设过多的构造柱和水平抗裂带又会增加（冷）热桥处理的难度。这些都使得外墙自保温系统的使用受到限制。

（3）外墙夹芯保温　该技术是在混凝土框剪体系中将聚苯板内置于建筑模板，然后浇筑混凝土，使混凝土与聚苯板一次成型为复合墙体。因外墙主体与保温层一次成型，工效提高，工期大大缩短，且施工人员的安全性得到了保证。冬期施工时，聚苯板起到保温作用，还可减少外围护结构的保温措施。但是在浇筑混凝土时要注意均匀、连续浇筑，否则由于混凝土侧压力的影响会造成聚苯板在拆模后出现变形或错槎，影响后续施工。外墙夹芯保温将保温层（岩棉板、聚苯板、玻璃棉板等）夹在墙体中间，现场施工或预制成复合板材，如图8-6所示。

外墙夹芯保温的优点有：可替代加气混凝土砌块作为填充结构，解决了加气混凝土砌块在施工中存在的抹灰容易空鼓、起壳和裂缝的问题；绝热性能优于外墙内保温技术，其绝热效率能达到50%～75%；现场施工或预制均可，夹芯部分厚度可调，施工便利，造价较低。

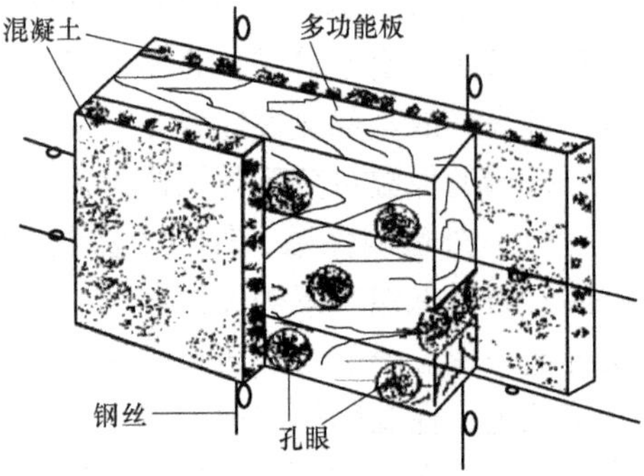

图8-6 外墙夹芯保温结构

外墙夹芯保温的缺点有：

外墙夹芯保温构造中，联合钢筋和墙体的梁柱仍会形成热桥，这会削弱墙体的绝热性能；夹芯保温墙体较厚，会减少有效使用面积；保温层处于两层墙体之间，使墙体的抗震性能变差；由于保温层两侧的墙体温度的差异，易造成墙体结构的破坏。

（4）外墙外保温 外墙外保温系统（图8-7）将保温材料置于建筑外墙的外侧。外墙外保温的优点有：基本上消除了热桥的影响，绝热层效率可达85%～95%；墙面内表面不会结露；不减少使用面积；既适用于新建建筑，也适用于既有建筑的节能改造，施工中不影响建筑物的正常使用；外保温技术减小了前述内保温构造因室外温度波动造成的热应力产生的墙体裂缝、大气侵蚀等不利影响，有效地保护了建筑主体结构，不会对墙体承重结构造成不利影响，从而提高了建筑的耐久性，有利于保温、隔热和提高围护结构的热稳定性；在内、外保温采用相同厚度的同种保温材料的条件下，夏季外墙内表面的温度和冬季外墙的供暖损失，外保温都要小于内保温构造，所以建筑外保温系统的热舒适度也相对较好。

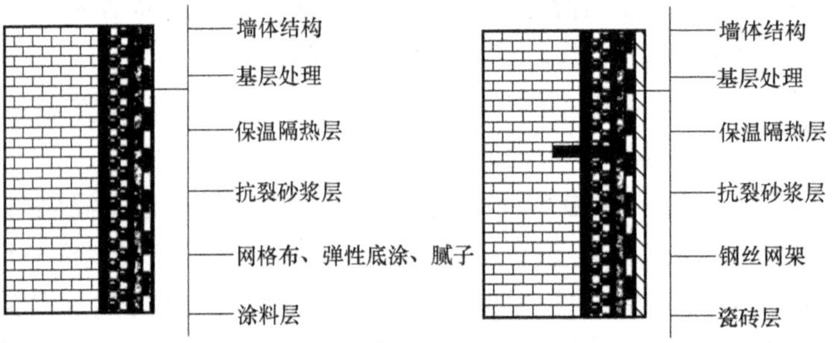

图8-7 外墙外保温结构

由于外墙外保温具有保温节能效果优良，并可以消除建筑结构的（冷）热桥的影响，保护了建筑主体结构，不占用室内使用空间，综合经济效益好等一系列优点而被建设部门推广使用。

外墙外保温的缺点：冬期、雨期施工会受到限制；施工要求比较高，施工需要一定的安全措施；在高层建筑中需要考虑防止因火灾导致保温材料的火势蔓延产生灾害。

从理论上分析，外墙外保温的确是非常合理的，但在实际施工的可操作性以及保温材料的耐候性和安全性等方面也还存在着一些问题。比如外墙外保温要做到“在正确使用和正常维护条件下，使用年限不少于25年”，而外墙外保温层会受到大气热应力、风压、降水和水蒸气、火、地震以及外来冲击力等诸多外部破坏作用力的共同影响，这些问题都有待于进一步去加以解决。

8.3　透明围护结构

透明围护结构主要指的是与室外空气直接接触的侧窗、天窗以及玻璃幕墙，是产生建筑供暖和制冷能耗的主要部位。

8.3.1　透明围护结构的传热特点

通过透明围护结构的传热过程与通过非透明围护结构的有很大的不同。除了像非透明围护结构一样，通过透明围护结构存在着温差传热以外，透明围护结构还可以透过太阳辐射，而这部分透射的辐射热量会对室内热环境产生显著的影响。这两部分的传热量的大小与透明围护结构材料的种类、构造、面积及其热工特性有着密切的关系。

1. 通过透明围护结构的温差传热

由于室内外温差的存在，造成通过透明围护结构的以导热和对流方式在室内外空气之间进行着的热量传递。透明围护结构通常由玻璃或者由玻璃与其间形成的空气间层所组成，因这些材料及构造的热容量相比于非透明围护结构的热容量要小很多，所以其相应的热惰性就可以忽略不计。实际中将通过透明围护结构材料的温差传热过程近似地按照稳态传热过程处理。

因为单层玻璃窗内外表面的温差只有约0.4℃左右，实际中可以认为窗玻璃内外表面的温度是相等的，也就是说单层玻璃窗的导热热阻可以忽略不计。根据传热热阻的组成可以看出，单层玻璃窗的传热热阻与玻璃窗内外表面的对流换热热阻之和几乎相同。一般3mm平板玻璃的传热系数为6W/(m^2·K)，而5~8mm平板玻璃的传热系数为5.5W/(m^2·K)。透明围护结构的传热热阻通常都比非透明围护结构材料的要小很多。例如实体墙的传热系数比较容易限制在0.8W/(m^2·K)以内，而单层玻璃窗的传热系数一般都在5.5~6.0W/(m^2·K)，所以如果仅仅片面地努力降低实体墙的传热系数而忽视对透明围护结构传热性能的关注，建筑整体的节能效果会不理想。

2. 通过透明围护结构的太阳辐射传热

对建筑围护结构来说，大自然中的辐射热能，大致可以分为两个部分：第一部分为可见光和短波红外辐射，辐射波长主要分布在0.3~2.5μm之间，这部分能量主要来自太阳辐射；第二部分为长波红外辐射，辐射波长主要分布在5~50μm之间，这部分能量主要来自人体、周边环境以及周边建筑等常温或者接近常温的物体[9]。

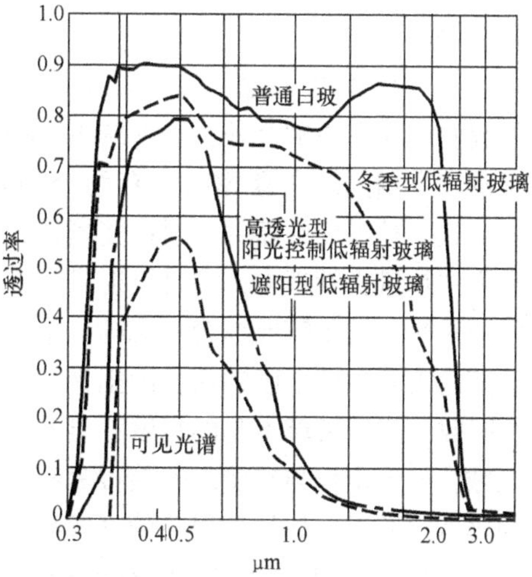

图8-8　不同类型玻璃的透射曲线[9]

通过图8-8，可以看到普通玻璃属于透明围护结构材料，其可透射的光谱波长范围在0.3~4μm之间，也就是可见光和短波红外线部分，它刚好覆盖了太阳辐射的光谱范围。所以普通玻璃是太阳辐射的良好透射体，透射率约80%左右。但普通玻璃对长波红外线的透射性能很差，同时对长波红外线的反射率也很低，这样普通玻璃对入射到其上的长波红外线，吸收率就很高了。普通玻璃吸收长波红外线辐射后，首先用于提高自身的温度，然后再通过对流和辐射这两种方式分别向室内和室外将这部分能量传递出去。比如在冬季，室内温度高于室外温度。普通玻璃吸收了室内的长波红外线辐射后，会通过对流和辐射方式将这部分热量传递到室外，这样就增加了室内向室外的散热量。

8.3.2 窗玻璃材料与建筑节能

除了窗的面积以及开窗的方位以外，窗玻璃的材料种类对建筑物室内环境的影响也很大。在选择窗玻璃的具体种类时，应综合考虑各种玻璃的太阳辐射透射能力和导热能力这两个方面的性能。可以使用分光光度计来测试窗玻璃的分光透射曲线。

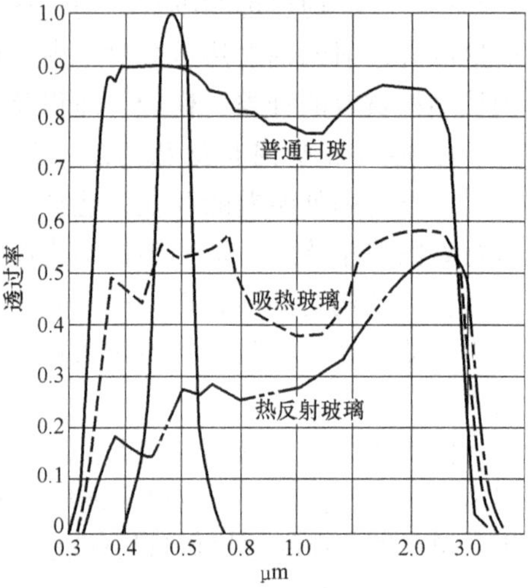

图 8-9 吸热玻璃与热反射玻璃对太阳辐射的透射曲线

由图 8-8 和图 8-9 部分玻璃的透射曲线可见，热反射玻璃与吸热玻璃的透射曲线表示这两种玻璃都具有一定的隔绝太阳辐射的能力。因此，这两种玻璃都可以用来减少进入室内的太阳辐射热量，以减少夏季的建筑空调能耗。由图 8-9 还可以看出，热反射玻璃阻隔太阳辐射的作用要优于吸热玻璃，如在吸热玻璃表面再覆盖热反射膜后，这种阻隔太阳辐射的作用还可以进一步加强。

在冬季，使用热反射玻璃，可以利用热反射膜，将从温暖的室内向寒冷的室外发射的长波红外线再重新反射回室内，以减少向室外的辐射散热量。因为通过窗的辐射散热量的减少，玻璃本身吸收的辐射能也相应减少，其自身的温升也降低了，从而也同步减少了通过窗以对流的方式传递到室外的热量。

图 8-10 表示热反射玻璃与吸热玻璃的吸收反射和透射特性的对比（左为热反射玻璃，右为吸热玻璃）。

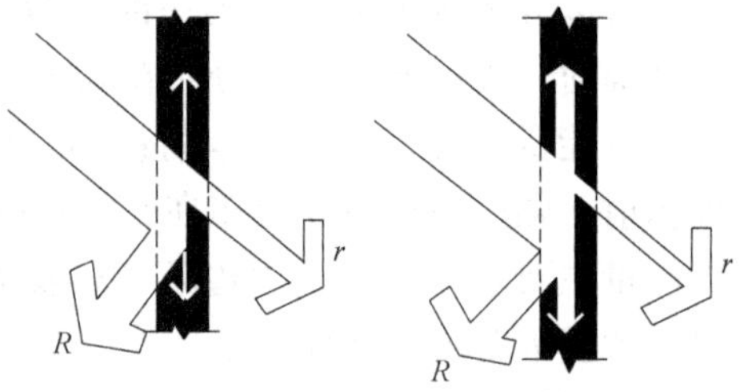

图 8-10 热反射玻璃与吸热玻璃

对于夏季的工况，除了高温侧转换到室外侧，低温侧成为室内侧之外，其他减少窗构件传热的基本机理完全相同。在夏季时，有两个问题需要加以注意：其一是窗反射膜的反射性能越好，通过辐射进入室内的热量也就越少，但是反射膜的存在也会影响室内的采光，这是需要综合考虑的；第二个是如果要在玻璃内表面贴反射膜的话，因阳光在玻璃内部的反射和吸收，会使玻璃本身的温度明显升高，在某些局部区域，如果窗框与玻璃的安装很紧密，就会产生热应力，个别情况下甚至还会因此导致窗玻璃的碎裂。所以，如果反射膜的气候耐受性能良好的话，也可以考虑在玻璃外表面贴膜。

热反射玻璃在夏季可以有效地减少进入室内的太阳辐射，但是在冬季也会因同样的作用，减少太阳辐射对室内的加热作用，所以，热反射玻璃如何使用，一定要有针对性，否则可能会适得其反，达不到建筑节能的目的。

前面讨论了在夏季如何选择恰当的玻璃材料防止过多的太阳辐射进入室内，下面讨论在冬季，如何选择恰当的玻璃材料来减少建筑的供暖能耗。在冬季，窗玻璃对太阳辐射的透射能力越强越好；另一方面，窗玻璃热导率的大小对室内舒适性影响也很大，所以必须仔细考虑。

由表 8-2 可见，不同种类玻璃的传热系数差别很大。另外，热反射玻璃和吸热玻璃的热导率与普通玻璃是基本相同的，因此在减少冬季供暖能耗方面，它们都属于热工性能不好的几种透明材料。从表 8-2 中还可以看出，不同构造的玻璃材料，传热系数差别也很大，如中空玻璃，它的传热系数比单层玻璃要小很多。中空玻璃是利用两层玻璃与其间的空气间层的组合作用来减少因玻璃内外侧的温差导致的向室外的散热，同时也充分利用了这种结构不会对透射进入室内的太阳辐射造成过多的阻隔效应。简言之，中空玻璃主要是利用降低玻璃材料的热导率这个方式来减少室内的供暖能耗的。如果利用吸热玻璃或者热反射玻璃构成的中空玻璃窗，它们的主要作用还是在夏季或者在夏季炎热地区防止夏季过多的太阳辐射进入室内，同时也可以减少室外通过导热进入室内的热量，即主要还是起隔热作用。

表 8-2 常用建筑窗的保温性能[10]

窗 类 型	玻 璃 类 型	传热系数 $K/[W/(m^2 \cdot K)]$
铝合金窗	单层玻璃	6.0 ~ 6.7
塑料窗	单层玻璃	4.3 ~ 5.7
铝合金窗	普通中空玻璃	3.8 ~ 4.3
塑料窗	普通中空玻璃	2.5 ~ 3.2
铝合金隔热窗	普通中空玻璃	3.0 ~ 3.4
塑料窗	中空低辐射玻璃	1.7 ~ 2.0
铝合金隔热窗	中空低辐射玻璃	2.1 ~ 2.6

窗用热反射薄膜也能起到阻隔太阳辐射的作用。据有关资料介绍，在 3mm 普通窗玻璃上粘贴热反射薄膜后，能将太阳辐射的透射率降低 70% 以上；当热反射薄膜粘贴于窗玻璃的内表面上时，可以将通过窗的传热量降低 17%，略优于双层窗的隔热效果。表 8-3 表示热反射薄膜的太阳辐射透射率实测值，可见热反射薄膜对太阳辐射的反射率很高，能有效阻挡夏季通过窗户进入室内的辐射热量。

表 8-3 热反射薄膜的太阳辐射透射率实测值[3]

材料与构造	测 试 条 件	紫外光能量透射率（%）	可见光能量透射率（%）	红外光能量透射率（%）	太阳辐射热透射率（%）	平均热透射率（%）
3mm 玻璃外贴热反射薄膜	入射角 0°	0	8.4	10.8	19.2	21.65
	入射角 60°	0.3	13.2	7.95	21.45	
	入射角 90°	0.4	13.8	7.5	21.70	
	无阳光	1	19.5	3.75	24.25	

8.3.3 玻璃幕墙与建筑节能

玻璃幕墙是一种将玻璃面板通过金属构件与建筑主体结构相连而形成的建筑外围护结

构，是近代科学技术发展的产物，同时也是现代主义高层建筑时代的显著特征。与传统的外墙形式相比，玻璃幕墙具有美观、自重小、光环境舒适等优点，是一种将建筑外围护结构的采光、防风、保温、隔热、遮雨、防噪声等物理功能与装饰功能有机融合的围护结构形式。

1. 玻璃幕墙的节能设计要求

我国地域辽阔，南北方气候差异极大，北方以供暖为主，中部地区供暖与空调并重，南方则以空调为主。因此，对于作为建筑围护结构的幕墙、门窗的热工性能要求也不一样。对于北方严寒和寒冷地区以及夏热冬冷地区以保温为主，主要衡量指标为幕墙的传热系数；对于南方夏热冬暖地区，幕墙的隔热则十分重要，而隔热性能主要的衡量指标是遮阳系数。因此，传热系数和遮阳系数就成为衡量幕墙热工性能最重要的两个指标[11]。

传热系数表示在单位时间内单位室内外温差下通过单位幕墙面积的传热量；遮阳系数表示在给定条件下，通过玻璃的太阳能总透射比与相同条件下相同面积的标准玻璃（3mm 厚透明玻璃）的太阳能总透射比的比值[9]。

2005 年 4 月 4 日颁布的 GB 50189—2005《公共建筑节能设计标准》中，对玻璃幕墙的热工指标提出了具体的要求，为实现 GB 50189—2005《公共建筑节能设计标准》要求节能 50% 的目标，在设计时玻璃幕墙应满足以下要求[10]：

1）严寒地区、寒冷地区的建筑幕墙应采用隐框幕墙，明框幕墙应采用隔热铝合金型材或采取其他有效的隔热措施；其他地区的建筑幕墙宜采用隐框幕墙，明框幕墙宜采用隔热铝合金型材或采取其他有效的隔热措施。

2）严寒地区的透明幕墙应采用气体层厚度不小于 12mm 的中空低辐射玻璃或其他类型的相同保温性能的节能玻璃。

3）寒冷地区、夏热冬冷地区的透明幕墙应采用气体层厚度不小于 9mm 的中空低辐射玻璃或其他类型的相同保温性能的节能玻璃。

2. 幕墙保温隔热措施

解决玻璃幕墙的节能问题，应同时从幕墙构造和幕墙材料两个方面着手[12]。通过对幕墙进行合理的结构设计和材料选用等措施，使建筑在使用过程中，以尽可能少的能量消耗来获得理想的室内温度环境和光照环境。

在影响玻璃幕墙的热工性能方面，可以通过控制传热和增加遮阳来实现节能。对有保温要求的玻璃幕墙，可以采用中空低辐射玻璃，并结合采用铝合金断热型材等以提高其保温性能，满足建筑节能的要求。对有隔热要求的玻璃幕墙，主要考虑遮挡太阳辐射，应设计适宜的遮阳装置或者采用遮阳型玻璃。

幕墙的保温隔热性能与建筑物的供暖空调能耗直接相关。在建筑设计时，应结合当地的气候条件选择合适的玻璃和幕墙结构形式，如采用中空玻璃或低辐射玻璃，以达到建筑节能并能维持室内良好热环境的要求。

幕墙选用中空玻璃时，玻璃之间的空气间层厚度应根据热工计算来确定（一般空气间层的厚度在 9 ~ 20mm 之间），这对提高幕墙的保温作用非常明显。同时，还可以在窗台以下的非透光区，利用幕墙面板背后的空间，采用高效耐久的保温材料进行保温，以提高幕墙的保温性能。保温层可以采用岩棉、超细玻璃棉或者其他不燃、阻燃的保温材料制作保温板。此外，保温层材料应有可靠的固定措施，如在幕墙内表面加衬镀锌钢板或其他板材，并在衬板上固定保温材料，安装时衬板与幕墙主体结构表面之间应留出 50mm 以上的空间，以便于间层内空气的流动，这样既可以显著改善幕墙的热工性能，节约建筑能耗，同时也不会影响幕墙的装饰效果。

8.3.4 窗和透明幕墙的气密性

为了保证建筑节能，要求外窗、玻璃幕墙以及外门应具有良好的气密性，以避免夏季和冬季室外空气过多地向室内渗透而影响室内的热工环境。

我国节能设计标准规定，严寒地区居住建筑的外窗及阳台门的气密性等级不应低于4级；寒冷地区居住建筑的外窗和阳台门的气密性等级不应低于3级；夏热冬冷地区1～6层居住建筑的外窗和阳台门的气密性等级不应低于3级，7层及7层以上居住建筑的外窗和阳台门的气密性等级不应低于4级；夏热冬暖地区1～9层居住建筑的外窗和阳台门的气密性等级不应低于3级，10层及10层以上居住建筑的外窗和阳台门的气密性等级不应低于4级；公共建筑外窗的气密性等级不应低于4级；透明幕墙整体的气密性不应低于3级，即在10Pa压差下，每小时每米缝隙长度的空气渗透量不大于1.2m^3。

GB/T 7106—2008《建筑外门窗气密、水密、抗风压性能分级及检测方法》把建筑外窗气密性、水密性和抗风压性能分级标准合并，合并后的标准中对气密性分级标准也进行了调整。GB/T 7106—2008《建筑外门窗气密、水密、抗风压性能分级及检测方法》中规定的6级对应的性能是：在10Pa压差下，每小时每米缝隙长度的空气渗透量不大于1.5m^3，且每小时每平方米面积的空气渗透量不大于4.5m^3。4级对应的性能是：在10Pa压差下，每小时每米缝隙长度的空气渗透量不大于2.5m^3，且每小时每平方米面积的空气渗透量不大于7.5m^3。

完善的密封措施是保证门窗、幕墙气密性的关键。为了提高门窗、幕墙的气密性，门窗、幕墙的面板缝隙应采取良好的密封措施。玻璃或透明面板四周应采用弹性好、耐久的密封条密封或加注密封胶密封。开启窗扇应采用双道或多道密封，并采用弹性好、耐久的密封条。推拉窗开启扇四周应采用中间带胶片毛条或橡胶密封条密封。单元式幕墙的单元板块间应采用双道或多道密封，并应采取措施对纵横交错缝进行密封，采用的密封条应弹性好、耐久，单元板安装就位后密封条应保持压缩状态。

窗的密封性能对窗的隔热性能和隔声性能影响很大。以往在窗的密封方面，关注较多的是窗框与窗扇以及窗扇与玻璃之间的密封处理，而对墙与窗框之间的密封重视不够。国外在窗框与窗扇之间普遍采用三级密封的做法，使空气的渗透量降低到1m^3/(m·h)以下，而国内的同类窗的空气渗透量在1.6m^3/(m·h)左右[3]。

8.3.5 双层玻璃幕墙

双层通风玻璃幕墙是由德国Gartner建筑幕墙研究中心经过长达10年的研究推出的关于双层玻璃幕墙的高新技术，在20世纪90年代欧洲的许多国家的一大批建筑中成功地得到了应用。这一研究成果表明，玻璃幕墙在满足使用功能和建筑技术方面更趋成熟和完善，特别在改善和提高玻璃幕墙的保温、隔热以及隔声性能，体现生态环保功能以及节约建筑能耗等方面具有很大的突破，故又被称为智能玻璃幕墙、呼吸式玻璃幕墙、热通道玻璃幕墙等[12]。

双层通风玻璃幕墙均为单元式构件，整个幕墙构件都在工厂加工制作成型，在工地进行现场安装，因此建筑工业化程度很高。双层通风玻璃幕墙由于造价较高，设计时主要根据当地气候条件和特点、建筑使用功能以及需满足的建筑节能要求选用。

1. 双层通风玻璃幕墙的组成

它由内、外两道玻璃幕墙所组成，其间形成一个空气间层。外层的玻璃幕墙用作防风雨和抵制气候变化的屏障，可采用有框玻璃幕墙或点支式玻璃幕墙；而内层的玻璃幕墙一般采用明框玻璃幕墙，根据功能需要可开设活动窗或检修门等，以便于维护和清洁，以此作为第二道隔声墙及室内的（玻璃）饰面层。双层通风玻璃幕墙一般均采用透明白片玻璃，所展示出的透光性和通透感的外观效果是非常有特色的。

双层通风玻璃幕墙在内、外层幕墙之间形成了一个相对封闭的空气间层，空气可以从下部进风口进入到这个夹层空间，又从上部排风口离开，这一夹层空间实际维持了空气流动的状态，并借助空气的流动以维持夹层空间内传热与传质过程的进行，参见图 8-11、图 8-12。

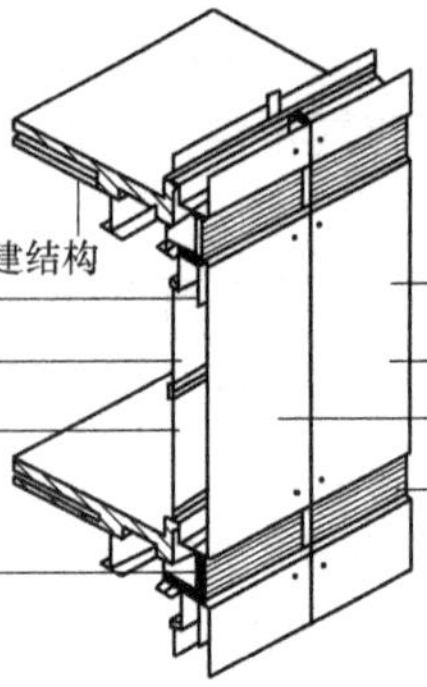

图 8-11　外循环双层通风玻璃幕墙室外透视

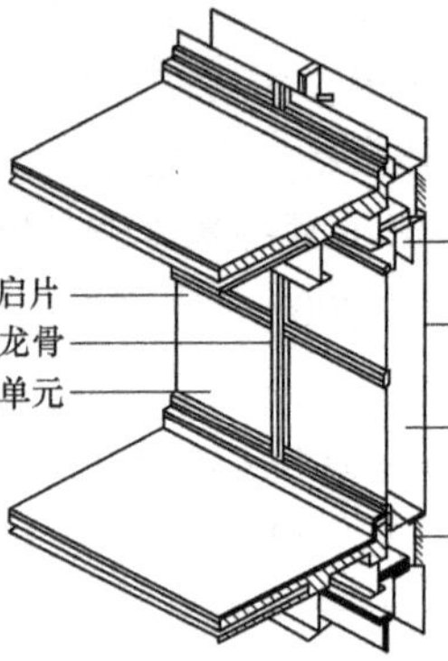

图 8-12　内循环双层通风玻璃幕墙室内透视

2. 双层通风玻璃幕墙的构造特点

由于双层通风玻璃幕墙功能区分明确，因此，幕墙在节点构造技术上的处理更简单，更有针对性。内、外幕墙间的夹层空间宽度通常为 300 ~ 600mm；也有宽度设计为 600 ~ 1500mm，便于日后检修及清洗。当夹层空间通道小于 200mm 时，会因夹层内空气流速加快，导致产生呼啸声，这在高层建筑中的影响更大。而且双层幕墙通道过窄也不利于清洗维修。

此外，双层通风玻璃幕墙还应考虑防火安全问题，设计应在每层通道上下用防火材料予以封闭，防止火灾时出现蹿火。

双层通风玻璃幕墙按照通风形式的不同，又分为封闭式内循环通风幕墙和开敞式外循环通风幕墙两种，如图 8-13 所示。

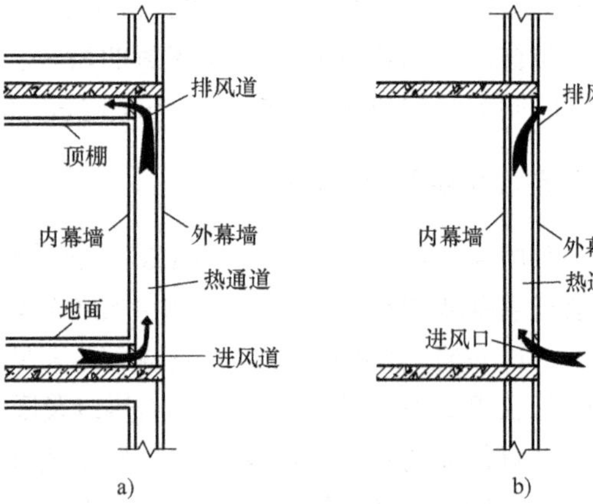

图 8-13　双层通风玻璃幕墙
a）封闭式内循环通风幕墙
b）开敞式外循环通风幕墙

开敞式外循环通风玻璃幕墙：这种形式的内层幕墙一般为中空玻璃幕墙，可以开设窗或开设检修门；其外层采用单层钢化玻璃幕墙，并在每层上下均设有进出风口。为提高双层通风玻璃幕墙的节能效果，一般在夹层空间热通道内设置穿孔的铝合金遮阳百叶。在外幕墙设置的百叶进出风口是可以开启和关闭的。夏季开启外幕墙的上下风口，进行自然通风，可将因吸收太阳辐射热而升温的玻璃表面的热量带走，因而具有一定的隔热作用；冬季关闭外幕墙的上下风口，使之具有自然保温作用。开敞式外循环通风玻璃幕墙结构形式是目前应用最广泛的一种形式，其遮阳系数一般可达 0.1～0.2，传热系数 K 小于 1.5W/(m^2·K)，参见图 8-14、图 8-15。

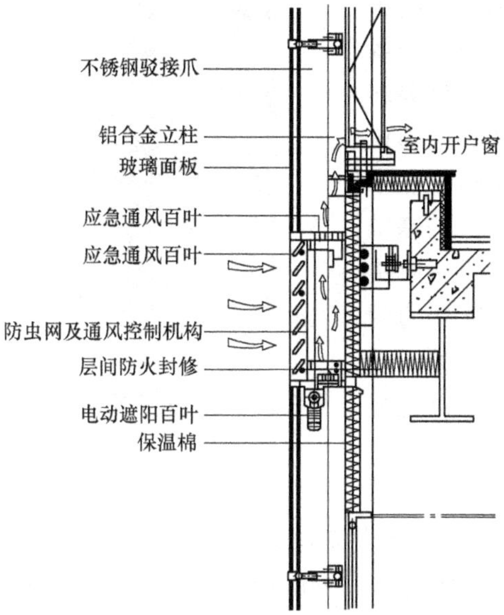

图 8-14　开敞式外循环双层玻璃幕墙剖面构造

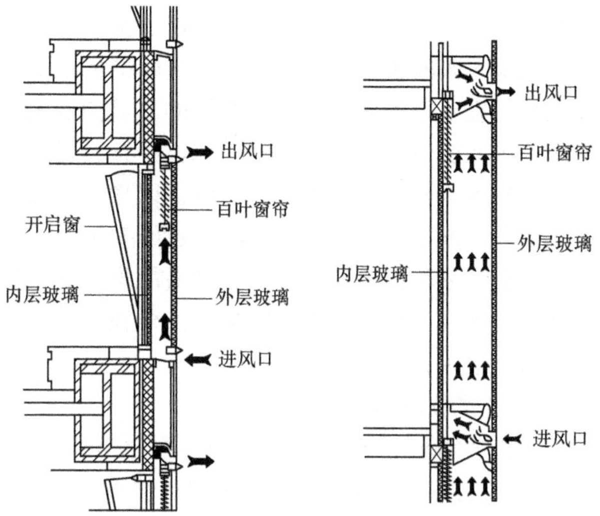

图 8-15　开敞式外循环双层玻璃幕墙不同宽度的热通道

封闭式内循环通风玻璃幕墙：这种形式的幕墙一般以保温为主，内层采用单层玻璃幕墙或单层铝合金门窗，外层通常为封闭的双层中空玻璃幕墙。夹层空间热通道内的空气从地板下的风道进入，上升至楼板下吊顶内的风道排走。这一循环过程均在室内进行，如图 8-16 所示。

这种封闭式内循环通风玻璃幕墙结构，由于进风是室内的空气，在夹层空间热通道内的空气温度与室内温度基本相同，这就大大节省了供暖耗能。这种形式的幕墙对供暖地区更为有利，一般其传热系数 K 小于 1.0W/(m^2·K)。封闭式内循环通风玻璃幕墙的循环主要靠机械系统，故对通风设备有较高的要求。为提高节能效果，夹层空间内一般需设置电动百叶和卷帘。

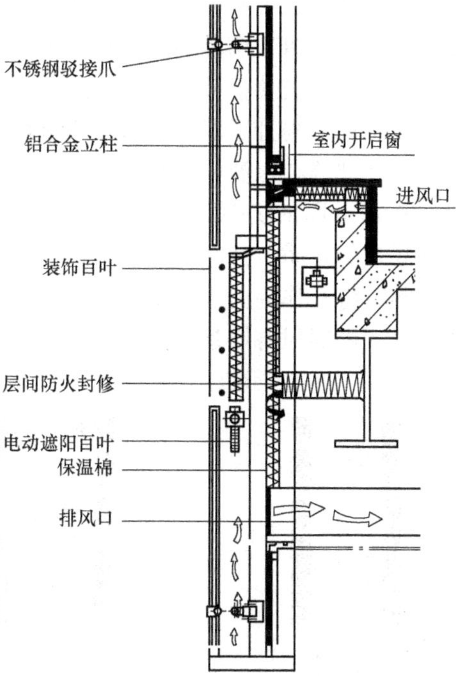

图 8-16　封闭式内循环双层玻璃幕墙剖面构造

双层通风玻璃幕墙的气候适应性：

采用双层通风玻璃幕墙最大的好处是节能。在冬季可以最大限度地利用太阳能来获取热量并减少热损失；在夏季最大限度地减少太阳辐射得热并综合利用遮阳、通风来降温冷却，以达到节能的目的。

为了使建筑物能适应各地不同的气候条件，满足当地建筑节能的要求，建筑设计过程中应考虑双层通风玻璃幕墙自身的构造特点并结合当地的气候条件，合理地确定建筑围护结构的热工性能。

一般来讲，严寒、寒冷地区供暖建筑围护结构中的传热特点是单向的由内向外的传热过程，因此要求双层通风玻璃幕墙的传热系数比较小。在夏热冬冷地区，建筑围护结构主要解决夏季隔热，兼顾冬季保温，在这种情况下，双层通风玻璃幕墙在节能构造技术方面，一般主要通过加强双层通风玻璃幕墙的遮阳和通风来改善和解决夏季室内过热的问题。为使双层通风玻璃幕墙在夏季达到通风散热的目的，目前有的建筑尝试在采用敞开式双层通风玻璃幕墙（外侧已经开设进出风口）的基础上，再在外侧幕墙设置可开启的窗，以加大幕墙通风量来解决夏季闷热气候条件下，双层幕墙热通道内空气温度过高的问题；而到了冬季，通过关闭外侧幕墙的窗户和进出风口的活动百叶，就可以减少冬季供暖能耗；另外在过渡季节，可以充分利用自然通风，如图 8-17 所示。

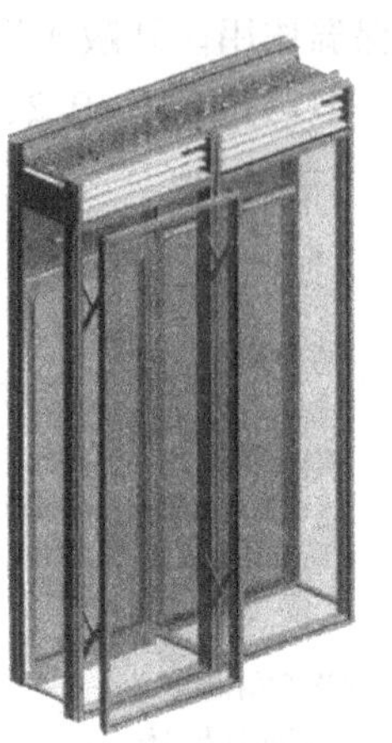

图 8-17　开敞式双层通风玻璃幕墙外循环通风系统

3. 真空玻璃双层通风幕墙

真空玻璃双层通风幕墙的组成：真空玻璃双层通风幕墙是将双层通风玻璃幕墙的内层中空玻璃改为真空玻璃（4mm 低辐射透明玻璃 +0.15mm 真空层 +4mm 透明玻璃），外层仍为单片钢化玻璃。采用真空玻璃双层通风幕墙后，其传热系数比普通中空玻璃双层通风幕墙降低约 40%，从而大大提升了双层通风玻璃幕墙的热工性能，而成本与普通的双层通风玻璃幕墙相近。这是我国自行研发的性价比优异的新型节能双层通风玻璃幕墙形式，其节能环保的特性非常适合我国的气候和环境特点，满足了我国建筑对玻璃幕墙节能、舒适的要求。

真空玻璃双层通风幕墙的构造特点：双层通风玻璃幕墙的内层幕墙采用真空玻璃，可明显降低双层通风玻璃幕墙的传热系数，提高了双层通风玻璃幕墙的热工性能，从而进一步增强了双层通风玻璃幕墙的节能效果，改善了室内热环境，此外还增强了玻璃幕墙的隔声性能，从整体上提升了双层通风玻璃幕墙的综合物理性能。

真空玻璃在保温、隔热、隔声、防结露等方面性能优异，如 8mm 厚的真空玻璃大约相当于 0.81m 厚的实心黏土砖的保温隔热效果，而内层为中空玻璃的普通双层玻璃幕墙，往往在酷热的夏季，其舒适性和节能方面很难达到设计要求，因为真空玻璃中不存在空气对流和导热，将其作为内层幕墙就可以大大地改善双层通风玻璃幕墙在这方面的不足，所以，真空玻璃双层通风幕墙是一种特别适合以夏季隔热为主的双层通风玻璃幕墙的构造形式，如图 8-18、图 8-19 所示。

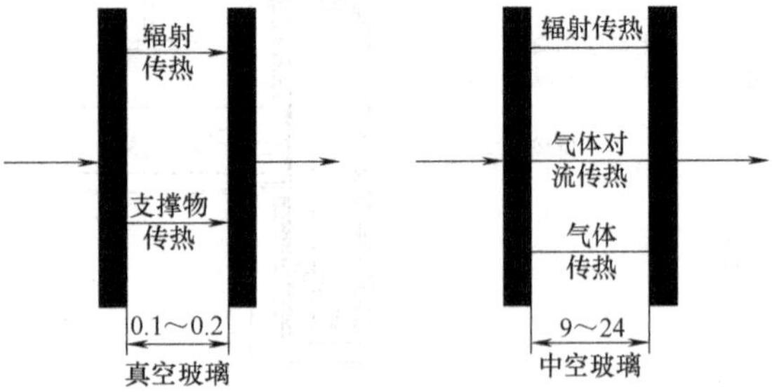

图 8-18　真空玻璃和中空玻璃的传热机理

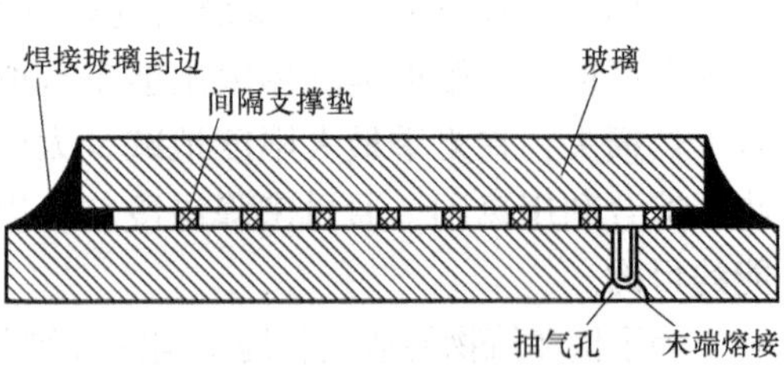

图 8-19　真空玻璃构造示意图

此外，真空玻璃现在的使用寿命已能达到20年以上，而且其价格与中空玻璃的相当，因此，真空玻璃双层通风幕墙具有很好的性价比和全寿命期的良好的性能。

4. 双层通风幕墙的优缺点

双层通风幕墙的隔声能力有明显的提高；有很好的冬季保温和夏季隔热效果；可以在夏季通过夜间通风，利用夏夜凉爽的空气对室内环境进行预冷，同时保证建筑的安全也不会受到天气情况的影响；有助于形成自然通风；由于外层幕墙的存在，对遮阳和照明设施形成了有效的保护；减少室外风压对室内环境的干扰；有效提高了室内环境的热舒适性。

但其也存在如下缺点：造价较高；对建筑防火提出了新的要求；双层通风幕墙的建造、维护、清洗的费用增加；双层通风幕墙会造成进入室内日光的减少；幕墙处理不当，会产生房间或楼层间的串声问题。

8.4 建筑遮阳

建筑遮阳是指那些可以避免阳光直射室内或防止建筑物被阳光过分加热的遮挡装置。

对于透明的窗户部分，大部分太阳辐射都可通过它们进入室内，又由于温室效应使房间温度迅速升高，这是造成夏季室内温度过高的主要原因之一。对透明围护结构采用遮阳手段可有效地减少通过透明围护结构进入室内的太阳辐射，减少夏季空调负荷，防止室内过热。另外，对于墙体、屋顶等非透明围护结构采取遮阳措施，也可有效降低其表面温度，减少夏季通过墙体和屋顶向室内的传热量。

建筑遮阳的形式很多，按使用特性可分为临时性和永久性两大类。临时性遮阳是指在窗口设置的布帘、竹帘、软百叶、帆布篷等。永久性遮阳是指在建筑围护结构各部位安装的长期使用的遮阳构件。按遮挡部位，建筑遮阳还可分为窗口遮阳、墙面遮阳、屋顶遮阳和入口遮阳等。

8.4.1 窗口遮阳

对于透明围护结构来讲，遮阳设施可以安装在透明围护结构的外侧、内侧，也可以安装在两层透明围护结构材料之间。这分别对应外遮阳、内遮阳和中间遮阳。内遮阳设施主要有百叶和窗帘等。中间遮阳设施有两层玻璃间的固定或可调节的百叶等。常见的外遮阳设施有固定的挑檐、遮阳板或者其他能起到同样作用的建筑构件。外遮阳还有可以调节的遮阳篷、活动百叶挑檐、外卷帘和外百叶等。

建筑外遮阳的形式参见图8-20，这些遮阳设施可以反射、吸收以及透射太阳辐射。对外遮阳而言，只有透过外遮阳设施的太阳辐射才能到达透明围护结构的外表面，而其中仅有一部分才能真正进入室内影响室内的热工环境。被外遮阳所吸收的太阳辐射热量，绝大部分会通过对流换热和长波辐射的方式，传递到外部环境里而不会影响室内的环境。而内遮阳就不同了，因为它位于室内，即使是内遮阳反射的太阳辐射也是辐射到透明围护结构的内表面，这部分热量中的大部分会再次反射回到室内，被内遮阳设施吸收的太阳辐射热量也会全部留在室内，进而对室内热工环境产生影响。所以从减少夏季进入室内热量的角度来看，内遮阳的效果不如外遮阳的效果好。中间遮阳对减少进入室内太阳辐射热量的效果在外遮阳与内遮阳之间。

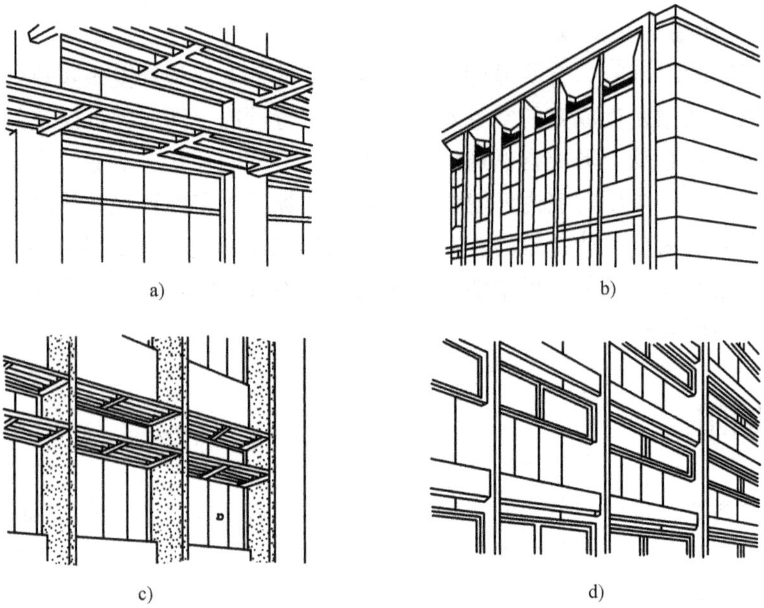

图 8-20　建筑外遮阳形式

a）水平式遮阳　b）垂直式遮阳　c）综合式遮阳　d）挡板式遮阳（吸热玻璃式）

在特定方向一定距离内种植高大的落叶乔木或灌木，在夏季这些植物的绿叶和树冠也可以起到遮挡太阳辐射的作用。在冬季这些植物的叶子掉落后，就不会对冬季吸收宝贵的太阳辐射造成遮挡，如图 8-21[13]所示。

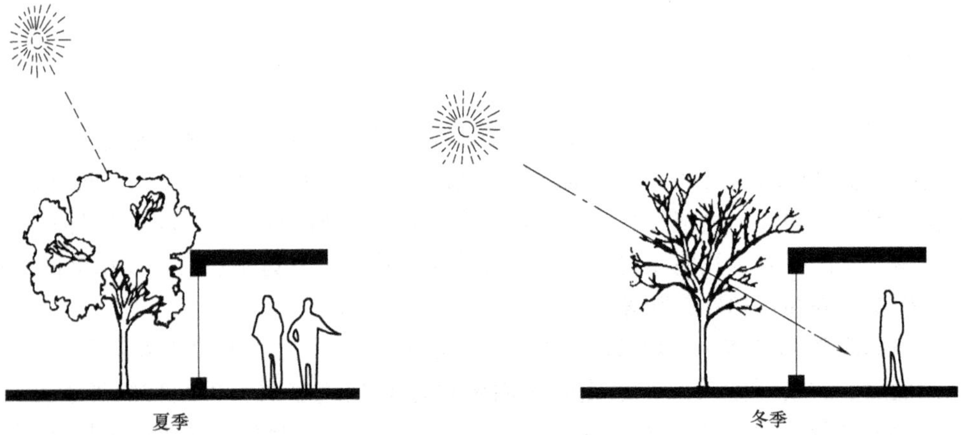

图 8-21　植物遮阳冬夏季示意图

随着建筑外立面上采用外窗和透明玻璃幕墙面积的不断增大，太阳辐射对建筑能耗的影响也相应增大了，所以应加强透明围护结构的遮阳措施，同时可以考虑与建筑其他构件相结合，使其尽可能美观，图 8-22 所示即为两种典型的与建筑构件结合的外遮阳形式。

图 8-22　与建筑构件结合的外遮阳示意图

8.4.2　墙面遮阳

建筑外墙作为建筑的主要组成部分所接受的太阳辐射仅次于屋顶。外墙遮阳设计，尤其是西墙“西晒”怎样处理，一直是建筑界非常关注的问题。墙面遮阳设计要综合考虑其隔热效果和建筑艺术效果。墙体遮阳常见的方法有墙体绿化和墙面整体遮阳。

1. 墙体绿化

利用爬墙植物对建筑物进行垂直绿化，是对建筑进行夏季隔热的一种有效措施，如图 8-23所示，它也可以看成非透明围护结构的一种遮阳形式。因为这些爬墙植物通常冬季叶子枯萎，所以不会对墙体冬季吸收太阳辐射热能造成不利影响。

人们经过研究发现，对建筑墙面和屋面的绿化，由于植物叶面的遮挡以及叶面水分的蒸腾作用带来的降温效应，可以显著降低墙面和屋面的表面温度，进而使室内墙面的表面温度得到降低。

由图 8-24 可以看出，有绿化的墙面的室内温度比没有绿化的墙面的对照建筑的室内温度要低 3℃，隔热效果明显。此外，绿化墙面建筑在 11 ~ 16 时这一时段内的温升速率也明显地低于没有绿化的对照建筑。

图 8-23　墙体绿化

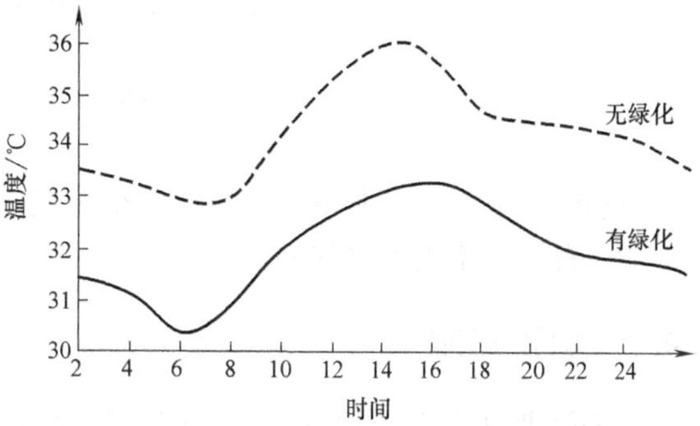

图 8-24　西山墙外有无绿化对室内温度的影响

2. 墙面整体遮阳

墙面整体遮阳要综合考虑遮挡太阳辐射和建筑形体艺术效果。一般的做法有两种，一种是在建筑的外墙外部设置可调节遮阳板或可回收的遮阳帘布。另一种做法是设置“防晒墙”。防晒墙一般用于建筑的东西侧，与建筑完全脱开，如图 8-25[14] ~图 8-27 所示。

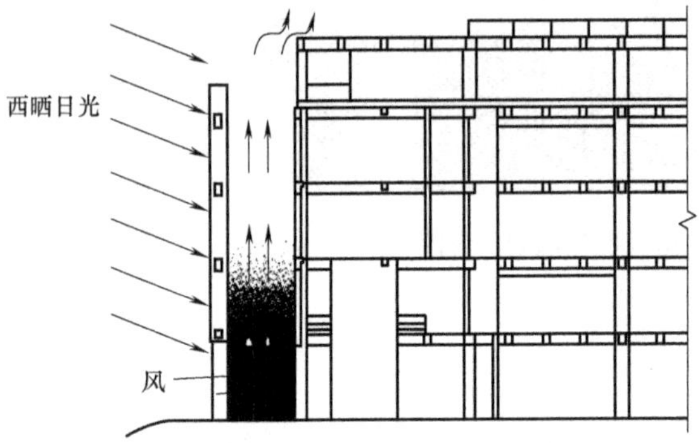

图 8-25 防晒墙 A

图 8-26 防晒墙 B

图 8-27 防晒墙 C

防晒墙在夏季与过渡季节，可以完全遮挡西晒的直射阳光。同时防晒墙与建筑主体之间的空隙还有利于室内外空气的流通。

8.4.3 屋顶遮阳

图 8-28 所示为北京地区全年太阳辐射总量图。可以看出，整个建筑围护结构的水平面所接受的太阳辐射量最大，约是西墙接受辐射量的 2 倍。因而对屋顶的遮阳隔热非常必要。

对建筑屋顶遮阳，还可以减小屋顶日温度波幅，从而减小其产生热裂的可能性。很多屋面设计中都包含遮阳的理念[14]。

1. 种植屋面

种植屋面（图8-29）是利用屋面上种植的植物阻隔太阳以防止房间过热的一项隔热措施[15-16]。

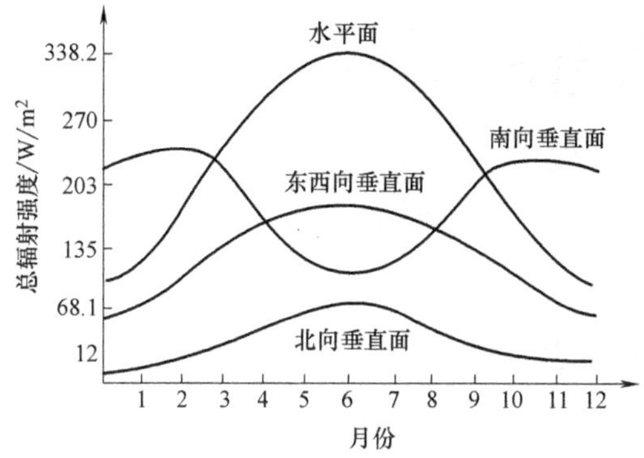

图8-28 北京地区全年太阳辐射总量图

图8-29 某建筑种植屋面

对夏热冬冷地区种植屋面的测试研究表明，屋顶绿化对降低屋顶内表面最高温度的效果非常显著，降低平均温度效果稍差，热天气有绿化屋顶其内表面对空气的总平均增温量为无绿化屋顶的1/4左右；以天为周期，有绿化屋顶内表面对空气的增温量与太阳辐射照度的变化有较强的反向性，以一段晴雨天气为周期，这种反向性减弱，而以整个夏季的热天气为周期，这种反向性转变为很强的正向性；对于无绿化屋顶，无论热作用周期的长短，内表面对空气的增温量与太阳辐射照度的变化都呈现很强的正向性。种植屋面的热工效果见表8-4。

表8-4 种植屋面的热工效果

热工效果	种植屋面	无种植屋面	差值
外表面最高温度/℃	29	61.6	32.6
外表面温度波动/℃	1.6	24	22.4
内表面最高温度/℃	30.2	32.2	2
内表面温度波动/℃	1.2	1.3	0.1
内表面最大热流/(W/m²)	2.2	15.3	13.1
内表面平均热流/(W/m²)	-5.3	9.1	14.4
室外最高温度/℃	36.4	36.4	0
室外平均温度/℃	29.1	29.1	0
最大太阳辐射照度/(W/m²)	862	862	0
平均太阳辐射照度/(W/m²)	215.2	215.2	0

2. 蓄水屋面

蓄水屋面（图 8-30）就是在刚性防水屋面上蓄一层水，其目的是利用水蒸发时带走水层中的热量，大量消耗屋面的太阳辐射热，从而减弱屋面的传热和降低屋面温度，是一种较好的隔热措施[17-18]。

图 8-30 某建筑蓄水屋面

3. 通风屋面

通风屋面属于双层屋面的构造形式。通过两层屋面之间的空气流动带走太阳的辐射热和室内对楼板的传热，从而降低屋顶内表面的温度，减少房屋空调能耗[19-20]。其构造做法是在楼板上铺设架空的大阶砖或混凝土板（图 8-31），架空净高度一般为 200mm 左右。在自然通风条件下，通风屋面和实砌屋面隔热效果比较见表 8-5。

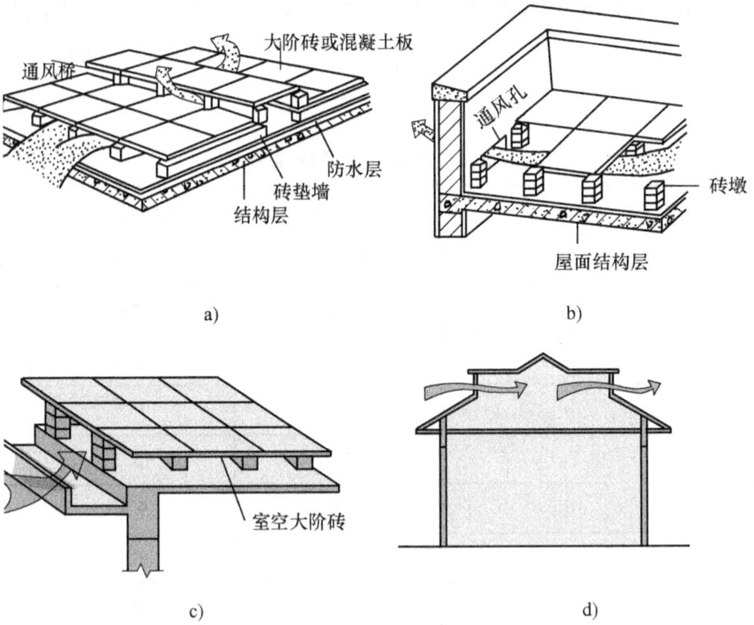

图 8-31 通风屋面示意图

a）架空隔热小板与通风桥 b）架空隔热小板与通风孔

c）结构层上面设置架空通风层 d）结构层中间设置通风层

表 8-5 通风屋面和实砌屋面隔热效果比较

隔热效果	通风屋面	实砌屋面	差值
内表面平均温度/℃	29.9	34.9	5
内表面最高温度/℃	31.1	39.4	8.3
室内平均值/℃	29.7	31.3	1.6
室内最高值/℃	30.2	32.7	2.5

注：实砌屋面构造为 RC 板 120mm，防水砂浆 20mm，大阶砖 40mm。通风屋面构造为 RC 板 120mm，防水砂浆 20mm，通风间层 250mm，大阶砖 40mm。

8.4.4 入口遮阳

建筑物入口作为连接建筑室外与室内的过渡空间，除了具有很重要的引导功能外，还是进入建筑或经过建筑的人员暂时停留或通过的空间。为了给人们提供一个良好的热环境，需要对建筑入口做遮阳处理。入口遮阳主要有两种方式：

1. 入口附加构件遮阳

入口附加构件遮阳（图 8-32）是指在建筑入口上方架设的水平遮阳构件，不仅可以防晒还能防雨。

2. 建筑自身构件遮阳

建筑自身构件遮阳（图 8-33）是指利用建筑自身体型凹凸形成的阴影实现的遮阳。例如我国传统建筑的大屋顶以及广州地区的“骑楼”建筑。在实现入口遮阳的同时，也与建筑有机地结合在一起。

图 8-32 入口附加构件遮阳示意图

图 8-33 建筑自身构件遮阳示意图

思 考 题

1. 对比世界上相同纬度带的国家和地区，我国注重提高建筑围护结构的保温隔热能力有哪些重要性和必要性？

2. 对比发达国家，我国建筑的围护结构保温隔热能力有哪些不足？

3. 提高夏热冬冷地区建筑围护结构的保温隔热能力所带来室内热环境改善的效果与提高夏热冬暖地区建筑围护结构的保温隔热能力的效果是否相同？

4. 建筑外围护结构中外窗所占的面积通常会小于墙体及屋面的面积，我们是否可以得出结论外窗部分产生的建筑能耗会同样小于外墙和屋面的建筑能耗？为什么？

5. 通过建筑围护结构的热流方向在冬季和夏季情况下有无不同？

6. 什么是热桥？如何减小围护结构的热桥对建筑能耗的不利影响？

7. 什么是围护结构的热惰性？它与哪些物性参数有关？

8. 围护结构的热惰性指标是如何体现在对室内热环境的影响方面的？

9. 外墙保温有几种形式？它们各有何特点？

10. 不同波长的热辐射对透明围护结构的影响有无不同？如何利用这些特点来改善室内的热环境？

11. 热反射玻璃、吸热玻璃、中空玻璃和低辐射玻璃各自的作用机理是什么？

12. 玻璃幕墙作为建筑围护结构有哪些优点和缺点？

13. 使用玻璃幕墙作为外围护结构的建筑是否一定是不节能的？哪些措施可以减少玻璃幕墙产生的建筑能耗？

14. 建筑遮阳有哪些形式？它们各自的作用是什么？

15. 有哪些措施可以既产生遮阳效果，同时还能起到改善建筑物的外观和改善建筑外环境的目的？

参考文献

[1] 班广生，等. 建筑围护结构节能设计与实践 [M]. 北京：中国建筑工业出版社，2010.

[2] 马保国，等. 外墙外保温技术 [M]. 北京：化学工业出版社，2007.

[3] 房志勇，等. 建筑节能技术教程 [M]. 北京：中国建材工业出版社，1997.

[4] 彦启森，赵庆珠. 建筑热过程 [M]. 北京：中国建筑工业出版社，1986.

[5] 华南理工大学. 建筑物理 [M]. 广州：华南理工大学出版社，2002.

[6] 刘加平，等. 建筑物理 [M]. 4 版. 北京：中国建筑工业出版社，2009.

[7] 罗忆，刘忠伟. 建筑节能技术与应用 [M]. 北京：中国建材工业出版社，2007.

[8] 丁大均. 墙体改革与可持续发展 [M]. 北京：机械工业出版社，2005.

[9] 涂逢祥，等. 节能窗技术 [M]. 北京：中国建材工业出版社，2003.

[10] 刘正权，等. 建筑幕墙检测 [M]. 北京：中国计量出版社，2007.

[11] 王洪涛，等. 建筑幕墙物理性能及检测技术 [M]. 北京：化学工业出版社，2009.

[12] 颜宏亮. 建筑特种构造 [M]. 2 版. 上海：同济大学出版社，2008.

[13] Lechner N. Heating, Cooling, Lighting: design methods for architects [M]. 2nd ed. Hoboken: John Wiley & Sons, 2001.

[14] 龙惟定，武涌，等. 建筑节能技术 [M]. 北京：中国建筑工业出版社，2009.

[15] Alar Teemusk, Ülo Mander. Temperature regime of planted roofs compared with conventional roofing systems [J]. Ecological Engineering, 2010 (36): 91-95.

[16] C Y Jim. Air-conditioning energy consumption due to green roofs with different building thermal insulation [J]. Applied Energy, 2014 (128): 49-59.

[17] 刘玉东，童明伟. 蓄水屋面的传热特性动态分析 [J]. 重庆大学学报：自然科学版，2002，25 (8)：11-13，17.

[18] 张晓峰. 蓄水屋面隔热构造与节能性能研究——以苏州大学炳麟图书馆为例 [J]. 建筑节能，2008，36 (1)：23-25.

[19] Sunwoo Lee, Sang Hoon Park, Myong Souk Yeo, et. al An experimental study on airflow in the cavity of a ventilated roof [J]. Building and Environment, 2009 (44): 1431-1439.

[20] A Gagliano, F Patania, F Nocera, et. al. Thermal performance of ventilated roofs during summer period [J]. Energy and Buildings, 2012 (49): 611-618.